AF369816

PHYSIOLOGIE

DE L'ESPÈCE.

PARIS. — IMPRIMERIE DE DEZAUCHE,
RUE DU FAUBOURG-MONTMARTRE, N. 11.

PHYSIOLOGIE

DE L'ESPÈCE.

PARIS. — IMPRIMERIE DE DEZAUCHE,
FAUBOURG MONTMARTRE, N. 11.

HISTOIRE

DE

LA GÉNÉRATION

DE L'HOMME,

COMPRENANT L'ÉTUDE COMPARATIVE DE CETTE FONCTION DANS LES
DIVISIONS PRINCIPALES DU RÈGNE ANIMAL,

L'ANALYSE DES CAUSES ET DU TRAITEMENT DE L'IMPUISSANCE ET DE LA STÉRILITÉ, ET
L'EXPOSÉ DES MOTIFS QUI ONT PRÉSIDÉ A LA RÉDACTION DE PLUSIEURS
LOIS CONCERNANT LA FAMILLE ET LE CITOYEN;

PAR **G. GRIMAUD DE CAUX**,

RÉDACTEUR EN CHEF DE LA GAZETTE DE SANTÉ A L'USAGE DES GENS DU MONDE, ETC.,

ET **G.-J. MARTIN SAINT-ANGE**,

CHEVALIER DE LA LÉGION-D'HONNEUR,

Docteur en médecine de la Faculté de Paris, médecin du bureau de bienfaisance du douzième
arrondissement, membre de la société philomatique et de la société anatomique
de Paris, correspondant des sociétés royales de Lille, de Rouen,
de Dijon, de Caen, etc.; lauréat de l'Institut de France.

Ne itaque pudeat necessariæ interpretationis.
Natura veneranda est, non erubescenda. Concubitum libido, non conditio fœdavit........
      TERTULL., *Lib. de anim.*, cap. XIII.
      (Voyez IIe part., chap. III du présent livre.)

Paris.

LIBRAIRIE ENCYCLOGRAPHIQUE,
RUE JACOB, N° 25.

—

1837.

PHYSIOLOGIE DE L'ESPÈCE,

HISTOIRE

DE

LA GÉNÉRATION

DE L'HOMME,

PRÉCÉDÉE DE L'ÉTUDE COMPARATIVE DE CETTE FONCTION DANS LES
DIVISIONS PRINCIPALES DU RÈGNE ANIMAL,

PAR G. GRIMAUD DE CAUX,

RÉDACTEUR EN CHEF DE LA GAZETTE DE SANTÉ A L'USAGE DES GENS DU MONDE, ETC.,

ET G.-J. MARTIN SAINT-ANGE,

CHEVALIER DE LA LÉGION-D'HONNEUR,

Docteur en médecine de la Faculté de Paris, auteur du *Traité élémentaire d'anatomie
comparée*, etc., lauréat de l'Institut de France.

> Ne itaque pudeat necessariæ interpretationis.
> Natura veneranda est, non erubescenda. Con-
> cubitum libido, non conditio fœdavit.......
> TERTULL., *Lib. de anim.*, cap. XIII.
> (Voyez IIe part., chap. III du présent livre.)

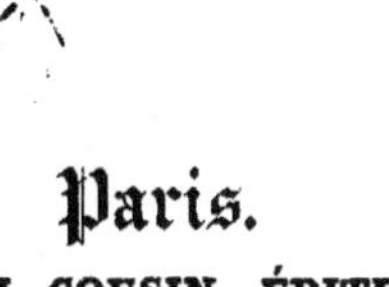

Paris.

CHEZ H. COUSIN, ÉDITEUR,

A LA LIBRAIRIE ENCYCLOGRAPHIQUE,

RUE JACOB, N° 25.

—

1837.

A Geoffroy Saint-Hilaire.

Les Auteurs.

Si jamais les naturalistes comprennent bien la portée
des principes posés par l'auteur de la *Philosophie anato-*
mique, dès ce moment la France aura un Geoffroy
Saint-Hilaire, comme l'Allemagne a eu son Keppler,
comme l'Angleterre son Newton.

Dic. pitt. d'hist. nat., tome V, page 399, art. MONSTRES.

AVANT-PROPOS.

Quand nous avons manifesté pour la première fois le projet de publier une *Histoire de la génération de l'homme*, nos amis nous ont représenté la difficulté particulière de cette entreprise, qui consistait en effet à disserter à haute voix, avec convenance et utilité, sur un sujet qu'on ose seulement nommer *entre les dents*, comme dit Montaigne. Quelques-uns même, pour nous détourner, allèrent jusqu'à prétendre que son exécution était dans le cas de compromettre le peu de valeur scientifique ou littéraire que nous avions péniblement acquise. Nous avions beau répondre que les personnes étaient fort rares qui à vingt ans ignoraient innocemment quelques-unes de ces choses desquelles il est reconnu et admis qu'il ne faut parler qu'à voix basse, lorsque l'on a à en parler; on convenait de la vérité du fait, et l'on persistait néanmoins à blâmer notre dessein. On changea de langage alors seulement que le prospectus fut connu, quand on se fut bien convaincu, à la vue de notre plan, que nous allions nous trouver en face des questions les plus élevées de l'ordre social, et qu'une exécution même imparfaite porterait, quel que fût le succès, une empreinte ineffaçable de haute moralité. Sous ce rapport, il faut le dire, la publication du livre par fragments a eu cela d'avantageux que sa réputation de moralité s'est promptement établie, et qu'arrivés à la fin de l'œuvre, nous nous sommes trouvés vainqueurs de toutes les objections que des préventions fondées sur un titre nécessaire avaient soulevées.

Toutefois, pour qu'il ne restât aucun doute dans l'esprit du public touchant la pureté de nos intentions et la rigueur avec laquelle nous nous sommes tenus dans les limites de la raison, de l'utilité et de la convenance, nous avons cherché en dehors de nous-mêmes une garantie capable d'en imposer aux esprits les plus prévenus, à ceux-là surtout qui se laissent exclusivement dominer par *l'influence de l'affiche.* Cette garantie, nous l'avons trouvée dans le patronage de l'un des plus beaux noms de notre pays, d'un savant qui, seul, a accompli une révolution profonde dans les sciences naturelles, et dont les travaux serviront long-temps de point de ralliement aux esprits progressifs qui voudront marcher après lui dans la carrière du perfectionnement de l'humanité. Tel est en effet le sens de notre dédicace, qui est bien un hommage adressé au génie, mais non pas un acte de servi-

lisme ou de flatterie; car nous n'avons eu avec
M. Geoffroy Saint-Hilaire d'autres rapports que
ceux qui s'établissent naturellement entre les personnes qui aiment la science et celles qui marchent à sa tête à titre d'interprètes les plus fidèles et d'apôtres les mieux inspirés.

Un semblable patronage est donc pour nous un
succès qui consolidera, nous n'en saurions douter,
celui dont le public nous a déjà honorés et pour
lequel nous lui rendons de grand cœur de très-
sincères actions de grâces.

Nous sommes donc bien tranquilles sur l'effet
moral de notre œuvre ; nous pourrions même dire
que nous avons la confiance d'avoir atteint le but
que nous poursuivons; car, outre les témoignages
verbaux qui nous ont été rendus, et dans lesquels
l'amitié sans doute a eu une part aussi grande que
l'estime, quelques journaux en ont parlé d'une
manière indépendante (ce qui veut dire que tous
les éloges que nous avons reçus de ce côté-là
n'ont pas été payés par notre éditeur); or, parmi
ces derniers, il en est un qui a terminé son article
par les paroles suivantes : « Je me bornerai donc
à faire ici, a dit M. de V., deux recommandations
également consciencieuses aux bonnes mères
de famille, dont la vie se passe à épier, pour
ainsi dire, le développement de leurs enfants,
afin d'en régler le cours. Je leur dirai d'abord :
lisez, consultez l'*Histoire de la génération*, comme

un des meilleurs guides maternels; j'ajouterai en second lieu : ne le laissez point lire à vos filles. » (*Voy*. le journal *l'Europe* du 17 juin 1837.)

Mais on nous fit aussi une autre objection. Vous voulez, nous dit-on, écrire pour tout le monde sur des matières qui n'occupent qu'un petit nombre de savants; vous ne parviendrez jamais à vous faire comprendre. A cela, nous répondîmes que ces mêmes matières intéressaient tout le monde, et que si l'on ne nous comprenait pas, c'est que notre livre serait mauvais; et, en effet, nous tenons pour certain, et nous en avons l'expérience acquise, qu'on peut dire des ouvrages de science ce que Boileau a dit des œuvres d'imagination :

Ce que l'on conçoit bien s'énonce clairement.

Sans doute il faut tourmenter, quelquefois fort long-temps, une phrase avant de lui faire rendre, d'une manière exacte et complète, l'idée dont l'esprit est possédé; mais pour peu que cette idée soit claire, elle finit toujours par se produire au-dehors avec une netteté convenable et suffisante. Le fond de la difficulté gît donc dans la clarté des idées; quand l'idée est claire, il est impossible que son expression ne le devienne pas. Il y a des gens de science qui ne s'expriment qu'en termes confus et embarrassés; on peut affirmer, de prime abord, ou que leur science n'est pas de bon aloi, ou bien qu'ils sont restés tout-à-fait étrangers aux règles

de l'art d'écrire. Ceci est général; les exceptions
sont peu nombreuses, et, à vrai dire, nous n'en
connaissons qu'une seule, qui est le cas de ces génies ardents et surexcités par un travail de méditation active, qui parcourent avec une vitesse
extrême la série des résultats obtenus, négligeant,
comme inutile, l'exposition des idées intermédiaires
par lesquelles ces résultats s'enchaînent réciproquement. Mais alors encore leur travail est loin
d'être obscur et incompréhensible. Seulement,
pour le comprendre, il est nécessaire de se l'ap-
proprier, de se l'assimiler par la réflexion, et, dans
ce cas, il est rare que l'assimilation elle-même ne
soit pas féconde, et que ce qui était d'abord une
obscurité, impénétrable en apparence, ne devienne
un corps lumineux éclairant au loin l'espace et
tendant de plus en plus à fixer les regards de l'u-
nivers entier.

Maintenant, qu'il y ait des savants inévitablement
obscurs, parce que leur science est fausse, c'est
ce dont personne ne doute, et nous ne perdrons
pas notre temps à citer des exemples.

Quant à ceux qui sont obscurs par leur propre
faute, parce qu'ils sont peu lettrés, parce qu'ils
restent systématiquement étrangers à toute littérature, nous nous permettrons de leur rappeler,
comme conseil, les paroles suivantes de Cuvier :
« On raisonne toujours comme si la science ex-
cluait la littérature, ou même comme s'il était

possible qu'un savant ne fût pas lettré; proposition absurde, car ce que l'on nomme aujourd'hui un savant n'est qu'un homme de lettres qui, outre les langues et les lois générales du langage et du raisonnement, a encore étudié quelque chose de plus déterminé, et les connaissances appelées communément littérature sont une condition nécessaire de tout progrès réel dans les sciences. »

Nous leur rappellerons encore le passage suivant d'un discours prononcé par **M.** Arago à la chambre des députés, et qui aura d'autant plus de poids que ce discours est un véritable plaidoyer en faveur des sciences, sensiblement dirigé contre les lettres : « Trente ans d'une vie académique, disait M. Arago, m'ont mis en rapport avec la plupart des notabilités scientifiques et littéraires de notre temps. J'ai vécu avec beaucoup d'entre elles dans l'intimité. Eh bien! je le dis sans hésiter, plusieurs de ces personnages célèbres, quoiqu'ils eussent attaché leurs noms à des découvertes importantes, avaient quelque chose d'incomplet, d'inachevé, parce qu'ils ne s'étaient pas livrés à des études littéraires. Je ne m'arrêterai pas, au reste, à la question de fait; le fait, je l'expliquerai, j'en donnerai la raison. Un sculpteur ne sait guère quelle sera la valeur du groupe qu'il a rêvé qu'après l'avoir modelé. Un peintre ne connaît ce qu'il y aurait de défectueux dans le tableau qu'il va produire qu'après en avoir tracé l'ébauche. Eh bien! je dis aussi qu'on ne voit le côté faible, le côté vulnérable de la pensée qu'après l'avoir ré-digée, qu'après lui avoir donné une forme; c'est alors, et alors seulement, qu'on l'améliore, qu'on lui donne toute la généralité dont elle est suscep-tible, qu'on la revêt des couleurs qui doivent la rendre populaire. Cette habitude, cette habileté de rédaction, je la regarde comme nécessaire à tout homme d'étude, comme indispensable; mais je maintiens qu'on peut l'acquérir sans passer né-cessairement par le grec et le latin. »

Enfin nous leur citerons cette phrase de Dide-rot : « Ce n'est pas assez de révéler, il faut encore que la révélation soit entière et claire. Il est une sorte d'obscurité que l'on pourrait définir *l'affec-tation des grands maîtres*. C'est un voile qu'ils se plaisent à tirer entre le peuple et la nature........ Diront-ils qu'il est des ouvrages qu'on ne mettra jamais à la portée du commun des esprits; s'ils le disent, ils montreront seulement qu'ils ignorent ce que peuvent la bonne méthode et la longue habitude. » (DIDEROT, *Interprétation de la nature.*)

Ainsi, nous passons volontiers condamnation sur ce fait: si notre livre n'est pas compris, on devra le réputer mal conçu et mal exécuté.

Nous avons suivi à la lettre, autant que possible, le plan que nous avions tracé d'avance dans l'in-troduction, en l'étendant toutefois et en le res-treignant selon les besoins de l'œuvre, besoins qui

ne pouvaient être exactement appréciés qu'au fur
et à mesure de l'exécution; c'est ce qui explique
pourquoi la première partie est la plus chargée et
pourquoi la troisième est la plus courte. Relativement à cette dernière partie, on sera tenté de
croire au premier abord que toutes les questions
indiquées dans l'introduction ne s'y trouvent pas
renfermées; mais pour peu qu'on apporte d'attention à la lecture de l'ouvrage entier, on se convaincra facilement qu'il n'en est pas ainsi : le contraire ne pourrait être présumé que par les
personnes qui se borneraient à lire des fragments
en prenant pour guide, dans leur choix, les indications nécessairement incomplètes de la table des
matières.

Enfin, pour déterminer les limites respectives de
la responsabilité de chacun de nous, nous devons
dire en terminant que les planches, les études et les
préparations anatomiques qu'elles ont nécessitées,
et le mérite spécial qui en ressort et que les savants apprécieront certainement, appartiennent exclusivement à M. Martin Saint-Ange; que la rédaction du texte, la distribution du plan et tous les
travaux littéraires qui en ont été la conséquence,
sont l'œuvre de son collaborateur.

Paris, 1er juillet 1857.

INTRODUCTION.

Plus d'un lecteur, mal pénétré du but de cet ouvrage, ne manquera pas de nous appliquer, avant de
l'avoir lu, ce qu'Horace disait à Asinius Pollion :

> Periculosæ plenum opus aleæ
> Tractas, et incedis per ignes
> Suppositos cineri doloso.

Comment, en effet, exposer aux yeux de tout le
monde, sans exciter la sévérité du censeur le plus in-
dulgent, ces mystères de la nature dont la seule idée
suffit pour remuer le cœur quand les glaces de l'âge
n'ont point ralenti ses battements ni éteint ses feux!...
La science, il est vrai, comme la philosophie, dont
elle est une émanation, relève, ennoblit, exalte, di-
vinise tout ce qu'elle touche ; les fibres qu'elle met en
jeu ne sont pas celles qui répondent à nos mauvaises
passions, et l'action de ces fibres ne fomente pas le
vice et n'a jamais fait rougir la vertu. Toutefois, comment dévoiler les secrets de la génération ; comment
retracer d'une main large, ferme, sûre, tous les traits
connus de ce fait universel dont l'emblème brille d'un
si vif éclat dans le mythe du phénix, l'une des plus hautes conceptions que l'antiquité poétique nous ait trans-

mises? La fable excite l'admiration pour sa sublimité ,
mais l'histoire n'en restera-t-elle point avilie et sans
enseignement?

Mais, à nous entendre , ne dirait-on pas que la vérité a besoin qu'on plaide pour elle, comme si, dans
l'ordre physique aussi bien que dans l'ordre moral, la
proclamation de la vérité n'était pas un bienfait digne
de la reconnaissance des hommes. Les passions impé-
tueuses , savez-vous ce qui les excite? les vices désordonnés, savez-vous ce qui les fomente? la fange de
la dégradation , savez-vous ce qui la remue et en
exalte les principes corrupteurs? Imprudents écrivains,
ce sont ces romans *intimes* dans lesquels vous nous
peignez, en traits de feu, des créoles échevelées,
ivres de vin et d'amour, que vous traînez sur le lit
de l'innocence pour les jeter sans pitié au suicide
après les avoir violées sans remords ; ce sont ces com-
positions de théâtre où une nature fantastique, mais
libidineuse et sanguinaire , mise en relief avec un talent fatal, provoque au mépris de tout ce qui se res-
pecte, à l'avilissement de tout ce qui s'honore, dénoue
ainsi l'un après l'autre tous les liens sociaux, et pousse
par degrés à la ruine du bonheur public. Mais les mystères de la nature ! Heureux l'homme qui peut les découvrir, les exposer au grand jour, les accommoder à
l'intelligence de ses semblables, en tirer de graves et
curieux enseignements ! celui-là ne portera jamais atteinte à la morale. L'initiation aux mystères de la
science se fait au même titre que l'initiation aux
mystères de Cérès ; il fallait subir des purifications
multipliées avant de pénétrer dans le sanctuaire de la
bonne déesse, il faut chasser du cœur toute obsession

terrestre, dégager l'esprit de toute préoccupation matérielle, pour aborder le temple de la science. Voilà pourquoi ceux qui sacrifient sur ses autels, qui se livrent à ses inspirations, qui s'appliquent à dévoiler ses secrets, n'ont point à redouter les excitements des mauvaises passions, ne provoquent et ne savourent que de pures voluptés; et voilà aussi pourquoi nous n'avons pas douté d'entreprendre cet ouvrage.

Le fait universel que nous voulons étudier et décrire a été consacré chez tous les peuples sous le nom de *mariage*. Selon la loi religieuse, le mariage est un sacrement; selon la loi civile, c'est un contrat (1) sanctionné par le magistrat de la cité; selon les lois de la nature, c'est une fonction de l'organisme. Or, sous ces trois points de vue, le mariage offre à étudier une foule de questions dont la solution légitime importe à la fois à la religion, pour l'observance discrète de ses préceptes salutaires; à la société, pour lui garantir une vigueur permanente et productive dans les populations qui la fondent et qu'elle gouverne; aux individus, enfin, pour le bon emploi des forces les plus précieuses de l'animalité. De ces trois points de vue, si le dernier seulement est de notre domaine exclusif, il s'en faut que nous n'ayons pas à nous occuper des deux autres. Ouvrez les livres de

---

(1) Le mariage est un contrat de protection, d'un côté; d'obéissance, de l'autre; et de fidélité, de secours et d'assistance, des deux parts. La loi civile détermine ces propriétés essentielles du mariage, mais elle ne le définit pas. Cette absence de définition du mariage, dans le Code civil, constitue une lacune qui peut bien être systématique dans le sens de ceux qui veulent que les lois soient *athées*, mais qui bien certainement n'est pas rationnelle, malgré l'axiome qu'on a invoqué à ce propos et qui dit : *omnis definitio in jure periculosa.*

théologie, étudiez les doutes des casuistes, et dites si les solutions qu'ils ont données n'auraient pas été plus faciles à obtenir et à admettre avec le secours des lumières que nous leur offrons dans cet écrit. D'un autre côté, parcourez les dédales des législations anciennes et modernes, et voyez si le sentiment des hommes de la science n'eût pas fourni des motifs irrécusables à plus d'une décision hasardée. Enfin, relisez, si vous l'osez, tous ces ouvrages ridiculement obscènes sur lesquels la curiosité ou le besoin vous a forcé de jeter les yeux une fois dans la vie, et convenez que les enseignements que vous y cherchiez s'y trouvent remplacés par de sales conceptions, quand ce n'est point par d'impertinentes niaiseries.

Les traits connus de la génération sont tous *extérieurs*. Ceux qui restent à étudier, et que l'on peut appeler *internes*, ont été l'objet de curieuses hypothèses, dont la plus probable et la plus généralement adoptée n'a été bien établie que dans ces derniers temps.

L'étude du fait physiologique présente plusieurs circonstances capitales. Comme son accomplissement dépend du concours de deux individus, il faut apprécier d'abord les différences et les ressemblances, pour bien établir ce qui fonde la spécialité de chacun. Or, une pareille appréciation ne peut être obtenue que par l'étude anatomique des organes appelés à un résultat commun; et cette étude, quelque facile qu'on puisse la rendre par la clarté de l'exposition, ne peut être réellement bien comprise qu'avec le secours de l'iconographie.

L'examen des organes conduit naturellement à la

question de savoir ce qui se passe dans le fait qu'ils sont chargés d'accomplir. *Et erunt duo in carne unâ*, dit avec raison la Genèse, et cette concision admirable pouvait seule exprimer un fait instantané qui se consomme avec la rapidité de l'éclair. Mais qui pourrait raconter la puissance du Créateur? C'est pendant la durée de cet éclair que le flambeau d'une nouvelle vie s'allume, et que le mystère de la reproduction est consommé. Dans cet acte merveilleux, les rôles sont divers. Pour l'un, tout est fini après le contact; l'impression qu'en reçoit l'autre amène des conséquences de plus longue durée. Il lui faut fournir au développement du produit de la conception. Ce développement se fait sous des conditions appréciables et sous l'empire de certaines lois physiologiques, dont l'observation ou la négligence influe d'une manière heureuse ou funeste sur le résultat définitif, qui est la mise en lumière de la nouvelle création.

En reprenant isolément chacune des phases de la fonction dont nous venons d'esquisser le tableau, plusieurs questions importantes se présentent à résoudre. Et d'abord, peut-on influer sur le produit de la génération, peut-on faire qu'il soit tel plutôt que tel autre? «Pour perpétuer nos animaux domestiques (dit M. Adelon, à qui nous empruntons cette manière de poser la question) et en améliorer sans cesse les espèces, nous prenons ces animaux dans l'âge de la force, et nous en croisons diversement les races, selon le genre de qualités que nous voulons imprimer aux produits. Qui voudrait dire que tout ceci, théoriquement du moins, ne soit pas applicable à l'homme? Loin de nous, sans doute, la pensée de méconnaître ce que la haute dignité de notre espèce réclame de liberté pour les individus unis en état social; mais la législation n'enfreint-elle pas les lois de la nature quand elle permet, par exemple, les mariages entre les personnes d'un âge extrêmement disproportionné, ou entre des personnes saines et des personnes affectées de maladies héréditaires? »

Horace avait déjà dit :

Fortes creantur fortibus et bonis ,
. . . .
. . . . . Nec imbellem feroces
Progenerant aquilæ columbam.

Nous dirons quel est aujourd'hui le sentiment des plus éclairés sur un pareil sujet.

A l'étude des circonstances qui peuvent influer d'une manière profonde, quoique vague, sur le produit de la génération, il faut joindre l'examen des conditions relatives à l'aptitude que les organes peuvent avoir, selon les individus, pour remplir la fonction d'une façon utile et régulière. Quelles sont les limites précises de leur activité? Jusqu'à quel point peut-on forcer ces limites sans compromettre la santé et donner lieu à la création d'êtres informes, imparfaits, débiles, doués d'une constitution tellement pauvre qu'ils sont inévitablement poussés sans transition à une décrépitude anticipée; être infimes sous le rapport de l'intelligence et de l'organisation, nés plutôt pour maudire la Providence que pour glorifier le Créateur? D'un autre côté, jusqu'à quel point peut-on solliciter la mise en œuvre de ces mêmes organes, sans s'exposer à enfreindre les lois de l'hygiène, qui, en ce point surtout, sont véritablement les lois de la saine morale? Y a-t-il des conditions d'action tellement précises, tellement connues,

tellement approchables, que, quand l'action est nulle
ou de nul effet, il soit possible d'arriver à les modifier
et de restituer ainsi à l'acte générateur une vertu qui
s'était affaiblie ou perdue? Sous un troisième point de
vue, enfin, jusqu'à quel point peut-on calmer l'effervescence des passions, déprimer l'énergie des organes
par lesquels elle se trahit et s'exalte, et quelle est en
définitive la valeur de tous les moyens aphrodisiaques
connus, et de tous les procédés qu'on a coutume de
mettre en œuvre dans un but tout contraire?

Toutes ces questions intimes étant résolues, il reste
à faire l'application des principes de la science aux diverses circonstances réglées par l'état de société et
régies par la législation ou par les canons. La loi a fixé
la limite des naissances posthumes; quelle est la valeur
de ces limites? L'âge nubile, la majorité, sont également déterminés dans nos codes; quels ont été les
vrais motifs de cette détermination, et jusqu'à quel
point est-elle irréfragable? Les naissances anticipées,
la viabilité du fœtus, quels sont les moyens de la science
pour amener la solution des difficultés que les cas particuliers peuvent présenter sur les points de droit qui
naissent en foule de leur considération?

Et relativement à la théologie, les casuistes ont déterminé les cas où l'usage du mariage était permis, et
ceux où il était défendu. Leur sentiment s'appuie le
plus souvent sur le texte des Écritures; mais il puise
aussi quelquefois de nouvelles forces dans certaines
lois de l'hygiène. Quelles sont ces lois, et quels dangers
leur transgression peut-elle faire naître? Ces lois ont-
elles toujours été bien comprises, et, par exemple,
quand quelques-uns d'entre eux prétendent que l'usage

du mariage peut être permis dans l'état d'ivresse, une pareille décision est-elle bien conforme aux vues de la Providence ?

Les détails dans lesquels nous venons d'entrer nous semblent suffisants pour faire comprendre l'étendue de notre plan, et pour la justifier, il ne nous reste plus qu'à énoncer ce plan d'une manière plus précise.

Dans la première partie nous décrirons la fonction de la génération ; nous en poursuivrons toutes les phases, depuis l'acte fécondant jusqu'à l'évolution complète et à la naissance du nouvel individu. C'est dans cette première partie que nous exposerons les divers systèmes par lesquels on a cherché à expliquer la reproduction, et que nous ferons connaître les découvertes toutes récentes touchant le développement du fœtus, découvertes qui constituent à elles seules une science particulière, l'embryologie.

Dans la seconde partie nous examinerons, sous un point de vue nouveau, les circonstances qui accompagnent l'acte générateur, et nous nous attacherons surtout à faire ressortir, pour bien les apprécier, celles de ces circonstances dont l'homme peut se rendre maître et qu'il peut modifier à son gré. A cet examen se rattachent naturellement l'étude des causes de l'impuissance et de la stérilité, et celle des moyens possibles d'y remédier. C'est aussi dans cette partie que nous ferons l'histoire des substances aphrodisiaques et de celles (s'il en existe) qui jouissent des propriétés opposées ; cette partie comprendra, en un mot, l'hygiène et la médecine de la fonction.

Enfin, la troisième partie sera entièrement consacrée à la discussion des points de morale religieuse et de législation, dont nous avons signalé les principaux.

La tâche que nous embrassons doit paraître immense ; hâtons-nous de dire que la science est en possession des matériaux les plus riches et les plus abondants, et que nous n'aurons, par conséquent, peut-être d'autre mérite que celui de les bien choisir, de les mettre en œuvre et de les coordonner avec l'intelligence nécessaire à une bonne exposition. Il ne nous reste donc plus qu'à désirer que cette mise en œuvre soit digne de la faveur publique. Ce n'est pas que nous voulions affecter ici une fausse modestie, et que nous soyons disposés le moins du monde à faire bon marché des efforts que nous tentons sans savoir quel sera notre succès ; mais, pour l'honneur des principes, et dans l'intérêt de la vérité, nous dirons qu'il nous a toujours semblé que l'exposition lucide d'un point quelconque de la science devait être mis, au moins quant au mérite de l'utilité, sur la même ligne que la découverte elle-même. Certes, rien n'est plus honorable et plus digne de renom que les travaux entrepris dans le but de faire avancer les sciences ; pourtant, à quoi serviraient leurs progrès s'ils restaient inconnus ou enfouis, comme on a coutume de les laisser, dans des recueils que personne ne lit, et que quelques-uns, à peine, consultent à des intervalles plus ou moins éloignés, et seulement afin d'y trouver un point de départ pour des découvertes nouvelles ? Dans un pareil état de choses, celui qui s'applique à recueillir les vérités acquises et à les réunir en un faisceau lumineux, pour en tirer des enseignements pratiques que le savant a négligés comme trop vulgaires, ou que sa préoccupation l'a empêché d'élucider et quelquefois même de discerner ; en vérité, celui-là, quand il réussit, ne doit pas avoir travaillé pour une vaine gloire. *Benè dicere haud absurdum est*, disait Salluste, et il ajoutait : *ac mihi quidem, tametsi haudquaquam par gloria sequatur scriptorem et auctorem rerum, tamen imprimis arduum videtur res gestas scribere.* Ce que Salluste disait de la narration des faits en général, nous le disons de l'histoire des sciences en particulier, et peut-être pouvons-nous l'affirmer avec plus de raison et d'assurance. Buffon, dont le témoignage est irrécusable, allait bien plus loin que l'historien latin (et que ne gagnerait pas la science, si tous les ouvrages de nos savants étaient écrits sous l'inspiration des conseils de ce grand maître!). « Les ouvrages bien écrits, a dit ce naturaliste, sont les seuls qui passeront à la postérité ; la quantité des connaissances, la singularité des faits, la nouveauté même des découvertes ne sont pas de sûrs garants de l'immortalité. Si les ouvrages qui les contiennent ne roulent que sur de petits objets, s'ils sont écrits sans goût, sans noblesse et sans génie, ils périront, parce que les connaissances, les faits et les découvertes s'enlèvent aisément, se transportent, et gagnent même à être mis en œuvre par des mains plus habiles. *Ces choses sont hors de l'homme ; le style est de l'homme même* (1). Le style ne peut donc ni s'enlever, ni se transporter, ni s'altérer....... Un beau style n'est tel,

---

(1) On a toujours défiguré cette citation. Buffon n'a jamais dit le *style est l'homme ;* cette manière de s'exprimer, qui n'a qu'un côté vrai, eût contredit trop formellement les principes qu'il émettait dans son discours. Il a dit le *style est de l'homme*, c'est-à-dire appartient à l'homme, ce qui est vrai rigoureusement, surtout par opposition aux découvertes dont il a parlé précédemment, qui s'enlèvent, se transportent et s'altèrent.

en effet , que par le nombre infini des vérités qu'il présente ; toutes les beautés intellectuelles qui s'y trouvent, tous les rapports dont il est composé sont autant
de vérités aussi utiles *et peut-être plus précieuses pour
l'esprit humain que celles qui peuvent faire le fond du
sujet.* » (BUFFON , *Discours de réception à l'Académie
française.*)

PHYSIOLOGIE

DE L'ESPÈCE,

HISTOIRE DE LA GÉNÉRATION.

> Qu'a donc fait l'action génitale aux hommes, si
> naturelle, si nécessaire et si juste, pour n'en oser
> parler sans vergongne et pour l'exclure des propos
> sérieux et réglez?
>
> MONTAIGNE, liv. III, ch. 5.

> *Neque indecorum nobis in utilitatem audientium
> nominare dicata conceptui organa, quæ ipsum Deum
> creare non puduit.*
>
> (CLEMENS ALEXAND., sec. pædagog.).

PHYSIOLOGIE

DE L'ESPÈCE.

DÉFINITION ET LIMITES DU SUJET DE CE LIVRE.

Le mot *physiologie* signifie discours sur la nature.
Dans leur sens littéral ces expressions, *physiologie de
l'homme*, *physiologie humaine*, expriment parfaitement leur objet, qui est l'étude de la nature de l'homme,
l'histoire des fonctions du corps humain.

On peut considérer l'homme sous deux aspects complètement distincts, quoique se rapportant tous les
deux à un même but, sa conservation.

1° L'homme se conserve comme *individu ;* il dure, il
vit pendant un temps *déterminé :* il a donc en lui-
même les conditions nécessaires à cette durée de son
existence. Ces conditions lui sont spéciales, individuelles, exclusives ; elles ne se rapportent qu'à lui, et
leur accomplissement dépend de lui seul. C'est en
vertu des lois que lui imposent ces conditions qu'il
se nourrit et qu'il établit avec les êtres extérieurs à lui
les rapports convenables à ses besoins. En étudiant

les faits de cet ordre , on étudie la *physiologie de l'individu*.

2° L'homme se conserve comme *espèce*. C'est à ce titre qu'il dure, qu'il vit depuis le commencement de la création, et qu'il vivra ainsi jusqu'à la fin des siècles. Il a donc en lui les conditions nécessaires à cette perpétuité contingente. Ces conditions ne lui sont pas spéciales, leur accomplissement ne dépend plus seulement de son individu, elles ne se rapportent pas à lui seul, elles ne lui sont pas nécessaires, il pourrait vivre de sa vie propre, de sa vie déterminée, sans les accomplir ; mais aussi, en ne les accomplissant pas, il anéantirait son espèce. Les lois organiques, résultant de ces condition, se trouvent renfermées dans un seul fait qui est général, universel, immense, car il forme la clé de voûte de l'édifice de l'univers, la raison *sine quâ non* de la nature organisée, et c'est en vue de lui que tous les autres faits de la nature, soit individuels, soit généraux, semblent avoir été déterminés. Ce grand fait, c'est la génération.

En étudiant le fait de la génération, on fait donc de la *physiologie de l'espèce*.

Mais l'homme n'est pas soumis uniquement aux lois de l'organisation, comme les autres êtres de la nature ; sa vie n'est pas seulement une vie physique, une vie actuelle, une vie isolée : l'homme vit au moral. Cette seconde vie, qu'il possède seul dans toute sa plénitude, lui est même plus chère que la vie physique ; il vit dans l'avenir, il vit en société avec ses semblables. De ce fait, qui n'est que secondaire, si on le considère du point de vue de l'histoire naturelle, découlent une foule de conséquences qui influent d'une ma-

nière plus ou moins directe, plus ou moins profonde
sur les destinées individuelles de ce roi de la création,
de cet anneau premier et supérieur de la chaîne zoologique.

Sous presque tous les rapports, même individuels,
c'est cette vie morale qui règle la vie physique. Et
quant à la physiologie de l'espèce, à la *génération*,
elle n'est possible, elle n'est régulière pour lui qu'en
vertu de l'observation des lois sociales qui lui ont été
appliquées.

Et voyez comme les choses ont été bien réglées,
même de ce côté, quoique tout y soit resté dans le domaine du libre arbitre, premier fondement de la vie
morale. Voyez comme les lois de cette vie morale sont
en concordance parfaite avec les lois de la vie physique.
Nous disions ci-dessus que le fait de la génération était
parmi les autres faits de la nature le seul fait général,
universel, immense, la clé de voûte de l'édifice de la
création ; eh bien! dans la vie morale, il en est de
même pour le mariage, qui est le fait correspondant.
Le mariage est la clé de voûte de l'édifice social, car
c'est le fondement de la famille, et la famille, n'est-ce
pas la société?

En étudiant la physiologie de l'espèce on étudie donc
l'homme dans l'état de mariage. Le mariage, c'est la
génération réglée par les lois. L'essence du mariage,
c'est la perpétuité de l'espèce. Le mariage est institué
ad usum prolis suscipiendæ, comme disent les canonistes, et l'on sait que selon les lois romaines, au rapport
de Valère-Maxime, ceux qui voulaient se marier étaient
tenus de jurer devant les censeurs que leur intention
était de procréer.

Ce qui précède nous semble définir assez clairement notre sujet et en justifier l'étendue et les limites. Nous en avons exposé le plan dans l'introduction, et ce serait nous répéter inutilement que de le reproduire. Disons seulement ici que le fait matériel de la génération étant dépendant de la conformation organique, et cette conformation étant elle-même une conséquence des lois générales de la nature organisée, il convient d'abord d'étudier celles de ces lois qui sont relatives à la génération dans tous les animaux, afin de saisir dans les perfectionnements successifs de la série animale les traits particuliers que l'homme en a retenus en sa qualité d'animal parfait.

Tel sera l'objet de la première partie.

PREMIÈRE PARTIE.

ANATOMIE ET PHYSIOLOGIE

DE LA GÉNÉRATION.

Omne adeo genus in terris hominumque, ferarumque,
Et genus æquoreum, pecudes, pictæque volucres,
In furias ignemque ruunt: amor omnibus idem.
VIRGILE, géorgiques, lib. 3

DE LA GÉNÉRATION

DANS L'HOMME

ET

LES ANIMAUX INFÉRIEURS.

Tout ce que nous avons à dire sur ce sujet sera renfermé dans trois chapitres.

Le premier comprendra les caractères généraux de la génération dans la série animale.

Dans le second, nous ferons connaître les matériaux élémentaires de cette fonction, qui sont le germe, le fluide fécondant et les organes.

Le troisième sera consacré exclusivement à l'étude anatomique et physiologique de cette même espèce humaine.

Les circonstances organiques qui caractérisent l'acte générateur dans la série animale se retrouvent dans l'homme, d'où il semble qu'il faudrait conclure que si, sous ce rapport comme sous tous les autres, l'homme marche le premier, à la tête des êtres créés, il ne marche pas à part. Ce serait là une grande erreur : l'homme est le seul être chez lequel le besoin de la reproduction se transforme et dure même après qu'il a été satisfait; et puis n'est-ce pas un caractère fondamental que cette faculté, qu'il possède exclusivement, de se livrer en tout temps à la plus importante des fonctions de l'animalité ?

CHAPITRE PREMIER.

COUP D'ŒIL GÉNÉRAL SUR LA FONCTION DE LA GÉNÉRATION
DANS LA SÉRIE ANIMALE.

Les anciens admettaient des générations spontanées.
Lamark et M. Geoffroy Saint-Hilaire croient ces générations possibles aux derniers degrés de l'échelle animale.

Viegmand et, en France, M. Frey ont mis un demi-
gros de corail dans six onces d'eau distillée, ils ont
exposé le tout aux rayons du soleil, et ils ont aussi
donné naissance à des conferves (1).

M. Dumas prend un fragment de chair musculaire ou
d'une matière animale analogue, il le met dans l'eau, et
bientôt il voit, au moyen du microscope, apparaître
dans le liquide une foule de petits globules doués cha-

(1) C'est un végétal élémentaire qui consiste en des filaments simples
très-flexibles, généralement verts et cylindriques. On le trouve dans les
eaux douces et salées, à la surface des bois pourris et des murs humides.
Elles se forment aussi dans des infusions végétales.

cun d'un mouvement spontané et progressif. Ces globules s'accolent par deux et produisent ainsi un être nouveau plus gros, plus agile, et capable de mouvements mieux déterminés que les mouvements des globules simples. Ce composé binaire ne tarde point à attirer à lui un troisième globule qui vient se réunir aux précédents et se souder intimement avec eux. Enfin, un quatrième, un cinquième et bientôt trente ou quarante se trouvent ainsi accolés, et constituent un animal unique doué de mouvements puissants, énergiques, et muni d'appareils locomoteurs plus ou moins compliqués. Pour prouver que ces globules sont bien des êtres organisés et vivants, M. Dumas les tue au moyen de l'étincelle électrique, et il voit se désunir leurs particules élémentaires qui ne se séparent point complètement à la vérité, mais dont le cadavre prend un aspect framboisé tout-à-fait différent de l'état antérieur, qu'il suppose être un véritable état de vie.

Nous n'admettons pas ces générations spontanées, ce qui ne veut pas dire que nous contestions les faits qui leur servent de base. Il y a dans le raisonnement sur lequel on les fonde un vice de conclusion. Ainsi, on a vu deux globules s'unir ensemble et constituer à quelques égards un être organisé, et on a dit : Il y a là génération *spontanée*, il n'y a pas eu de *parents* pour ces êtres, ils se sont formés *d'eux-mêmes* et de toutes pièces, et seulement par l'effet des circonstances qui ont mis leurs éléments constitutifs en rapport. Mais qui peut affirmer que les liquides ne contenaient pas les germes de ces animaux, si tant est que ce soient réellement des animaux ? On a déjà tant de peine à les voir quand ils sont formés, et de ce que l'on ne voit pas leurs germes, on conclut qu'ils n'existent pas. Ne peut-on pas prétendre avec une égale raison qu'ils existent ? A-t-on les moyens de tout voir? N'y a-t-il aucun procédé de la nature qui soit inconnu ? Autrefois, on croyait à la génération spontanée des vers et des insectes dans les chairs pourries (et les matériaux de l'expérience de M. Dumas sont-ils autre chose que de la chair pourrie), on a su plus tard, et il n'y a pas si long-temps vraiment, que cette génération n'était pas du tout spontanée, que les insectes et les vers provenaient des œufs déposés dans ces chairs. Les vers intestinaux étaient dans le même cas, rien n'était plus naturel que de croire à leur génération spontanée; on y a regardé de plus près, et l'on a reconnu leur sexe; on les a surpris accouplés, et l'on n'a pas eu de peine à comprendre combien il est facile à leurs germes de pénétrer d'un corps dans un autre.

« La naisance des êtres organisés, dit Cuvier, est le plus grand mystère de l'économie organique et de toute la nature ; nous les voyons se développer, mais jamais se former; il y a plus, tous ceux à l'origine desquels on a pu remonter ont tenu d'abord à un corps de la même forme qu'eux, mais développé avant eux, en un mot, à un *parent*. Tant que le petit n'a point de vie propre, mais participe à celle de son parent, il s'appelle un *germe*.

« Le lieu où le germe est attaché, la cause occasionelle qui le détache et lui donne une vie isolée, varient, mais cette adhérence primitive à un être semblable est une règle sans exception. »

Les animaux *infusoires* se reproduisent par une *génération fissipare :* à une certaine époque de la vie, ils se partagent en plusieurs fragments qui forment autant d'individus nouveaux. Chez les polypes et chez quelques vers intestinaux, c'est par une *génération gemmipare* que la reproduction s'effectue : les uns et les autres poussent à un certain endroit du corps des bourgeons, externes chez le polype, internes chez le ver, qui, à une époque déterminée, se détachent pour former des individus nouveaux (1). Au-delà de ces êtres, la génération ne s'effectue plus qu'à l'aide d'organes particuliers, appelés *organes sexuels*, les uns *mâles*, les autres *femelles*, ceux-ci fournissant un germe, ceux-là un fluide qui avive le germe, et qui en détermine le développement et le détachement. Lorsque les deux sexes sont réunis dans un même être, comme cela a lieu pour la plupart des plantes, des annélides et des mollusques, l'individu est dit *hermaphrodite* ; il peut encore se reproduire seul. Cependant l'hermaphrodisme n'amène pas toujours une reproduction solitaire, car le colimaçon, quoique pourvu des deux sexes, ne peut pas se féconder seul, il a besoin du concours de son semblable, avec lequel il accomplit l'acte de la génération par un accouplement double, chaque indi-

(1) M. Turpin, membre de l'Institut, est le premier, je crois, qui ait prétendu que les végétaux et les animaux les plus simples possédaient, au moins, deux modes de reproduction ; un mode externe par gemme ou bourgeon, et un mode interne par œuf. La chose était bien prouvée pour les végétaux qui portent des graines ou œufs, et qui ne se reproduisent pas moins pour cela par bouture ; mais elle n'était pas aussi bien établie pour les polypes. Aujourd'hui on peut l'affirmer pour les uns comme pour les autres, c'est-à-dire que les polypes naissent d'un œuf aussi bien que par gemme. (Voyez *Comptes-rendus hebdomadaires des séances de l'Académie des sciences*, 9 janvier 1827, l'article intitulé *Étude microscopique de la* cristatella mucédo).

vidu remplissant à la fois le double office de mâle et de femelle.

A un degré plus élevé de l'échelle animale , chaque sexe forme un individu, en sorte que chaque espèce se compose de deux parties. Pour effectuer la reproduction , l'une de ces parties, exclusivement douée du sexe mâle, se joint à l'autre partie, exclusivement douée du sexe femelle. Tel est le cas de l'espèce humaine. Toutefois, avant d'arriver jusqu'à l'homme, il existe plusieurs degrés caractérisés par la manière différente dont s'accomplit dans chacun l'acte reproducteur.

Chez les poissons, le fluide fécondant du sexe mâle n'est appliqué au germe fourni par le sexe femelle que lorsque celui-ci a été jeté au dehors.

Chez les oiseaux, ainsi que chez les mammifères, l'œuf est fécondé dans l'intérieur du sexe qui le fournit. Le fluide du sexe mâle lui est appliqué au moyen d'un organe propre à s'adapter aux parties de la femelle, et cette adaptation constitue l'*accouplement* ou la *copulation.*

Mais , tantôt l'œuf fécondé est pondu par la femelle de manière que l'individu nouveau n'éclot et ne paraît qu'après la ponte, c'est ce qui a lieu chez les *ovipares.* Tantôt l'œuf fécondé se détache de l'ovaire, et va se placer immédiatement dans un réservoir particulier appelé *matrice, utérus,* où, après avoir pris de l'accroissement , il naît sous la forme de l'espèce et doit encore, pendant un certain temps, recevoir de sa mère le *lait,* son premier aliment : tels sont les *vivipares,* parmi lesquels l'homme est au premier rang.

Chez l'homme, en effet, la génération s'accomplit à l'aide de sexes portés chacun par un individu distinct, l'homme et la femme ; le fluide générateur est transmis au germe pendant qu'il est encore dans l'intérieur de la femme, ce qui ne peut avoir lieu que par la *copulation* ; le germe fécondé n'est excrété qu'au bout d'un temps fixe, après que l'individu nouveau auquel il doit donner naissance a pris dans le sein de sa mère un certain accroissement, ce qui constitue la *gestation*. Enfin, après la naissance, l'individu tient encore à sa mère par la nourriture première qu'elle lui fournit, en sorte qu'il y a *allaitement*.

CHAPITRE II.

MATÉRIAUX ÉLÉMENTAIRES DE LA GÉNÉRATION.

Les matériaux de la génération sont au nombre de trois : 1° le germe, 2° l'élément fécondant, 3° les organes.

SECTION PREMIÈRE. — DU GERME.

Nous appelons *germe* l'élément, quel qu'il soit, fourni dans la génération bisexuelle par la femelle. Ce que l'on sait sur le germe se réduit à fort peu de chose; son origine est complètement ignorée; on ne sait pas comment il existe dans la femelle qui le contient. On s'est demandé pendant long-temps s'il se forme de toutes pièces et par l'action de la vie ; ou bien si tous les germes sont préexistants, emboîtés les uns dans les autres; ou bien, au contraire, s'ils sont disséminés et n'attendant que des circonstances nécessaires à leur développement dans un lieu convenable. Mais ces questions, malgré les longues discussions qu'elles ont entraînées, ne sont point résolues ; les bons esprits les regardent même comme insolubles dans l'état actuel des connaissances humaines, et leur recherche est même à peu près complètement abandonnée. Il est probable que le germe est un œuf. Dans la série animale, depuis le reptile jusqu'aux oiseaux, c'est un œuf proprement dit ; il est fourni par un organe qui s'appelle *ovaire*. Or, l'ovaire se retrouve, dans les animaux supérieurs, avec toutes les circonstances qui l'accompagnent chez les animaux que nous venons de nommer, seulement les œufs n'y sont pas aussi apparents ; de sorte que si on ne considérait les *ovaires* que dans l'homme et la plupart des mammifères, on pourrait avoir quelques doutes sur leurs fonctions ; mais ce qui se passe dans les classes qui sont au-dessous vient éclairer les faits obscurs de celle-ci. Or, chez les oiseaux, les poissons et les reptiles, les ovaires servent à l'accroissement et à la conservation des germes ou des œufs, qui s'y trouvent déjà tout formés avant les approches du mâle ; ne doit-on pas croire que la même chose a lieu dans la femme et dans les autres mammifères ? Cuvier, qui tenait cette conclusion pour légitime, la regardait comme l'un des plus beaux résultats de l'anatomie comparée.

Nous citerons ailleurs plusieurs autres faits qui ne peuvent être expliqués chez les mammifères qu'en admettant que le germe est un œuf. Toutefois, ceux qui reconnaissent au germe la forme ovarienne, se sont encore fait des questions :

Avant la conception, les œufs contiennent-ils tout formés les linéaments du fœtus, l'élément fécondant n'ayant, dans ce cas, pour fonction que de leur com-

muniquer l'impulsion nécessaire à leur développement. En d'autre termes, le fœtus existe-t-il primitivement dans l'œuf (Première question.), ou bien,
au contraire, le fœtus doit-il tout son être à la fécondation? (Seconde question qui nous paraît la plus probable.)

Voici des faits applicables à l'une et à l'autre. Les
œufs de la grenouille et de presque tous les poissons ne
sont fécondés qu'après qu'ils sont sortis du corps de la
mère. Les oiseaux femelles pondent, quoiqu'elles soient
vierges ou privées du mâle. Tous les animaux ont des
ovaires. Le produit de la conception se détache toujours
de ces ovaires, comme les œufs chez les ovipares dont
la fécondation est postérieure à la ponte. Les femelles
privées de leurs ovaires ne conçoivent pas. Dans l'homme
et chez beaucoup d'autres mammifères, on a observé
l'œuf dans ses divers degrés de développement; on l'a
vu arrêté dans le chemin des ovaires à la cavité de l'u-
térus; on l'a vu tomber dans l'abdomen; il a offert,
dans d'autres proportions seulement et avec la présence ou l'absence de quelque condition indifférente
ou non essentielle, la même disposition que l'œuf des
oiseaux et des reptiles.

Évidemment, toutes ces circonstances ne suffisent
pas pour faire résoudre la première question par l'affirmative, car le rôle de l'élément fécondant ne se
borne pas à éveiller le germe endormi dans l'œuf et à
déterminer son développement; il est positif qu'il
le modifie au contraire d'une manière très-profonde,
ainsi que le prouvent les animaux nés de deux espèces
différentes ou mulets, les individus nés d'un blanc et
d'un noir, les maladies héréditaires, les ressemblances

des enfants à leur père, etc., etc. Au reste, cette question rentre plus ou moins dans les systèmes inventés pour expliquer la génération, et nous y reviendrons forcément lorsque nous aurons à nous occuper de ces systèmes.

SECTION II. — DE L'ÉLÉMENT FÉCONDANT.

L'élément fécondant se présente sous l'apparence d'un liquide sécrété dans un organe spécial qui, dans les animaux supérieurs, a reçu le nom de *testicule*. Ce liquide, examiné avec quelque attention et à l'aide du microscope, contient une infinité de petits corps agités de ce mouvement spontané qui est le caractère fondamental de toute animalité. Aussi a-t-on regardé ces petits corps comme des êtres vivants, des *animalcules*. Leewenhoeck est le premier qui les ait observés; Needham confirma leur existence; puis, Buffon, Spallanzani, Gleichen, et, de nos jours, MM. Prévot et Dumas se livrèrent à des recherches spéciales pour mieux aprécier leur configuration et leur influence dans l'acte de la génération. Nous nous arrêterons plus particulièrement sur les travaux du dernier expérimentateur.

Le premier animal dans lequel M. Dumas a recherché les animalcules, c'est le *putois*, qui a un appareil générateur très-simple. Dans ce mammifère, les animalcules ont leur extrémité antérieure ou tête renflée, circulaire, mais raplatie, en sorte que, lorsqu'ils se placent sur le côté, on ne la distingue plus du reste de l'animal. La queue est longue, susceptible de flexion, et c'est à l'aide des mouvements qu'elle exécute que le petit animal parvient à s'avancer. En général, ces animaux nagent comme les petits têtards de grenouille, dont ils ont la forme et la vivacité. Lorsqu'on les extrait des organes d'un animal qu'on vient de tuer, leurs facultés vitales disparaissent assez rapidement ; elles durent davantage, c'est-à-dire qu'ils vivent plus long-temps, quand le liquide fécondant a été obtenu par l'éjaculation. Les animalcules bien vivaces exécutent des flexions rapides et alternatives de la queue, qui les poussent toujours en avant. Mais, chose singulière, *on ne les voit jamais rétrograder !* Bien souvent ils semblent ne pas avoir de but déterminé, ils s'agitent alors pendant long-temps sans changer de place ; leur activité diminue peu à peu, l'étendue de leurs mouvements décroît progressivement, et bientôt il se montrent sans vie et flottants au gré du liquide.

Les animalcules du *chien* sont plus petits que ceux du putois, mais ils ont une forme analogue.

Chez le *lapin*, ils sont plus longs que chez le chien ; la rapidité de leurs mouvements est extraordinaire, et de tous les mammifères c'est peut-être le lapin qui possède les animaux les plus remarquables sous ce rapport.

Chez le *cochon d'Inde*, les animalcules, plus longs que chez le chien, le lapin et le chat, se rapprochent pour les dimensions et la forme de ceux du putois ; leur tête est circulaire, plate, et marquée dans le milieu d'un cercle plus transparent sur le bord.

Les animalcules du *surmulot* ont une longueur considérable ; ils se meuvent avec vivacité, et nagent à la manière des anguilles dont ils ont à peu près la forme, car leur tête est moins grosse, relativement à la queue, que dans les animaux précédents. Elle est marquée de points translucides lorsqu'on l'examine de champ, et ce caractère singulier se retrouve dans le rat et les souris blanche et grise. Vue de côté, la tête se distingue de la queue, car elle est dirigée d'une façon anguleuse qui la rend aisée à reconnaître.

Les animalcules du *cheval* ont la tête arrondie, marquée au centre d'un point globuleux et clair.

Le *mulet*, qui passe généralement pour n'être pas propre à la fécondation, ne possède point d'animalcules. « Nous nous sommes procuré, dit M. Dumas, un mulet d'une douzaine d'années et qui montrait des signes d'ardeur non équivoques. On l'a tué, et nous avons examiné de suite tout son appareil générateur avec le plus grand soin. Il ne nous a pas été possible d'y rencontrer autre chose que des globules tels que ceux que l'on trouve dans les animaux impubères. Les testicules étaient remplis d'un fluide opalin très-abondant, et qu'on aurait confondu facilement à l'œil avec la liqueur spermatique la plus parfaite ; mais dans le microscope, on ne pouvait y apercevoir autre chose que des corpuscules immobiles. »

Les animalcules du *coq* et du *pigeon* sont à peu près semblables, ils ont une tête oblongue qui se rétrécit tout-à-coup à sa base et se continue en une queue extrêmement fine.

Ceux du *canard* sont plus courts et ne se présentent qu'au printemps et au commencement de l'été.

Au reste, la liqueur fécondante des oiseaux, à l'exception du coq et du pigeon, ne contient des animalcules que quand ils sont dans la saison des amours. Ainsi, le moineau mâle n'est véritablement pubère qu'au printemps, de même que les serins, les linots, les pinsons, etc., et ce n'est qu'à cette époque que l'on a trouvé chez eux des animalcules.

5

Les animalcules les plus gros sont ceux des *mollus-ques*. Chez les hélices, tels que le colimaçon ou escargot, ils ont près d'un millimètre de longueur absolue. Leur corps est ondulé dans toute sa longueur ; ils se meuvent avec assez de lenteur, et ils se terminent par une tête presque ovale. Ils nagent de la même manière que les anguilles.

On ne connaît aux animalcules spermatiques de facultés vitales que la locomotion, c'est-à-dire qu'ils ont l'air de se transporter spontanément d'un lieu dans un autre ; toutefois, comme nous l'avons dit ci-dessus, cette faculté n'est exercée par eux que dans un sens : ils avancent toujours, ils ne rétrogradent jamais. Une autre anomalie aussi singulière à quelques égards, c'est que l'*étincelle électrique les tue*, et que *le plus fort courant galvanique ne leur fait rien*, lors même qu'on donne à ce courant une intensité suffisante pour décomposer l'eau et les sels que peut contenir celle-ci. Ces deux caractères négatifs, de n'avoir pas de mouvement en sens divers, et de n'être point atteints par un fort courant galvanique, pourraient jusqu'à un certain point justifier ceux qui ne veulent point reconnaître la présence d'êtres vivants dans la liqueur fécondante. Mais il n'en reste pas moins ce fait que, nonobstant la valeur vitale de ces petits corps mouvants, leur présence est un signe incontestable de puberté ou d'aptitude à la génération, tandis que leur absence témoigne du contraire.

Quoi qu'il en soit, après avoir démontré la présence des animalcules dans la liqueur fécondante de tous les animaux, et après avoir prouvé que ces petits êtres se manifestaient chez eux, seulement lorsqu'ils ont atteint l'âge pubère, il s'agit de savoir quelle est leur importance dans l'acte générateur. Des expériences diverses, dont nous ne rapporterons que la suivante, prouvent que les animalcules donnent seuls à la liqueur fécondante la propriété d'aviver le germe et de provoquer son détachement et son développement, soit au dehors, soit au dedans de la femelle.

Si on filtre la liqueur spermatique de manière à séparer les animalcules du liquide dans lequel ils nagent, le liquide filtré perd toute propriété fécondante ; le résidu, au contraire, conserve cette propriété. Voici en quels termes M. Dumas rend compte de cette expérience :

« Cinq filtres emboîtés l'un dans l'autre ont été lavés avec de l'eau distillée pendant plusieurs jours ; on a attendu qu'ils fussent vides, et on a préparé cent grammes de la liqueur fécondante avec douze testicules (de grenouilles) et autant de vésicules séminales ; celle-ci a été jetée sur le filtre, et l'on a eu soin d'y verser de nouveau les premières portions qui se sont écoulées ; enfin, on en a recueilli dix grammes dans l'espace d'une heure, et on les a reçus au fond d'un vase très-propre. Nous avons cherché à y découvrir des animalcules, mais tous nos soins ont été inutiles. Alors cette portion a été mise en contact avec quinze œufs, et la liqueur restée sur le filtre a été versée sur une masse d'œufs très-considérable. Ces derniers, au nombre de plusieurs centaines, ont été fécondés comme à l'ordinaire ; les autres se sont tous gâtés au bout de quinze jours. L'expérience a été répétée deux fois avec le même succès, et nous avons vu par la suite avec étonnement qu'elle avait

eu le même résultat entre les mains de Spallanzani.»
(Dumas, *Dict. d'hist. nat.*)

L'existence des animalcules et leur action essentielle dans l'acte générateur sont pour nous des faits
avérés, et nous doutons que ceux qui voudront y regarder de près puissent résister à l'évidence. Ces mêmes
animalcules composent donc, à eux seuls, le véritable
élément fécondant. Nous verrons ailleurs comment on
croit qu'ils agissent pour donner naissance à un nouvel
être, et à la formation de quelles parties ils sont censés
concourir plus positivement.

SECTION III. — DES ORGANES.

Les organes de la génération sont plus ou moins
compliqués, selon la classe à laquelle appartient l'animal chez lequel on les considère. On peut admettre
quatre formes principales dans la fonction de la génération, et ces formes sont assez tranchées pour justifier jusqu'à un certain point une division du règne animal qui reposerait uniquement sur les caractères
qu'elles accusent.

Tous les animaux naissent d'un germe. Il est indispensable que la production du germe ait lieu dans toutes les classes.

Au dernier degré de l'échelle, la génération, réduite
à sa plus grande simplicité, consiste dans le simple
détachement de ce germe. On conçoit que dans ce cas
il n'est point besoin d'organes particuliers pour effectuer la fonction. L'individu qui doit être engendré
pousse sur un point quelconque de la surface de son
parent, comme le bourgeon sur l'arbre, et quand il

a atteint un développement convenable, il s'en détache à la façon d'un fruit mûr.

Dans le degré supérieur le plus voisin, où l'on trouve les deux sexes, le germe est fixé d'un côté et l'élément fécondant de l'autre. Il doit donc y avoir dans ce cas un organe contenant le germe, et un organe fabriquant l'élément fécondant.

Un peu plus haut, il y a les organes du germe, les organes de l'élément fécondant, et de plus des organes destinés à appliquer l'un à l'autre.

Enfin, il y a un quatrième et dernier degré qui est exclusif aux animaux qui engendrent leurs petits vivants. Chez ceux-ci, comme il y a un intervalle entre la fécondation ou l'avivement du germe et son développement complet, son apparition à l'état d'individu nouveau, il fallait un réceptacle spécial pour le contenir et où il trouvât à sa portée, toutes préparées, les substances nécessaires à son accroissement définitif. Les organes relatifs à cet acte complémentaire sont exclusifs à celui des deux sexes qui fournit le germe. Ils étaient inutiles à l'autre.

De ces quatre sortes de génération, trois seulement se font, comme nous venons de le dire, à l'aide d'appareils organiques spéciaux, qui sont :

1° Des appareils producteurs et conservateurs de l'élément fécondant ;

2° Des appareils d'accouplement ou d'union ;

3° Des appareils de conservation et de développement de l'individu engendré.

Cette classification appartient à Cuvier, et nous pourrions étudier les organes générateurs de tous les animaux en partant de son point de vue, mais elle est trop exclusivement anatomique pour remplir notre objet. Il

nous a semblé plus naturel de considérer l'appareil générateur dans ses principaux degrés de complication,
en commençant par le mode le plus simple pour arriver graduellement au plus composé, qui est celui de
l'homme. Dans cette revue zoologique, lorsque quelques détails bien constatés des mœurs des animaux,
relatifs à l'exercice de la fonction, viendront à notre connaissance, nous nous empresserons de les faire
entrer dans nos pages, afin de relever l'aridité de des-
criptions qui, quelque curieux qu'en soit l'objet, ne
laisseraient pas que de fournir à la longue une lecture
fastidieuse.

ARTICLE PREMIER.

ORGANES GÉNÉRATEURS DES MOLLUSQUES.

(Planche Ire.)

Cet article comprendra deux paragraphes. Dans le
premier, nous parlerons des mollusques dits *hermaphrodites complets*, qui se fécondent seuls et sans le
secours d'un semblable ; dans le second, nous traite-
rons des hermaphrodites incomplets, lesquels, tout en
ayant les deux sexes, ne peuvent engendrer que par
accouplement.

§ Ier. — *Hermaphrodites complets qui se fécondent sans
le secours de leurs semblables.*

La structure des organes génitaux de ces mollusques
est réduite à la plus grande simplicité.

L'ovaire, ou l'organe qui produit le germe, est situé
immédiatement sous la peau dans la *moule*. Sa forme

est celle d'un grand sac fermé par une membrane qui
se prolonge dans l'intérieur du sac. A l'époque où la
génération doit s'accomplir, il transsude des parois du
sac une liqueur particulière qu'on regarde comme la
véritable liqueur fécondante , et quand les œufs que
renferme l'ovaire en ont été arrosés, ils se détachent et
viennent éclore entre les feuillets branchiaux qui occupent le bord de la coquille. Ces œufs gonflent quelquefois l'animal d'une manière extraordinaire ; leur
nombre est vraiment prodigieux. Lorsqu'on les enlève
des endroits où ils sont logés avant d'abandonner la
coquille-mère, et qu'on les observe à la loupe , on voit
les petites moules toutes formées ouvrir et fermer
leurs petites coquilles avec beaucoup de vivacité.

Chez l'*huître*, le produit de la génération, le *frai*,
qui est formé de la même manière et que l'animal jette
au printemps, ressemble assez à une goutte de suif
dans lequel on distingue à la loupe une infinité de petites huîtres toutes formées qui vont s'attacher aux rochers , aux pierres, ou à tout autre corps solide. Les
moules et les huîtres sont des hermaphrodites vivipares.

Chez les *cirripèdes*, qui ne sont bien connus que depuis le mémoire de l'un de nous (G.-J. Martin Saint-
Ange), les appareils dont nous parlons sont plus compliqués. Le cirripède est mieux organisé que l'huître.
Il vit pourtant, comme elle, au lieu où il se fixe en naissant, mais il s'y tient suspendu par un long pédicule,
et au moyen de longs bras qui entourent sa bouche,
il attire à lui pour se les assimiler les matériaux
nutritifs qui viennent s'offrir à sa rencontre. Ces
longs bras, qu'on appelle cirres , sont par paires au

nombre de douze de chaque côté. Les six paires
d'un côté sont séparées des six paires de l'autre par
une sorte de trompe longue et flexible, creusée dans
toute sa longueur ; c'est l'appareil générateur mâle ,
l'organe conducteur du fluide fécondant. Il pénètre
dans l'intérieur de l'animal et va s'aboucher avec
une infinité de petits grains ovoïdes qui ne sont autre
chose que les testicules, lesquels se trouvent réunis
en grappes autour et le long du canal intestinal.

Les organes producteurs du germe des cirripèdes
ne sont pas aussi apparents, on sait seulement que les
œufs se rencontrent dans le pédicule. Ils sont là en-
veloppés dans une espèce de tissu lamelleux , et quand
ils y ont pris un accroissement convenable , ils rompent
leur enveloppe celluleuse et viennent s'accumuler
presqu'au dehors de l'animal dans le manteau, c'est-à-
dire sous la première enveloppe de ses organes. Leur
passage est indiqué par un canal particulier qui existe
le long du bord postérieur de cette pièce.

Le mécanisme par lequel les ovules parviennent là
est assez curieux. L'anatife ou le cirripède contracte
fortement les muscles de son pédicule, le rétrécit et
le rend si court que les œufs, pressés de toutes parts ,
sont obligés de passer à travers le canal qui doit les
conduire dans le manteau. Arrivés là , ils se fixent sur
un repli membraneux, ils se réunissent successivement les uns aux autres et s'accumulent au même endroit, de manière à former autour de l'animal deux
larges coussins. Cependant le tube fécondant, la trompe
a acquis une plus grande longueur, presque le double
de sa longueur ordinaire ; si on le comprime , il en
sort une liqueur blanche particulière qui est le fluide

fécondant. Quand les choses sont dans cet état, la trompe se replie sur elle-même, vient s'engager par son extrémité dans une ouverture qui existe entre les deux premières paires de pattes, par conséquent sous le manteau, et là elle se vide sur les œufs de toute la liqueur fécondante qu'elle peut contenir. Après la fécondation, les œufs sortent du manteau par centaines, l'eau leur permet de se séparer et d'aller prendre leur résidence de tous côtés, aux premiers corps qui peuvent leur servir de point fixe. (Pour plus de détails, voyez le *Mémoire sur l'organisation des cirripèdes et sur leurs rapports naturels avec les animaux articulés,* avec deux planches; par G.-J. Martin Saint-Ange. Paris, Baillière, 1835).

§ II. — *Hermaphrodites incomplets, lesquels, quoiqu'ayant les deux sexes, ne peuvent se féconder que par accouplement.*

Chez les animaux dont nous venons de parler, la génération s'opère par l'animal lui-même. L'huître se féconde par la simple transsudation du sac que forme son ovaire. Le cirripède se féconde au moyen d'un testicule multiple fabricant un liquide générateur abondant versé sur des œufs dans un lieu à part. Les deux sexes sont réunis, et ainsi qu'on l'a vu, l'individu se suffit à lui-même pour l'acte de la reproduction; dans d'autres espèces, et sans qu'il soit besoin de nous élever dans l'échelle animale, nous allons trouver un peu plus de complication.

Les *hélices* ou colimaçons, qui sont de la classe des mollusques, ont aussi les deux sexes réunis sur le même individu, mais chez eux il y a cela de particulier que l'individu, quoiqu'il soit hermaphrodite, ne peut pas se féconder de lui-même, il a besoin du concours de son semblable pour opérer la reproduction, et dans l'accomplissement de cette fonction il se trouve remplir à la fois le rôle du mâle et celui de la femelle des classes supérieures. Ce sont des hermaphrodites complets en tant que possédant les deux sexes, mais incomplets en ce sens qu'ils ne peuvent pas se féconder seuls, comme les cirripèdes et les huîtres.

Les organes générateurs des hélices se composent, entre autres parties, d'un ovaire, de testicules et d'une verge. L'ovaire a la forme d'une grappe très-composée dont chaque grain est un œuf et dont les pédicules sont des tuyaux qui s'embouchent les uns dans les autres pour se terminer dans un canal commun. Le testicule est une glande blanche, oblongue, très-considérable dans la saison de l'amour. Son canal va s'ouvrir à la base de la verge. Celle-ci se présente sous la forme d'un sac charnu cylindrique, ayant en dedans une arête saillante qui règne dans toute la longueur et qui vient s'ouvrir dans une bourse commune à toutes les parties de la génération. Ce sac se retourne, comme un doigt de gant, par le moyen de ses propres fibres, et il revient à son premier état par les contractions d'un muscle particulier qui prend l'un de ses points d'attache au dos de l'animal. Lorsque ce sac est ainsi retourné en dehors, il forme une verge saillante très-longue. La bourse commune à tous les organes générateurs est un sac charnu, auquel aboutissent l'ovaire, le testicule et la verge, et qui vient s'ouvrir au dehors entre le grand et le petit tentacule (cornes) droits.

Il y a en outre chez l'*helix pomatia* ou le colimaçon un organe excitateur qui a été fort bien décrit par Cuvier. Nous citerons textuellement les détails curieux observés par ce grand naturaliste.

« Un autre organe propre au *colimaçon*, dit Cuvier, c'est la bourse du dard, ainsi nommée de l'instrument singulier qu'elle contient et qu'elle produit.

« La figure de cette bourse est celle d'une cloche allongée ; sa nature musculaire, ses parois fort épaisses à proportion. Elle donne dans la cavité commune de la génération, et peut, comme elle, se renverser entièrement en dehors.

« Ses parois intérieures ont quatre sillons longitudinaux et dans son fond est un mamelon dont la surface sécrète une matière calcaire et comme spathique, qui, s'allongeant toujours par de nouvelles couches intimement collées aux précédentes, et se moulant dans les quatre sillons de la bourse, finit par former un dard à quatre arêtes, qui ressemblerait aux lames d'épée ordinaires, si ce n'est que celles-ci n'en ont que trois.

« Ce dard renaît quand il a été perdu ou cassé.

« C'est avec ce singulier instrument que les *colimaçons* préludent à leurs caresses amoureuses. Lorsque deux individus se rencontrent, ils commencent par se toucher, par se frotter l'un contre l'autre par toutes les parties de leur corps. Après être restés plusieurs heures dans cette occupation, on voit la bourse commune sortir et se gonfler ; bientôt après se manifeste la bourse du dard, et celui des deux individus qui la renverse le premier cherche à piquer, s'il peut, quelque

endroit du corps de son camarade ; je dis s'il peut,
parce qu'à peine celui-ci aperçoit-il la pointe du dard,
qu'il se réfugie dans sa coquille avec une promptitude
que ces animaux n'ont guère accoutumé d'avoir. Il n'y
a point de lieu particulièrement destiné à cette sorte
de blessure. Ordinairement le dard se rompt aussitôt
qu'il a effleuré la peau ; quelquefois il y reste fiché,
mais le plus souvent il tombe à terre. Le deuxième
colimaçon ne tarde point à faire sortir le sien et à
l'employer de la même façon. Ce n'est qu'après ces
cérémonies préliminaires que le véritable accouplement a lieu par l'insertion réciproque des verges.

« Mais ce dard, à quoi sert-il ? Est-ce pour réveiller
un peu par sa piqûre l'énergie de ces animaux apathiques ? Mais pourquoi manquerait-il à la limace et à
tant d'autres mollusques qui n'ont guère plus de vivacité ? Quant à la verge, il est probable qu'elle pénètre
dans le canal de la matrice ou au moins vis-à-vis de
son issue dans celui de la vessie. Ses rapports de longueur avec le canal de la vessie m'ont fait soupçonner
autrefois que c'est ce dernier qui est destiné à la recevoir. On ne pourrait vérifier cette conjecture qu'en
mutilant avec adresse deux colimaçons accouplés ; mais
cette opération me paraît bien difficile, et je ne l'ai
point tentée. »

Les lymnées et les planorbes, qui sont des coquillages
fluviatiles et des marais, ont, comme l'*helix pomatia*,
les deux sexes séparés, mais chez eux l'organe mâle
est bien éloigné de l'organe femelle ; il en résulte que
l'accouplement ne peut pas se faire à deux, il faut
au moins trois individus pour que l'acte générateur soit
complet. Quand il n'y en a que trois, l'individu du

milieu est le seul dont le double appareil soit en œuvre,
le premier individu n'agissant que comme mâle et le
second comme femelle, à moins que le troisième ne
soit posé de façon à pouvoir se joindre au premier.
Mais comme de nouveaux individus peuvent se joindre
à ce groupe primitivement accouplé, il en résulte un
cordon souvent fort long dans lequel tous les animaux
intermédiaires au premier et au dernier donnent et
reçoivent à la fois comme mâles et comme femelles.
Au bout d'un certain temps d'accouplement, dont on
ignore au juste la durée, les individus fécondés déposent sur les corps morts ou vivants qui se trouvent
dans l'eau, de petites masses glaireuses, translucides,
ovulaires, composées d'une plus ou moins grande quantité d'œufs. Ces œufs, d'abord nullement distincts, le
deviennent peu à peu ; on aperçoit très-bien dans
chacun le petit animal pourvu de sa coquille, qui, en
assez peu de temps, se sépare des autres et va à la recherche de sa nourriture.

———

ARTICLE II.

ORGANES GÉNÉRATEURS DES CRUSTACÉS ET DES INSECTES.

Chez les *écrevisses*, les deux sexes sont séparés. L'appareil génital mâle se compose de deux verges qui
sortent à l'arrière du thorax, derrière la cinquième paire
de pattes. Dans cet endroit on remarque de chaque
côté une pièce cornée, pointue, tubuleuse, qui peut

s'introduire dans la vulve de la femelle et y conduire
la verge, qui passe au travers de ce tube. De la racine
de chaque verge partent deux canaux très-tortillés qui
se rendent à un testicule unique divisé en six lobes où
se sécrète le fluide fécondant.

L'appareil génital femelle qui lui correspond se compose d'un ovaire divisé en trois grappes ou boyaux
remplis d'œufs, de deux conduits appelés oviductes,
parce qu'ils sont destinés à conduire les œufs fécondés au dehors, et de deux vulves, pour recevoir les
deux verges du mâle. Ces ovaires sont situés sur les
côtés du corps ; à l'époque de la ponte, ils sont très-
distendus par les œufs et allongés. L'accouplement
des écrevisses, de même que celui des *homards*, qui
ont une organisation semblable, se fait, à la manière
de quelques mouches, ventre contre ventre. Le mâle
attaque la femelle qui se renverse sur le dos, et le cou-
ple amoureux s'enlace alors étroitement à l'aide des
pattes. La ponte a lieu deux mois après ; elle est assez
abondante ; les œufs viennent se fixer sur les filets mo-
biles qui garnissent la queue, à l'aide d'un tuyau membraneux, flexible, élargi à sa base, et qu'on regarde
comme la continuation de l'enveloppe externe de l'œuf.
Les femelles portent ces espèces de grappes jusqu'à la
naissance des petits, qui, d'abord très-mous, trouvent
sous le ventre de leur mère un refuge assuré contre
les dangers, et n'abandonnent cet abri que lorsque
leur test plus consistant est assez solide pour les pro-
téger.

Pour en finir avec ces animaux d'un type inférieur,
nous dirons un mot de la génération chez les *fourmis*

et les *araignées*. Cette étude est assez curieuse, et présente relativement aux mœurs de ces animaux des circonstances tout-à-fait dignes d'intérêt.

Les organes génitaux de la fourmi sont renfermés dans l'un des segments de son abdomen ; la connaissance de leur organisation est encore fort peu avancée, mais on a assez bien étudié diverses phases de leurs amours.

Les fourmis vivent en société, comme les abeilles. Il y a aussi parmi elles des mâles, des femelles, et des neutres qui ne sont ni mâles ni femelles, qui forment le plus grand nombre, et qui seules pourvoient aux besoins de la société. Ce sont les neutres qui travaillent à la construction des souterrains, qui y apportent du dehors les provisions de chaque jour, qui dressent le nid, qui soignent les couvées, qui se présentent au combat quand la société est menacée par quelque république voisine, ou que le territoire qu'elles occupent est menacé d'invasion. Quand la place n'est plus tenable, ce sont elles aussi qui vont à la recherche d'un domicile nouveau, qui le découvrent et qui provoquent l'émigration générale après y avoir tout disposé pour que tout le monde s'y trouve bien. Les mâles ne sont utiles que pour perpétuer l'espèce ; ils naissent avec des ailes, ainsi que leurs femelles, mais ils n'en sont pas moins retenus prisonniers jusqu'à l'époque où la société les juge en état de donner à la patrie de nouveaux citoyens. Au soir d'un beau jour marqué par la chaleur, la fourmilière se vide de tous ses habitants, grands et petits sortent en foule ; un cortége nombreux de neutres entoure les fourmis ailées, et semble les conduire en pompe au lieu choisi pour accomplir l'hymen. C'est ordinairement sur les tiges des végétaux environnants que se passe la scène, qui n'est pas de longue durée, quoiqu'elle ait pour les acteurs des conséquences bien opposées. Les mâles, en effet, ne tardent guère à mourir après l'accouplement. Quant aux femelles, elles redescendent à terre, où les neutres s'emparent d'elles pour les entraîner dans la fourmilière, comme le seul gage de la postérité. Là, comme si l'on avait peur que l'envie ne les prît de monter au grand air pour s'y livrer à de nouveaux ébats, on leur arrache incontinent les ailes, et on les garde à vue jusqu'à ce qu'elles soient prêtes à mettre bas. En attendant, on les choie, on les caresse, on les accompagne, on les transporte même partout, et on les nourrit avec le plus grand soin; puis, quand le moment de la ponte est arrivé, une matrone habile, se cramponnant sur l'abdomen de la mère souffrante, saisit tous les petits œufs au passage, et les réunit en tas avec le plus grand soin. J'ai dit que les autres choyaient et caressaient les femelles. La fourmi, en effet, a sur la tête deux petites cornes ou antennes dont elle fait l'usage le plus répété dans les diverses circonstances de la vie sociale. C'est à l'aide de ces antennes qu'elles établissent entre elles les plus fréquents rapports et qu'elles se parlent, pour ainsi dire. Une fourmi très-chargée a-t-elle besoin d'un aide pour traîner son fardeau, elle donne un coup de corne à la première camarade qui passe, et la besogne est bientôt partagée. Les larves elles-mêmes comprennent le langage des antennes, et présentent leur mamelon dès qu'elles se sentent palpées par les fourmis qui sont chargées de leur apporter leurs repas.

On a plus de détails sur l'organisation génitale des

araignées. On avait cru jusqu'à présent que le mâle
portait ses organes générateurs tout près des mâchoires, et que l'accouplement s'exerçait par conséquent
d'une façon tout-à-fait insolite. Des recherches plus récentes tendent à rendre ce fait de plus en plus incertain. Il est presque reconnu en effet que les organes
renfermés dans les palpes des mâles sont des organes
d'excitation et non de rapprochement. Au reste, les préliminaires de la réunion des sexes chez les araignées sont
assez curieux. L'acte lui-même n'est pas sans danger
pour le mâle, qu'un instinct secre¹ pousse d'ailleurs à
y mettre une extrême circonspection. Au moment indiqué par la nature, l'araignée mâle se met en quête
d'une femelle. Quand il a fait sa découverte, il s'approche lentement de la toile au fond ou au centre de laquelle l'objet de sa passion repose; il fait d'abord quelques pas sur les fils les plus éloignés de l'habitation, puis
il s'éloigne avec rapidité, pour observer de loin l'effet
qu'a pu produire sa démarche audacieuse. Quelques
instants après, il hasarde une tentative nouvelle, et il
s'avance avec d'autant plus de sécurité que la femelle
montre moins de rigueur; il va, il revient, en s'approchant toujours de plus près de sa conquête; enfin, après
plusieurs hésitations, il s'aventure jusqu'à toucher déli-
catement sa belle avec l'extrémité de sa patte antérieure;
mais tout-à-coup, comme s'il s'effrayait de cet accès d'audace, et que sa valeur fût ébranlée, il s'échappe de
la toile, en se laissant tomber pour fuir plus vite. Il
ne revient qu'après un peu de temps, et quand ses sens
rassis lui ont redonné tout son courage. Si la femelle
est restée immobile et accessible, si elle n'a manifesté aucune répugnance à se livrer aux désirs de son

7

poursuivant déterminé, celui-ci s'approche avec confiance, et se laisse tâter à son tour. C'est alors que les palpes antérieurs dont nous avons parlé se détendant, comme par l'effet d'un ressort, sont présentés à plusieurs reprises au bas de l'abdomen de la femelle, et le mystère s'accomplit.

Mais toutes les amours ne sont pas aussi paisibles ; il n'est pas rare de voir leur théâtre ensanglanté. Quand la femelle n'est pas disposée à la tendresse, à la première tentative, elle saute sur son agresseur, et lui fait payer cher son audace ; la mort même est souvent le fruit d'une funeste erreur. Tels sont les traits connus des amours des aranéides ; tout le reste est l'objet des recherches de nos savants.

ARTICLE III.

ORGANES GÉNÉRATEURS DES POISSONS.

Mâles. Dans les poissons cartilagineux, tels que la *raie*, les testicules se composent de deux parties distinctes : la première est une réunion de tubercules disposés en faisceaux ; la seconde a une forme allongée, et présente une matière pulpeuse assez analogue à la *laitance*. De chacun de ces testicules il part un conduit qui se dirige vers l'anus, où il s'ouvre avec celui de l'autre côté dans une éminence conique qui peut bien passer pour une verge et servir au même usage dans l'accouplement. Avant de s'ouvrir ainsi au dehors, le conduit dont nous parlons se renfle en une espèce de vésicule, laquelle a sans doute pour fonction de servir de réservoir temporaire à la semence fabriquée par les testicules, hors le temps des accouplements.

Dans les raies et les squales, les mâles ont à leurs nageoires ventrales des appendices évidemment destinés à favoriser l'accouplement, qui se fait ventre à ventre. Ces appendices leur permettent, en effet, de saisir avec plus de fermeté la queue de leurs femelles.

Dans les poissons osseux, portant *des arêtes* ou *épines*, les glandes séminales forment la *laite* ou *laitance*; ce sont deux espèces de sacs qui renferment une liqueur opaque et laiteuse.

Femelles. Dans les poissons cartilagineux, l'ovaire est une poche remplie d'une innombrable quantité d'œufs (1). La membrane qui constitue cette poche est épaisse et d'un tissu corné.

Dans les poissons osseux, il y a deux sacs semblables à ceux qui renferment la laitance chez les mâles; ces

(1) Voici quelques exemples du nombre des œufs chez les poissons. On les doit à M. Rousseau père, qui a laissé un digne successeur dans son fils Emmanuel Rousseau, aujourd'hui chef des travaux anatomiques du Muséum d'histoire naturelle.

Dans une perche d'eau douce (*perca fluviatilis* L.) pesant *une livre deux onces*, l'ovaire pesait vingt-huit gros et contenait 691,216 œufs.

Une carpe (*cyprinus carpio* L.) pesant *deux livres cinq onces*, l'ovaire pesait vingt-deux gros trente-six grains et contenait 167,400 œufs.

Un maquereau (*scomber scombrus* L.) pesant *une livre trois onces*, l'ovaire pesait vingt gros et contenait 12,920 œufs.

Un brochet (*esox lucius* L.) pesant *vingt livres*, l'ovaire pesait trois livres deux onces quatre gros et contenait 166,400 œufs.

Un esturgeon (*acipenser sturio* L.) pesant *cent soixante livres*, l'ovaire pesait dix-huit livres quatre onces et contenait 1,467,836 œufs.

deux sacs sont situés sur les deux côtés de la colonne vertébrale.

En général, les poissons ne s'accouplent pas ; la femelle dépose ses œufs dans un lieu propice, et le mâle vient répandre sur eux sa liqueur fécondante.

Il y a cependant des poissons qui s'accouplent, et chez lesquels le germe est fécondé dans l'intérieur de la femelle ; ce qui le prouve, c'est que les petits éclosent dans l'ovaire. Chez l'anableps, par exemple, les petits en naissant ont même déjà acquis un certain degré de développement. L'anableps mâle porte en arrière de l'anus un appendice conique assez long, revêtu d'écailles et percé d'un canal qui communique avec la laite et la vessie urinaire. C'est cet appendice que l'on regarde avec quelque raison comme l'organe de l'accouplement.

Il y a des poissons qui paraissent être hermaphrodites, car ils semblent réunir naturellement et constamment les organes des deux sexes. Tel est le *serran*, ou perche de mer, dont les ovaires ont leur portion postérieure fort semblable à une laitance. On croit être certain que l'anguille et la lamproie sont dans le même cas. Everard Home l'affirme positivement de ces deux espèces ; MM. Magendie et Dumoulin pensent qu'il y a des mâles dans le genre lamproie ; Cuvier met en doute la vérité de leur opinion.

En général, à l'époque du frai, les laites se tuméfient chez le mâle en même temps que les œufs croissent de leur côté chez la femelle. Ces organes compriment de jour en jour davantage les viscères intérieurs et les surchargent d'un poids de plus en plus fort. Dans ces circonstances, on voit les femelles, chez un

grand nombre d'espèces, se frotter l'abdomen sur le
gravier, pour favoriser sans doute la sortie des œufs.
Tous cherchent des abris plus sûrs et une température
plus convenable. Les poissons de la haute mer s'ap-
prochent des rivages. D'autres remontent les fleuves
ou quittent les lacs pour se rapprocher des sources des
rivières; il en est qui descendent vers la mer. Les
carpes cherchent les fonds herbus; la tanche, l'anguille
et quelques autres préfèrent la vase et les eaux dormantes; les truites, les perches, les goujons, les loches
recherchent les eaux vives et le gravier.

Les mâles, attirés quelquefois de très-loin, arrivent
auprès des œufs abandonnés par les femelles; ils passent et repassent au dessus de ces œufs qui sont agglomérés et recouverts d'une gelée glaireuse, et ils
laissent échapper sur eux de leur laite le fluide destiné à les féconder.

Nous trouvons dans un recueil allemand des observations très-intéressantes, faites par le professeur Rusconi, sur les mœurs des poissons à l'époque des amours.

« Pendant mon séjour à Desio, dit ce naturaliste, je fus
me promener par une belle matinée de juillet sur les
bords du lac de Villa-Traversi. J'entendis tout-à-coup
un bruit qui m'attira. Je crus d'abord que c'était quelqu'un qui frappait l'eau avec la paume de la main, ou
avec des rames, mais je me trompais : c'étaient des
poissons qui pondaient. Je m'approchai doucement
sans en être aperçu, et, caché par des broussailles,
je pus observer tout à mon aise. Les poissons se trouvaient à l'embouchure d'une petite rivière dont l'eau
était fraîche et limpide et assez basse pour que l'on vit
distinctement les cailloux qui étaient au fond. Vous

savez que beaucoup de poissons ont l'habitude de déposer leur frai à l'embouchure des fleuves, comme, par
exemple, les saumons; mais les poissons que j'exami-
nais n'appartiennent pas à cette famille : c'étaient des
cyprinus gobio. Ils déposèrent leur frai de la manière
suivante. Ils s'approchèrent de l'embouchure de la rivière ; puis, en se donnant une impulsion rapide, ils y
parcoururent un espace de deux pieds et demi en glis-
sant avec le ventre sur les cailloux. Ensuite ils s'ar-
rêtèrent, balancèrent leurs queues à droite et à gauche,
et se frottèrent le ventre contre les cailloux. A
l'exception du ventre et du dessous de la tête, tout le
reste du corps était hors de l'eau. Ils restèrent dans
cette position sept à huit secondes, puis ils frappèrent
vivement le sol de leurs queues, ce qui fit jaillir l'eau
tout autour d'eux. Le but de ce mouvement était de
se retourner et de regagner le lac, pour recommencer
peu de temps après. On sait qu'un naturaliste a prétendu que les poissons, lorsqu'ils fraient, se couchent
sur le côté, de façon que l'abdomen du mâle est près
de celui de la femelle. Je ne discuterai pas ce fait,
mais je puis assurer que les poissons dont je parle ne
faisaient pas ainsi. Les mâles et les femelles montaient
la rivière, les premiers pour y lancer leur semence, les
autres pour déposer leurs œufs. Ce qui me frappa, c'est
que, parmi ces poissons dont les plus grands n'avaient
pas plus d'un pied, il s'en trouvait de tout petits; j'i-
gnore si ces derniers pondaient aussi des œufs, mais
ils s'élançaient dans la rivière comme les autres. Je
jouissais de ce spectacle depuis un quart d'heure, lorsque je vis arriver un canard musqué qui attrapa un
des petits au moment où celui-ci voulait retourner dans

le lac, ce qui fit fuir toute la troupe. J'examinai alors les œufs qui venaient d'être pondus : ils n'étaient ni entassés, comme ceux de la grenouille, ni placés en file, comme ceux des crapauds, ni en bandes, comme ceux de la perche fluviatile ; ils étaient disséminés çà et là, et tout le fond de la rivière en était couvert.

« Je remplis un vase d'eau du lac, et j'y posai trois à quatre pierres sur lesquelles étaient attachés quelques douzaines d'œufs ; je plaçai ce vase dans un coin de ma chambre et je n'y fis plus attention. Huit à dix jours après, j'y découvris quatre petits poissons bien développés qui nageaient avec vivacité ; ils étaient très-petits et se distinguaient surtout par leurs yeux qui formaient deux points noirs assez larges ; tout le reste du corps était si transparent qu'on aurait pu l'apercevoir si l'intérieur du vase n'eût pas été brun. Vous voyez, monsieur, qu'à cet égard j'ai été plus heureux que M. Baër, car non-seulement j'ai observé la métamorphose de l'œuf avant la naissance de l'embryon, mais j'ai aussi pu sans difficulté faire développer des œufs recueillis immédiatement après la fécondation. » (*Lettre de M. Rusconi à M. le professeur E.-H. Weber sur les métamorphoses des œufs de poissons avant la formation de l'embryon*).

Les œufs des raies sont revêtus d'une coquille formée d'une substance semblable à de la corne. Ils sont aplatis, carrés, et leurs quatre angles sont prolongés en pointes. C'est ce qu'on nomme vulgairement des *coussinets de mer*, des *souris de mer*. Leur intérieur est rempli de jaune et d'une substance albumineuse transparente. L'œuf des squales est oblong, avec des lames transversales saillantes et de longs cordons aux angles ; celui des chi-

mères est velu. Ces coquilles ne se cassent pas comme
les coquilles des œufs des oiseaux ; c'est pour cela que
la nature a ménagé à l'un des bouts une ouverture
fermée par une simple membrane que le petit déchire
sans doute lorsqu'il a acquis son développement normal.

ARTICLE IV.

ORGANES GÉNÉRATEURS DES REPTILES.

(Planche II.)

Nous ne parlerons que de trois sortes de reptiles :
des chéloniens, des batraciens et des ophidiens.

Organes générateurs mâles. Les *testicules* des reptiles
sont ordinairement situés dans la cavité abdominale,
tout près des reins. Ils consistent dans un amas de conduits excessivement déliés, qui sécrètent le fluide
fécondant ; leur forme varie dans les différents genres.
Dans les *chéloniens* (la tortue) et les *ophidiens* (d'*ophis*,
serpent), ils forment des faisceaux divisés en différents sens et réunis par un tissu commun. Chez les lézards, ces faisceaux sont plus fins et facilement séparables. Chez les batraciens (de *batracos*, grenouille), ils
paraissent formés de petits grains blanchâtres, entrelacés de vaisseaux sanguins.

La verge des serpents *ophidiens* et des lézards est
double, ses deux têtes sont courtes, arrondies en cylindre et hérissées d'aspérités que leur forme et leur
disposition irrégulière ont fait comparer aux piquants
du hérisson ; ces piquants sont repliés en arrière ;
aussi tant que la double verge est gonflée par l'é-

rection, la femelle ne peut pas s'en débarrasser à son gré. Ces deux verges sont situées sous la peau de la queue, et apparaissent de chaque côté de la fente du cloaque, qui, comme on sait, s'ouvre transversalement. Quand l'accouplement doit avoir lieu, le mâle et la femelle se replient l'un autour de l'autre et se serrent de si près qu'ils paraissent ne former qu'un seul corps à deux têtes (Lacépède). Cette union se prolonge plus ou moins long-temps ; la chose était nécessaire pour que le coït ne fût pas infécond : ces animaux n'ayant point de réservoir particulier pour la liqueur prolifique (comme nous en trouverons un dans les classes supérieures), un accouplement de trop courte durée n'aurait pas permis à cette liqueur de se sécréter avec une abondance suffisante pour opérer la fécondation. Les testicules où elle se prépare ne la laissent échapper que peu à peu ; de plus, les conduits qui amènent cette liqueur au dehors sont très-longs, très-ténus et plusieurs fois repliés sur eux-mêmes. Ces circonstances anatomiques expliquent suffisamment la nécessité d'un accouplement long-temps continué, dont la durée est garantie par les aspérités de la double verge.

Les *batraciens* n'ont point de verge ; mais dans le temps des amours, il se développe à leurs pouces des espèces de pelottes au moyen desquelles ils se cramponnent sur le dos de leurs femelles pour accomplir l'acte générateur. Ces pelottes sont composées de papilles dures, quelquefois noires ou brunes, qui recouvrent les pouces et une partie de la paume de la main. Le mâle les enfonce dans la peau de la femelle, et s'y

maintient ainsi d'une façon très-solide. Il guette pa-
tiemment dans cette situation le moment de la ponte,
qui se fait attendre ordinairement six semaines et au-
delà ; alors, il presse les flancs de sa femelle avec ses
pieds antérieurs, et dirige les œufs avec ses pieds de
derrière, au fur et à mesure qu'ils sortent, afin de verser
sur eux la liqueur fécondante. Quand l'abdomen de la
femelle est complètement débarrassé, il n'offre plus
assez de volume pour retenir le mâle, et celui-ci glisse
naturellement le long des flancs et des cuisses, et va
chercher de quoi rétablir son embonpoint et sa vigueur
considérablement affaiblis. C'est toujours dans les eaux
dormantes que les femelles vont déposer le produit
de la génération, et les espèces qui habitent plus ou
moins loin des lacs et des ruisseaux s'en rapprochent
au printemps, qui est l'époque ordinaire de leurs
amours.

Les *chéloniens* ont une verge simple et proportionnellement plus grande que celle des ophidiens : elle est
longue, à peu près cylindrique, renflée vers son extrémité, laquelle cependant se termine en pointe ; sa
face supérieure est sillonnée d'une rainure profonde qui
règne dans toute son étendue, s'enfonçant de plus en
plus au fur et à mesure qu'elle s'approche du gland.
En admettant que les bords de ce sillon se rapprochent, il doit former un canal complet. Arrivé sur le
gland, ce sillon s'élève vers le milieu de la surface de
cette partie, où il se termine par un double orifice occasioné par une papille qui se trouve au milieu de son
point de terminaison. Cette verge a deux muscles destinés à la faire rentrer après l'érection. Ils la replient

dans le cloaque (extrémité inférieure du canal alimentaire), de manière qu'elle vient boucher l'orifice du rectum et celui de la vessie.

Les mâles des chéloniens sont en général plus petits que les femelles; ils vivent solitaires; les sexes ne se recherchent que pour l'accouplement, qui a lieu ordinairement au printemps, sous toutes les latitudes. Ces animaux, ordinairement lents et apathiques, manifestent alors un surcroît d'agilité. Les mâles se livrent entre eux des combats acharnés; ils se heurtent la tête l'un contre l'autre, et cherchent à se renverser mutuellement sur le dos; celui qui succombe dans la lutte est mis ainsi dans l'impossibilité de poursuivre la femelle, parce qu'il lui faut perdre un long temps à se remettre sur ses pattes. Cette circonstance a pu faire croire que les chéloniens s'accouplaient par opposition. Lacépède a émis à tort cette opinion; le fait est que les mâles saisissent les femelles par derrière, comme les anciens naturalistes l'avaient fort bien remarqué. L'accouplement dure un certain temps et il fournit à la fécondation de plusieurs pontes. Quand celle-ci a lieu, le fœtus est déjà formé; aussi n'est-il pas besoin d'incubation pour le faire éclore. La mère se contente d'abandonner les œufs au soleil dans les trous qu'elle pratique; la tortue marine les met dans le sable, au-dessus du niveau des plus hautes marées, et la tortue terrestre, dans un tas de feuilles sèches.

Organes générateurs femelles. Quoiqu'il y ait un organe d'accouplement chez les mâles de la plupart des reptiles dont nous venons de parler, leurs femelles n'ont pourtant pas, à proprement parler, d'organes particuliers d'accouplement pour le recevoir. Celui-ci se fait par l'introduction de l'organe mâle dans le cloaque, qui, chez ces animaux comme chez les oiseaux, est l'orifice commun des organes urinaires, digestifs et génitaux, en sorte que c'est dans le cloaque qu'est versé le liquide fécondant.

L'*ovaire*, ou l'organe producteur du germe, est double chez tous les reptiles; les œufs y prennent un accroissement très-grand, et gonflent alors singulièrement le ventre de l'animal. Cette circonstance est surtout remarquable chez les batraciens. Les œufs, chez ces derniers, sont agglomérés; ils sont au contraire rangés un à un et en chapelet le long de la colonne vertébrale, chez les *ophidiens* et les *chéloniens* : ils sont comme attachés à deux conduits membraneux qu'on nomme *oviductes*, que les œufs traversent pour se produire au dehors. Les oviductes commencent par une sorte de pavillon par lequel l'œuf s'introduit dans leur canal; leur longueur et leur disposition sont variables. Chez les chéloniens et les ophidiens, ils sont plissés par le ligament auquel ils sont attachés. Chez les batraciens, ils sont repliés sur eux-mêmes et forment plusieurs sinuosités.

ARTICLE V.

ORGANES GÉNÉRATEURS DES OISEAUX.

(Planche III.)

Il y a chez les oiseaux, sous le rapport de la génération, un point de ressemblance avec certains animaux des classes que nous venons d'examiner, c'est que chez aucun d'eux il n'existe point d'organe d'accouplement pour les femelles, et que celui des mâles se réduit à un simple vestige, à un tubercule; en sorte que la fécondation se fait par la simple application, par l'abouchement de l'organe mâle, très-peu développé, à l'orifice du cloaque de la femelle.

Il y a pourtant à cette règle plusieurs exceptions que nous allons mentionner.

L'*autruche* a une verge conique d'une longueur proportionnée à la grandeur de l'oiseau ; son dos est creusé d'un sillon étroit et profond, qui règne de la base à la pointe. Les conduits qui apportent le fluide fécondant s'ouvrent dans le cloaque, vis-à-vis de la base de l'organe générateur, de façon que le fluide fécondant tombe directement dans ce sillon. Cette verge n'est pas susceptible de se ramollir comme celle des mammifères, et le phénomène de l'érection ne s'y produit pas de la même manière : l'animal la retire en la repliant pour la loger dans son cloaque; elle se recourbe la pointe en bas, et vient se loger dans une poche membraneuse située au-dessus de la poche où s'arrête l'urine, de manière que l'orifice de la poche de l'urine, qui s'ouvre à la base de la verge et dans son sillon, se trouve entièrement fermé. Il suit de là qu'il faut de toute nécessité que l'autruche mette sa verge en dehors, soit pour uriner, soit pour rendre ses excréments, absolument comme s'il s'agissait pour lui de s'accoupler. Elle rentre par la contraction simultanée de deux paires de muscles, dont l'une tire la verge par sa base et la soulève, et l'autre, agissant plus particulièrement sur sa pointe, la tient courbée en bas. Par ce mécanisme, l'organe est plié sur lui-même et retiré ainsi dans sa poche.

Chez les oiseaux nageurs, tels que le *canard* et l'oie, et chez quelques échassiers, comme la *cigogne* et autres, l'organe copulateur se présente à l'état de repos comme un simple canal membraneux retiré à l'extrémité du cloaque, dans une poche particulière analogue à celle de l'autruche. C'est un cylindre creux, composé de deux fourreaux dont l'un, extérieur, ridé, est une sorte de ressort très-élastique, et dont l'autre, recouvert par le premier, a des parois plus épaisses, plus glanduleuses, jouit d'une élasticité également remarquable, et forme le véritable corps de la verge. La portion ridée se déroule au dehors comme un doigt de gant, lors de l'érection, pendant que l'autre s'introduit dans le tuyau qu'elle forme, le double et lui donne une grande solidité. Les conduits qui amènent le fluide fécondant viennent s'ouvrir à la base de cet organe, et c'est sans doute dans les rides formées par le fourreau externe que ce fluide s'insinue pour pénétrer dans le cloaque de la femelle.

Le tubercule qui constitue l'organe des autres oiseaux ne consiste qu'en une double papille vasculeuse composée de tissu érectile, située à la paroi inférieure du cloaque, et souvent à peine sensible hors du temps de l'érection; en sorte que l'accouplement ne s'opère que par la juxtà-position des deux anus.

Organes producteurs de la liqueur fécondante. Les testicules des oiseaux sont fixés dans la cavité abdominale, derrière les poumons, sous la partie antérieure des reins. Ils sont plus ou moins volumineux,

suivant les espèces et la saison. Ils augmentent considérablement dans celle des amours, et proportionnellement ils sont plus gros chez les canards et le coq que
dans toutes les autres espèces : ils sont allongés, ovales,
ou même arrondis ; leur substance se compose d'un
amas infini de conduits très-déliés qu'on appelle conduits séminifères, dont nous parlerons avec détails
quand il sera question de l'homme, parce que leur
organisation est analogue ; tous ces conduits se réunissent pour n'en former qu'un seul pour chaque testicule,
et ce sont ces derniers conduits qui, prenant le nom
de canal déférent, passent le long du rein et de l'urétère
de chaque côté, et viennent s'ouvrir et se terminer
au cloaque par un orifice séparé. Dans quelques espèces, les canaux déférents, avant de se terminer ainsi,
se dilatent chacun en une sorte de vessie ovale remplie, comme tout le reste de leur étendue, de liqueur
fécondante d'un blanc opaque, et cette vessie est même
placée quelquefois, comme chez les canards, entre les
muscles érecteurs qui, en se contractant, la compriment et la forcent à se vider. Cette vessie est évidemment le vestige d'un organe analogue, également
double et beaucoup plus compliqué, que nous trouverons dans les classes supérieures et qui a reçu le nom
de *vésicule séminale*.

Organes producteurs du germe. Les oiseaux n'ont
qu'un ovaire qui se présente sous la forme d'une
grappe à laquelle sont attachés des œufs de différentes
grandeurs, dont les plus petits sont blancs et les plus
grands de couleur jaune. Cette grappe est fixée sous la
colonne vertébrale, entre la partie la plus avancée des
reins. Les œufs tiennent les uns aux autres par une

trame cellulaire assez lâche, ce qui fait qu'ils sont facilement séparables. Le conduit (oviducte) qui doit amener au dehors les œufs développés s'étend en serpentant plus ou moins depuis l'ovaire jusqu'au cloaque. Le commencement de ce conduit est évasé en forme d'entonnoir; d'abord assez étroit, il s'élargit peu à peu à mesure qu'il approche du cloaque. Cet élargissement, au reste, était indispensable, parce que l'œuf en se détachant de la grappe est réduit au seul jaune; il n'acquiert le blanc et la coquille que dans son trajet à travers le conduit.

ARTICLE VI.

ORGANES GÉNÉRATEURS DES MAMMIFÈRES.

Ainsi donc, les organes générateurs que l'anatomie comparée nous démontre dans la série animale sont :

Pour les mâles, 1° l'organe sécréteur du fluide fécondant ou testicule; 2° le conduit qui amène ce fluide au dehors, ou au lieu convenable pour être mis en œuvre; 3° et dans quelques classes de reptiles et d'oiseaux, un organe d'accouplement plus ou moins long et diversement conformé.

Pour les femelles, 1° l'organe producteur du germe ou l'ovaire; 2° un conduit ou oviducte pour amener ce germe au dehors et servant aussi à l'introduction du fluide fécondant.

A ces organes s'ajouteront pour les animaux que nous avons à examiner :

Chez les mâles , 1° des vésicules séminales, espèce de réservoir propre à conserver le fluide fécondant sécrété dans l'intervalle des rapprochements des sexes ; 2° des vésicules accessoires destinées à donner à ce même fluide toutes les qualités nécessaires à son bon emploi; 3° un organe d'accouplement ou verge, constant dans toutes les espèces, quoique d'une conformation et d'une composition variées.

Chez les femelles, aux ovaires et à l'oviducte il faut joindre 1° un organe spécial d'accouplement divisé en deux portions selon sa longueur, et destiné à recevoir la verge du mâle ; ces deux portions sont : à l'entrée, la vulve, et plus profondément, lui faisant suite , le vagin ; 2° un organe de sensation, le clitoris, qui n'existe pas, à la vérité, dans toutes les espèces; 3° un utérus destiné à recevoir le germe fécondé et à lui fournir une retraite convenable à son accroissement jusqu'à la naissance ; 4° enfin , des mamelles, qui forment le caractère essentiel de la classe d'animaux chez lesquels on les trouve, et appelés pour cela *mammifères* ou porte-mamelles.

Dans l'espèce humaine, tous les organes que nous venons d'énumérer sont à leur plus haut point de développement et de perfection, il s'y ajoute même quelques modifications qui , à certains égards, pourraient les faire considérer comme de nouveaux organes. Nous n'entrerons dans le détail de leur composition intime qu'à propos de l'homme ; pour ce qui est d'eux chez les animaux dont il nous reste à faire connaître les organes générateurs, nous nous contenterons en les énumérant d'indiquer les particularités les plus remarquables, et qui dépendent toujours de leur forme, de leur position, quelquefois de leur nombre.

Cet article comprendra donc trois paragraphes : dans le premier, nous parlerons des organes générateurs chez les mammifères mâles; dans le second, nous décrirons leurs organes générateurs femelles; enfin, dans le troisième, nous ferons l'histoire de la conformation organique tout-à-fait exceptionnelle des animaux de la Nouvelle-Hollande qui forment la classe des *didelphes*.

§ Ier — *Organes mâles des mammifères.*

1° *Testicules.* Nous ne nous arrêterons que sur les différences de position que ces organes présentent chez les divers animaux. Sous ce rapport, on peut les classer en trois groupes : dans le premier, les testicules sont situés constamment au dehors de l'abdomen; dans le second, ces organes ne se voient au dehors que pendant un certain temps, et à l'époque des amours; dans le troisième, ils restent constamment dans le bas-ventre.

Les animaux qui ont constamment ces organes au dehors sont pourvus d'une poche particulière destinée à les contenir, et à laquelle on a donné le nom de bourse ou scrotum. Les singes, les carnivores, tels que les ours, les chats, portent leur bourse en arrière au dessous de l'anus. Cette bourse est longue et suspendue au devant du bassin, et les testicules y sont collés l'un contre l'autre sans séparation intermédiaire. Chez les kanguroos et les phascolomes, chez les lièvres, les gerboises, la plupart des ruminants, et les solipèdes, tels que le cheval et l'âne, elle est partagée en deux sacs très-distincts.

Il faut ranger dans la seconde classe les taupes, les musaraignes, les hérissons, les rats, les castors, les écureuils, les cabiais, etc. Chez tous ces animaux, les testicules ne sortent du bassin qu'au temps du rut ; ils viennent se placer dans l'abdomen aussitôt que l'époque de leurs amours est passée. Chez la civette et quelques pachydermes, ces organes ne sont ni dans l'abdomen, ni tout-à-fait distincts sous la peau ; ils sont constamment maintenus et serrés alors dans l'épaisseur du périnée. Le chameau les porte dans la peau des aines, qui leur forme une gaine prééminente.

L'échidné, l'ornithorynque, le phoque, la baleine, l'éléphant, le daman et les autres pachydermes sont dans le même cas que les oiseaux ; leurs testicules restent constamment dans l'abdomen où ils sont maintenus à côté des reins par une portion du péritoine, membrane qui sert d'enveloppe commune à tous les organes du bas-ventre.

2° *Vésicules séminales.* Nous avons dit que ces vésicules étaient un réservoir particulier destiné à conserver le fluide fécondant sécrété dans l'intervalle des divers accouplements. Les usages de ces réservoirs ont été l'objet de quelque discussion parmi les anatomistes. Le fait est qu'elles n'existent pas constamment dans tous les mammifères ; plusieurs animaux en manquent, et on ne voit pas trop la raison de leur absence.

Quoi qu'il en soit, les vésicules séminales ne sont gonflées que dans le temps du rut ; elles varient à l'infini dans leurs formes ; leurs parois, dans plusieurs cas,

sont de nature glanduleuse : c'est là ce qui a fait penser
qu'elles n'étaient pas de simples réservoirs de la semence, mais qu'elles servaient encore à faire subir à
ce liquide des changements plus ou moins importants,
soit par l'absorption d'une partie de ses principes constituants, soit par l'addition d'autres principes (Cuvier).
Nous n'entrerons pas dans les détails relatifs à leur
existence ou à leur forme chez les différents animaux ;
nous décrirons seulement celles qu'on remarque chez
l'homme , quand nous en serons venus à l'étude de
ses organes générateurs.

3° *Vésicules accessoires.* Elles sont de deux ordres :
A. la prostate ; — B. les glandes de Cooper.

A. *Prostate.* C'est un corps glanduleux qui embrasse
l'origine du canal de l'urètre ; il fabrique une liqueur
particulière destinée à se mêler au fluide fécondant,
et qui est versée pour cela dans le canal de l'urètre
par de petits orifices s'ouvrant aux environs des orifices des conduits du fluide générateur.

La prostate existe chez les quadrumanes, les cheiroptères (chauves-souris), les ours, le raton, etc. Sa structure est à peu près la même chez tous les animaux où
on la rencontre ; elle est double chez les ruminants ;
chez les chauves-souris proprement dites, elle entoure
toute la circonférence de l'urètre, et semble composée
d'un grand nombre de lobules. Chez les chats et les
chiens, elle est très-volumineuse et forme un bourrelet très-saillant autour de l'urètre. L'éléphant a quatre
prostates , deux de chaque côté , de grandeur inégale,
et situées à l'intérieur des vésicules séminales. Les solipèdes ont aussi quatre prostates, mais différemment
disposées.

B. *Glandes de Cooper*. Elles sont très-petites chez l'homme, et y remplissent des fonctions analogues à celles de la prostate, mais d'une façon tout-à-fait secondaire : leur importance est plus grande chez d'autres animaux. Ces glandes sont gonflées dans toutes les saisons d'une humeur particulière, d'un blanc bleuâtre ou opalin, demi-transparente, ayant la consistance de l'amidon ; mais pour l'en faire sortir il faut toujours le concours de l'action d'un muscle qui les comprime.

Les glandes de Cooper sont plus grandes chez les singes que chez l'homme ; leur volume augmente encore proportionnellement chez les chauves-souris ; chez les civettes et les chats, il en est de même : le muscle qui les enveloppe est très-épais ; mais l'hyène est l'animal qui les a le plus grandes.

Chez les animaux à bourse, elles sont remarquables par leur nombre ; on en compte six chez le cayopollin, les phalangers, le phascolome, le kanguroos géant.

Elles ont la forme de deux vessies chez l'écureuil et chez la marmotte des Alpes.

Dans le sanglier, elles forment un long cylindre d'un décimètre de longueur; enfin, chez l'éléphant, elles sont rondes et plates, et d'un très-grand volume comparativement aux prostates.

La nature quelquefois vésiculeuse des glandes de Cooper les a fait confondre souvent avec les vésicules séminales, mais il y a deux moyens de les distinguer. D'un côté, les vésicules séminales ne contiennent de liquide qu'à l'époque du rut, les glandes de Cooper en renferment en tout temps ; d'un autre côté, les vésicules séminales s'ouvrent constamment dans les conduits particuliers à la semence, et les glandes de Cooper, comme la prostate, s'ouvrent toujours dans l'urètre.

4° *Organe spécial de l'accouplement chez les mâles,* ou *verge.* Nous parlerons d'abord de sa position, qui varie selon les espèces ; nous dirons ensuite quel est l'arrangement de ses parties constituantes.

A. *Position de la verge dans les mammifères.* Chez l'homme, les singes et les chauves-souris, elle est pendante. Elle tient à la partie antérieure et inférieure des os du bassin par un ou deux ligaments suspenseurs ; elle est libre dans le reste de son étendue et renfermée dans un fourreau qui n'est que le prolongement de la peau, libre aussi en ce point et détachée du ventre.

D'autres fois, au lieu de pendre, la verge continue son chemin d'arrière en avant en longeant l'abdomen jusqu'auprès de l'ombilic. La peau qui lui sert de fourreau la tient appliquée aux parois de l'abdomen. Elle est affermie dans cette position par un tissu cellulaire dont l'épaisseur est en rapport avec le poids qu'elle peut avoir : les carnassiers, les pachydermes, les ruminants, les solipèdes, les amphibies, sont dans ce cas. Chez l'éléphant, où cet organe est très-lourd, un ligament très-solide remplace le tissu cellulaire. L'orifice de son fourreau est alors plus ou moins près de l'ombilic, et lorsqu'elle est très-longue, il faut qu'elle fasse plusieurs inflexions en différents sens, pour s'y renfermer ; celle de l'éléphant, par exemple, décrit dans le fourreau un double *S* italique. Dans le chameau, le dromadaire et les chats, son extrémité est repliée en arrière, ce qui fait que ces animaux lancent leur urine dans cette direction ; ce n'est que quand ils sont en érection qu'elle se redresse et se porte en avant.

Dans une troisième position, familière aux cabiais, aux agoutis et à la marmotte, la verge, après s'être avancée jusqu'au dehors du bassin et en dessous, se replie sous la peau pour revenir sur elle-même et se rapprocher de l'anus; l'orifice du prépuce est dans ce cas très-peu en avant de la terminaison inférieure du canal digestif.

Enfin, la verge affecte une quatrième position différente des trois précédentes, chez beaucoup de rongeurs, tels que les rats, les campagnols, les loirs, les gerboises, les lièvres et tous les didelphes. Dans tous ces animaux, après être sortie du bassin, elle se porte directement en arrière jusque près de l'anus, en sorte que l'orifice du prépuce se trouve immédiatement au devant de ce dernier, et elle est même comprise dans le sphincter ou muscle constricteur de cette partie.

La forme générale de la verge ne varie pas moins que sa position et sa longueur : elle est grêle dans le sanglier et les ruminants; grosse et cylindrique dans les solipèdes, l'éléphant et le lamantin; grosse et conique chez le marsouin et le rhinocéros ; grosse, conique et aplatie chez le dauphin; cylindrique ou à peu près chez les quadrumanes et les rongeurs; courbée en *S* chez le raton, etc.

B. *Eléments constituants de la verge.* La verge se compose d'un corps fibro-vasculaire appelé *corps caverneux*, qui est le siége du phénomène de l'érection, auquel se joint dans quelques espèces un os dit *pénial*; d'un canal qui commence à la vessie et se termine à l'extrémité de la verge, canal destiné à donner passage à la fois à l'urine et au fluide fécondant, et qui porte le nom d'*urètre*; d'une extrémité diversement

configurée , pourvue d'une grande sensibilité , et qu'on
appelle *le gland* ; de muscles destinés à la mouvoir, ou
à opérer la contraction de quelques-unes de sesparties;
enfin , de vaisseaux sanguins qui la raidissent en se
gonflant, et de nerfs qui lui communiquent la sensibilité exquise dont tout cet organe est doué.

Corps caverneux. Leurs éléments sont les mêmes
dans tous les animaux ; ils forment la plus grande partie de la verge, et leur conformation particulière explique parfaitement le phénomène de l'érection. Ils
sont au nombre de deux, en forme de demi-cylindres,
dont la réunion forme un seul corps presque rond , le
long et au-dessus duquel règne une rainure large dans
laquelle s'introduit le canal de l'urètre. Les corps caverneux sont formés dans toute leur étendue par un
tissu inextricable de vaisseaux sanguins capables de
prendre avec rapidité une très-grande extension dans
tous les sens par l'afflux du sang qui vient y abonder,
et qui se vide aussi promptement par le retrait instantané de ce même liquide.

« Le sang, dit Cuvier à qui nous empruntons ces détails anatomiques, ne s'épanche point pendant l'érection dans de véritables cellules, formant, comme on
le dit, des cavités intermédiaires entre les veines et
les artères : c'est un fait dont nous nous sommes convaincu par la dissection de la verge de l'éléphant. Le
corps caverneux de cette énorme verge est rempli en
très-grande partie de rameaux veineux qui ont entre
eux de si larges et de si fréquentes anastomoses , dont
les parois se confondent et s'ouvrent si souvent par
ces nombreuses communications, qu'il en résulte dans
quelques endroits une apparence celluleuse.

« En comparant cette structure avec celle d'autres verges successivement plus petites, en passant, par exemple, de l'éléphant au cheval, de celui-ci au marsouin, au chameau, au bœuf, au bouc, etc. , il nous a paru démontré qu'elle était la même dans tous les mammifères, c'est-à-dire composée essentiellement d'un tissu extrêmement compliqué de ramifications de vaisseaux sanguins, et particulièrement de veines. Lorsque l'on fait une dissection longitudinale du corps caverneux, on distingue facilement les principaux rameaux de celles-ci qui suivent la longueur de la verge, rapprochés de sa paroi dorsale. » (CUVIER, *Leçons d'anatomie comparée.*)

Os pénial. Cet os existe chez les quadrumanes, les cheiroptères, les digitigrades, à l'exception de l'hyène ; chez les rongeurs, les phoques et les cétacés.

Il forme la plus grande partie de la verge chez les ours, le raton, le blaireau, les chiens, la loutre, les martes. Il n'en constitue que la plus petite portion chez les chats, l'ichneumon et la plupart des rongeurs. Il est très-volumineux chez la baleine, et il pénètre jusque dans le gland où il est renflé en forme de massue ; enfin il est courbé en *S* chez le raton.

Urètre. Nous décrirons ce canal dans tous ses détails à propos des organes génitaux de l'homme. Les différences de conformation que ses diverses parties peuvent présenter dans les autres animaux n'intéressent point assez notre objet pour que nous jugions nécessaire de nous y arrêter.

Gland. Rien de plus varié que la forme et la composition du gland chez les mammifères. Il est probable que cette forme et cette composition ont été adaptées à la sensibilité des organes femelles, qui, sans doute, est spéciale dans chaque espèce. Cet organe en effet joue le principal rôle dans l'accouplement. Nous renvoyons aux *Leçons d'anatomie comparée* de Cuvier ceux de nos lecteurs qui voudraient avoir une connaissance détaillée de toutes les variétés que cet organe présente dans les diverses espèces de mammifères.

5° *Muscles de la verge*. Ces muscles ont pour objet, soit de comprimer le canal de l'urètre, pour accélérer le cours du liquide fécondant, soit d'amener la verge au dehors, soit enfin de la maintenir dans la direction nécessitée par l'acte de l'accouplement. Nous décrirons plus loin ceux de l'homme.

6° *Vaisseaux et nerfs de la verge*. Nous avons parlé de la disposition des vaisseaux et de leur grand nombre à propos des corps caverneux; quant aux nerfs, leur nombre et leur grandeur ne sont pas moins remarquables et parfaitement en rapport avec la grande sensibilité de l'organe. Selon Cuvier, ils enveloppent de nombreux filets les veines dorsales de la verge, ce qui est un indice certain du rôle actif qu'ils jouent dans le phénomène de l'érection, en donnant à ces vaisseaux une contractilité très-énergique.

§ II. — *Organes femelles des mammifères, ovaires, utérus, trompes, vulve, vagin, clitoris, mamelles.*

1° *Ovaires*. Comme ces organes, chez les mammifères, sont très-semblables à ce qu'ils sont chez la femme, nous ne nous y arrêterons point ici.

2° *Utérus* ou *matrice*. Cet organe est très-varié

selon les espèces, on le trouve simple, double, triple,
et même quadruple.

Il est simple dans les singes, les édentés, les tardi-
grades ; le corps en est arrondi, et se distingue du col
par un étranglement. Dans les deux dernières espèces,
sa forme est triangulaire.

Chez les makis, les quadrumanes, les carnassiers,
les rongeurs, les pachidermes, les ruminants, les solipèdes, les amphibies et les cétacés, le corps de cet
organe est divisé en deux cornes dans une partie de son
étendue et souvent dans toute sa longueur. Chez quelques-uns même ces cornes excèdent trois fois et même
plus la longueur du col.

L'intérieur de l'utérus est ordinairement ridé. Ces
rides sont irrégulières dans les matrices simples ; elles
sont longitudinales dans les matrices à cornes ; elles
sont transversales et s'engrènent mutuellement dans
la matrice de la civette.

La situation de la matrice est horizontale comme le
corps. Lorsqu'elle est divisée en cornes, elle n'occupe
pas seulement le petit bassin, elle s'avance le long des
lombes, jusque derrière les reins, où l'on trouve, outre
l'extrémité des cornes, les ovaires et les trompes, dont
il va être question tout à l'heure.

Chez les singes, l'utérus est très-épais, comme celui
de la femme. Chez les autres espèces, ses parois sont
très-minces, on le dirait membraneux.

Pendant la gestation, l'utérus éprouve des changements remarquables. Chez les animaux qui l'ont semblable à celui de la femme, les modifications qu'il
éprouve sont semblables aussi. Dans les utérus à cornes,
ces changements sont relatifs au nombre des petits qu'il

y a dans chaque corne. Les cornes offrent alors des dilatations et des étranglements en rapport avec chaque petit. Toutefois, comme on le verra plus loin, il y a une classe d'animaux où cet organe n'éprouve presque pas de modification.

3° *Trompes.* Ce sont des conduits tortueux, d'un petit diamètre, qui vont de la matrice à l'ovaire. Elles n'offrent rien de particulier dans leur structure chez les mammifères qui les ont, presque à tous égards, semblables à celles de la femme. Dans les matrices divisées en cornes, elles sont attachées à l'extrémité de celles-ci, et elles sont très-repliées dans le court intervalle qui règne entre leur sommet et l'ovaire. Les trompes sont pour les mammifères ce qu'est l'oviducte pour les oiseaux. Il y a seulement cette différence que les oiseaux n'ayant point de matrice, l'oviducte vient aboutir directement au cloaque, tandis que les trompes aboutissent à l'utérus.

4° *Vulve* et *vagin.* On distingue ainsi les parties de la femelle qui sont destinées à recevoir l'organe copulateur du mâle. Leur disposition et leur forme doivent se trouver dans un rapport exact et réciproque avec cet organe. L'orifice du canal de l'urètre forme la ligne de démarcation de l'une et de l'autre partie. Tout ce qui est en avant ou en dehors de cet orifice appartient à la vulve, le reste compose le vagin. C'est au fond du vagin que plonge toujours l'orifice ou le col de l'utérus, qu'il soit simple ou bifide, comme dans quelques espèces.

L'orifice de la vulve chez les mammifères n'est point boursouflé ni garni de replis, il ne présente qu'un bord assez mince. On y remarque presque toujours un organe particulier, que nous décrirons dans tous ses détails quand il sera question des organes génitaux de la femme. Cet organe, qu'on appelle *clitoris*, a beaucoup de rapports d'organisation avec les corps caverneux de la verge ; mais au lieu de se trouver à la partie supérieure de la vulve, comme chez la femme, il est placé au contraire à sa partie inférieure. Il est même placé assez profondément chez la civette dans beaucoup de cas.

Dans la louve, les singes, les rats, l'ours, il est situé dans un cul-de-sac, et caché dans une sorte de prépuce.

Le clitoris est un organe de sensation et de plaisir ; il y a des animaux, tels que les singes, qui l'ont très-développé : ceux-là aussi sont les plus lascifs. Dans l'ours il est très-long et courbé en double *S*. Dans les animaux à bourse qui ont la verge bifurquée, le clitoris est divisé en deux parties à son extrémité.

Les espèces qui ont un os pénial ont aussi un osselet dans le clitoris ; tels sont les chiens, la civette, les quadrumanes, les rongeurs, les chats, les ours, la loutre, etc.

L'orifice de la vulve a la forme d'une fente longitudinale dans le plus grand nombre ; cette fente est transversale chez l'hyène. Chez les rongeurs c'est une ouverture arrondie. Dans la civette, la vulve est séparée de l'anus par une poche considérable qui fournit cette excrétion odorante à laquelle les parfumeurs attachent un certain prix. Dans les animaux à bourse, elle est comprise avec l'anus dans un bourrelet commun. Dans les autres, elle est toujours à une certaine distance de cet orifice. Chez le lamantin du nord, il y a huit pouces d'intervalle. Chez quelques espèces, la vulve est terminée par un repli membraneux, qu'on regarde comme l'analogue de la membrane *hymen*; c'est aux environs de ce repli que s'ouvre l'urètre. L'intérieur de la vulve des mammifères est généralement garni de rides longitudinales, mais peu multipliées.

Le repli membraneux qui, avec l'orifice de l'urètre, forme les limites de la vulve du côté du vagin, s'efface presque entièrement à la suite des approches du mâle, et disparaît tout-à-fait après une ou plusieurs portées.

On peut voir dans Cuvier comment ce repli membraneux se comporte dans la plupart des espèces. On en avait fait un caractère particulier à l'espèce humaine; les détails dans lesquels ce grand anatomiste est entré à cet égard ne permettent pas de penser que ce soit là un caractère d'humanité bien fondé.

Les différences que le vagin et la vulve présentent dans leurs dimensions sont toujours en rapport avec la grandeur des petits auxquels il doit donner passage, beaucoup plus qu'avec la verge qui doit s'y loger. Il est ridé dans le sens de sa longueur, comme la vulve. Ces rides, qui ont évidemment pour usage d'en favoriser la dilatation à l'époque du *part*, sont transversales dans le marsouin et le dauphin, et chez l'hyène, elles n'existent que dans la moitié du canal; il est probable qu'elles sont destinées aussi à augmenter les frottements au moment de l'accouplement.

5° *Mamelles*. Ces glandes forment le caractère fondamental des animaux qui font leurs petits vivants. A l'exception de la vipère, de quelques lézards, etc., dont les petits éclosent dans l'oviducte, et ne tètent pas quand ils sont nés, tous les vivipares allaitent pendant un temps plus ou moins long leur progéniture. Toutefois ces organes ne sont apparents, chez les diverses espèces, qu'à l'époque de l'allaitement, où elles se remplissent de lait. C'est un caractère qui les différencie de celles de la femme, où elles sont gonflées d'un tissu graisseux plus ou moins consistant.

Elles diffèrent aussi de ces dernières par la structure du mamelon qui est ordinairement creux et percé d'un ou deux orifices seulement auxquels aboutissent les conduits qui versent le lait.

Leur nombre est généralement en rapport avec celui des petits que les femelles peuvent mettre bas.

Quant à leur position, elle est très-variable.

Les singes, les chauves-souris, le castor, l'éléphant, etc., ont les mamelles placées à la poitrine.

L'ours, le blaireau, le hérisson, le chat, le cougouar, le chien, le cabiai, l'écureuil, le lièvre, le lapin, la marmotte, le rat, etc., les ont à la poitrine et au ventre.

Le lion, la panthère, la loutre, le cochon d'Inde, le cochon, le rhinocéros, l'hippopotame, les ont au ventre exclusivement.

Enfin, le dromadaire, le chamois, la chèvre, la brebis, la vache, la biche, la jument, la sarygue, les portent dans l'aîne.

§ III. — *Structure exceptionnelle des organes de la génération des didelphes ou marsupiaux.*

(Planche IV).

Nous avons rejeté à la fin de cette revue du règne animal tout ce qui regarde les organes générateurs d'une classe particulière d'êtres qui ont été dé-

couverts dans l'Australasie ou Nouvelle - Hollande.
On a cru long-temps qu'il n'en avait jamais existé de
semblables dans les deux continents de l'ancien et du
nouveau monde; mais quand on a pu acquérir une connaissance plus particulière de la sarygue, on s'est convaincu que le type des didelphes ou marsupiaux n'était
pas spécial au continent néo-hollandais.

Les didelphes femelles ont un vagin double en forme
d'anse. L'utérus est double aussi, il forme véritablement
deux organes distincts. Il y a pour chaque corps de la
matrice un petit col utérin en forme de mamelon. C'est
par ce mamelon perforé que le petit embryon s'é-
chappe, traverse le vagin, et vient se greffer aux
mamelles ; mais pour comprendre le mécanisme de
l'accroissement de cet embryon, vivant au dehors
de l'utérus, il faut connaître l'organisation de ces derniers organes et de la bourse dans laquelle ils se trouvent logés, et qui sert de retraite aux petits didelphes. Nous emprunterons cette description à M. Ger-
vais, jeune naturaliste dont l'intelligence et le zèle
scientifique méritent à tous égards des encouragements.

« Les mamelles des didelphes, dit-il, sont toujours
abdominales, et le plus souvent nombreuses; elles ont
été bien étudiées, pour les kanguroos, par M. Home ;
elles sont recouvertes et protégées par la bourse ; celle-
ci, qui n'existe que chez les femelles, s'observe dans
le plus grand nombre des espèces, mais il en est quelques-unes qui en manquent; la peau de l'abdomen
présente alors des rides longitudinales.

« Deux os paraissent particuliers aux didelphes, et ne
se retrouvent bien distincts dans la classe des mammifères que chez les monotrèmes. Ces deux os, dont on

a tant parlé, ne sont pas, comme pourrait le faire croire leur nom (dérivé de *marsupium*), en rapport immédiat avec la poche; ils constituent deux appendices articulés en avant du pubis et dirigés de dedans en dehors au milieu des muscles de l'abdomen. On a pensé longtemps qu'ils étaient propres aux didelphes et aux monotrèmes, et qu'aucun des animaux de la sous-classe des mammifères ordinaires n'en offrait de représentant.

« On s'est même servi de cette opinion pour arguer contre la théorie dite des analogues. Quelques anatomistes, zélés partisans de cette théorie, ont cru pouvoir répondre à l'objection en annonçant que les os marsupiaux, chez les mammifères ordinaires, faisaient partie de la cavité cotyloïde, dont ils formaient une des parois, qu'ils étaient alors réduits à des os de petit volume, que l'on observe surtout chez les jeunes lions, et aussi chez les jeunes sujets de plusieurs autres mammifères; mais cette détermination peu heureuse fut bientôt combattue d'une manière victorieuse par Cuvier, qui fit voir que l'os de la cavité cotyloïde peut exister en même temps que le véritable os marsupial; exemple : chez les phalangers, etc. C'était d'ailleurs une détermination contraire aux préceptes de la belle conception qu'elle voulait soutenir, oubliant sans doute le précepte du maître, qu'un organe peut varier dans sa consistance, son volume et même ses fonctions, mais jamais dans ses connexions. C'est en suivant et ne perdant pas de vue ce précepte fécond, que M. Laurent a pu arriver à une détermination plus rationnelle. Suivant lui, l'os de la cavité cotyloïde serait une sorte d'os wormien, c'est-à-dire accessoire et intermédiaire à plusieurs os principaux, qui, dans leur développement, convergent les uns vers les autres.

« D'après le même anatomiste, l'os marsupial représenterait le pilier interne du muscle grand oblique, ce qui est vérifiable chez les didelphes, dont les testicules sont en dehors de l'abdomen, et chez lesquels cet os forme avec le pilier externe l'anneau inguinal par lequel passe le cordon testiculaire. Par suite de cette détermination, M. Laurent est conduit à désigner l'os improprement nommé marsupial, par le nom d'*os prépubien bilatéral*, pour le distinguer de l'os prépubien médian de la salamandre.

« Si l'on voulait trouver une des fonctions de ces éléments ossifiés, on pourrait dire qu'ils sont destinés à fournir aux muscles de l'abdomen un point d'attache plus solide ; car ces muscles sont incessamment tirés vers le sol par le poids des petits suspendus aux mamelles, et doivent être doués d'une résistance plus grande ; mais (ce qui paraît d'abord contraire à cette hypothèse) les monotrèmes ont des os marsupiaux et leurs petits ne sont jamais suspendus à leurs mamelles, à la manière des didelphes ; chez eux, les os marsupiaux paraissent avoir une autre fonction, également en rapport avec le mode de génération. L'ovule est volumineux, il passe dans la matrice et les oviductes à la manière de celui des oiseaux, sans y contracter d'adhérence ; mais, comme chez les ovovivipares, il y subit toutes les phases de la vie fœtale ; c'est, en quelque sorte, un poids qui tend sans cesse à avorter, et qui pèse sur les parois de l'abdomen. Les os marsupiaux sont là également pour fournir aux muscles une plus grande force de résistance ; ils les aident, pour ainsi dire, à

supporter le fardeau intérieur, comme, chez les didelphes, nous les avons vus aider à supporter le fardeau
extérieur; et ce qui paraît confirmer cette manière de
penser, c'est que les salamandres terrestres, qui ont
aussi une génération ovovivipare et les oviductes souvent remplis d'un très-grand nombre de petits, ont
également des os marsupiaux.

«Une autre fonction que celle que nous indiquions
plus haut peut être reconnue aux os marsupiaux, c'est
celle de tirer en bas les mamelles et de les approcher
(au moyen de contractions du muscle crémaster ou iléo-
marsupial) de l'orifice des organes de la génération,
qui eux-mêmes se portent au dehors par une partie du
canal urétro-sexuel, et viennent lors de la parturition
mettre l'ovule en rapport avec le mamelon. Ainsi
s'exécute, dit M. Geoffroy, ce que Barton a raconté
d'après ses propres observations. Le vagin, qui a la
faculté de toucher toutes les surfaces internes de la
bourse, a, par conséquent, et à plus forte raison,
celle d'y déposer les produits accumulés dans l'oviducte.

«Le germe une fois enté sur la mamelle, y subit toutes les phases de son développement; il prend sa nourriture par la bouche, sans jamais être en rapport avec
sa mère au moyen de l'ombilic, ainsi que l'a constaté M. de Blainville. (Nous donnons, pl. IV, *fig.* 1,
d'après M. Geoffroy, les figures de plusieurs didelphes
fixés aux tétines. Pour les autres figures de la même
planche, consultez l'explication que nous avons mise à
la fin du volume.)

« Après qu'ils ont pris leur développement, ces animaux abandonnent, ainsi que nous l'avons déjà dit, la
mamelle; ils peuvent sortir de la poche, mais ils jouis-

sent, comme chacun le sait par les sarygues, de la faculté d'y rentrer lorsqu'un danger les menace. Chez quelques didelphes qui n'ont pas de poche ou bien qui, en étant pourvus, ont la queue prenante, les petits s'accrochent au moyen de cet organe à la même partie de leur mère, et ils restent placés sur son dos : tel est le cas de la marmose. Quelques autres, tels que les koalas, portent leurs petits cramponnés sur leur dos ou leur tête.

« Les mâles des didelphes ont le pénis ordinairement bifide ; leur scrotum pend à l'intérieur comme chez quelques animaux des ordres supérieurs ; ils ont les os marsupiaux, mais ils manquent de bourse. » (Voy. *Dict. pitt. d'histoire naturelle* (1), article DIDELPHE.)

(1) Nous citons d'autant plus volontiers le *Dictionnaire pittoresque d'histoire naturelle* de M. E. Guérin, que, malgré le discrédit dans lequel sont tombés tous les ouvrages *pittoresques*, c'est, sans contredit, le meilleur de tous les recueils d'histoire naturelle que nous possédions, par ordre alphabétique. Les auteurs, presque tous jeunes savants, pleins d'ardeur et de talent, apportent dans la rédaction des articles qui leur sont confiés, avec leur conscience et leur élan juvéniles, un désintéressement et une absence d'amour-propre qu'on trouve fort rarement dans les écrits des savants illustres et titrés. N'ayant point encore à faire prévaloir des idées favorites ou des systèmes qui leur soient propres, ils se contentent d'exposer nettement et avec simplicité l'état actuel de la science de la nature, réservant, avec raison, pour des mémoires particuliers et pour des lectures académiques les découvertes que chacun d'eux a déjà essayées et que la plupart ont réalisées. C'est là ce qui fait le grand mérite de ce dictionnaire dirigé d'ailleurs avec beaucoup d'ensemble et d'unité par M. E. Guérin ; c'est là bien certainement aussi ce qui en a fait le succès et qui l'étendra, car ce livre ira aux mains de toutes les personnes qui ne veulent point rester complètement étrangères à la connaissance des merveilleux phénomènes de l'univers.

CHAPITRE III.

DE LA GÉNÉRATION DE L'HOMME.

Dans l'espèce humaine la génération s'accomplit avec les mêmes matériaux élémentaires que dans les espèces animales. Les différences ne reposent que sur la perfection des organes et sur le privilége dont ils sont doués d'entrer en fonction à toutes les époques de l'année, la nature n'ayant pas limité leur exercice à une saison plutôt qu'à une autre.

Ce chapitre comprendra trois sections. Dans la première, nous décrirons les appareils générateurs chez les deux sexes. Dans la seconde nous ferons l'histoire de la fonction, et nous entrerons dans le détail des divers systèmes proposés pour expliquer la formation du nouvel individu. Enfin, dans la troisième, nous décrirons les diverses phases de son développement dans le sein de la mère, et les circonstances de sa mise au jour.

SECTION PREMIÈRE.

DESCRIPTION ANATOMIQUE DE L'APPAREIL DE LA GÉNÉRATION DANS LES DEUX SEXES.

Dans les premiers temps de la vie fœtale, les organes génitaux ne peuvent pas être distingués. Ce n'est qu'après la sixième semaine qu'on commence à les apercevoir. A ce moment de leur apparition, suivant Meckel, ils seraient construits sur le même type, de sorte qu'il n'y aurait point alors de véritable distinction des sexes, et le type dominant serait celui du sexe féminin. Cette façon de voir, qui rentre dans le grand système d'unité de composition conçu par notre grand naturaliste M. Geoffroy-Saint-Hilaire, peut être corroboré jusqu'à un certain point par le parallèle suivant des organes génitaux des deux sexes, qui, bien qu'inadmissible et peu exact dans plusieurs parties, n'en est pas moins curieux sous bien des rapports. C'est à ce titre seulement que nous le consignons ici ; car, quoique prévenus fortement en faveur de l'unité de composition dans la série animale, nous croyons qu'il faut restreindre ce principe dans des limites positives et bien déterminées, pour lui faire produire des conséquences légitimes, et ne point chercher à l'appliquer à toutes les circonstances de l'organisation des êtres, pour en venir à dire qu'il n'y a qu'un seul sexe et qu'un seul animal.

D'après ce principe d'assimilation :

Les testicules répondraient aux ovaires ;

Les conduits déférents, aux trompes de Falloppe ;

Les vésicules séminales, à l'utérus ;

Les canaux éjaculateurs répondraient au vagin ;

La verge, au clitoris ;

Enfin, les bourses ou le scrotum, aux grandes et petites lèvres.

ARTICLE PREMIER. — DESCRIPTION DES ORGANES DE LA GÉNÉRATION CHEZ L'HOMME : TESTICULES, VÉSICULES SÉMINALES, PROSTATE, GLANDES DE COOPER, VERGE, URÈTRE, MUSCLES SPÉCIAUX.

(Planches V, VI, VII).

Testicules. On a donné ce nom à deux glandes situées à la partie inférieure du tronc, dans une poche formée par un prolongement de la peau des cuisses, du périnée et de la verge. Ces glandes ont la forme d'un ovoïde comprimé transversalement. Elles sont formées d'une substance molle, pulpeuse, jaune ou grise, laquelle se compose d'une immense quantité de filaments très-ténus, très-flexueux, véritables capillaires entrelacés et repliés de mille manières les uns sur les autres. Ces filaments, qui ont reçu le nom de *conduits séminifères*, sont le siége de la sécrétion du sperme. La disposition des vaisseaux séminifères, leur nombre, leur longueur, leurs anastomoses, ont été étudiés tout récemment par M. Lauth, chef des travaux anatomiques de la faculté de Strasbourg. D'après cet observateur, chaque testicule se composerait d'un nombre considérable de réseaux formés par les conduits séminifères. Ces réseaux se pelotonnent, s'agglomèrent, et viennent se réunir par une de leurs extrémités à plusieurs canaux communs, lesquels sont aussi disposés entre eux en réseaux,

de façon que la liqueur fécondante sécrétée dans chaque peloton particulier de conduits séminifères, vient dans le nouveau réseau se diviser, se mêler, s'élaborer de nouveau, et en quelque sorte rendre sa composition parfaitement identique. De ce réseau partent plusieurs conduits plus gros auxquels on a donné le nom de *conduits efférents*, au nombre de dix ou douze, quelquefois de vingt ou trente, qui se dilatent un peu et se rassemblent pour donner naissance à un tronc commun nommé *épididyme*, grêle, flexueux, ayant des parois très-épaisses. (*Voy.* pl. VII, *fig.* 1, 2, 3, 4, 5).

On a cherché à évaluer la longueur des conduits séminifères, mais cette évaluation n'a jamais pu être obtenue d'une manière directe. Ces conduits sont tellement déliés qu'ils se rompent à la moindre traction, et l'on n'a pas encore découvert la façon dont ils se comportent dans la profondeur de l'organe. Quand on tient un bout libre, on ne saurait déterminer avec quelque précision si ce bout est un commencement de conduit ou s'il a été véritablement rompu pendant la dissection. Cette difficulté a été tournée assez heureusement ; les anatomistes ont agi dans ce cas comme les mathématiciens qui se font forts d'évaluer le poids d'une montagne en pesant un fragment de caillou. Monro et après lui M. Lauth ont mesuré la plus longue portion qu'ils ont pu obtenir de conduits séminifères, ils l'ont pesée, ils ont défalqué le poids des membranes et des vaisseaux qui entrent dans la composition du testicule, et ils ont obtenu ainsi trois termes d'une proportion dont les moyens se sont trouvés : 1° le poids du testicule entier ; 2° le poids du fragment mesuré, et 3° l'extrême connu, qui est la

longueur connue de ce fragment. La longueur de tous
les conduits réunis s'est ainsi trouvée représentée par x.
Cette manière d'opérer a donné les résultats suivants :
vingt-cinq pouces de longueur, terme moyen pour chaque conduit séminifère, et dix-sept cent cinquante pieds
pour la longueur de tous les conduits réunis en les
supposant juxtà-posés bout à bout. Cela n'est pas, puisque, comme on l'a vu, les conduits sont disposés
entre eux comme les mailles d'un réseau.

La longueur des conduits efférents (pl. VII, *fig.* 3,)
a été trouvée de sept à huit pouces environ. Ces conduits
ne s'insèrent pas ensemble dans l'épididyme, ils viennent s'y aboucher à des distances variables. (Voy. *fig.* 3,
les cônes qui sortent du testicule, et qui vont dans la
tête de l'épididyme *d.*) Quant à l'épididyme, sa longueur n'est pas moins considérable. M. Lauth a trouvé
les deux extrèmes suivants : seize pieds et plus dans le
plus court, et près de vingt-neuf pieds dans le plus long.

Le parenchyme des testicules est enveloppé immédiatement par une membrane forte (*périteste*), d'un
blanc opaque, d'un tissu serré et fibreux, envoyant
des prolongements filiformes ou aplatis qui partagent
son intérieur en plusieurs loges triangulaires occupées
par les vaisseaux *séminifères*. Le *périteste* (*fig.* 1, *c*, *d;*
fig. 3, *c*) est recouvert par la tunique vaginale (*fig.* 1,
a, a, b), qui se comporte, à l'égard des testicules,
de la même manière que le *péritoine* à l'égard des organes contenus dans le bas-ventre, c'est-à-dire qu'elle
les enveloppe sans les contenir. C'est entre les deux
lames de la tunique vaginale que s'amassent ces collec-
tions de sérosité qui constituent la maladie connue sous
le nom d'*hydrocèle*. La tunique vaginale est enveloppée

dans une tunique fibreuse, mince, transparente et peu résistante, formant un petit sac allongé, large en bas, pour renfermer le testicule et l'épididyme. Quelques fibres musculaires, qui ont reçu le nom de muscle *cremaster*, naissant du bord inférieur de l'un des muscles du bas-ventre, s'épanouissent sur la partie externe et inférieure de la tunique vaginale.

Chaque testicule et les enveloppes que nous venons de désigner sont contenus dans une autre membrane propre nommée *dartos*, dont la couleur rougeâtre est due au grand nombre de vaisseaux qui en parcourent tous les points. Les dartos sont implantés dans la partie antérieure du bassin ; ils sont adossés, en dedans, l'un à l'autre, pour former une cloison qui sépare les testicules et qui se termine à la partie inférieure de l'urètre ; à l'intérieur, ils sont contigus avec la tunique fibreuse et le muscle cremaster.

Vient enfin le *scrotum*, dernière membrane, qui n'est qu'une dépendance de la peau, formant une poche, une sorte de bourse, dont la surface extérieure, brûnâtre, rugueuse, est couverte par des poils implantés obliquement, et traversée d'avant en arrière, depuis la racine de la verge jusqu'à l'anus, par une ligne saillante et médiane appelée *raphé*. Un tissu cellulaire, assez serré, unit le *scrotum* aux *dartos*.

La liqueur spermatique est fabriquée par les testicules, qui la séparent du sang que leur apportent des artères appelées spermatiques, longues, grêles et très-flexueuses. Cette liqueur s'avance peu à peu, des conduits séminifères (*l*) où elle est préparée, dans les troncs qu'ils forment, puis dans l'épididyme (*fig.* 3, *d, d*) et dans le *canal déférent* (*fig.* 1 à 3, *e, e*); ce canal, s'unissant

aux vaisseaux sanguins et aux nerfs qui entrent dans le
bas-ventre ou qui en sortent, concourt à former le cordon des vaisseaux spermatiques (pl. V, *fig.* 1, B, H),
composé, par conséquent, de l'artère apportant aux
testicules les matériaux de la sécrétion, du *canal
déférent* qui en exporte les produits, de la veine qui
en retire les résidus, et enfin des nerfs qui dispensent
au testicule sa sensiblité propre. On y trouve aussi
des vaisseaux lymphatiques ; toutes ces parties sont
réunies entre elles par un tissu cellulaire lâche, et
enveloppées par des gaînes membraneuses. Le cordon
des vaisseaux spermatiques monte ainsi presque verti-
calement du bord supérieur du testicule jusqu'à la
réunion antérieure des os du bassin, d'où, se dirigeant
en dehors et en haut, il entre dans l'abdomen par une
ouverture ovalaire, désignée sous le nom d'*anneau
inguinal*. Arrivés dans le bas-ventre, les organes qui
composent ce cordon se séparent et prennent chacun
une direction particulière. Chaque *canal déférent* (pl. V,
fig. 1, c, c) descend en arrière et en dedans sur les
côtés de la vessie, parcourt la région inférieure et postérieure de ce viscère, se rapproche de son semblable,
et changeant ensuite de direction se porte presque ho-
rizontalement le long du côté interne des *vésicules séminales* (pl. V, *fig.* 1, Q, et *fig.* 2, *f*, *g*), et va donner
enfin avec elles naissance au *conduit éjaculateur*.

Vésicules séminales (pl. V, *fig.* 2). Ce sont deux po-
ches membraneuses de deux pouces et demi de longueur sur six ou sept lignes de largeur, irrégulièrement
conoïdes, remplissant à l'égard du *sperme* le même
usage que la vésicule biliaire à l'égard de la bile, servant par conséquent de réservoir à la liqueur séminale

que pendant l'accouplement elles poussent au-dehors ,
avec assez de force , soit par une action tonique de leurs
parois , soit à l'aide de la compression exercée par des
muscles qui sont dans leur voisinage et qui entrent en
contraction au moment de l'éjaculation. L'intérieur des
vésicules séminales est partagé en plusieurs alvéoles
qui forment les bosselures qu'on voit à leur extérieur.
Une membrane muqueuse les tapisse et fournit une
assez grande quantité d'humeur glaireuse qui se mêle
au sperme et lui sert de véhicule. La situation des
vésicules séminales dans le bas-ventre , au-dessous de
la vessie , donne quelque valeur à la réponse affirmative qui a été faite à la question de savoir si un individu , qui serait victime d'une mutilation des parties
sexuelles , consistant seulement dans l'ablation des testicules , ne serait pas encore capable d'une copulation
productive , en supposant que les vésicules séminales
fussent remplies à l'époque de la mutilation.

L'extrémité antérieure des *vésicules séminales* est
allongée, étroite , terminée par un canal très-court,
ouvert dans le *canal déférent* avec lequel il va former
les *conduits éjaculateurs* , qui sont coniques, longs
d'un pouce environ , s'adossant l'un à l'autre et s'ouvrant dans l'urètre par deux orifices oblongs très-petits , situés sur la petite crête de l'intérieur de l'urètre
appelée *verumontanum.*

Indépendamment du mucus des vésicules séminales,
il est encore d'autres humeurs fournies par la *prostate*
(pl. **VI**, *fig.* 1, *d, d*) et par les glandes dites de *Cooper* (pl. **VI**, *fig.* 1, *e, e*), qui viennent se mêler au
sperme et augmenter sa fluidité, de sorte que cette
liqueur ne sort jamais pure telle qu'elle a été pré-

parée par les testicules. Il est probable que le produit
de l'éjaculation abondante chez certains eunuques,
résulte, soit de la membrane muqueuse des vésicules
séminales, soit de la *glande prostate*, soit des *glandes
de Cooper*.

M. Vauquelin, qui, le premier, a fait l'analyse chimique du sperme, l'a trouvé composé des principes suivants : eau, 0,90 ; mucilage animal, 0,06 ; phosphate de chaux, 0,03 ; soude, 0,01. C'est dans ce liquide que se trouvent les animalcules dont nous avons parlé, section II du chapitre II, et dont nous donnons, pl. XII, des figures très-exactes, que nous tenons de la bienveillance d'un savant membre de l'Institut, M. Turpin.

Verge. Nous distinguerons dans cet organe : 1° les corps caverneux ; 2° le gland ; 3° l'urètre ; 4° la peau qui leur sert d'enveloppe commune.

1° *Corps caverneux* (pl. VI, *fig.* 1 et 2, *a, a*). Dans l'homme, comme dans plusieurs espèces dont nous avons parlé, ils ont la forme de deux demi-cylindres appliqués l'un à l'autre par leur surface plane, de manière à figurer un cylindre à peu près complet. Ils forment la presque totalité du membre viril, et leur texture intime est le résultat d'un lacis de vaisseaux très-ramifiés dont l'arrangement a été bien étudié par Cuvier dans la verge de l'éléphant. (*Voy.* chap. II, sect. III, art. VI, § I.)

2° *Gland* (pl. VI, *fig.* 1 et 2, *b, b*). C'est la portion renflée de la verge ; il est arrondi et triangulaire à la fois, chez l'homme. Il est terminé en arrière par un bourrelet qui a reçu le nom de couronne. Il est percé à son sommet par une fente longitudinale qui est l'orifice externe de l'urètre : c'est la partie la plus sensible de

l'organe. Il est revêtu d'une tunique muqueuse recouverte d'un épiderme léger sur lequel se répandent des filets nerveux très-nombreux. La structure intime du gland est tout-à-fait analogue à celle des corps caverneux dont il est une dépendance.

3° *Urètre* (pl. VI, *fig.* 2, *c, c*). C'est le canal commun à l'urine et au fluide fécondant. Il commence au col de la vessie, traverse la prostate (*fig.* 1, *d, d*), passe au devant des glandes de Cooper (*fig.* 1, *e, e*), et vient se loger dans une gouttière formée par la rencontre des deux corps caverneux, au bord inférieur desquels il est fixé selon toute leur longueur. Arrivé au gland, il le traverse en entrant par la base et sortant par le sommet.

A son débouché dans la vessie, l'urètre se termine par une éminence à laquelle on a donné le nom de crête urétrale ou *verumontanum* (pl. VI, *fig.* 2, *f*). C'est sur les côtés et au sommet de cette crête que s'ouvrent les canaux éjaculateurs, dont les orifices, percés obliquement, sont quelquefois peu sensibles. On remarque aux environs plusieurs autres pertuis (*h*) qui sont les orifices des canaux par lesquels la glande prostate vient verser le produit de sa sécrétion. Les conduits excréteurs des glandes de Cooper s'ouvrent plus bas par deux petits orifices séparés (*i*).

Les maladies dont le canal de l'urètre est le siége ont porté l'attention des anatomistes et des chirurgiens sur la véritable structure de ce canal, et sur sa direction. M. Amussat a démontré le premier qu'il ne faisait point de courbures, qu'il était droit ou presque droit, même chez les jeunes sujets, lorsque le rectum est vide et la verge dirigée en avant et en haut. En établissant cette vérité, M. Amussat a rendu possible l'usage des sondes droites, et provoqué ainsi, sinon tout-à-fait accompli, la découverte de la plus belle opération chirurgicale des temps modernes : le broiement de la pierre dans la vessie.

4° *Peau de la verge.* La peau qui sert d'enveloppe à la verge est unie à cet organe d'une manière très-lâche; c'est ce qui lui permet de glisser facilement dans toute son étendue sur les corps caverneux. Elle est libre dans la portion qui correspond au gland et formée là de deux couches unies ensemble par du tissu cellulaire, de manière que l'externe se trouve tournée en dehors et l'interne en dedans; cette portion de peau forme le *prépuce.* A l'endroit où le prépuce se confond avec le reste de la peau de la verge, et à la surface inférieure du gland, la peau est attachée à ce dernier organe par un filet tendu, court et intimement uni au gland; c'est ce qu'on appelle le *frein.* C'est entre le prépuce et le gland que se forme une humeur blanchâtre qui a une odeur désagréable, et beaucoup de tendance à se solidifier; cette humeur est fournie par de petits cryptes qui ont reçu le nom de glandes de Tyson.

Muscles spéciaux de la verge. Ils sont au nombre de trois : 1° Le *muscle ischio-caverneux.* Il s'attache d'un côté aux os du bassin, et de l'autre à la verge. Les uns pensent qu'il sert dans le phénomène de l'érection, et lui ont donné le nom d'*erector penis*; les autres pensent qu'il sert uniquement à diriger convenablement la verge dans le moment du coït.

2° Le *bulbo-caverneux.* Il se compose de quelques fibres musculaires qui prennent naissance aux muscles du périnée. Ces fibres embrassent la base du corps caverneux; en se contractant, elles compriment, en

ce point, le canal de l'urètre, et accélèrent ainsi le cours du fluide fécondant dans l'éjaculation.

3° Le *constricteur de l'urètre*. Celui-ci se confond ordinairement par son extrémité antérieure avec le précédent, et il a les mêmes usages.

ARTICLE II. — DESCRIPTION DES ORGANES DE LA GÉNÉRATION CHEZ LA FEMME.

Le rôle de la femme, dans l'acte de la reproduction, étant plus grand et plus compliqué que celui de l'homme, ses organes réproducteurs doivent être plus nombreux. En effet, il existe chez elle des *ovaires*, qui fournissent les germes ; des *trompes*, qui saisissent les germes et les conduisent à l'utérus ; une *matrice* ou *utérus*, qui sert de réservoir au germe fécondé, le conserve pendant la grossesse, et lui fournit les matériaux de son premier développement ; un canal particulier, appelé *vagin*, qui reçoit le penis dans la copulation, et qui sert aussi de passage au fœtus, à l'époque de sa naissance ; enfin, et en surplus, un organe qui n'a point d'analogue fonctionnant chez l'homme, des *mamelles*, servant à la préparation de la liqueur nécessaire à l'*allaitement*.

Utérus. Quoique l'ordre physiologique semble s'y opposer, nous parlerons, en premier lieu, de ce viscère, parce que, sa description étant donnée, nous établirons plus facilement les rapports qu'ont, entre eux, les divers organes de la génération.

L'*utérus* ou *matrice* (pl. IX, M, M', et pl. X, *fig.* 1, A, C) est placé au milieu du bassin, entre la vessie et le rectum, au-dessous des circonvolutions inférieures de l'intestin grêle. C'est un viscère creux, irrégulièrement triangulaire, ayant un pouce d'épaisseur, deux environ de largeur dans sa partie la plus élevée qui s'appelle le *corps* (pl. **X**, *fig*. 1, A), étroit et allongé dans sa partie inférieure appelée *col*, qui est long de dix à douze lignes, épais de six à huit d'avant en arrière, et de huit à dix transversalement. La partie inférieure du col de l'utérus fait saillie dans le fond du *vagin* et porte le nom de *museau de tanche* (c); elle offre à son sommet une ouverture transversale qui conduit dans la cavité de l'utérus. Chez les jeunes filles et les vierges, cette ouverture est à peine sensible; elle fait ressentir, quand on la touche, la même impression que celle que l'on éprouve en pressant du bout du doigt l'extrémité du nez : l'intervalle qui se trouve entre les cartilages latéraux du nez fait croire à une ouverture qui n'existe pas à la vérité, mais qui paraît, au toucher, semblable à celle du museau de tanche.

Quoi qu'il en soit, cet orifice se dilate à l'époque de l'écoulement des règles. Il conserve même cette dilatation pendant les premiers jours qui suivent. De là vient que plusieurs femmes conçoivent aisément dans les moments qui suivent cette évacuation. La cavité de la matrice, hors le temps de la grossesse, est très-étroite et peut à peine contenir une grosse fève de marais. Elle occupe le *corps* et le *col* de cet organe; elle est triangulaire dans le *corps*, cylindroïde dans le *col*. On voit à ses angles supérieurs deux orifices extrêmement ténus qui appartiennent aux trompes de Fallope.

Les *trompes utérines* ou *de Fallope* sont deux conduits flottants, longs de quatre à cinq pouces, droits, et d'un diamètre très-petit, prenant naissance par leur extrémité interne aux angles arrondis que forme le corps de la matrice, s'étendant de là vers chaque côté du bassin, où leur extrémité externe, libre, évasée et découpée, a reçu le nom de *morceau frangé* ou *pavillon de la trompe* (pl. X, *fig.* 1, H). Une des franges va s'insérer à l'ovaire qui lui correspond. Ce pavillon a pour usage d'embrasser immédiatement l'ovaire pendant l'orgasme vénérien. La frange sert, dans ce cas, de *gubernaculum*, et dirige l'adaptation du pavillon à cet organe. Ainsi appliquée étroitement à l'ovaire, la trompe forme un conduit qui transmet à la matrice ce que la femme fournit dans la génération (pl. X, *fig.* 1, F, pavillon de la trompe droite appliquée à l'ovaire).

Ovaires. Ce sont deux organes ovoïdes, moins gros que les testicules, dont la surface est rugueuse et ridée ; ils sont situés dans un repli du *péritoine*, qui, s'attachant aux bords de l'utérus, maintient ce viscère à la place qu'il occupe dans le bassin. Leur tissu est mou, spongieux, et semble composé de lobules vasculaires, celluleux, d'une couleur grisâtre, imbibés d'un liquide particulier, et au milieu desquels on voit de petites vésicules transparentes (pl. X, *fig.* 2, *a, a*), dont le nombre varie de quinze à vingt, d'une grosseur différente, et remplies d'un liquide plus ou moins visqueux. Le volume des ovaires est petit chez les enfants, il grossit beaucoup à l'âge de puberté, et diminue de nouveau chez les personnes âgées, au point de s'effacer quelquefois complètement, sa place restant marquée par la terminaison des vaisseaux et des nerfs qui allaient s'y distribuer.

Les vésicules ne sont pas toutes de la même grandeur chez un même individu ; les plus grosses sont ordinairement placées à la surface de l'ovaire et la rendent ainsi quelquefois très-inégale. Ces vésicules contiennent une humeur blanchâtre, rarement jaunâtre,

qui se coagule facilement par la chaleur, l'alcohol et les
acides. Elles apparaissent déjà dans les enfants de quelques années. Rarement elles sont vides. Chez les vieilles
personnes elles se changent fréquemment en tubercules durs et comme squirrheux. C'est dans ces vésicules
qu'est renfermé le germe. Chez les femmes qui ont eu
des enfants, on trouve toujours à la surface des ovaires des espèces de cicatrices plus ou moins nombreuses qu'on regarde comme les traces de la déchirure
d'autant de vésicules ayant laissé échapper les germes
qu'elles contenaient, ces germes étant sortis à l'instant de la conception. Les plaisirs solitaires doivent
aussi produire cet effet de la sortie du germe chez la
femme, car ils produisent la sortie du fluide fécondant chez l'homme. Dans ce cas, les germes n'étant
pas fécondés, se perdent, restent à la surface de l'ovaire
et y deviennent la cause la plus puissante, peut-être,
des altérations pathologiques de ce dernier organe.
L'extrémité externe des *ovaires* donne attache à une
languette du pavillon de la trompe; l'interne s'insère
à l'utérus par un petit cordon long d'un pouce et
demi, appelé *ligament de l'ovaire.*

Les ovaires sont indispensables à la génération, puisqu'ils sont les organes producteurs du germe; tout
animal qui en est privé est incapable de se reproduire.
Un seul ovaire suffit pour que la fécondation soit possible. On a trouvé des femmes n'ayant qu'un seul
ovaire, et qui néanmoins ont eu des enfants de l'un et
de l'autre sexe. On ignore jusqu'à quel point l'amputation des ovaires est possible. Doit-on ajouter foi au
fait rapporté par Athénée, qui assure qu'Andromasis,
roi des Lybiens, fit couper toutes ses femmes pour
s'en servir au lieu d'eunuques ? Les femelles des ani-

maux auxquelles on enlève les ovaires prennent un accroissement plus rapide et plus général. Les habitants
de la campagne profitent souvent de cette observation
pour engraisser promptement leurs truies et leurs poules. Il se passe chez ces femelles ce que l'on voit arriver chez l'homme qui a été privé de testicules. Chez
les uns et les autres, le système lymphatique devient
proéminent et donne aux parties extérieures une couleur blême toute particulière.

Vagin. C'est un canal membraneux, long de six à
huit pouces, un peu plus large à sa partie moyenne
qu'à ses extrémités, dont la supérieure est fixée autour
du col de l'utérus; quant à la partie inférieure, elle
vient s'ouvrir dans la vulve par une fente allongée de haut en bas et d'avant en arrière. Ce canal est
formé par une membrane vasculo-cellulaire assez
épaisse, d'une couleur rougeâtre; par une membrane
muqueuse, qui forme un grand nombre de rides
(ces rides sont d'autant plus nombreuses et profondes
que la femme est plus jeune, et d'autant plus super-
ficielles qu'elle est plus avancée en âge ou qu'elle a
fait plus d'enfants), et qui offre une infinité de pores par lesquels s'excrète un mucus particulier. Ce
mucus est particulièrement fourni aussi par deux glandes de la grosseur d'une graine de haricot qui se trouvent à l'entrée du vagin et dont les canaux excréteurs
y dardent quelquefois avec force la liqueur qu'elles
produisent pendant l'orgasme qui est le résultat du
rapprochement des sexes. La longueur du vagin est
d'environ cinq pouces sur un pouce de largeur. Un
peu de tissu spongieux érectile entre aussi dans la
composition du vagin; ce tissu forme, autour de sa
partie inférieure, une couche large d'un pouce environ

et épaisse de deux à trois lignes. La pl. X, (*fig.* 1, B, D,) représente le vagin d'une vierge de vingt-deux ans, morte à la Pitié. Toutes les parties de cette planche ont été étudiées sur nature.

Vulve. On appelle de ce nom l'ensemble des parties externes. Ces parties sont (pl. VIII, A) le *pénil*, éminence arrondie, formée par une masse de graisse et couverte de poils. Cette éminence, véritable coussin graisseux, est évidemment relative à l'accouplement face à face. Grâce à la présence de ce coussin, les sexes en s'approchant ne se froissent pas, ce qui aurait lieu si chez la femme les os pubis étaient immédiatement recouverts par la peau. Ce coussin, d'ailleurs, ne se trouve pas chez les femelles des quadrupèdes, où sa présence aurait été sans objet, l'accouplement chez eux étant toujours *tergal*; les *grandes lèvres* (B, B), replis membraneux dont la face externe répond à la partie supérieure et interne des cuisses; le *clitoris* (C), petit tubercule plus ou moins allongé, selon les individus, qui a beaucoup d'analogie avec le *pénis*, présentant comme celui-ci une espèce de gland, entouré d'un repli qui ressemble au prépuce, et étant formé aussi principalement par un corps caverneux; le *méat uri-naire* (D), canal long d'un pouce, servant d'orifice à l'urètre; l'*orifice du vagin* (E), situé au-dessous du méat urinaire, occupé par un repli de la membrane muqueuse de la vulve, auquel on donne le nom d'*hymen* (F), et qui, chez les vierges, ferme cet orifice d'une manière incomplète, sa forme étant circulaire ou semi-lunaire. Les débris qui résultent du déchirement de cette membrane (déchirement qui a toujours lieu dans une première copulation) constituent de petits tuber-

cules auxquels on a donné le nom de *caroncules myr-
tiformes.* (*Voy.* pl. IX et son explication.)

Cuvier a émis, touchant la membrane hymen, une
opinion aujourd'hui généralement adoptée.

« Pendant long-temps, dit-il, il y a eu des disputes assez ridicules sur l'existence de cette membrane ; on
avait peu d'occasions de la voir à une époque où l'anatomie ne s'exerçait que sur les cadavres des criminels,
et l'on s'appuya ensuite sur des observations incomplètes, pour soutenir des systèmes hasardés.

« Depuis que l'existence de l'hymen a été reconnue
constante dans les filles dont l'état n'a pas été altéré,
on s'est livré à d'autres systèmes. Quelques anatomistes, et entre autres Haller, ont prétendu que c'est
un organe accordé uniquement à l'espèce humaine,
et dans des vues morales de la part de la Providence.

« Cette opinion n'est pas moins erronée que celle de
la non-existence de l'hymen. Un grand nombre d'animaux ont offert un rétrécissement ou des replis analogues à l'hymen, en sorte qu'on doit le regarder
comme entrant naturellement dans la composition des
organes de la génération des mammifères femelles.

« Si l'on devait croire que la nature a voulu établir
dans ces parties un caractère propre à l'espèce humaine, ce serait plutôt dans les nymphes qu'il faudrait
le chercher, car il est bien plus rare d'en trouver
quelques vestiges dans les animaux.

« La substance de l'hymen est pulpeuse et rougeâtre ;
des vaisseaux s'y distribuent et répandent du sang lors
de sa rupture, qui cause d'ordinaire une douleur assez
vive.

« La présence de l'hymen ne prouve ni la pureté, ni

même absolument la virginité de la personne qui le possède, pas plus que son absence ne prouve absolument du désordre dans la conduite. On cite des femmes qui l'ont conservé même après leurs couches, et des jeunes filles qui n'en ont jamais eu ; et en effet, on conçoit qu'une membrane aussi frêle peut, en certains cas, s'étendre, céder à de fortes pressions, et reprendre ensuite son premier état ; et, en d'autres cas, se déchirer par de légers mouvements, ou s'effacer et se confondre avec les plis moins apparents qui existent au dessus et au dessous. Il n'en est pas moins vrai que dans la règle les vierges ont un hymen, et le conservent, et qu'on l'a trouvé dans des filles de tout âge.

« C'est à M. le docteur Duvernoy que l'on doit la découverte de l'hymen dans les animaux. Il l'a vu dans plusieurs sujets, formant deux replis semi-lunaires et latéraux ; dans les juments et les ânesses qui n'ont pas été couvertes, il consiste en une membrane semi-lunaire. Dans l'ourse brune, l'orifice du vagin était réduit à une simple fente transversale, par un repli épais de la membrane interne, formant en dessus une sorte de lèvre. Dans beaucoup de carnassiers et de ruminants, le vagin est bien séparé de la vulve par un repli circulaire saillant ; et ces différentes conformations s'effacent toutes plus ou moins par suite des approches du mâle ou par l'effet du part. Il est donc certain que l'hymen doit avoir un autre objet que de servir de témoin de la pureté virginale. Il est possible que son utilité consiste à préserver des parties délicates du contact de l'air dans les jeunes animaux, afin d'en maintenir la sensibilité pour l'époque où elle doit éveiller le désir. »

Mamelles. C'est la graisse qui donne aux mamelles

la forme hémisphérique qu'elles présentent. Leur base n'est pas parfaitement circulaire, elle est plutôt elliptique ; le mamelon en est la partie la plus saillante ; il est situé un peu au-dessous de leur milieu, où on le voit entouré d'un cercle plus coloré auquel on a donné le nom d'*aréole* ; le niveau de ce cercle est quelquefois inférieur à celui de la peau, qui, là, est plus fine que celle qui recouvre le reste de la mamelle.

La glande mammaire se compose principalement de petits grains du volume d'un grain de millet (pl. XI, *fig. x*), qu'on distingue très-aisément les uns des autres, surtout chez les femmes qui allaitent. Il n'y en a point dans l'aréole. Celle-ci est formée par une substance blanchâtre dans laquelle l'anatomie démontre un paquet de canaux réunis par du tissu cellulaire. Ces canaux sont la terminaison des conduits du lait (pl. XI, *e, e*) ; ils ont autant de racines qu'il y a de grains dans la mamelle, et ils se réunissent au centre de la mamelle derrière l'aréole où ils se terminent par des dilatations coniques (pl. XI, *fig.* F, *e, c*).

Les conduits du lait qui viennent aboutir au mamelon sont au nombre de quinze à vingt ; la quantité et la nature du fluide qu'ils fournissent dépendent du temps plus ou moins long qui s'est écoulé depuis le repos et l'allaitement, ainsi que du genre d'aliments qui ont été pris, de sorte que, plusieurs heures après le repos et quand il y a quelque temps que l'enfant n'a tété, le lait coule avec abondance et est très-nourri ; tandis que, dans le cas contraire, on le voit suinter avec lenteur et il est plus ou moins clair.

Le tissu cellulaire qui entre dans la composition de la glande mammaire ne forme pas une couche continue, comme partout ailleurs ; il pénètre profondément dans la substance de l'organe et il manque tout-à-fait à sa base. La graisse qui s'y amasse est plus ferme et plus jaunâtre que dans le reste du corps ; on n'en trouve point dans le mamelon , ni derrière l'aréole.

Nous dirons ailleurs les changements qui s'opèrent dans les glandes mammaires par suite de la fécondation, nous parlerons en même temps du lait qu'elles sécrètent et des qualités que l'on doit rechercher dans ce fluide qui forme la première nourriture de l'enfant nouveau-né.

ARTICLE III. — DIFFÉRENCES GÉNÉRALES DES SEXES.

Tels sont les organes de la génération dans les deux sexes. Les différences qu'ils établissent entre l'homme et la femme ne se bornent pas à la conformation de ces mêmes organes ; elles se font sentir dans la constitution générale des deux individus, dans leurs forces vitales, aussi bien que dans leurs facultés physiologiques.

On a dit souvent que jusqu'à l'âge de puberté les deux sexes avaient assez de traits communs pour qu'il fût permis de les confondre. Si cette erreur n'était pas journellement démentie par les faits, il serait aisé de démontrer que, dès la plus tendre enfance, le squelette d'un sexe est bien différent de celui de l'autre, et que cette différence existant également dans la plupart des organes, ne saurait, par conséquent, ne pas se retrouver dans le caractère moral, qui est toujours influencé par la conformation physique. Une circonstance fugitive a pu donner lieu à cette erreur, que nous devons relever ici, puisqu'elle a eu des conséquences pratiques : dans l'enfance, tous les organes poursui-

vant leur accroissement avec une très-grande activité ;
leur tissu, peu résistant et très-pénétrable, présente,
chez l'un et l'autre sexe, de la facilité et de la douceur;
le tissu cellulaire, qui fournit à toutes les parties leur
trame première, est en plus grande abondance, il comble tous les intervalles ; de là ces formes arrondies, ce
moelleux et cette coloration de la peau, seuls caractères
qui soient communs aux enfants des deux sexes.

Mais les progrès de l'âge font bientôt disparaître
cette confusion éphémère. Les organes, en acquérant
de la fermeté et de la consistance, rendent beaucoup
plus apparents les caractères particuliers qu'ils revê-
tent, selon le sexe. C'est ainsi que, chez le jeune garçon, les muscles prennent un accroissement plus grand,
ils sont plus fermes et plus prononcés que chez la jeune
fille, qui conserve ses formes arrondies avec la prédominance du tissu cellulaire qui leur donne naissance.
« Les caractères généraux des sexes sont tellement prononcés, dit Richerand, que l'on distinguerait un mâle
en voyant une seule partie de son corps à nu, lors
même que cette partie ne serait point couverte de poils
et n'offrirait aucun des principaux attributs de la virilité. »

Si nous comparons le squelette de la femme à celui
de l'homme, nous trouvons que, chez elle, les os offrent une saillie beaucoup moins prononcée. La cavité
du crâne est plus petite à sa partie antérieure, plus large
à sa partie postérieure (1), ce qui, selon les idées gé-

(1) Cette petitesse du front chez la femme n'est point aussi prononcée
que l'ont faite les anciens dans les têtes des statues que le ciseau de leurs
artistes nous a transmises. En donnant une grande élévation au front des
dieux, ils avaient rencontré juste, parce que l'étendue des facultés intellec-

néralement admises aujourd'hui, est la source de l'infériorité des facultés intellectuelles de la femme, et de la prédominance de ses passions affectives. Les clavicules sont plus droites et moins courbes dans la femme que dans l'homme, en sorte que sa poitrine est proportionnellement plus évasée. La convexité très-prononcée des os du bassin, chez la femme, fait que les os des cuisses, qui s'articulent avec eux, se trouvent plus éloignés l'un de l'autre. Il suit de là : 1° que les hanches de la femme doivent être plus larges; 2° que les muscles qui s'insèrent aux fémurs étant, par cela même, dans un éloignement plus grand chez la femme que chez l'homme, toutes choses égales d'ailleurs, les cuisses des hommes doivent être plus grêles.

Ces différences de conformation des deux sexes, qui s'observent dans tous les âges, sont plus apparentes à l'époque de la puberté. « Dans cette époque, où la nature travaille à mettre la femme en état de se reproduire, et à donner aux organes qui doivent servir à cette œuvre importante le degré de perfection qu'elle exige, son corps éprouve une secousse générale qui va frapper avec une force particulière ces deux parties opposées par leur siége, et différentes par leurs fonctions, dont l'une est l'instrument immédiat de l'ouvrage de la génération, et l'autre le nourrit, l'augmente et le fortifie; alors toute la masse cellulaire s'ébranle aussi et se modifie; elle s'arrange autour de ces deux parties, qu'elle rend plus saillantes, comme autour de

tuelles coïncide toujours avec le développement de la partie antérieure du cerveau; mais en déprimant le front de leurs déesses, ils avaient, par cela même, exagéré une imperfection, en sorte que, selon la remarque de Gall, ils avaient fait de leur Vénus une idiote.

deux centres, d'où elle envoie ses productions aux différents organes qui leur sont soumis. Les productions
qui partent du centre supérieur, après avoir arrondi
le col et lié les traits du visage, vont se perdre agréablement vers les épaules, et se prolonger vers les bras,
pour leur donner ces contours fins, déliés et moelleux,
qui se continuent jusqu'aux extrémités des mains. Les
productions qui partent de l'autre centre vont modifier, à peu près de la même manière, toutes les parties inférieures. Le principe actif ou la force inférieure
qui opère ce développement imprime en même temps
aux humeurs un mouvement de raréfaction qui donne
à toutes les parties de la consistance, de la chaleur et
du coloris. Tout s'anime alors chez la femme : ses
yeux, auparavant muets, acquièrent de l'éclat et de
l'expression; tout ce que les grâces légères et naïves
ont de piquant, tout ce que la jeunesse a de fraîcheur
brille dans sa personne. De ce nouvel état il résulte en
elle une surabondance de vie qui cherche à se répandre
et à se communiquer. Elle est avertie de ce besoin par
de tendres inquiétudes et par des élans qui ne sont
que la voix tyrannique et douce de la volupté. Pour
intéresser puissamment toute la nature à sa situation,
elle semble appeler les plaisirs à son secours. Alors
tout s'empresse, tout vole au-devant de la beauté, pour
la servir et briguer le bonheur de recevoir ses chaînes. »
(Roussel.)

A cette époque aussi, la femme est dans la plénitude
de ses facultés psychologiques; sa sensibilité est vive;
son cœur avide d'émotion l'entraîne dans le tourbillon
des plaisirs. La flexibilité de ses organes donne lieu à
cette versatilité de goûts qui fonde sa légèreté, dont

nos habitudes sociales s'accommodent si mal ; mais il n'est pas vrai, comme dit encore Roussel, que la nature, qui ne devait pas prévoir nos arrangements civils, se soit contentée de faire les femmes aimables et légères, parce que cela suffisait à ses vues.

Le signe le moins équivoque de la puberté chez les jeunes filles est l'apparition d'un écoulement sanguin par les parties génitales. Cette hémorrhagie commence dans nos climats tempérés vers l'âge de treize à quinze ans. Dans les contrées les plus chaudes de l'Asie, les filles sont nubiles à huit ou neuf ans. Dans les pays froids, auprès du pôle et dans les montagnes, la menstruation ne s'établit souvent qu'à vingt-quatre ans. Toutes les femmes sans exception, à quelque race d'hommes qu'elles appartiennent, sont soumises à l'excrétion menstruelle.

Il y a des naturalistes qui ont prétendu que certains quadrupèdes, la baleine, des oiseaux, des poissons même, avaient un écoulement régulier de sang par leurs organes génitaux. C'est une erreur : il est vrai que chez quelques animaux il y a un écoulement de mucosité sanguinolente ; mais cette excrétion se manifeste dans le temps des amours seulement. On affirme cependant que, chez les orangs-outangs, les singes et les chauves-souris, il y a une véritable excrétion menstruelle.

Le sang menstruel est fourni par exhalation ; il s'écoule des orifices exhalants qui s'ouvrent de toutes parts à la surface de la membrane muqueuse qui tapisse la cavité de la matrice et de son col. C'est une hémorrhagie artérielle, à laquelle on doit faire attention de ne point apporter de trouble, et je ne sais pourquoi une prudence mal entendue empêche les mères d'instruire à temps leurs filles des changements qui doivent s'opérer en elles, et de l'hémorrhagie périodique à laquelle elles seront assujetties pendant la plus belle partie de leur vie ; elles éviteraient les dangers d'une fausse honte qui pousse toujours les jeunes filles à dissimuler leur état quand ce phénomène se manifeste chez elles pour la première fois, et elles conjureraient beaucoup de maux en les instruisant dès lors de tous les dangers auxquels une femme peut être exposée par le dérangement ou la suppression brusque de l'évacuation. Une frayeur subite, un froid saisissant et imprévu, un courant d'air, une glace, des boissons froides, sont autant de causes momentanées de la suppression des menstrues. Si la jeune fille ignore que son état est commun à toutes les personnes de son sexe, une pudeur mal entendue l'empêchera de se plaindre de la disparition du phénomène avant que le mal qui résulte inévitablement de son silence ait fait des progrès.

Quoi qu'il en soit, ce changement important dans l'habitude physique de la femme s'annonce par des douleurs dans les lombes, de la lassitude dans les jambes, des coliques fréquentes et un gonflement du bas-ventre. Le sommeil se trouble, la tête devient lourde, le pouls accéléré ; bientôt suinte goutte à goutte un sang tantôt pur et vermeil, tantôt séreux, quelquefois épais : sa quantité totale égale à peu près une livre. Quatre jours environ sont le terme moyen de la durée de cet écoulement qui laisse la femme dans un état d'affaiblissement et de langueur.

Plusieurs opinions ont été émises sur les sources de

ce flux, qui a pris le nom de règles, parce que, dans l'état de santé, il a lieu à des époques à peu près fixes, et dont le retour est périodique. La couleur vermeille du sang évacué donne lieu de croire qu'il est fourni par des artères et non par des veines. Quant à la cause première de l'évacuation, il est très-difficile de la comprendre. Une première explication s'offre à l'esprit, lorsqu'on réfléchit sur un pareil sujet. La femme est soumise à l'évacuation menstruelle seulement pendant tout le temps qu'elle est apte à la reproduction, et aussitôt que sa fécondation a eu lieu, ce flux disparaît pour ne revenir que six semaines après l'expulsion du fœtus, chez les femmes qui n'allaitent pas, et beaucoup plus tard, chez celles qui ne craignent pas de remplir entièrement le devoir de mères. Ne semble-t-il pas dès lors que le produit de cette sécrétion qui dure seulement pendant tout le temps que la femme est dans le cas d'être fécondée, se trouve destiné d'avance à la nourriture de l'enfant qu'elle doit porter, et n'est-il pas plus raisonnable de voir dans ce fait une prévoyance de la nature qu'une conséquence d'un état maladif primitif, qui serait devenu pour la femme une espèce de loi?

La seule raison qu'on puisse opposer à une pareille théorie de la menstruation, c'est qu'elle n'a pas lieu chez les autres mammifères, dont les fonctions ont beaucoup d'analogie avec celles de l'homme. Il est vrai que le fait de quelques femelles de singes, chez lesquelles on a remarqué cet écoulement, ne peut être considéré que comme une exception; mais aussi pourquoi ne pas admettre la menstruation au nombre des circonstances qui concourent à établir la différence

entre les animaux et l'homme? Il n'est certes pas absurde de croire que, depuis l'âge de la puberté jusqu'à
l'époque de la cessation des règles, la nature a accordé
à la femme le pouvoir de fabriquer une quantité sura-
bondante de sang artériel, dont la destination est de
fournir au fœtus les matériaux de son accroissement
dans le sein de la mère, et que, ce surcroît de sang
étant inutile à la femme hors les temps de la *gestation*
et de l'*allaitement*, il a fallu qu'il fût expulsé à des
époques déterminées par sa plus ou moins grande facilité à s'amasser. Ainsi s'explique également pourquoi
cet écoulement a lieu par les parties génitales plutôt
que par d'autres couloirs. Envoyés dans la matrice
pour y être employés, et ne recevant point leur destination, ces matériaux de prévision ont dû être expulsés
par la voie la plus simple et la plus courte. Cette opinion est, d'ailleurs, assez conforme à l'observation. Il
est rare de voir les fonctions digestives augmenter
d'activité chez les femmes enceintes, au lieu que chez
les femelles des animaux elles acquièrent, pendant
tout le temps de leur portée, une énergie remarquable.

L'évacuation menstruelle est moins grande chez les
femmes de la campagne que chez celles qui habitent
les villes, et, parmi ces dernières, celles dont la vie
est désordonnée, dissolue, sont les plus abondamment
réglées, c'est chez elles une véritable hémorrhagie. Du
reste, il est impossible d'évaluer au juste la quantité
de sang qu'une femme perd communément tous les
mois. La durée de l'évacuation est communément,
dit-on, de trois à quatre jours; mais ceci n'a rien que
de très-variable, car il y a des femmes dont les règles

ne coulent que deux jours, tandis que chez d'autres elles durent six, huit, et même dix jours.

Les menstrues ont une périodicité d'un mois; elles arrivent pourtant tous les quinze jours chez certaines femmes, toutes les six semaines, tous les trois mois seulement chez d'autres. Dans la Laponie elles n'ont lieu que deux ou trois fois par an.

Le sang menstruel est absolument le même que celui qu'on tirerait de toute autre partie du corps, et il n'a pas les qualités malfaisantes que lui attribuaient les anciens; encore moins a-t-il les propriétés médicinales dont Aristote et Pline ont voulu le doter. On a dit que les émanations d'une femme qui est dans *ses mois* suffisent pour faire tourner le lait, et rendre acides certaines liqueurs douces, gâter les confitures, etc. Je crois que les exemples de ce genre sont extrêmement rares, et, malgré l'assertion de certaines personnes, les doutes que j'ai élevés sur leur authenticité n'ont jamais pu être dissipés. C'est en raison de cette idée d'impureté et de *malfaisance* que, dans plusieurs contrées de l'Afrique, on séquestre les personnes du sexe, on les oblige à s'abstenir de toute fonction domestique, et on leur fait même porter un signe qui avertisse de les éviter. On connaît la pratique des juifs à cet égard et les ordonnances de Moïse. Il est de fait que quelques femmes exhalent pendant la durée de leurs règles une odeur forte qui fatigue et repousse par sa fadeur; mais cela ne s'observe que chez celles qui négligent les soins de propreté indispensables en pareille occurrence.

Plusieurs raisons établissent la nécessité d'interdire le commerce entre les époux pendant la durée de l'écoulement périodique. La susceptibilité de la femme est prodigieusement augmentée pendant tout ce temps, et toute secousse nerveuse peut avoir pour elle plusieurs dangers, parmi lesquels il faut compter celui des hémorrhagies graves.

Le flux menstruel est quelquefois sujet à des aberrations fort singulières. Haller a mentionné dans sa *Physiologie* une foule de ces écarts de la nature. Les yeux, les oreilles, les narines, les gencives, les poumons, l'estomac, les vaisseaux hémorrhoïdaux, l'ombilic, la vessie, les mamelles deviennent le siége de cette déviation. On a vu des femmes chez lesquelles, au lieu de menstrues, il s'est manifesté une sorte d'exsudation sanguine par les pores de la peau, soit de toute la surface du corps, soit seulement des doigts et des mains. Pendant la jeunesse, ces déviations ont lieu plus particulièrement vers les parties supérieures, telles que les narines et la poitrine ; de là vient la fréquence des épistaxis et des hémoptysies chez les jeunes filles. Quand la puberté est confirmée et s'est établie depuis quelque temps, c'est encore vers la poitrine que le sang se dirige principalement : de là les hémoptysies qui sont encore assez fréquentes, les attaques d'asthme et les toux sèches. Vers le déclin et quand approche l'âge critique, les mouvements de la nature se concentrent vers l'abdomen, et l'on voit survenir alors des spasmes, l'hématémèse ou hémorrhagie de l'estomac, et les hémorrhoïdes.

Quoique l'âge où le flux périodique se manifeste pour la première fois soit le signal de la nubilité pour les jeunes filles, on aurait tort de croire qu'elles peuvent être mariées sans inconvénient dès les premiers moments. Il faut attendre que cette fonction soit bien établie, que les changements qu'elle amène dans le tempérament aient eu le temps de se bien confirmer, et que le tempérament ait acquis lui-même assez de développement pour qu'elles puissent remplir dans toute leur étendue les pénibles devoirs de la maternité. Les médecins ne donnent peut-être pas assez d'importance à ce point d'hygiène. C'est là le véritable nœud de la perpétuité des races : dans tous les êtres de la nature, la dégénérescence des espèces commence toujours par les femelles. Hoffmann a établi là-dessus des règles excellentes dans sa dissertation *De ætate conjugio opportunâ*. L'âge de dix-huit ans pour les filles, celui de vingt à vingt-cinq pour les garçons, dont le développement est généralement plus long, est l'âge qui, dans nos climats, permet plus volontiers le mariage ; les deux extrêmes de la vie ne sont guère propres à l'hymen.

Il est pourtant des cas où le mariage peut être conseillé à une jeune personne avant que la menstruation soit établie ; c'est, lorsqu'étant bien portante et son tempérament étant bien formé, on peut supposer que la cause de ce retard dépend d'une faiblesse et d'un manque d'excitation locales.

La menstruation une fois établie, elle dure ainsi en se reproduisant périodiquement jusqu'à l'âge de quarante-cinq à cinquante ans ; elle n'est interrompue dans l'état normal que pendant la grossesse et l'allaitement. Les exceptions à cette règle sont nombreuses et diverses ; mais ce ne sont que des exceptions. La cessation des menstrues s'annonce ordinairement plusieurs années à l'avance par des dérangements de diverse nature. Communément le sang évacué diminue de quantité et ne coule pas aussi long-temps; d'autres fois, au contraire, l'écoulement est plus abondant, c'est une véritable hémorrhagie qui s'établit et qui dure plus ou moins long-temps. Rarement cette fonction cesse tout-à-coup pour ne plus reparaître. Presque toujours alors les femmes éprouvent un malaise général, des engourdissements dans les membres inférieurs, des douleurs de reins, des chaleurs au visage. Alors, quand des maladies sont restées latentes ou stationnaires, on voit tout-à-coup survenir des symptômes graves, ces maladies prennent une marche rapide, et c'est le danger qui résulte de leur terminaison qui a fait donner à cette époque le nom effrayant de *temps critique*. Mais il faut dire aussi que les craintes que cette époque inspire sont extraordinairement exagérées, et que les femmes qui ont mené une vie régulière et conforme aux lois de l'hygiène, qui sont, dans ce cas, celles d'une morale éclairée, n'ont pas grand'-chose à en craindre. Quant aux avantages qui résultent pour la santé ultérieure des femmes de la cessation du flux menstruel, ils sont fort remarquables. Voici comment un auteur a décrit les changements qui surviennent alors dans leur état physiologique : « La masse des forces des autres organes, dit-il, s'accroît aux dépens de celles de l'utérus, qui n'a plus de vie particulière, et qui restera désormais sans influence. Les femmes acquièrent un fonds de vie inépuisable. Le temps des périls est passé pour elles; elles ne sont plus sujettes aux maux particuliers à leur sexe; elles acquièrent la constitution de l'homme au moment où celui-ci commence à la perdre. » Il résulte de là que, pour beaucoup de femmes, le *temps critique* est le commencement d'une meilleure santé, et le fait est que les tables de mortalité n'ont jamais fourni de conclusion en rapport avec l'opinion qui voulait que ce temps critique fût marqué par de nombreux ravages. « Des observations nombreuses, dit Muret, m'ont appris que l'âge de quarante à cinquante ans n'est pas plus critique pour les femmes que celui de dix à vingt.» M. Benoiston de Châteauneuf, dans son *Mémoire sur la mortalité des femmes de l'âge de quarante à cinquante ans*, lu à l'Académie des sciences en 1808, s'exprime ainsi :

« Du quarante-troisième degré de latitude au soixantième, c'est-à-dire sur une ligne qui s'étend de Marseille à Pétersbourg, en passant par Vevay, Paris, Berlin et Stockholm, à aucune époque de la vie des femmes, depuis trente ans jusqu'à soixante-dix, on n'aperçoit d'autre accroissement dans leur mortalité que celui nécessairement voulu par les progrès de l'âge. A toutes les époques de la vie des hommes, depuis trente ans jusqu'à soixante-dix, on trouve une mortalité plus grande que chez les femmes, mais surtout de quarante à cinquante ans. Il résulte de ces nouvelles observations que l'âge de quarante à cinquante ans est véritablement plus critique pour les hommes que pour les femmes, et cela quel que soit le genre de vie qu'ils embrassent, qu'ils vivent dans la société ou dans la retraite, dans les camps ou dans les cloîtres. Cependant, comme on ne peut disconvenir qu'une certaine quantité de femmes ne meurent, entre quarante et cinquante ans, des suites de la révolution qui s'opère en elles à cette époque, et que, malgré cette cause de mortalité, qui n'existe point dans l'autre sexe, son dé-

croissement, loin d'être alors sensiblement augmenté.
demeure toujours au-dessous de celui des hommes,
quelles seraient donc pour elles la force et la durée de
la vie, si la nature n'y avait attaché cette condition? »
M. Lachaise donne des résultats semblables dans sa
Topographie médicale de Paris. M. Finlaison, archi-
viste du bureau de la dette publique en Angleterre, a
trouvé aussi qu'après l'enfance, la vie des femmes est
plus longue que celle des hommes, et cela dans une
proportion qui paraît incroyable. «Ne doit-on pas, après
cela, dit à ce sujet M. Désormeaux, être étonné quand
on voit des médecins entasser dans l'énumération des
maladies qui dépendent de la cessation des règles presque toutes celles qui entrent dans les cadres nosogra-
phiques? J'aurais désiré, dit l'un de ces auteurs, pouvoir former une masse d'observations suffisante pour
en déduire toutes les maladies de l'âge critique; mais
le grand nombre des auteurs que j'ai consultés ne m'a
présenté que des faits dont la dépendance avec la cessation des règles n'était pas établie. Cette remarque
aurait dû lui prouver que ces maladies ne sont pas
fort nombreuses. Il en est cependant quelques-unes
qui, sans être particulières à cette époque, sont alors
plus fréquentes, et paraissent bien certainement dépendre du changement qui s'opère dans l'économie de
la femme. »

Parmi les moyens que les auteurs conseillent pour
favoriser l'établissement de la menstruation, l'observation scrupuleuse des lois de l'hygiène occupe, sans
contredit, le premier rang; et parmi ces lois, celles
qui se rapportent à ce que les auteurs appellent *gesta
et vestita*, aux exercices, au repos, à la veille, au

sommeil et aux vêtements, doivent être mises au premier rang. La nature pousse tellement les jeunes filles à l'exercice, qu'on n'en voit aucune qui ne soit disposée à danser aussitôt que les jambes le lui permettent. Ce mouvement du corps dans le sens vertical, et la secousse qui en résulte pour les organes du bas-ventre, sont très-avantageux à la santé de la jeune pubère. A Sparte, où la gymnastique fut en si grand honneur parce qu'elle donne de la force à la constitution, les jeunes gens s'exerçaient à la danse dès l'âge de sept ans; mais, quoi qu'en ait dit Plutarque, je ne crois pas que dans ces danses publiques les jeunes filles n'eussent d'autre voile que leur vertu et la vertu de leurs danseurs. Ce voile pouvait être suffisant à sept ans; mais à quinze, les passions de l'adolescence devaient le déchirer fréquemment. « Il n'y avoit pour cela villanie aucune, dit Amyot, ains estoit l'esbatement accompagné de toute honnesteté, et plutost, au contraire, portoit avec soy une accoutumance à la simplicité et une envy entr'elles à qui auroit le corps le plus robuste et le mieux dispos. » Le bon Amyot est un peu crédule; c'est ici le cas de dire avec le poète: *Naturam expellas furcâ, tamen usque recurret.* Il faut conseiller la danse, mais non pas la danse de Sparte, ni aucune de celles qui peuvent y ressembler; la danse en plein air, quand le soleil est près de quitter l'horizon, et non pas la danse des salons, où la poussière, la chaleur et l'air vicié par les émanations animales et la vapeur des flambeaux, sont des causes de maladie et non des moyens de santé.

Les vêtements de la jeune fille doivent être aussi l'objet d'une attention toute particulière, et ici je veux

bien négliger de parler des inconvénients des manches
courtes et des robes décolletées, qui, avec la température variable du climat où nous vivons, déterminent
fréquemment des phthisies et une foule d'autres maladies de la poitrine.

Mais je ne saurais passer sous silence l'inconvénient
d'un autre vêtement contre lequel criait Térence, au
temps des Romains, et qui a provoqué aussi la colère
philosophique de J.-J. Rousseau ; je veux parler du
corset. Ce que j'ai à en dire, d'ailleurs, a des rapports
trop intimes avec l'objet de cet article pour que le lecteur ne me pardonne point cette digression.

On lit dans *l'Eunuque* de Térence (cette pièce que
les Romains firent jouer deux fois de suite le jour où
on la leur montra, et dont Molière a copié la plupart
des scènes) les quatre vers suivants :

> Haud similis virgo est virginum nostrarum, quas matres student,
> Demissis humeris esse, vincto pectore, ut graciles sient.
> Si qua est habitior paulo, pugilem esse aiunt : deducunt cibum.
> Tametsi bona est natura, reddunt curatura junceas.

Les traducteurs rendent ainsi ce passage : «Ce n'est
pas une fille comme les nôtres à qui les mères abais-
sent les épaules, serrent la poitrine, pour leur faire
une taille élégante. Quelqu'une a-t-elle un peu d'embonpoint? la mère dit qu'elle ressemble à un athlète,
et lui retranche la nourriture. Malgré la bonté de son
tempérament, à force de régime on en fait un fuseau. »

Pour abaisser les épaules, serrer la poitrine et se
faire une taille élégante, il fallait des moyens puissants et probablement analogues aux corsets de nos
jours. Nos mères ne recherchent pas la taille en fuseau

pour leurs filles, mais elles poursuivent avec encore
plus d'ardeur que les dames romaines, elles aussi, leur
beauté de convention, qui consiste à couper le corps
d'une femme en deux parties, comme celui d'un in-
secte; en haut, la poitrine et la tête; en bas, l'abdomen : telle est l'abeille. Or, n'était mon respect pour
le sexe, n'étaient les exigences de la galanterie française auxquelles je m'empresse de satisfaire en réservant ses droits, en vérité, pour l'élégance des formes,
pour la fraîcheur et la richesse du coloris, pour la pureté et la délicatesse des contours, pour la finesse de
la taille, pour l'aisance surtout, et l'abandon et la liberté, et la souplesse et la légèreté, à la femme la
mieux pincée, la mieux lacée, la mieux revêtue de
soie, la mieux couronnée de plumes ou de fleurs, la
mieux parée de rubis, d'émeraudes et de diamants,
telle, enfin, que nous l'apprètent la mode et les corsets, je préfèrerais volontiers l'abeille sortant des
mains de la Providence, et s'acheminant, sans souci
de charmes factices, pour briller, à sa place, au grand
concert de la création. Et pourquoi aussi, filles d'Eve,
vous obstinez-vous à obscurcir, par les inventions les
plus bizarres, ce génie de beauté et de grâce dont la
moins favorisée d'entre vous porte sur elle un pur
rayon? Pouvez-vous ainsi vous méconnaître et oublier
que rien dans la nature, au milieu des airs, sur la terre,
au sein des eaux, non, rien n'est beau comme votre
beauté native, beauté divine, qui, dès le premier âge
du monde, séduisit les enfants de Dieu, d'où sortirent
les puissants du siècle, les hommes fameux des temps
primitifs, *potentes à sæculo*, *viri famosi*, comme dit
la *Genèse*? Il faut être médecin et habiter une grande

ville pour comprendre à combien de maux irréparables la recherche d'une beauté factice a donné lieu. Un sein comprimé, des flancs étranglés, renferment toujours des enfants rabougris : en amincissant la taille, vous resserrez la poitrine et vous gênez les poumons; la respiration est imparfaite; le sang n'est plus convenablement oxigéné, et les phthisies organiques, les déformations osseuses, les anévrismes, les congestions générales et locales, les hydropisies, sont le résultat imminent d'une pratique irréfléchie et dépourvue de tout objet louable dans son application. La chose serait vraiment trop triste à détailler, mais si nous osions déduire ici des tableaux de mortalité des hôpitaux le nombre de jeunes filles qui succombent tous les ans à la suite de maladies produites par l'abus des corsets, notre thèse n'aurait pas besoin d'autre preuve; et tenez pour certain que la proportion est la même dans les classes aisées, car il n'y a pas de différence entre la pratique civile et la pratique des hôpitaux, si ce n'est que le relevé des causes de mort est plus difficile à constater dans un cas que dans l'autre.

Voilà, en quatre mots, ce que le corset a de pernicieux; mais pour mieux comprendre son action, il est nécessaire que nous exposions sa théorie d'une manière plus complète. Si nous voulons apprécier les influences diverses qu'exercent sur la constitution humaine les agents que nos besoins ou nos passions mettent en jeu, il faut bien que nous nous appliquions à l'étude des circonstances sous l'empire desquelles ces influences se produisent, et, dans le cas présent, par exemple, que nous recherchions quels sont les organes et les fonctions sur lesquels agissent les buscs et les lacets.

Quels que soient la richesse de la matière et des ornements, et le fini du travail et la perfection du mécanisme, tout corset se réduit, en dernière analyse, à une combinaison de lacets et de lames de baleine ou d'acier plus ou moins flexibles, et le résultat de son application, c'est toujours une compression plus ou moins exacte, plus ou moins profonde, des parties avec lesquelles il est mis en contact.

Toute compression nécessite un point d'appui solide. Dans le torse humain, les parties solides sont : à la partie antérieure, le sternum, et à la partie postérieure, la colonne épinière. C'est sur ces deux lignes, parallèles en apparence, que vient se fixer la charpente du corset. Ainsi, au devant, une lame d'acier suit le sternum, depuis les deux tiers inférieurs de la poitrine jusqu'à son extrémité, et vient, en passant sur le creux de l'estomac ou l'épigastre, se terminer au niveau des deux tiers supérieurs du bas-ventre (1); en arrière, deux autres lames marchent parallèlement sur les côtés de la colonne épinière, et suivent les sinuosités du niveau des omoplates au sacrum. Un tissu quelconque, presque toujours, mais à tort, ferme, solide, résistant et non élastique, unit dans toute sa longueur chaque côté de la lame du devant à la lame de derrière qui lui correspond, de telle sorte que, pour compléter l'embrassement du torse, il ne reste plus qu'à

____

(1) *Bas-ventre.* Les anciens appelaient *ventre* les trois grandes cavités du corps ; la cavité cérébrale était le *ventre supérieur*, la cavité de la poitrine le *ventre moyen*, et la cavité abdominale le *bas-ventre* : cette dernière expression est restée seule en usage.

faire courir en zig-zag, sur l'une et l'autre lame de derrière, un lacet qui les rapproche plus ou moins, qui les affronte même, selon le degré de constriction que l'on veut obtenir.

La perfection d'un corset consiste dans l'exactitude avec laquelle il s'applique au torse, ce qui ne dépend aucunement de sa charpente, mais de la façon donnée aux tissus qui en réunissent les diverses pièces. Pour la charpente, elle est toujours la même : une pièce unique sur le sternum, une pièce double le long de l'épine.

Si l'on a suivi avec quelque attention les détails dans lesquels nous venons d'entrer, on doit voir que le point d'appui qui supporte l'effort de traction du lacet se trouve selon la longueur du busc antérieur, et comprime, par conséquent, d'une manière directe le sternum d'abord, puis la portion de l'épigastre où cette pièce osseuse fait défaut, enfin, la partie supérieure du bas-ventre, sur lequel la lame d'acier ou de baleine se prolonge. Or, sous le sternum se trouvent le cœur et ses enveloppes entourés des deux poumons ; sous l'épigastre, l'estomac et le foie, et au bas-ventre, les circonvolutions intestinales ; de façon que si la pression est active et profonde, la gêne du cœur peut déterminer des défaillances ou lipothymies ; la gêne de l'estomac et du foie, des indigestions et des embarras dans la circulation abdominale, et tout le nombreux cortége des maladies gastriques. Quant à la compression du paquet intestinal, ses effets, tout mécaniques, se bornent au refoulement des organes qui leur sont contigus, tels que les reins, l'utérus, la vessie, etc.; et parmi les effets de ce refoulement, il faut bien compter sans doute ces irritations utérines qui, chez la plupart des femmes des grandes villes, se manifestent par des pertes blanches plus ou moins abondantes qui sont le prélude du catarrhe utérin chronique, et souvent aussi du cancer.

Après ces premiers effets que nous pouvons appeler directs, il en est d'autres qui ne sont pas moins redoutables, et sur lesquels nous ne ferons que passer. Ainsi, en suivant le trajet des tissus qui unissent le busc antérieur aux deux buscs du dos, nous voyons que ces tissus s'appliquent, à la partie supérieure, le long des parois latérales de la poitrine, en contournant les côtes, qu'ils embrassent étroitement, et, en bas, sur les flancs, en passant sur le contour des hanches, d'où il suit que la compression, en haut, s'exerce encore sur des points solides fournis par les côtes, tandis qu'en bas, elle n'a plus pour appui qu'une surface élastique, flexible, exclusivement formée de parties molles, savoir, la peau et les muscles sous-jacents qui forment les parois latérales du bas-ventre.

Si le lacet est fortement serré, comme c'est l'ordinaire, les côtes sont empêchées dans les mouvements particuliers que le jeu de la respiration nécessite, et il n'existe plus, pour l'accomplissement de cette importante fonction, qu'un mouvement d'ensemble de toute la cavité pectorale, mouvement d'élévation et d'abaissement qui quelquefois même est totalement empêché, au point que la respiration, se faisant seulement par le diaphragme, devient ce qu'on appelle une respiration abdominale. Cette absence de dilatation de la poitrine par le mouvement des côtes est la circonstance la plus fatale qui puisse se rencontrer pour une jeune fille, et la gêne habituelle qui en résulte pour les poumons est la cause la plus ordinaire de ces maladies de poitrine qui produisent une si effrayante mortalité parmi elles, dans la période de dix-huit à vingt-cinq ans.

Quant à la pression des flancs, elle ne fait qu'accroître le tassement des organes contenus dans le bas-ventre, dans le grand et le petit bassin, et augmenter les dangers du refoulement dont nous avons déjà parlé.

Nous ne dirons rien de l'entraînement des omoplates en arrière, de la gêne des mouvements des bras qui en est la conséquence, ni du refoulement des masses musculaires dans le dos, et des déviations osseuses qu'il amène à sa suite; toutes ces choses ont bien leurs inconvénients, mais le détail en serait trop long, et nous devons nous borner.

Pourtant il est encore un point sur lequel nous devons fixer l'attention. Nous avons dit plus haut que les deux lignes osseuses formées par le sternum et la colonne épinière n'étaient parallèles qu'en apparence. En effet, le sternum descend obliquement de haut en bas et de dedans en dehors, de manière à donner à la poitrine une forme conique dont le sommet se continue avec le cou, sa base s'élargissant pour former la partie supérieure de l'abdomen. Or, voyez maintenant ce qui arrive quand, pour se faire une taille amincie, la jeune fille exerce sur son torse une constriction permanente : elle ne tend à rien moins qu'à rapprocher de la colonne vertébrale l'extrémité inférieure du sternum, c'est-à-dire à diminuer le diamètre de la base du cône pectoral, et, par conséquent, à accroître au plus haut degré la gène des organes respiratoires, à les atrophier ou, du moins, à provoquer leur irritation et leur usure anticipée.

Au reste, le point le plus menacé par le corset n'est protégé que par des parties molles qui cèdent facilement à la pression, et laissent atteindre les organes qu'elles couvrent, de sorte que ceux-ci sont obligés de fuir la constriction, les uns par en haut, les autres par en bas, et, quand tout déplacement leur est impossible, comme au foie qui est retenu à son poste par plusieurs ligaments, de souffrir une oppression qui détermine sur son tissu éminemment délicat les plus fâcheuses maculatures.

C'en est assez, je pense, sur un pareil sujet, pour faire toucher du doigt le danger que nous voulions signaler ; les raisons que nous avons données sont des faits anatomiques, des faits incontestés et dont le témoignage est, par conséquent, irrécusable. N'en pas reconnaître la puissance, ne pas s'y soumettre en invoquant l'exemple de femmes dont on admire la taille mince et dégagée, et compter qu'on est soi-même doué d'une de ces organisations exceptionnelles chez lesquelles le tempérament reste bon quand même, *tametsi bona est natura*, comme dit Térence, c'est faire le plus faux de tous les calculs, c'est se jeter de gaîté de cœur dans le gouffre toujours béant où sont entassées les causes de nos maladies, pour se livrer, pieds et poings liés, à la plus impitoyable de toutes.

Mais enfin, qu'a donc de si précieux cette finesse de taille qui pousse ainsi tout un sexe à la démence ? La beauté qui la possède y puise-t-elle un plus vif éclat ? Est-ce là le complément des perfections d'une jolie femme , ou bien ses autres perfections doivent-elles être dépréciées quand celle-là lui manque ? Voilà, certes, des questions dont la solution doit bien avoir son prix après l'établissement de vérités aussi dures et aussi tranchantes que celles que nous venons d'énoncer.

Disons d'abord que c'est une grande maladresse que cette recherche d'une qualité physique à laquelle on est sûr d'être obligé de renoncer d'une manière accidentelle et forcée dans plusieurs circonstances de la vie et par des causes qu'on ne saurait éviter, et qui, en dernière analyse, vous abandonne complètement après les premières années de la jeunesse. Que devient, en effet, cette finesse de la taille pendant la gestation? que devient-elle aussi quand les temps d'aptitude à la gestation sont accomplis? Une conformation aussi sujette à disparaître tout-à-fait dans la plupart des cas, et qui doit être du moins si fréquemment interrompue, mérite-t-elle qu'on s'expose, pour l'obtenir, à tant de dangers, à tant de douleurs? En vérité, si on compare ce qui se fait en ce point à ce qu'exigent les lois de la nature et les vrais intérêts de la beauté, il y a là une contradiction inouïe qui ne peut s'expliquer que par les bizarreries de la mode et les aberrations du sens commun.

Évidemment, la beauté est intéressée à se donner le plus de conditions possibles de stabilité et de permanence, et parmi les traits qui la caractérisent, ceux-là doivent être les plus précieux, qui sont moins accessibles aux ravages du temps. Une peau douce, fraîche, colorée, telle que la donne une santé parfaite, un maintien modeste et digne, une démarche élégante et

assurée, comme il sied à une âme élevée et à une conscience pure, la finesse du sourire, la suavité du regard, la sérénité de l'expression, signes certains du
contentement de l'esprit et de l'habitude des passions
douces, voilà, certes, des qualités physiques qui attirent toujours des hommages spontanés, et qui doivent
avoir un prix bien supérieur à toutes les autres,
puisque, si la nature vous les refuse, un sens droit et
une bonne éducation physique et morale peuvent vous
les donner, et les progrès de l'âge ou les autres circonstances de la vie que nous avons mentionnées ne
sauraient vous les ravir. Quant à l'heureuse disposition
des traits, à la pureté des lignes, à la délicatesse des
contours, et aux autres conditions du torse plus ou
moins rapprochées des conditions de la beauté idéale,
il faut bien en prendre votre parti dans tous les cas,
puisqu'il est bien reconnu que la finesse de la taille ne
saurait vous tenir lieu de celles qui peuvent vous man-
quer; et soyez bien certaines, jeunes filles, que vous
manquerez toujours ou de l'une ou de l'autre. Demandez
aux peintres et aux statuaires si leur beauté idéale se
trouva jamais dans la nature, et rappelez-vous cette
beauté d'Apelles ou de Zeuxis, pour la réalisation de
laquelle il fallut rassembler toutes les belles femmes
d'un pays où la perfection des formes fut de tout
temps proverbiale.

Toutefois, et c'est ici le point où je veux en venir, il
est dans la nature une forme générale qui est le fondement le plus réel de la beauté de la femme, et cette
forme, il n'est point de femme, *exceptis excipiendis*,
qui n'en porte sur elle le type fondamental, puisque
c'est la forme essentielle qui fait la femme ce qu'elle

17

est, ce qu'elle doit être, c'est-à-dire le sanctuaire de l'espèce humaine, la condition vivante de sa conservation et de sa durée.

C'est cette condition de maternité future qui commande la conformation générale de la femme ; c'est à l'accomplissement de cette fonction, la plus élevée de l'organisme, que tout est subordonné chez elle, et tout caractère de beauté qui ne se trouve point en concordance avec les nécessités de cette fonction est un caractère contestable et mal déterminé. Il y a plus, la beauté de la femme n'obtient de triomphe et de gloire que pendant la durée de l'aptitude à cette fonction. Au reste, c'est une loi générale dans l'univers : la fleur brille de son plus vif éclat lorsqu'elle est prête à être fécondée ; cet acte une fois rempli, elle se fane et s'effeuille. Telle est la femme, la plus belle fleur de la création, fleur chérie de la Providence, dont l'haleine est un parfum, la voix, une consolation et un charme, le regard, un rayon de bonheur.

Si on enferme dans un même ovale le torse de deux individus d'un sexe différent, la poitrine de l'homme débordera, tandis que, chez la femme, ce sera le bassin. Les raisons d'organisation qui donnent à l'homme une conformation de cette sorte n'ont aucun rapport avec notre objet, et nous les négligeons. Pourquoi en est-il ainsi chez la femme ? Uniquement par la raison que nous avons indiquée, pour l'accomplissement de son rôle dans l'univers, pour la conservation de l'espèce humaine. Il lui faut un bassin large, arrondi, évasé, dont les bords soient adoucis et contournés ; or, cet évasement du bassin entraîne la longueur des hanches et une amplitude proportionnelle des parois de l'abdomen.

Quant à la cavité pectorale, elle n'est point comparativement plus rétrécie chez la femme que chez l'homme, c'est-à-dire que, chez la femme comme chez l'homme, la poitrine est ce qu'elle doit être ; seulement elle paraît rétrécie, parce que le bassin est plus grand. Il suit de là que les lignes latérales, les lignes des flancs qui unissent une cavité osseuse à l'autre, la poitrine au bassin, au lieu de monter parallèlement à la rencontre des côtes, ont une marche convergente et finiraient par se croiser au-delà de la tête, si on les prolongeait dans la direction qui leur est imprimée par leurs points de terminaison. Mais la ligne droite n'est pas de l'essence du règne organique ; aussi les parois molles et élastiques de l'abdomen, qui forment ces lignes, sont-elles disposées selon diverses courbes dont les combinaisons admirables font le désespoir des peintres et des sculpteurs qui passent leur vie à les étudier. Ces courbes ressortent sur la partie antérieure ; elles sont rentrantes, au contraire, en arrière et sur les côtés, comme si, par cette disposition, la nature avait voulu prévenir jusqu'à un certain point l'effet de l'extension passagère à laquelle l'abdomen peut être ultérieurement soumis. Mais il y a loin de ces courbes si gracieuses, de ces chutes de reins si bien adoucies, de ces ondulations de formes si heureusement accidentées, aux tailles étranglées et cassées des déesses de nos salons.

Cependant, la largeur de la poitrine et sa conformation régulière sont aussi des caractères essentiels de la beauté physique. Un thorax ample dénote une respiration puissante, fondement solide de l'énergie vitale, sans laquelle il n'est point de véritable beauté. Cette

amplitude est, d'ailleurs, commandée par la nécessité
de fournir une base suffisante aux organes de la lactation, à ces hémisphères glanduleux qui, par leur forme
élégante et une heureuse disposition, deviennent le
centre de la décoration de la partie supérieure du torse
féminin.

Autour d'eux s'arrange, en effet, de la manière la
plus agréable une masse de substance compressible et
lanugineuse, de cette substance qui, sous le nom de
tissu cellulaire, remplit, à l'égard de tous nos organes,
les fonctions d'un coussin. Le tissu cellulaire est, là,
plus élastique et plus abondant que partout ailleurs :
il fournit au développement des vaisseaux lactés, il les
fomente, il les accompagne, il les protège, il les enlace, il glisse, il circule autour d'eux, il s'insinue dans
leurs intervalles, il les pelotonne enfin, et il les sépare en deux demi-globes unis et résistants, au milieu desquels l'Amour va s'établir pour lancer de là ses
flèches les plus sûres. Ainsi, le Créateur, en façonnant
la côte enlevée au premier homme, et en inventant
pour elle de nouvelles formes, la dota de charmes
nouveaux, faisant toujours, comme dans ses autres
ouvrages, sortir un plus grand agrément d'une plus
grande utilité.

Tels sont les traits fondamentaux de la beauté physique, qu'il importe à toute femme de respecter et
d'entretenir dans leur pureté originelle, en éloignant
de sa personne tout ce qui pourrait les effacer, les dénaturer ou en pervertir l'action. Tout se tient dans la
constitution humaine : quand une partie est en souffrance, toutes les autres pâtissent à leur tour, et la
santé générale est intéressée ; vous ne pouvez donc gé-

ner l'action d'aucun organe, sans empêcher plus ou moins les fonctions des autres. Maintenant, serrez-vous la taille, comprimez votre cœur et vos poumons, refoulez l'estomac et le foie, et étonnez-vous, après cela, que l'âge de vingt-cinq ans ne soit déjà plus l'âge de la santé, de la fraîcheur, de la beauté et des grâces !

SECTION II.

HISTOIRE DE LA FONCTION DES GÉNÉRATIONS, ET SYSTÈMES PROPOSÉS POUR EXPLIQUER LA FORMATION DU NOUVEL INDIVIDU.

Tous les actes qui concourent à la génération de l'homme sont caractérisés par le sentiment de la volupté. La nature a attaché à l'exercice de cette fonction la plus grande importance, car c'est sur elle que repose l'entretien de l'univers ; et, d'un autre côté, elle l'a soumise en même temps à l'influence du libre arbitre. Il fallait donc qu'elle nous sollicitât à son accomplissement par quelque puissant moyen. Ce moyen, c'est le plaisir, qui est ainsi devenu le plus précieux apanage de notre organisation.

A cet égard, certaines parties, et celles surtout qui ont un rapport prochain ou éloigné avec la génération, sont douées d'une sensibilité exquise qui a son siége dans un tissu spécial auquel les anatomistes ont donné le nom de *tissu érectile.* Ce tissu est très-abondant dans les corps caverneux de la verge et dans l'urètre ; il revêt la papille de la glande mammaire ; il compose le clitoris ; il y en a aussi probablement dans la

langue et aux lèvres; il y en a à l'extrémité des doigts,
où les papilles de la peau s'érigent en quelque sorte
pour effectuer la sensation du toucher; il y en a, enfin,
dans les grandes et petites lèvres, d'où il se répand
jusque dans le vagin. Tous les organes que nous venons
de désigner participent ordinairement à l'excitation
générale qui est le premier résultat du désir qui précède l'acte générateur. Le tissu érectile, partout où il
est répandu, se laisse pénétrer d'un afflux plus grand
de liquide. Le pénis chez l'homme, l'organe qui lui
correspond chez la femme, les grandes et les petites
lèvres, s'érigent et se gonflent de sang; les papilles
mammaires se durcissent; les lèvres deviennent brû-
lantes; enfin, la peau de toute la surface du corps paraît douée d'une vitalité plus grande; le toucher acquiert surtout une énergie qui lui est inconnue dans
les autres moments. Alors, si la main se promène sur
une surface arrondie et vivante et qu'elle embrasse
ses contours, la douceur de la peau, la chaleur hali-
tueuse qu'elle dégage, font naître, non pas seulement
dans la main, mais dans le corps entier, un doux fré-
missement, un sentiment de chaleur plein de délices,
et ce toucher pourtant n'est que le prélude d'un
autre toucher mille fois plus délicat qui appelle, dans
les organes où il s'effectue, tout ce que l'être possède
de sensibilité et de vie.

Le tissu érectile a cela de particulier que les organes
où il **est** répandu sympathisent les uns avec les autres
de la manière la plus vive. Il suffit d'en exciter un pour
que tous les autres participent à cette excitation. Mais,
comme le but de cette excitation est la réalisation de

l'acte générateur, aussitôt que cet acte est accompli, chaque partie se détend avec la même rapidité pour revenir à son premier état.

La première phase de l'acte générateur est relative au rapprochement des sexes, qui a reçu le nom de *copulation*. La copulation est accomplie lorsque la liqueur fécondante a été dirigée sur le germe pour en déterminer l'avivement.

Le rôle des deux sexes n'est pas le même dans cet acte préliminaire de la génération. Celui de l'homme est d'introduire dans les parties de la femme l'organe chargé de projeter le fluide fécondant et de l'excréter pendant cette introduction. Pour atteindre un pareil but, une irritation quelconque, appelant les fluides dans les corps caverneux du pénis, donne à cet organe une raideur suffisante; dans un pareil état, ses artères battent avec plus de force; la peau qui le revêt est plus colorée; sa chaleur s'est accrue; une légère émotion de plaisir a été le prélude de ces changements, tantôt soudains, tantôt lents et gradués.

Les physiologistes ont cherché la cause prochaine de l'ensemble de ces phénomènes, connus sous le nom d'*érection*. Il est évident, pour nous, qu'elle est due à une congestion sanguine dans le tissu érectile du corps caverneux de l'urètre et du gland; cette vérité est démontrée par des expériences directes : mais quelle est la cause de cette congestion sanguine? On croit généralement, avec raison, qu'elle est toute dans l'influence du désir qui, stimulant d'une manière directe ou sympathique l'organe principal de la copulation, détermine cette sensation de plaisir qui la précède et l'accompagne; cette stimulation agit sur les corps caverneux à la manière de l'irritation sur nos tissus, c'est-à-dire qu'en conséquence de son action, le sang afflue abondamment dans l'organe qui en est le siége.

« La cause de la rapidité de cette turgescence du pénis, dit M. Flourens, réside dans le système nerveux dont les innombrables filets couvrent sous forme de réseau ou de plexus les dernières terminaisons des conduits sanguins. Un rayon de lumière, émané du génie de Bichat, sur la multiplicité des divisions nerveuses en rapport nécessaire avec les systèmes capillaires sanguins, éclaire ce point de structure du tissu érectile, lui-même tissu capillaire.

« Sous l'influence de l'excitation nerveuse, il s'opère un afflux considérable de sang dans les excavations cellulaires et spongieuses du tissu érectile qui se dilate, se gonfle, se durcit avec rapidité, et détermine le phéno-mène de l'érection. Les limites de la turgescence du tissu érectile sont tracées par les enveloppes membraneuses qui renferment ce lacis vasculaire. C'est la capsule fibreuse distendue qui, en effet, donne au pénis en érection la forme triangulaire. Elle n'est donc pas, quoique son concours soit tout mécanique, complètement étrangère à la régularité de l'érection. »

Le résultat de cette érection est de donner au pénis la solidité qui lui est nécessaire pour rompre les obstacles physiques qui pourraient s'opposer à son introduction dans les parties de la femme.

Toutefois, cette érection ne suffit pas, et le pénis, une fois introduit, doit encore, pour que la copulation ne soit pas stérile, excréter le fluide fécondant, pendant la durée de cet acte, et voici comment cela a lieu. L'irritation fixée au pénis se continue pendant tout le temps de l'approche, et se propage dans toutes les parties qui composent l'appareil génital : ainsi, les testicules augmentent leur sécrétion et envoient plus de sperme dans les vésicules séminales; celles-ci entrent en contraction et projettent le sperme par les canaux éjaculateurs dans l'urètre, où la présence de ce fluide portant ce canal au plus haut degré d'excitation, le force à se rétracter avec énergie; de là, contraction convulsive des muscles qui l'embrassent et qui, en redressant le pénis, tiennent l'orifice externe de l'urètre en rapport avec celui de l'utérus dans le fond du vagin. C'est dans ces circonstances et par ces moyens que le fluide fécondant est dardé dans les parties de la femme; son excrétion, qui se fait par jets et par saccades, donne à l'urètre une sensibilité toute nouvelle; le plaisir est porté au plus haut degré; l'être qui le ressent est alors dans une espèce d'état convulsif. L'éjaculation achevée, l'excitation du pénis cesse; cet organe revient à sa flaccidité première, et le rôle de l'homme dans la génération est accompli. Le plus souvent un sentiment de tristesse et de langueur succède, chez lui, à un excès de volupté, comme s'il pressentait qu'il n'a pu donner la vie à un nouvel être qu'aux dépens de la sienne (1).

Les vésicules séminales se vident-elles entièrement dans une première copulation ? C'est ce qu'il est diffi-

---

(1) L'amour, a dit Grimaud, professeur de Montpellier, est subordonné dans l'animal à la nécessité où il est de se détruire, et c'est peut-être à la connaissance sourde et confuse que l'âme prend de cette relation, qu'est dû le sentiment inexprimable de tristesse, si doux pour les personnes d'une vraie et profonde sensibilité, qui paraît se mêler, pour tous les animaux, à la volupté qui accompagne l'acte de la reproduction.

Surgit amari aliquid quod in ipsis floribus angat, a dit Lucrèce.

Liv. IV, vers 1127.

18

ciles de déterminer : toujours est-il qu'une seconde
excrétion peut suivre d'assez près la première. Du
reste, l'abondance de l'excrétion et sa répétition dépendent surtout des circonstances relatives à l'état de
santé et à la bonne conformation de l'individu.

Il est rare que, dans une première approche, l'introduction du pénis dans les parties de la femme ne
soit pas accompagnée de douleurs, occasionées alors
par le déchirement de la membrane hymen qui ferme
en grande partie l'orifice du vagin chez la jeune vierge.
Quant aux autres obstacles, comme le frottement, la
nature a pris soin d'en modérer l'effet au moyen des
mucosités qui s'exhalent alors en plus grande abondance à la surface de la membrane muqueuse du vagin.

Cependant les organes génitaux de la femme participent à la même excitation que ceux de l'homme ; le
clitoris se gonfle ; le tissu érectile du vagin entre en
action, et le même spasme voluptueux la jette aussi
dans un état convulsif. Que se passe-t-il alors? Sans
doute, au même instant, le germe se détache de l'o-
vaire pour tomber plus tard dans l'utérus : ce qui tendrait à le prouver, c'est que les moments d'extase dans
l'un et l'autre sexe ne coïncident pas toujours, et l'on
est obligé de chercher pour la femme une autre cause
de plaisir que le contact du sperme avec l'utérus.

Telle est l'histoire de la copulation : le rôle de l'homme
dans la génération est achevé par le fait seul de cet
acte ; celui de la femme commence, et tous les phénomènes postérieurs déterminés par cette fonction la regardent uniquement.

Il n'y a pas de doute que le sperme ne soit la substance par laquelle l'homme concourt à la génération ;

les sucs de la prostate et des glandes de Cooper, qui
n'existent pas dans tous les animaux, paraissent ne servir qu'à lubrifier les parties et à délayer le sperme.
D'ailleurs, des faits directs prouvent que la fécondation n'a lieu que par ce fluide. Spallanzani a examiné
comparativement, dans de l'eau très-limpide et hors de
l'eau, des grenouilles pendant leur accouplement; il a
vu qu'au moment où la femelle pondait ses œufs, le
mâle lançait sur eux une liqueur transparente qui les
fécondait. Pour être certain que la fécondation était
due à la liqueur projetée par le mâle, il l'a habillé d'une
culotte de taffetas ciré, et il a observé alors, d'une
part, que les œufs n'étaient plus fécondés, et, de l'autre, que la culotte était remplie d'assez de sperme pour
en recueillir. Bien plus, ayant ramassé ce sperme avec
un pinceau, il a opéré des fécondations artificielles,
tant sur des œufs déjà pondus, que sur des œufs pris
dans les parties de la femelle, soit au moyen du sperme
pur, soit au moyen du sperme mêlé avec d'autres liqueurs, telles que le sang, l'urine, le vinaigre.

Mais voulant, dans ses expériences, se rapprocher
le plus possible de l'espèce humaine, le même expérimentateur choisit une chienne de la variété des bar-
bets qui avait déjà engendré plusieurs fois, et il l'en-
ferma pour attendre l'époque du rut. Alors, il injecta
dans son appareil génital, au moyen d'une seringue
chaude à trente-huit degrés, dix-neuf grains de sperme
qu'il avait retiré d'un individu mâle de la même race,
et, au terme ordinaire, la chienne mit bas trois petits,
qui ressemblaient à la fois à leur mère et au chien qui
avait fourni le sperme. Cette étonnante et merveilleuse expérience a été répétée, avec un pareil succès,

par Rossi de Pise et Buffolini de Cezène : il est donc incontestable que la matière que doit fournir l'homme pour la génération est le sperme.

Il reste à savoir encore jusqu'à quel point de l'appareil génital de la femme il parvient. Nous allons voir plus bas que, relativement à l'espèce humaine et à tous les mammifères, il faut que le sperme agisse sur l'ovaire, car c'est dans l'ovaire que se fait la conception : les grossesses hors de l'utérus en sont la preuve. Si le développement du fœtus a lieu quelquefois dans le bas-ventre, c'est que les ovules ont probablement échappé à la trompe, quand celle-ci, par son pavillon, a tenté de les saisir à la surface de l'ovaire, pour les conduire dans la matrice. Une expérience assez curieuse est celle pratiquée avec succès par Nuck. Il a appliqué une ligature à l'une des cornes de la matrice d'une chienne, trois jours après son accouplement, et le fœtus s'est développé dans la trompe : c'est donc dans l'ovaire que s'est fait l'individu nouveau; est-ce à dire pour cela que le sperme parvienne jusqu'à l'ovaire? Il en est qui prétendent qu'une action propre de la trompe conduit une portion de ce fluide jusqu'à l'ovaire; Haller a retrouvé la semence dans l'utérus des brebis; Ruisch l'a reconnue dans l'utérus d'une femme tuée par son mari, qui l'avait surprise en adultère; enfin, Spallanzani, MM. Dumas et Prévost ont démontré qu'il faut de toute nécessité un contact matériel. Il est probable qu'à l'époque de la copulation, l'orifice utérin, à moitié ouvert et dans un état de spasme, aspire le sperme. N'est-ce pas pour favoriser cette aspiration que l'extrémité du pénis correspond, dans le fond du vagin, à l'ouverture de l'utérus. On croit assez que, dans le spasme voluptueux qui existe lors de la copulation, la trompe applique son pavillon à l'ovaire, et apporte à cet organe une portion de sperme : si ce fluide n'a pas été vu, faut-il s'en étonner, quand les expériences de Spallanzani ont démontré que, pour féconder un œuf de grenouille, il ne fallait que 1/2,994,687,500ᵉ de grain? Dans les végétaux, le pollen ne traverse-t-il pas les vaisseaux du style, et ce passage est-il moins étroit que celui de la trompe?

Jetons maintenant un coup d'œil sur les systèmes par lesquels on a voulu expliquer les mystères de la reproduction.

La reproduction s'accomplit dans la profondeur et l'intimité des parties, elle se passe entre des molécules vivantes qui échappent complètement à nos sens. C'est une action aussi insaisissable que toutes les autres actions de l'organisme, où ce qui était matière brute et inorganique en soi reçoit la vie et en manifeste les propriétés par les seules forces de l'organisation. Ces actions sont très-nombreuses dans l'économie. Tel est, par exemple, l'aliment, qui se change d'abord en sang, et qui devient à la fois os et muscle, nerf et vaisseau. Nous pouvons, jusqu'à un certain point, suivre les transformations que l'aliment subit pour devenir sang, mais nous ignorons les conditions dernières de ces transformations. Nous savons parfaitement que le bol alimentaire devient chyme, que le chyme produit le chyle, qui semble en être l'expression ; et cependant en exprimant le chyme on n'obtient pas du chyle. Il faut que le suc chymeux, pour avoir les propriétés du chyle, traverse les dernières extrémités des vaisseaux chylifères, qui s'ouvrent, comme on sait, dans l'intérieur

de l'intestin. Le passage du suc chymeux dans les vaisseaux chylifères est très-court ; et pourtant c'est dans ce
passage que la transformation a lieu. Comment se fait-
elle ? C'est là le secret que la nature ne nous a point
dévoilé, et qu'elle ne nous dévoilera jamais assez pour
qu'en prenant un peu de chyme nous parvenions, par
un moyen quelconque, à en changer le suc en chyle.

Ce que nous venons de dire relativement au changement des aliments en la substance de nos organes,
s'applique à plus forte raison au mystère de la génération. Comment ce qui n'avait pas vie en est-il tout-à-
coup doué ? Quelle est l'action intime et profonde qui
fait que de l'influence de deux êtres l'un sur l'autre il
résulte un troisième individu ? Comment la vie se transmet - elle, en se multipliant ? Ce mystère à coup sûr
doit être plus difficile et plus impossible à pénétrer
que celui dont nous venons de faire l'analyse.

Les philosophes qui ont voulu l'expliquer n'ont émis
que des hypothèses plus ou moins probables, toujours
impossibles à prouver complètement. C'est qu'au fond
notre science se réduit en cela comme en toutes choses
à la connaissance des formes et des rapports de formes ; l'essence des moindres phénomènes nous échappe.
Les plus simples produits de nos mains nous sont inconnus dès qu'il faut pénétrer dans la composition élémentaire des matières premières que nous mettons en
œuvre. Le fabricant de papier sait que la toile usée
qu'il emploie est faite avec une matière végétale. A ce
fait se borne sa science, et s'il veut apprendre de quoi
se compose le végétal, le botaniste lui répond en énumérant les rapports les plus marqués et les plus cons-
tants que ce végétal entretient avec les autres êtres

naturels, organisés ou non organisés. Que s'il voulait
aller plus loin, il trouverait le chimiste qui lui dirait :
Le végétal, c'est du carbone et de l'hydrogène combi-
nés d'une façon que je ne saurais vous dire. Il m'est
bien possible de vous montrer du carbone et de l'hydrogène dans votre végétal, mon alambic et mes four-
neaux sont excellents pour cela, ils divisent, ils séparent tous les composés que je leur soumets, ils font
très-bien le départ de leurs éléments ; mais je ne saurais pas réunir ces mêmes éléments pour refaire le végétal. En un mot, j'ai la faculté de tuer et de détruire
le végétal pour vous montrer ses éléments chimiques,
mais en prenant à part ces éléments chimiques, je ne
saurais recomposer le végétal. Je fais l'analyse et non
la synthèse ; je fais la division, mais non la multiplication qui en serait la preuve. Voilà ce que lui dira le
chimiste. Il est donc vrai de dire que nous ne connaissons les corps antérieurs que par les rapports qu'ils ont
entre eux ou avec nous (1), et qu'à cela seul se réduit
tout ce que nous en pouvons savoir de positif. L'essence intime du moindre atôme nous échappe et nous
échappera toujours pour peu qu'il ait fait partie d'un
corps doué de vie, parce que la vie dans l'univers c'est
Dieu (*in eo vivimus, movemur et sumus*), et que Dieu
n'a pas voulu être expliqué, il a voulu que nous jouis-
sions de ses œuvres, il nous force à l'adoration par sa

(1) N'est-ce pas la même idée qu'a voulu exprimer Buffon, lorsqu'il a
dit : « Les choses par rapport à nous ne sont rien en elles-mêmes, elles ne
sont encore rien lorsqu'elles ont un nom, mais elles commencent à exister
pour nous lorsque nous leur connaissons des rapports, des propriétés ;
ce n'est même que par ces rapports que nous pouvons leur donner une
définition » (BUFFON, tom. Ier, in-4°, p. 25, *Discours sur la manière de
traiter l'histoire naturelle.*)

magnificence et son immensité ; mais en nous inspi-
rant un vif désir de connaître ses secrets , il nous a ôté
les moyens de le satisfaire, *dedit mundum disputa-
tionibus eorum.* Il y a des philosophes qui ont vu dans
ce désir ardent de pénétrer l'univers , joint à l'impossibilité toujours reconnue de le satisfaire ; il y a, dis-je,
des philosophes qui ont vu dans cette opposition de
notre nature, avide de connaître, avec la nature de choses constituées de façon à n'être jamais connues , une
raison aussi puissante pour croire à une vie future que
la raison qui se tire du contraste du bien. et du mal
moral dans l'univers ; et le fait est qu'il y a désordre
dans un cas comme dans l'autre. Maintenant, revenons
à notre sujet.

Si l'on réfléchit avec quelque attention sur les systèmes qui ont été proposés pour expliquer le mystère
de la génération, on voit qu'ils peuvent être facilement
réduits à deux principaux.

Dans le premier, on admet que l'individu nouveau
est formé de toutes pièces, les deux sexes fournissant
chacun leur contingent dans l'acte générateur.

Dans le second , on admet l'existence du germe chez
un des sexes, et ce germe est alors l'individu réduit à
sa plus simple expression ; il est conservé là dans un
état qu'on ne peut pas définir, qui n'a jamais eu de nom
dans aucune langue, probablement parce que nulle
part on n'a bien déterminé l'idée qu'il s'agissait d'exprimer. Cet état ne peut pas être appelé état de vie,
parce que l'individu en germe ne manifeste aucune des
facultés de l'état de vie ; ce n'est pas non plus un état
de mort, car la mort est à jamais incapable de recevoir
la vie ; c'est plutôt une sorte de sommeil. Dans ce sys-

tème, l'autre sexe ne vient concourir à l'acte générateur que pour réveiller le germe, que pour le provoquer à la mise en exercice de toutes les facultés
vitales.

Le premier système a reçu le nom d'*épigénèse*; on
donne celui d'*évolution* au second, et ceux qui le soutiennent ont été appelés *ovaristes*.

Si l'on s'arrêtait aux dénominations, il faudrait reconnaître tout d'abord que les ovaristes sont dans la
vérité, et que les *épigénétiques* s'en éloignent, puisque, aujourd'hui plus que jamais, il est vrai de dire que
tous les animaux proviennent primitivement d'un œuf;
omne vivum ex ovo, disait Harvey. Mais de ce que le
germe serait en réalité contenu dans un œuf, ou se
montrerait d'abord sous l'apparence d'un œuf, la difficulté ne serait pas pour cela résolue, car on serait toujours en droit de demander comment s'est formé le
germe qui est dans l'œuf. Si l'on répond qu'il s'y
trouve tout formé, on tombe dans l'hypothèse de la
préexistence des germes, c'est-à-dire dans un non-sens,
car c'est un non-sens que de dire qu'une chose existe
avant d'être, et le mot *préexistence* n'a pas d'autre
signification. Si l'on dit que le germe se forme avant
ou avec l'œuf, on se rapproche évidemment de l'opinion des épigénétiques, d'où il résulterait jusqu'à un
certain point qu'en donnant une solution dans le sens
de ces derniers on aurait résolu le problème; et dans
le fait la raison répugne beaucoup moins à le poser de
cette façon.

Je dis donc qu'il est plus rationnel d'admettre que
l'individu se forme de toutes pièces, au moyen des matériaux fournis par les deux sexes, que de le concevoir

tout formé primitivement dans un œuf ; et voici mes raisons.

Je conteste le fait de Spallanzani, qui prétend avoir vu le têtard tout formé dans l'œuf de la grenouille avant la fécondation. Je le conteste, parce que depuis qu'on le cite comme un argument, il n'y a point d'observateur qui soit venu le confirmer par des expériences nouvelles. Quant aux larves des insectes qui possèdent sous leur première peau toutes les formes sous lesquelles elles vivront par la suite, leur exemple ne prouve rien, parce qu'une larve n'est pas un germe ; c'est un animal qui a vie et qui doit avoir en lui les éléments de tous les développements successifs que cette vie pourra comporter. Je conteste aussi, et par des raisons semblables, l'exemple tiré de la graine d'un végétal dans laquelle on a voulu voir aussi les racines, les branches et même les feuilles de l'arbre futur.

Cela posé, de quoi s'agit-il ? D'une véritable action sécrétoire des deux côtés. Le testicule sécrète le sperme, l'ovaire sécrète l'œuf, et du rapprochement de ces deux produits résulte l'individu nouveau. N'est-ce pas de l'épigénèse ?

Ce n'est pas ici le lieu de prouver que le produit fourni par l'ovaire est le fait d'une véritable sécrétion ; c'est, pour nous, une vérité que nous essaierons peut-être un jour d'établir sur des fondements irrécusables. Nous dirons seulement aujourd'hui que les grains qu'on remarque à la grappe des gallinacés ne sont pas des œufs ; que la poule, par exemple, ne perd pas un grain de sa grappe toutes les fois qu'elle pond un œuf ; que chaque grain, au contraire, doit être considéré comme un conduit excréteur de l'or-

gane de sécrétion, qui est proprement l'ovaire. Or, si
l'ovaire est un organe sécrétoire, il est évident qu'il
rentre dans la condition de tous les autres organes
analogues de l'économie animale, qui, avec des matériaux semblables apportés par le sang artériel, fournissent chacun des produits nouveaux et différents, en
tout point, des éléments qui ont concouru à les
former.

Ainsi, l'œuf ou les parties constituantes de l'œuf
sont les produits d'une sécrétion. Ceci détruit formellement toute idée de germe dans la femme, en
prenant ce mot dans son acception la plus étendue,
en considérant le germe comme les rudiments d'un
individu complet dans l'état de sommeil. Ce germe
n'est pas davantage dans le testicule, et par la même
raison ; car, quoique les animalculistes aient dit que
ce germe était l'animalcule, ils n'ont pas soutenu que
ce même animalcule préexistât à l'exercice de la fonction sécrétoire de la glande. Quand le testicule ne sécrète pas de liquide fécondant, l'animalcule ne s'y
trouve point ; s'il vient un temps où on l'y signale, il
faut bien reconnaître qu'il s'y est formé en vertu des
lois de l'organisation et de la vie, et *formé de toutes
pièces* avec les matériaux apportés par le sang, comme
se forment, dans l'économie, tous les produits sécrétés.

Nous avons réduit la question à ses termes les plus
simples ; dans toute discussion, c'est le seul moyen de
savoir de quoi il s'agit. En résumé, tout le débat, depuis les plus anciens philosophes jusqu'à nos jours, a
roulé sur ces deux points.

Dans les générations à deux sexes, l'individu se

forme-t-il de toutes pièces, à l'aide des matériaux fournis des deux côtés, chaque sexe ayant sa part plus ou
moins grande dans le produit (*épigénèse*)?

Ou bien, l'individu nouveau existait-il en germe
dans un sexe, et l'autre n'a-t-il concouru à la génération qu'en pro voquant son avivement (*ovaristes*)?

La raison, qui repousse l'idée des germes préexistants, l'expérience, qui démontre l'action sécrétoire
de l'ovaire, enfin, l'analogie, qui se tire des autres actes
de l'organisme, doivent faire rejeter la seconde hypothèse et admettre la première comme très-probable.
sinon comme parfaitement démontrée.

Cette manière d'envisager le système de l'épigénèse ou la formation de toutes pièces de l'individu
nouveau ne conduit pas à l'admission des générations
spontanées que nous avons niées précédemment.

Ceux qui soutiennent la possibilité de ces générations admettent que la matière inorganique peut se
trouver tout-à-coup douée de propriétés vitales. Il suffit, pour cela, que cette matière inorganique soit
placée dans des circonstances qu'ils ne définissent pas
d'une façon bien claire; or, c'est là ce que nous nions
formellement. Nous nions que la vie puisse s'établir
subitement, sans raison, sans cause connue, sans un
antécédent qui la possédait et qui la communique à des
fragments de matière absolument inorganique.

D'un autre côté, au contraire, nous admettons qu'il
peut se développer, dans les corps actuellement vivants,
des êtres organisés différents de ceux aux dépens desquels ils vivent, qu'ils peuvent s'y développer instantanément et d'une façon qu'on dit spontanée, en ce
sens qu'on ignore comment ce développement a pu

avoir lieu. C'est ainsi qu'on voit survenir sur la tête
des enfants, à un temps infiniment court, des myria-
des d'insectes parasites dont rien ne peut expliquer
l'origine, et qu'on dit, pour cela, développés spontanément; mais ce mot *spontanément* ne peut jamais
avoir qu'un sens relatif, parce qu'à toute force il est
possible de concevoir que les germes de ces insectes,
qui se reproduisent du reste avec une merveilleuse rapidité, étaient là depuis long-temps avant que les circonstances qui ont donné lieu à leur mise en évidence
se fussent présentées.

Il en est qui, voulant creuser encore plus profondément le puits du mystère, se sont demandé quelle
était la force mise en jeu dans l'acte de la génération,
par quelle vertu l'élément fécondant avivait le germe
et lui communiquait des propriétés vitales. Ceux qui
se croient les plus instruits ont parlé d'électricité
galvanique; il y a même, en ce moment, un jeune savant qui s'occupe de démontrer que la génération
n'est pas autre chose qu'un phénomène électrique.
Nous avons sous les yeux un mémoire de MM. Coste et
Delpech dans lequel nous lisons le passage suivant :

« Les parents doivent être considérés comme les éléments producteurs de l'électricité, comme les éléments d'une pile; la liqueur séminale, comme l'intermédiaire humide; les parties sexuelles, comme les
extrémités d'un arc; l'œuf, comme le point de concours que forme cet arc. Un courant électrique s'établit; il passe par la cicatricule (nous dirons plus loin
ce que c'est que la cicatricule) qu'il aimante en même
temps qu'il dépose sur elle des globules masculins,
globules qui, désormais placés au plus près possible du

foyer d'attraction, doivent nécessairement être les
premiers appelés, et entrer, pour leur part, dans la
formation du système cérébro-spinal qui se place dans
l'axe du corps magnétisé : voilà donc la condition de
ressemblance satisfaite. Quant à la possibilité d'aiman-
ter un corps par un courant électrique, et de transporter, à la faveur de ce même courant, des globules
d'un point dans un autre, personne ne saurait la contester ; car tout le monde sait qu'il suffit de placer, par
exemple, une aiguille dans l'axe d'un courant en hé-
lice pour que cette aiguille s'aimante ; qu'il suffit de
soumettre, par exemple, du nitrate de mercure à l'influence d'une pile pour qu'il soit possible de suivre
avec un microscope les globules de mercure se dirigeant vers un des pôles en passant par un conducteur
humide. Notre théorie remplit donc, comme on vient
de le voir, toutes les conditions ; nous croyons qu'elle
mérite donc d'être *sanctionnée*, car les physiciens en
proposent chaque jour de moins fondées, en apparence, pour faire comprendre certains faits compliqués. La nôtre a, du moins, l'avantage de faire concevoir l'extrême *facilité* de la conception, malgré la
complication de structure des parties génitales femelles, qui, dans quelques espèces, semblent avoir été
faites pour rendre la reproduction impossible ; elle a l'a-
vantage de faire rentrer dans la loi générale des phénomènes qu'on a voulu lui soustraire, de réduire à un problème de physique d'une solution facile un acte qu'on
avait qualifié, jusqu'ici, de mystère impénétrable. »

Il fut un temps où de semblables idées auraient été
accueillies avec empressement, peut-être même avec
enthousiasme ; c'est le temps où, sur la foi des expé-

riences galvaniques faites sur des cadavres, expériences qui se réduisaient à faire contracter des muscles,
à faire mouvoir des bras et des jambes en mettant les
nerfs moteurs en contact avec une pile; c'est le temps,
dis-je, où sur la foi de pareilles expériences on croyait
avoir découvert que la vie c'était l'électricité, et qu'en
communiquant l'électricité à un corps mort, on fini-
rait par en faire un corps vivant. Ces illusions furent
bientôt réduites à leur juste valeur. Le phénomène de
la vie finit par être considéré comme un phénomène
tout-à-fait différent des phénomènes électriques ou
magnétiques, et les corps, une fois privés de vie,
durent être abandonnés à la mort. Il y avait pourtant
là, non pas des organisations complètes à faire et à ani-
mer, mais des organisations toutes faites auxquelles il
s'agissait seulement de restituer le fluide vital qui leur
avait échappé. Il est évident que, si le fluide vital
avait été la même chose que le fluide magnétique ou
l'électricité, le problème aurait pu être résolu. Il a été
abandonné, comme chacun sait. MM. Coste et Delpech se sont placés dans des conditions bien différentes : ils ne veulent pas seulement ranimer des organisations faites, ils veulent expliquer et sans doute faire
plus tard des organisations complètes, en les prenant
à leur première origine et proprement *ab ovo*.

SECTION III.

PHASES DIVERSES DU DÉVELOPPEMENT DE L'OEUF HUMAIN ET CIRCONSTANCES DE SA MISE AU JOUR.

Cette section comprendra trois articles. Dans le
premier, nous ferons l'histoire de l'œuf proprement

dit ; nous dirons son état primitif dans l'ovaire, quels changements y apporte la fécondation ; nous ferons l'historique de ses développements successifs jusqu'à l'apparition de l'embryon ou fœtus ; dans le second article, nous étudierons le développement de ce dernier ; enfin, dans le troisième, nous retracerons les circonstances très-connues de sa mise au jour ou de l'accouchement.

ARTICLE PREMIER. — HISTOIRE DE L'ŒUF PROPREMENT DIT, OU OVOLOGIE.

Tous les animaux naissent d'un œuf : M. Turpin vient de l'établir, même pour le polype. (*Voy*. son mémoire déjà cité ci-dessus, page 25.) Tant il est vrai que la nature, constamment fidèle au grand principe d'unité qui lui a été imposé dans le commencement des choses, multiplie ses produits, varie leurs formes à l'infini et se pare d'une richesse toujours nouvelle, malgré la simplicité de ses matériaux et l'uniformité admirable de leur mise en œuvre ! Il y a loin, en effet, de l'œuf de la *cristatella mucedo* à l'œuf des oiseaux, et de celui-ci à l'œuf des mammifères ; mais, dans les uns comme dans les autres, l'essence est la même, c'est-à-dire que l'œuf est toujours la première forme de tout individu nouveau, la forme sous laquelle il apparaît d'abord, en se détachant ou en tendant à se détacher de son *parent*.

La question de l'existence de l'œuf était moins instante pour les animaux inférieurs que pour les mammifères et pour l'homme, aussi n'a-t-elle point été agitée avec le même intérêt en ce qui touche les uns et les autres. Harvey avait bien dit que tout ce qui vit naît d'un œuf : *omne vivum ex ovo ;* mais son sentiment à cet égard était plutôt le résultat d'une vue de l'esprit, d'une sorte d'intuition, d'une conviction intime, que la conséquence de ses recherches anatomiques et de l'observation des faits ; c'est pourquoi il fut combattu et pour quelque temps abandonné. Aujourd'hui, l'existence de l'œuf dans tous les animaux est une vérité acquise et que l'on peut établir avec la même évidence que les autres vérités naturelles.

L'œuf le plus complet est l'œuf des oiseaux, c'est celui dans lequel on peut voir, à l'œil nu, le plus grand nombre des parties dont il est composé, car il en est d'autres qui ne sont saisissables qu'avec le secours du microscope.

Il se détache de l'ovaire ou de la grappe sous la forme d'une petite sphère contenant une matière globuleuse jaune. C'est en cet état qu'il est saisi par l'oviducte pour être amené au dehors ou pondu. La portion supérieure de l'oviducte lui fournit le blanc, et la portion inférieure du même canal la coquille. La ponte d'un œuf sans coquille est une espèce d'avortement, en ce sens que l'oviducte n'a pas retenu l'œuf assez long-temps pour que les matériaux de cette coquille aient pu s'amasser et se mouler sur lui. Telles sont les circonstances capitales du détachement et de la sortie de l'œuf : voyons maintenant ce qu'il est en lui-même.

Si l'on casse un œuf dans une coupe pleine d'eau, de manière à ne pas crever le jaune, et sans le séparer du blanc (*albumen*) (*fig.* 1, *b*), voici ce que l'on remarque : le jaune est suspendu au milieu du blanc et y conserve sa forme sphérique (*fig.* 1, *a*); de deux points

20

opposés de cette sphère partent deux espèces de cordons
blanchâtres, mais d'une couleur plus foncée que celle
de l'albumen; ces cordons sont contournés en spirale,
et ils ont évidemment pour usage de maintenir le jaune
dans le centre de la masse du blanc à une distance
convenable de tous les points de la coquille, au point
d'intersection du grand et du petit axe de l'ovale. Ces
cordons suspenseurs ont reçu le nom de *chalazes* (c);
nous dirons tout à l'heure comment ils sont formés. En
examinant avec précaution le jaune de tous les côtés,
on finit par y découvrir une tache blanche de deux lignes de diamètre environ, et dans certains œufs on voit
aussi, à quelque distance de cette tache, une ligne
blanche moins apparente qui va d'une chalaze à l'autre,
et qui embrasse la sphère du jaune comme le méridien
embrasse une sphère géographique (*fig.* 2, *a, b*).

La substance du jaune est diffluente; il faut donc
que pour se maintenir ainsi sous l'apparence d'une
sphère elle soit contenue dans une enveloppe quelconque. Comment se comporte cette enveloppe, et
quels sont ses rapports avec la tache dont nous venons
de parler? Pour s'éclairer sur ce point, il faut déchirer
avec précaution le contenant ou l'enveloppe du jaune,
et en faire sortir ce dernier par des pressions modérées;
alors on a une membrane que nous représentons pl. XII,
fig. 2. Cette membrane est une poche terminée par les
deux cordons dont nous avons parlé ci-dessus. Si
l'on voulait expliquer la formation des chalazes, on
pourrait dire qu'elles sont le résultat d'une sorte
de torsion éprouvée par la poche dans les premiers
points de l'oviducte, immédiatement après que le jaune
s'est détaché de l'ovaire et est entré dans ce canal.

Rien ne rend mieux l'idée de ce qui peut se passer alors qu'une balle de la grosseur de l'ovule engagée dans un doigt de gant ouvert aux deux bouts ; en roulant la balle et le doigt de gant, et en supposant un frottement aux deux extrémités de l'axe, on obtient deux bouts de corde qui, étant fortement tordus, reviennent sur eux-mêmes par l'effet de la torsion, comme les chalazes.

La tache vue à l'œil nu est de la grandeur d'une lentille et de couleur blanchâtre ; elle est très-apparente sur le jaune. Elle est manifestement plus grande sur les œufs fécondés que sur les œufs de poules vierges.

Si on la met sous le microscope avant l'incubation, on voit qu'elle est composée de globules demi-transparents qui règnent autour d'un endroit qui occupe le centre, lequel endroit est d'un blanc plus sale que tout le reste.

Après seize heures d'incubation, la tache centrale, que nous distinguerons dès à présent sous la désignation de *cicatrice germinale*, est plus apparente, sa figure est plus allongée, les globules s'en écartent davantage, et viennent se réunir par masses vers la circonférence, qui devient par cela même plus opaque. Dans cet éloignement, les globules se fondent les uns dans les autres pour former des globules plus gros, et même des tubes plus ou moins allongés ; ces tubes sont le résultat d'un certain nombre de globules qui se joignent bout à bout. Nous représentons cet état pl. XII, *fig.* 3.

Au bout de vingt-six heures, la cicatrice germinale est encore plus isolée des globules ; ceux-ci, en continuant à se réunir par masses, forment dans l'intérieur

de cette cicatrice des paquets isolés qu'on a appelés *îles
sanguines de Wolf* (*fig.* 4, *a*, *a*), et on commence à
voir paraître à la circonférence une sorte de vaisseau (*b*)
dans lequel, à la vérité, on n'aperçoit encore aucun
mouvement de liquide. Ce vaisseau n'achève pas le cercle, en ce sens qu'il a un commencement et une fin qui
ne se joignent pas.

Après soixante-douze heures d'incubation, les deux
bouts de ce même vaisseau, auquel M. Serres a donné
le nom de *veine primogéniale*, au lieu de s'aboucher
l'un dans l'autre, s'infléchissent vers l'intérieur du cercle et marchent à la rencontre de la cicatrice germinale, qui a pris maintenant un développement plus
grand. Cependant les îles de Wolf ont acquis aussi une
forme plus déterminée; les globules ont continué à
s'aboucher et à se confondre pour faire de véritables
tubes vasculaires; ces tubes figurent très-bien un lacis
de vaisseaux dont les troncs (pl. XII, *fig.* 5), au nombre
de six principaux, paraissent se diriger vers la cicatrice germinale, tandis que leurs racines vont se perdre
dans la veine primogéniale.

Mais voici le phénomène le plus curieux de l'incubation. Jusqu'à présent la tache centrale, ou *cicatrice germinale*, ou *disque proligère*, ou *champ du poulet*, pour
l'appeler de tous les noms qu'on lui a donnés, s'est
présentée sous l'apparence d'un ovale plus ou moins allongé, et revêtant un aspect d'un blanc de plus en plus
sale et foncé (*fig.* 6), maintenant on peut y distinguer
les premiers linéaments de l'embryon; celui-ci ne paraît
pas vivre encore par lui-même, c'est plutôt une image
formée par un arrangement, selon un dessin déterminé,
des molécules qui composaient la cicatrice germinale,

car il n'y a pas de circulation proprement dite , il n'y a
pas apparence d'apport de molécules extérieures ; en
un mot , il n'y a pas d'assimilation. Vous avez donc sous
les yeux les rudiments de l'individu nouveau. Ces rudiments consistent en une tête plus grosse que le reste,
marquée par l'œil et fortement recourbée sur le corps,
dont on ne voit que la colonne vertébrale allongée , les
membres n'étant nullement indiqués. Cependant les
deux extrémités de la veine primogéniale avancent de
plus en plus vers le centre ; bientôt ils ont atteint le
dessin du poulet. Quant aux six troncs principaux que
nous avons signalés , deux présentent un courant qui se
dirige vers l'embryon, tandis que dans les quatre
autres le courant va du centre à la circonférence. Tout-
à-coup ce mode de circulation change : la rencontre
des troncs avec la veine primogéniale se fait aux environs de la place que doit occuper le cœur. Il semble
que cette rencontre occasione un choc dans les molécules circulantes, lequel choc, arrêtant brusquement
le fluide qui arrive des deux côtés , lui fait rebrousser
chemin et le force à refluer dans les troncs ombilicaux.
Dès ce moment, l'embryon n'est plus une image, c'est
un individu nouveau qui vivra de sa vie propre en as-
similant à sa substance les molécules extérieures ; car
l'impulsion qui vient de se faire dans la marche du
fluide circulant dans des canaux qui lui étaient jusqu'a-
lors étrangers, est pour lui l'impulsion vitale ; toute
circulation se fera désormais à son profit, et ne cessera
qu'à sa mort : le cœur est formé par le fait seul de cette
rencontre. Les troncs, en s'abouchant avec la veine
primogéniale après l'avoir croisée , déterminent un
enroulement qui est la première forme du cœur. Il n'y

a que les quatre troncs inférieurs qui concourent à ce résultat ; l'observation démontre en effet que les deux troncs supérieurs ne servent en rien au mode nouveau de circulation, puisque vingt-quatre heures après ils ont disparu en même temps que la veine primogéniale, dont il ne reste de traces que par les ramifications des quatre vaisseaux permanents (*fig.* 7).

Dans la même *fig.* 7, on voit bien distinctement ces quatre vaisseaux permanents débarrassés de tout ce qui a précédé cet état. Ces vaisseaux vont maintenant servir de lien entre le nouvel individu et le jaune qui est destiné à lui fournir un aliment jusqu'à son entier développement dans la coquille.

Arrivé à ce point, l'embryon est apercevable à l'œil nu. Nous l'avons représenté un peu grossi (pl. XII, *fig.* 8).

A la *fig.* 9, nous représentons l'embryon d'une fauvette attaché par les vaisseaux que nous avons décrits, et qu'on peut appeler *vaisseaux ombilicaux*. En ouvrant la membrane qui contenait le jaune nous avons détaché assez facilement ce fluide nourricier et nous avons pu le figurer à part.

Tels sont les phénomènes principaux de la formation première de l'embryon. Maintenant, pour concevoir l'enroulement du cœur dont les mouvements seront désormais en lui un principe de toute vie, il faut admettre, ce nous semble, que les quatre troncs vasculaires commencent par se joindre et se confondre deux par deux ; qu'ils marchent à la rencontre des deux bouts descendants de la veine primogéniale ; qu'ils croisent ces deux bouts et qu'ils ne s'abouchent avec eux qu'après le croisement, et en revenant les uns sur les autres pour décrire un cercle complet.

Nous avons dit que les deux troncs supérieurs disparaissaient les premiers avec la veine primogéniale ; il faut croire que les molécules qui les composaient ont formé les premiers éléments de la nutrition de l'embryon. Cette nutrition se continue ensuite aux dépens des molécules qui environnaient la cicatrice germinale, et quand toutes ces molécules se seront converties en la substance de l'embryon, celui-ci trouvera de nouveaux éléments nutritifs dans la masse du jaune et dans celle du blanc ; il se les assimilera peu à peu, jusqu'à ce que finalement, tout étant épuisé, il lui soit devenu indispensable de sortir de sa coquille pour aller demander au monde extérieur la subsistance commune.

Pour observer ce que nous venons de décrire, il ne faut qu'un peu de patience, de bons yeux et un microscope médiocrement grossissant.

Nous n'irons pas plus loin dans l'analyse de ces curieux phénomènes. Les savants ne se sont pourtant pas arrêtés là, ils ont voulu se rendre compte de bien d'autres circonstances ; mais le peu d'accord qui règne entre eux, à cet égard, a laissé sur le tout une obscurité que nous essaierions vainement de faire pénétrer à nos lecteurs ; nous avouerons même avec franchise que nous n'avons pas été assez heureux pour comprendre parfaitement toutes leurs théories.

Quoi qu'il en soit, il est démontré que la formation de tous les embryons, y compris ceux des mammifères, est soumise aux mêmes lois que celle du poulet. Il suffit donc de connaître la formation du poulet pour avoir une idée de ce qui se passe chez les autres espèces, en tenant compte, toutefois, des modes divers d'incubation. Il faut considérer, en effet, que l'œuf des mammifères, à son arrivée dans la matrice, est au même point que l'œuf des oiseaux qui vient d'être pondu. L'un et l'autre n'ont besoin alors que d'une chaleur déterminée pour éclore; cette chaleur leur est donnée à tous les deux d'une manière différente, à des degrés différents, et voilà tout; ce qui suit peut être considéré comme leur étant tout-à-fait commun : et il n'y a pas seulement analogie dans les procédés de la nature à leur égard, il y a similitude de moyens pour obtenir un but identique, la formation d'un individu nouveau.

Mais c'est ce qui précède l'incubation qui est l'objet des plus grandes difficultés; c'est la condition de l'œuf dans l'ovaire, c'est l'étude des changements qu'amène en lui la fécondation, c'est son départ pour l'utérus à travers les trompes, c'est enfin l'état véritable où il se trouve à son arrivée, j'entends ce qu'il a acquis et ce qu'il a perdu, si les parties qui le composent ont persisté dans leurs rapports, ou si ces rapports ont été changés, etc., etc. Ce sont là, en effet, autant d'inconnues que les physiologistes se sont occupés de dégager avec plus ou moins de succès.

Le premier fait anatomique bien constaté a été produit par Régnier de Graaf, qui signala dans les ovaires de *petites vessies* dans lesquelles on trouve, après la fécondation, *d'autres vessies plus petites remplies d'une liqueur transparente*, laquelle liqueur, étant poussée au dehors avec sa vessie propre, laisse l'autre vessie vide et déchirée. (*Voy.* pl. X, *fig.* 2, *a, a.*) Le déchirement de la vessie principale détermine le gonflement de ses parois; il en résulte une légère inflammation, et, par suite, le développement d'une petite tumeur qui est d'une couleur différente chez les divers animaux ; cette tumeur est jaune chez la vache, rouge chez la brebis, et cendrée chez d'autres animaux. C'est à cette tumeur qu'on a donné plus particulièrement le nom de *corps jaune* (*corpus luteum*). Elle persiste pendant toute la durée de la gestation, et ne disparaît qu'après la sortie du fœtus, laissant une cicatrice plus ou moins apparente à la surface de l'ovaire.

Tels sont la vésicule de Graaf et le corps jaune, qui en est la conséquence.

MM. Prévot et Dumas, dans leurs expériences sur la génération, ont établi la formation des corps jaunes de la manière suivante. Chez les chiennes et les femelles de lapin, et sans doute aussi chez les autres espèces, le volume des vésicules n'est pas, à beaucoup près, identique ; l'on en trouve de très-petites que l'on a quelque peine à distinguer, et d'autres qui atteignent la dimension d'un pois ordinaire. Vers l'époque de l'accouplement, quelques-unes d'entre elles prennent un accroissement manifeste, et dans les femelles pleines, ces dernières ne se retrouvent plus. Elles ont été remplacées par un nombre correspondant de carnosités qui produisent autant de petits mamelons à la surface de l'ovaire. Si on les ouvre, on observe que leur intérieur est creusé d'une cavité. Ces carnosités sont les corps jaunes. MM. Prévot et Dumas assurent que leur nombre est toujours en rapport avec celui des fœtus. C'est là, au moins, ce qui leur a été démontré par l'examen de sept femelles de lapin qu'ils avaient ouvertes dans ce but, et qui portaient pour la première fois.

Voici donc comment les choses se passent. L'ovaire

sécrète des œufs. Ceux-ci grossissent progressivement, et s'échappent enfin vers l'époque de l'accouplement en déchirant l'enveloppe qui les retenait emprisonnés. Il en résulte une légère inflammation du tissu de l'organe, et l'injection de ses vaisseaux, son gonflement, ne tardent pas à lui donner l'aspect particulier qui permet de reconnaître, surtout à des époques peu éloignées de la gestation, la réalité d'une copulation fécondante. Les corps jaunes ne diffèrent donc pas des godets que l'on retrouve si fréquemment sur les poules et les autres oiseaux, et que M. Geoffroy Saint-Hilaire a signalés. (On peut voir, pl. III, *fig.* 2, aux environs de *h*, un de ces godets sur l'ovaire de la fauvette.) Comme ces godets, les cavités des corps jaunes renfermaient les ovules qui ont éprouvé l'influence prolifique de la semence. Le petit volume de l'appareil permet aux lèvres de la déchirure que l'ovule a faite en s'échappant de se mettre immédiatement en contact et de se réunir en peu de jours. Quand cette réunion a eu lieu, le corps jaune n'offre plus qu'un sac fermé, à la surface duquel on observe seulement une légère trace sanglante. Ce vestige s'efface à son tour, et bientôt après la cavité, qui jusqu'alors était occupée par une matière séreuse, se remplit d'une mucosité jaunâtre fort épaisse, qui s'infiltre dans le tissu environnant, et donne à cette portion de l'ovaire la couleur d'où elle tire son nom. Mais les corps jaunes ne sont véritablement jaunes qu'à une époque éloignée de la fécondation. (PRÉVOT et DUMAS, *Annales des sciences naturelles*, tome III.)

De ce qui précède il résulte bien évidemment que les fonctions de l'ovaire chez les mammifères sont les mêmes que chez les oiseaux. Les autres circonstances de la marche de l'œuf dans les trompes et de son développement dans l'utérus complètent la similitude.

Lorsqu'on ouvre des femelles de lapin et de chien vingt-quatre heures après la copulation, aucun changement n'y fait soupçonner la présence du liquide séminal dans leurs organes; mais en recueillant une portion du mucus qui lubrifie la matrice, on y trouve une grande quantité d'animalcules en mouvement. Ces mêmes animalcules ne se retrouvent point dans le vagin ni dans les trompes. Quant aux ovules ou aux vésicules de Graaf, ils ne présentent non plus rien de particulier, les corps jaunes que les ovaires contiennent, quand il en existe, étant évidemment dus à des gestations antérieures.

Deux jours après l'accouplement, les vésicules de l'ovaire ont acquis un diamètre sensiblement supérieur à celui qu'elles ont habituellement. Mais les animalcules sont toujours dans la matrice, et les recherches les plus minutieuses n'en font découvrir aucun ni dans le vagin ni dans les trompes.

Au bout de trois et de quatre jours, les vésicules, qui ont été en s'accroissant de plus en plus, ont atteint, au moins quelques-unes, un diamètre de sept à huit millimètres. Alors seulement les animalcules commencent à pénétrer dans les trompes, mais ils sont toujours en bien plus grand nombre dans l'utérus, et ils y sont pleins de vie. Quant à la sérosité qui baigne l'ovaire, on n'y découvre aucune trace de la présence de ces petits êtres.

Après les sixième et septième jours, le nombre des animalcules diminue sensiblement dans la matrice, sans que, pour cela, il s'en rencontre davantage dans les trompes. Les vésicules ovariennes se déchirent successivement, laissent échapper leurs ovules, et l'on trouve à leur place les corps jaunes vides ou remplis de sérosité, mais toujours caractérisés par la présence de la fente sanglante signalée ci-dessus.

Quant aux ovules, on les retrouve, soit dans la cavité utérine, soit dans les trompes, où ils échappent fréquemment, par leur petitesse, à l'œil de l'observateur. Leur diamètre, en effet, n'a guère plus d'un millimètre et demi à deux millimètres. Ils sont là entièrement libres comme l'œuf des oiseaux dans l'oviducte, et l'on peut les enlever sur la lame d'un scalpel et les déposer dans un verre de montre rempli d'eau pour les examiner plus facilement. Ce caractère d'isolement, observent avec raison MM. Prévot et Dumas, empêche de confondre les ovules avec toute autre de ces vésicules qui s'observent si fréquemment dans le tissu de la matrice auquel elles adhèrent, et qui probablement sont des hydatides.

Voici la description que les mêmes observateurs donnent des ovules du chien : « Grossis trente fois, disent-ils, et vus par transparence, ces ovules paraissent sous une forme ellipsoïde, et semblent composés d'une membrane d'enveloppe unique et mince, dans l'intérieur de laquelle est contenu un liquide transparent. A la partie supérieure de l'ovule, on remarque une espèce d'écusson cotonneux, plus épais et marqué d'un grand nombre de petits mamelons. Vers l'une des extrémités de ce même ovule, on observe une tache blanche, opaque, circulaire, qui ressemble beaucoup à une cicatricule. »

Les ovules vont toujours en s'accroissant, à mesure qu'ils traversent les trompes pour se rendre dans la cavité utérine; ce qui prouve cet accroissement successif, c'est que les plus gros sont toujours les plus éloignés de l'ovaire.

L'embryon n'est point apercevable huit jours après la copulation; ce n'est que dans les ovules de douze jours qu'on peut le distinguer avec facilité. On le voit au milieu du liquide contenu dans l'ovule et qui est alors d'une transparence parfaite. Cette transparence explique même pourquoi l'embryon des mammifères est plus facile à distinguer dans les premiers temps que ceux du poulet et de la grenouille, examinés à la même époque de leur développement.

Jusqu'à ce moment l'ovule est resté libre dans la matrice, et si complètement qu'il suffit d'ouvrir ce dernier organe sous l'eau, avec précaution, pour le voir s'en détacher et venir flotter dans le liquide comme une petite vessie. Mais, à partir de cette époque, il contracte des adhérences aux dépens d'une matière spongieuse, qui lui est fournie par le tissu de la matrice.

L'embryon mammifère étant destiné à se développer dans le sein de sa mère, il fallait qu'après avoir quitté l'ovaire, il restât emprisonné par quelque moyen dans le lieu fixé par la nature pour son entier accroissement. Ce moyen, c'est le placenta, dont nous parlerons plus loin.

L'œuf ainsi fixé, comment se comporte-t-il dans l'utérus, et quelles sont, dans ses premiers temps, ses parties constituantes? quelles analogies surtout ont ces parties avec celles que nous avons signalées dans l'œuf des oiseaux? Toutes ces questions se trouvent, en grande partie, résolues dans l'*Embryologie* de M. le professeur Alph. Velpeau, ouvrage qui se distingue par beaucoup de méthode, par une grande érudition et une lucidité parfaite, et qui va nous servir de guide dans ce qui nous reste à exposer de l'histoire de l'œuf.

La plus extérieure des membranes du fœtus ou de l'œuf humain est la *membrane caduque*; et, par sa position comme par son origine, elle est évidemment l'analogue de la coque de l'œuf des oiseaux. Voici comment on en a expliqué la formation :

Tout rapprochement fécond a pour premier effet de déterminer dans l'utérus une excitation spécifique qui donne lieu à l'exhalation immédiate d'une matière coagulable. Cette matière se concrète et se transforme en une ampoule dont la face externe est en contact immédiat avec toute la surface de la cavité utérine. Il résulte de là que, quand l'ovule arrive, il trouve cette cavité occupée, et, en quelque sorte, bouchée. Il y pénètre cependant et vient y établir son domicile pour neuf mois; et, à cet effet, il pèse sur le point de la membrane correspondant à l'orifice de la trompe par laquelle il arrive, il l'enfonce peu à peu et finit par s'en coiffer comme d'un bonnet de coton; ce même bonnet de coton, bouchant l'orifice du col de l'utérus, comme il bouchait l'orifice de chaque trompe, empêche en même temps l'ovule de se perdre, en tombant, par cet orifice, dans le vagin, et en s'exposant ainsi à être expulsé avec les mucosités de cet organe. Cependant, il s'est formé derrière l'œuf, à l'endroit de la matrice dépouillé par lui, une nouvelle sécrétion, qui sert à le recouvrir et à l'enfermer complètement. C'est cette nouvelle sécrétion que M. Velpeau a nommée caduque *secondine*.

L'importance de la membrane caduque, qui, comme on vient de le voir, n'appartient pas à l'œuf, puisqu'elle lui est fournie par la matrice, n'est donc relative qu'aux premiers temps de l'arrivée de l'ovule, et son action devient de moins en moins nécessaire, aussitôt que celui-ci a contracté des adhérences et s'est fixé à l'un des points de l'utérus.

Il n'en est pas de même de la suivante, qui a reçu le nom de *chorion*. L'ovule apporte celle-ci avec lui dans la matrice. Où la reçoit-il? est-ce dans l'ovaire? est-ce dans la trompe? C'est ce que les expériences n'ont point encore déterminé. Si l'on pouvait conclure rigoureusement de ce qui a été observé par MM. Prévot et Dumas chez le chien, nous serions portés à penser que le chorion fournissant la matière ou, du moins, une grande partie de la matière à l'aide de laquelle se formera le placenta, qui est le moyen d'union par lequel le fœtus s'attache à sa mère, il faudrait penser, disons-nous, que l'ovule acquiert le chorion dans son passage à travers les trompes. Ceci est au moins une conjecture qui ne manque pas de probabilité. Quoi qu'il en soit, la face interne du chorion, qui se moule sur l'œuf, est lisse, mais sa face externe, celle qui est en rapport avec la cavité de l'utérus, déjà tapissée en plusieurs points par la membrane caduque, est villeuse, parsemée d'un duvet plus ou moins serré. Les villosités ou filaments qu'elle porte s'allongent, se couvrent de granulations inégales, et finissent par s'implanter, par prendre racine dans le tissu même de l'utérus. Il s'y organise des vaisseaux qui deviendront plus tard la véritable source de la nutrition du fœtus. (Nous figurons pl. XII, *fig.* 10, un œuf humain d'un mois, dont le chorion est recouvert de villosités nombreuses. Cette figure est de grandeur naturelle.)

Quand l'ovule est fixé, les villosités qui sont en rapport avec la membrane caduque s'effacent peu à peu, tandis que celles par lesquelles il a contracté des adhérences se tassent en quelque sorte au point de contact avec l'organe utérin, et servent là évidemment au développement du placenta (1).

Enfin il existe une troisième membrane (*fig.* 11, *a*), qui est la plus interne des tuniques de l'œuf, celle qui enveloppe immédiatement l'embryon : cette membrane est *l'amnios*. Dans les premiers temps de l'arrivée de l'ovule dans l'utérus, l'amnios est séparé du chorion par un intervalle plus ou moins considérable, mais qui va toujours en diminuant au fur et à mesure que l'accroissement se fait. Selon le professeur Velpeau, la disparition complète de l'intervalle de séparation (*b*) ne se termine guère avant la fin du troisième au quatrième mois. L'amnios se réfléchit sur le cordon ombilical, qui tient d'un côté au placenta, de l'autre au fœtus ; il l'enveloppe et vient se terminer à la face antérieure du bas-ventre, où il se continue avec la portion saillante de la peau de cette région qui forme l'ombilic. M. Velpeau admet cependant à cet égard la distinction suivante : « Dans le premier mois, dit-il, l'amnios n'a de rapport qu'avec le cordon ombilical, qui semble perforer cette

(1) Pour compléter ce qui est relatif au chorion, nous devons citer le passage suivant d'un mémoire présenté l'année dernière à l'Institut, par M. Martin Saint-Ange, sur les *villosités du chorion*. (*Voy.* à la fin de la 1re partie. note A.)

membrane pour aller, au devant de la colonne vertébrale du fœtus, qui est déjà formée, se perdre dans
quelques-uns des viscères abdominaux. Plus tard, lorsque les parois du bas-ventre sont complétées, l'amnios
s'unit assez intimement avec la couche épidermique de
l'embryon ou du fœtus, pour qu'il soit difficile de ne
pas admettre une véritable continuité entre ces deux
lames. » (VELPEAU , *Embryologie.*)

L'amnios renferme un liquide qui est limpide et plus
ou moins transparent dans les premiers temps de la
grossesse ; sur la fin il devient trouble et floconneux.
La quantité de ce liquide est relative aux diverses époques de la grossesse ; elle augmente d'abord pour diminuer ensuite, de façon qu'au milieu de la gestation le
poids du liquide amniotique fait à peu près équilibre
au poids du fœtus. Nous donnerons plus loin la composition chimique des eaux de l'amnios, d'après Vauquelin. Quant à leur usage, Meckel pense qu'elles servent
à la nutrition du fœtus, qui se ferait alors par absorption cutanée. On a, en effet, des observations de fœtus
venus au monde avec la bouche close et un cordon ombilical tout-à-fait séparé du placenta, fermé et arrondi
à son extrémité libre. Mais ce mode de nutrition n'est
utile que dans les premiers temps, quand le placenta et
ses vaisseaux n'étant point encore formés, il n'y a point
de communication sanguine établie entre l'enfant et sa
mère. Ce qui confirmerait cette opinion, c'est que ces
eaux contiennent dans le commencement de la grossesse
beaucoup plus de particules nutritives que vers la fin.

Outre cet usage probable, les eaux de l'amnios servent à garantir le fœtus de toute commotion ou compression ; elles entretiennent la matrice dans son état

normal de distension ; elles établissent une connexion
plus intime entre l'œuf et la matrice ; enfin elles mo-
dèrent, surtout dans les derniers temps, la pression du
fœtus sur l'organe utérin. (Meckel.)

Au milieu de l'espace que nous avons dit exister entre
le chorion et l'amnios dans les premiers temps de l'arrivée de l'œuf dans la matrice, se trouve une vésicule
qui porte le nom de *vésicule ombilicale* (*fig.* 11, *c*, et
fig. 12, *c*). Cette vésicule est d'autant plus grande, proportion gardée, que le fœtus est moins avancé ; elle contient une matière liquide, d'un jaune pâle très-prononc-
cé, opaque, ayant la consistance d'une émulsion un peu
épaisse, et différente sous tous les rapports des autres
fluides de l'organisme. Cette vésicule remplit évidemment, à l'égard de l'embryon des mammifères, un rôle
analogue à celui du jaune relativement à l'embryon
des oiseaux ; elle lui sert de nourriture, comme le jaune
au poulet, seulement elle disparaît chez l'un bien
plus tôt que chez l'autre. L'embryon de l'oiseau se
développant en dehors de la mère, et d'une manière
isolée, avait besoin d'une provision de fluides nourri-
ciers assez abondante pour fournir à son complet développement dans l'œuf ; c'est pourquoi son jaune ou sa
vésicule ombilicale est si développée. L'embryon des
mammifères se trouvait dans une situation bien différente ; en effet, l'œuf qui le contient n'est libre que pendant un très-court espace de temps ; il se fixe bientôt, et
des vaisseaux se forment au lieu où il s'est attaché, qui
remplissent à son égard toutes les nécessités de la nutrition. Il ne lui fallait donc de provisions que pour l'intervalle de temps qui s'écoule entre son départ de l'o-
vaire et la formation du placenta. Voilà pourquoi la

vésicule ombilicale est si petite , et pourquoi aussi elle disparaît si promptement.

La vésicule ombilicale chez l'homme tient au fœtus par un pédicule qui se continue avec le tube intestinal. Après le premier mois ce pédicule s'allonge : celle de ses extrémités qui va au fœtus se perd dans le cordon, et ne peut plus être suivie jusque dans le ventre. Ce pédicule reste creux jusqu'au trentième jour environ , et c'est par son canal que le liquide de la vésicule passe au fœtus. Après cinq semaines, ce canal est oblitéré ; son oblitération , d'ailleurs, semble suivre les progrès de formation du cordon ombilical.

L'opinion que nous venons d'émettre touchant les usages du liquide de la vésicule , et qui est maintenant à peu près généralement adoptée, a été fort bien établie aussi par M. Velpeau. « Les usages de cet appareil, dit-il (la vésicule ombilicale et le liquide qu'elle contient), sont évidemment relatifs à la nutrition des premiers linéaments du fœtus ; son fluide émulsif ne me paraît toutefois fournir au développement de l'embryon que jusqu'à ce que les cordons et les vaisseaux soient formés , jusqu'à ce que l'ovule soit exactement appliqué à la face interne de la matrice ; de nombreux matériaux pouvant alors passer des parties de la femme à celles de l'œuf, la vésicule ombilicale ne tarde pas à devenir inutile. Dans cette hypothèse , elle ne serait que temporaire , et aurait pour but de donner à l'organisme le temps d'établir, avec sa lenteur et sa régularité ordinaires , des moyens permanents de nutrition dans l'œuf des mammifères. Depuis le moment de la fécondation jusqu'au temps où l'ovule se colle à l'utérus, le produit de la conception humaine est presqu'en tout semblable

à l'œuf des oiseaux : libre et indépendant, comme celui-ci, de toutes les parties de la mère, il faut qu'il
porte en lui-même de quoi se suffire, qu'il renferme une
substance quelconque aux dépens de laquelle le développement de l'embryon puisse s'effectuer, de la même
manière qu'il faut au poulet, renfermé dans sa coque,
un corps qui puisse servir à son évolution. Chez l'un
cet arrangement n'est que passager, il est vrai, tandis
que dans l'autre il persiste jusqu'à l'éclosion ; mais une
telle différence tient à ce que, dans le premier, l'incubation se fait à l'intérieur d'organes vivants, d'organes
qui peuvent distribuer en abondance des matières alibiles à la *jeune plante* qu'il renferme, au lieu que chez
le second tout se passe dans l'atmosphère, hors des
parties de l'animal adulte.

« Ainsi la vésicule ombilicale de l'homme est l'analogue de la poche vitelline du poulet, dont elle se rapproche par la forme, la position, son union avec les
intestins, la composition de ses parois, par les apparences du fluide qu'elle renferme, et surtout par ses
usages. Il est vrai qu'elle en diffère aussi. Elle finit par
rentrer en totalité dans l'abdomen de l'oiseau, par
exemple, tandis qu'elle s'éloigne au contraire de l'embryon humain, au fur et à mesure que la grossesse
avance. Là, son canal est toujours très-court et très-
gros, tandis qu'également assez volumineux dans l'origine et assez court, il s'allonge de plus en plus ici, et
finit par devenir extrêmement fin. Mais de pareilles
dissemblances s'expliquent sans peine par la présence
du placenta ou du cordon ombilical dans l'œuf de la
femme. On les comprend, en outre, en remarquant
que le fœtus des mammifères, croissant aux dépens de

la matrice, depuis le premier mois jusqu'à la fin de la
gestation, et aux dépens de la mère quelque temps encore après la naissance, péut se séparer de bonne heure
et sans inconvénient de la vésicule ombilicale, tandis
que le poulet ne tirant rien de la poule, par exemple,
depuis l'instant de la ponte jusqu'à l'éclosion, n'en recevant rien non plus après son éclosion, avait besoin
d'un vitellus énorme pour subvenir à son alimentation
pendant tout le cours de l'incubation ; il avait besoin
d'en conserver même quelques restes immédiatement
après sa sortie de la coque. » (VELPEAU, ouvrage cité.)

Nous passons sous silence les autres organes de
l'œuf, tels que l'*allantoïde* et la *vésicule erythroïde*,
sur les caractères et les fonctions desquels les anatomistes n'ont établi rien de bien positif.

ARTICLE II. —HISTOIRE DES DÉVELOPPEMENTS DU FOETUS
ET DE SES DÉPENDANCES. — EMBRYOLOGIE ; INFLUENCE DE
LA GESTATION SUR L'ÉCONOMIE DE LA FEMME.

L'embryon humain ne peut guère être distingué que
dix-neuf jours après la conception. A cette époque,
on aperçoit, à l'endroit qui répond au cœur, un point
rouge donnant des pulsations, et des lignes rougeâtres
qui en partent, désignant les gros vaisseaux. De la
troisième à la quatrième semaine, on peut déjà reconnaître la tête, qui est aussi grosse que tout le corps, et
qui s'offre sous la forme d'une vésicule, à parois très-
minces. Les membres supérieurs et inférieurs ne sont
encore que des espèces de tubercules arrondis, et la
longueur du fœtus est alors de quatre à cinq lignes. A
six semaines, on commence à découvrir l'épine du

dos. A deux mois, les diverses parties de la face se dessinent ; les yeux sont indiqués par deux points noirs ; la bouche, le nez, les oreilles, sont apercevables ; il en est de même des bras, des jambes et des cuisses : le fœtus a acquis deux pouces de longueur. Les organes génitaux se montrent à deux mois et demi ; ils sont alors construits sur un type uniforme, le type féminin. (*Voy.* l'opinion de Meckel que nous avons rapportée, chap. III, sect. Iʳᵉ.) Enfin, à trois mois, on distingue parfaitement toutes les parties du fœtus, dont on peut même désigner le sexe. La tête, toujours très-grosse, forme encore la moitié de toute la masse. Le fœtus pèse environ trois onces. A quatre mois, les formes se prononcent davantage ; les membres ont entre eux une étendue proportionnelle ; à cette époque aussi, les muscles exécutent déjà des mouvements sensibles. Les changements qu'on trouve au cinquième mois consistent dans l'accroissement rapide de toutes les parties. Le fœtus a acquis huit à neuf pouces de longueur ; ses mouvements et sa pesanteur spécifique sont devenus plus manifestes. Alors seulement les gens de l'art peuvent préciser avec quelque certitude la nature du fruit de la conception. A sept mois, la vitalité du fœtus est plus grande ; sa longueur est de quatorze à quinze pouces. La peau, d'une teinte rosée, commence à se couvrir d'un fluide onctueux, qui forme, à l'époque de la naissance, cet enduit blanchâtre qu'on y remarque. Le fœtus a maintenant assez de vie pour pouvoir la conserver dans le plus grand nombre de cas ; il est reconnu viable. A huit mois, il a acquis la longueur de seize à dix-sept pouces ; la peau est devenue plus consistante et plus claire ; elle se couvre de

petits poils courts, très-fins; les ongles sont devenus
fermes, les cheveux longs et colorés. Enfin, à neuf
mois, le fœtus est parvenu à sa maturité; il a de dix-
huit à vingt pouces de longueur; sa tête est grosse,
mais ferme; les os du crâne se touchent par leurs
bords; le poids du fœtus égale à peu près six livres un
quart, mais toutes ces circonstances éprouvent beaucoup de variétés, et il n'est pas rare de voir des fœtus de six mois aussi volumineux que des fœtus à terme.
Une observation remarquable a été faite par le professeur Chaussier sur un très-grand nombre d'individus,
aux diverses époques de leur vie fœtale : en les mesu-
rant du sommet de la tête aux talons, le milieu de leur
longueur répond à divers points de l'abdomen, selon
leur âge; à terme, quel que soit leur développement,
le milieu répond exactement à l'ombilic; à huit mois,
il se trouve à quelques lignes au-dessus de l'ombilic;
à sept mois, un peu plus haut, et à six mois, il répond constamment à l'extrémité inférieure du sternum.

Le fœtus n'est point en contact immédiat avec les
parois de la cavité dans laquelle il se développe. Il est
entouré, comme nous l'avons dit, de plusieurs membranes contenant un liquide particulier, dans lequel il
se trouve plongé, et qui est très-propre à amortir les
secousses qu'il éprouve de chaque mouvement de la
mère. Ces membranes sont attachées à un point fixe
de l'utérus, au moyen d'une substance spongieuse
qui, ayant la forme d'un gâteau (*placenta*), en a reçu
le nom. C'est du placenta que le cordon ombilical
tire son origine, et c'est, conséquemment, par cet
organe que la communication existe entre le fœtus et
la mère.

Le placenta est formé par la réunion des villosités

qui recouvrent le chorion ; il ne commence à être apparent qu'après le premier mois. Lorsqu'il a acquis son
accroissement, il se présente sous la forme d'un gâteau formé d'une substance assez semblable à une
éponge, mince vers les bords, ayant dans son centre
une épaisseur· de douze à quinze lignes, et un diamètre de sept à huit pouces. Chaque fœtus a son placenta, de sorte qu'il y en a deux dans les grossesses
doubles. Le plus souvent cependant, les placentas des
jumeaux sont unis dans une certaine étendue de leur
bord, mais les vaisseaux de l'un n'ont aucune communication avec ceux de l'autre. La surface par laquelle
il est attaché à l'utérus est sillonnée ; son adhérence
avec cet organe se fait par le moyen du tissu cellulaire (1). La surface du placenta qui correspond au fœtus
est lisse, polie, et recouverte par le chorion et l'amnios ; on y remarque un plexus d'artères et de veines
qui est l'origine du cordon ombilical. Ces vaisseaux,
en se divisant dans le placenta, ne vont point communiquer directement avec les vaisseaux de l'utérus, de
sorte que le sang du fœtus est indépendant de celui
de la mère, pour ce qui regarde sa formation et sa circulation, et il faut admettre que les radicules de la
veine ombilicale viennent le puiser dans les cellules du
placenta, où les artères utérines le déposent. Le placenta s'implante dans tous les points de la matrice ;
sa position ne donne lieu à des inconvénients que
lorsqu'il est attaché sur l'orifice du col utérin, alors
il en résulte des hémorrhagies qui ne s'arrêtent qu'après l'accouchement.

(1) *Voy.* à la fin de la 1re partie, note B, l'opinion de M. Martin Saint-
Ange sur la formation du placenta de la femme, et de celui de plusieurs
autres mammifères.

Le cordon ombilical s'étend depuis le placenta jusqu'au nombril, sa grosseur varie dans les différents sujets; il est formé de deux artères et d'une veine dont le diamètre est plus considérable que celui des artères prises ensemble; ces vaisseaux sont contournés les uns sur les autres. La veine ombilicale naît des radicules déliées qui s'élèvent en très-grande partie de la substance du placenta, et elle remplit les fonctions d'artère, puisqu'elle porte au fœtus le sang qui doit servir à son développement; les artères ombilicales font au contraire l'office de veines, puisqu'elles rapportent le superflu de la nutrition. La longueur du cordon, variable dans les différents sujets, est pour l'ordinaire de vingt à vingt-deux pouces; quand il est plus long, les mouvements du fœtus y déterminent des anses et quelquefois des nœuds.

L'œuf formé ainsi par les membranes chorion et amnios renferme une quantité d'eau plus ou moins considérable, dans laquelle nage le fœtus; pour l'ordinaire il y en a de quinze à dix-huit onces : sa température varie de 29° à 30°; sa pesanteur spécifique surpasse très-peu celle de l'eau. Le liquide amniotique est clair, transparent, d'une odeur fade, d'une saveur salée; il mousse quand on l'agite. Vauquelin l'a trouvé composé presque entièrement d'eau, d'albumine, de soude, le muriate de soude et le phosphate de chaux qu'il y a reconnus ne formant que douze millièmes de la masse totale. Le même chimiste, considérant que le liquide amniotique verdissait la teinture de tournesol, a été conduit à y soupçonner l'existence d'une petite quantité de matière alcaline; il y a reconnu un acide particulier auquel il a donné le nom d'acide amniotique, lequel acide, presque insensible dans les eaux de la femme, se trouve en très-grande abondance dans celles de la vache. Les usages des eaux de l'amnios ont évidemment pour effet d'empêcher l'adhérence du fœtus avec les membranes, et de favoriser ses mouvements ainsi que le développement de ses parties.

La circulation chez le fœtus se fait d'une manière toute particulière. Elle n'est bien connue que depuis les expériences et les travaux de l'un de nous (M. Martin Saint-Ange). La veine ombilicale, chargée des fluides qu'elle a puisés dans les cellules du placenta, après avoir traversé l'ombilic, s'enfonce dans la partie concave du foie. Là, un conduit particulier, nommé *canal veineux*, qui s'étend de la veine ombilicale à la veine-cave inférieure, détourne une partie du fluide charrié par la veine ombilicale ; l'autre partie est versée dans la veine-porte, et va circuler dans le foie avec le sang qui revient du bas-ventre. Repris dans le foie par les veines hépatiques, il vient aussi se rendre dans la veine-cave inférieure, qui le porte dans l'oreillette droite du cœur, où il éprouve un premier mélange : le trou de Botal, qui établit une communication entre les deux oreillettes, fournit au sang un libre passage de l'oreillette droite dans l'oreillette gauche. De cette manière, le sang ne se rend qu'en très-petite quantité aux poumons, et celui que le ventricule droit y envoie, se rend à chaque contraction du cœur, au moyen du canal artériel, dans l'aorte inférieure. Il suit aussi de cette disposition que le sang veineux et le sang artériel se trouvent encore une fois mêlés chez le fœtus, par le moyen du trou de Botal et du canal artériel. Lorsque l'oreillette gauche se contracte, elle pousse le sang qu'elle a

reçu, soit de la veine-cave inférieure, soit des veines
pulmonaires, dans le ventricule gauche, qui le distribue ensuite dans toutes les parties du corps, de manière
que le sang poussé par le ventricule gauche gagne principalement les parties supérieures, tandis que celui
qui a été poussé par le ventricule droit gagne, à travers
le canal artériel, les parties inférieures.

Le développement du produit de la conception
amène, dans l'état physiologique de la femme, des
changements remarquables; elle en reçoit une secousse
qui retentit dans la plupart des organes. Ce n'est pas
que les fonctions de ces derniers en soient altérées; bien
au contraire, l'expérience journalière démontre que,
pendant la grossesse, la femme est dans une excitation
plus favorable que nuisible à leur exécution : en sorte
que si, pour quelques femmes, la gestation est une
maladie de neuf mois, il n'en est pas ainsi pour le plus
grand nombre, qui jouit, à cette époque, de la plus
brillante santé.

Nous avons vu qu'à l'instant de la copulation, l'utérus est excité à l'instar des autres organes génitaux, et
entre comme eux en érection. Si la conception a lieu,
la turgescence qui s'est manifestée se soutient, et l'utérus s'accroît insensiblement, en suivant dans son développement une progression régulière jusqu'à la fin de
la grossesse. Alors cet organe, dont le volume, dans son
état de vacuité, égalait à peine une poire, offre environ
douze pouces de longueur, neuf pouces de largeur, et
huit pouces et demi de profondeur.

Le poids inaccoutumé que l'utérus acquiert subitement le force d'abord à descendre un peu dans l'excavation du bassin ; mais bientôt son corps devenant trop

volumineux pour pouvoir y être contenu, il s'élève
graduellement du troisième au quatrième mois, en sorte
que vers la fin de la grossesse le museau de tanche paraît seul dans le bassin. Alors aussi la matrice commence à proéminer plus ou moins, ce qui doit être
attribué à la convexité que forme la colonne vertébrale
en s'articulant avec le bassin. Cette saillie, qu'augmente
encore la nécessité où est la femme de porter les épaules en arrière, afin d'assurer sa station, empêche le
corps de s'élever en ligne droite, et tantôt le repousse
en devant, sur la ligne médiane, contre les parois du
bas-ventre, tantôt le force à se dévier, soit à droite,
soit à gauche, sur les côtés de la colonne vertébrale.

D'après les idées que nous avons émises sur la cause
des menstrues, leur interruption est une conséquence
inévitable de la conception. Cela est si vrai que, si la
conception a lieu pendant leur écoulement, celui-ci est
arrêté immédiatement. M. Désormeaux fait observer
cependant que l'effort hémorrhagique qui, dans l'état
ordinaire, produit l'éruption du sang à chaque période
menstruelle, continue d'être marqué, comme on le
peut reconnaître, dit-il, aux modifications qu'éprouve
le pouls, aux symptômes qui annoncent une congestion
sanguine dans les vaisseaux utérins, à l'exacerbation
des incommodités dont la femme se trouve affectée.
Les hémorrhagies utérines et l'avortement surviennent
le plus souvent aux époques menstruelles.

Cependant toutes les parties constituantes de l'utérus
reçoivent un accroissement marqué. Hunter a cru voir
les nerfs qui s'y distribuent devenir plus gros pendant
la grossesse. Le sang y afflue en plus grande quantité ;
la circulation y est plus rapide, et le toucher y fait re-

connaître une augmentation de chaleur. La nutrition
prend une activité plus grande, afin de fournir à l'accroissement de la substance de ses parois. La sensibilité
de cet organe, fort obtuse dans l'état de vacuité,
s'exalte au point que la femme perçoit les plus légers
mouvements du fœtus, qui, vers la fin de la grossesse,
excitent parfois des douleurs très-vives.

Les changements dont l'utérus est le siége en déterminent d'autres dans les parties voisines. Cet organe,
en s'élevant, refoule la masse des intestins grêles, dont
une partie se place sur les côtés du bas-ventre, à gauche
ordinairement, et l'autre est portée en arrière, au-
dessus du fond de l'utérus. Les intestins poussent les
autres organes contenus dans le bas-ventre, tels que
l'estomac, le foie, etc., qui, s'appuyant sur le diaphragme, diminuent la cavité de la poitrine, et occasionent de la gêne dans la respiration, en empêchant
le libre développement des poumons. Cependant la paroi antérieure de l'abdomen est repoussée, distendue
par l'augmentation de volume de la matrice, et il n'est
pas rare que les femmes conservent après l'accouchement des traces plus ou moins marquées des désordres
que cette distension a occasionés à la peau, aux muscles
et aux autres parties qui forment cette paroi. Ces désordres consistent principalement en des mouchetures qui
se remarquent à la peau du ventre et des mamelles. Ils
fournissent, dans bien des cas, une probabilité fort
grande pour l'existence d'une grossesse antérieure.

Mais ces phénomènes purement mécaniques ne sont
pas les seuls que produise la grossesse, il en est d'autres
qui sont dus à l'influence sympathique que cet organe
exerce sur la constitution de la femme. Les premiers et

les principaux se manifestent dans l'estomac : il n'est pas
rare de voir des femmes éprouver des vomissements
dès l'instant même de la conception ; la plupart, dans le
commencement de leur grossesse , éprouvent des dé-
goûts , des nausées, des ptyalismes, phénomènes qui ,
après le troisième ou le quatrième mois, sont remplacés
par un grand appétit et par des digestions promptes et
faciles. Si, vers la fin de la grossesse, les digestions deviennent pénibles et lentes, si les vomissements repa-
raissent, cela tient plutôt à la compression que l'estomac
éprouve , car pour éviter cet inconvénient, il suffit de
prendre de la nourriture en petite quantité et à plusieurs reprises dans la journée. Les varices et les dilatations veineuses qui se remarquent souvent chez les
femmes enceintes, sont dues à la gêne qu'éprouve la
circulation dans les organes du bas-ventre et dans les
membres inférieurs par le fait seul de l'accroissement
du poids et du volume de l'utérus. La pression exercée
par l'utérus sur la vessie détermine aussi ces fréquents
besoins d'uriner que la femme éprouve dans les derniers mois de la grossesse.

On pense bien que les mamelles, essentiellement liées
à l'action de l'utérus, sont, plus que tous les autres organes, soumises à son influence. Nous décrirons plus
loin les grands changements dont elles sont le siége.

La grossesse détermine aussi chez les femmes une
production plus abondante de chaleur ; elles supportent le froid avec la plus grande facilité, et il est rare
qu'elles ne soient pas incommodées par tout ce qui
tend à augmenter la chaleur ou à empêcher qu'elle se
dissipe. On n'a rien de précis sur les modifications que
la grossesse imprime aux facultés intellectuelles et sen-

soriales ; il n'y a de constant que l'exaltation seule de
la sensibilité et une plus grande disposition au développement des affections nerveuses.

ARTICLE III. — HISTOIRE DE LA NAISSANCE OU DE L'ACCOUCHEMENT.

D'après les lois établies par la nature, après neuf mois
de séjour dans le sein de sa mère, le fœtus a acquis tout
le développement qui lui est nécessaire pour vivre par
lui-même. Ce n'est guère qu'après cette époque qu'il
est réellement viable, et si l'on observe quelquefois des
enfants venus au monde à sept mois de grossesse, c'est
là une exception et non une règle, comme l'avaient
prétendu les anciens, car à sept mois les fœtus viennent
au monde faibles, souvent les yeux fermés, et ils passent
toujours dans un état de souffrance les deux mois qu'ils
auraient dû rester dans le sein de leur mère. Il n'existe
pas de signes particuliers qui indiquent qu'un enfant
est né viable ; ce n'est que par l'ensemble des signes de
vie qu'il manifeste que l'on peut décider s'il est susceptible de vivre ou non. Un fœtus avant terme offre
des membres incomplètement développés ; la bouche et
l'anus sont fermés, les ongles ne sont pas encore ache-
vés. On conçoit que plus ces défauts d'organisation sont
nombreux et importants, plus la probabilité de la vie
diminue. D'un autre côté, on aurait tort de prononcer
qu'un enfant nouveau-né dont toutes les parties seraient
parfaitement développées, serait mort ou non viable
par cela seul qu'il ne donnerait, en naissant, aucun signe
de vie, car quelquefois les nouveau-nés ne poussent au-

cun cri, ne font aucun mouvement, ne semblent exé-
cuter aucune fonction, et cependant, après quelques
instants, ces apparences de mort se dissipent, les signes
de la vie paraissent, et l'enfant fournit une longue carrière. L'expérience journalière a démontré qu'après le
septième mois, le fœtus était viable ; on a été même
jusqu'à dire qu'à cette époque il l'était plus qu'à huit
mois, erreur grossière qu'on fait pourtant remonter
jusqu'à Hippocrate : il suffit, pour en faire justice, de
considérer qu'on est d'autant plus apte à vivre que l'organisation est plus parfaite, et qu'un fœtus de huit
mois ayant acquis plus de développement que celui de
sept mois, il doit avoir nécessairement plus de chances
de vie. Dans le plus grand nombre de cas, il est probable qu'avant la fin du septième mois un fœtus n'est
point viable ; on aurait tort cependant de conclure de là
qu'il ne l'est jamais. Martini cite l'exemple de Fortunio
Liceti qui vint au monde avant la fin du sixième mois,
sans donner aucun signe de vie. Son père ne perdit pas
l'espoir de le conserver ; il le plongea dans du lait tiède :
au neuvième mois, l'enfant fit des mouvements comme
pour venir à la lumière, et il parvint à une heureuse
vieillesse et à une grande science.

Mais jusqu'à quel temps peut se prolonger la grossesse ? Pour décider la question de légitimité, les législateurs, d'accord avec les médecins les plus distingués, ont admis jusqu'à dix mois de grossesse. Les observations d'accouchement à dix mois sont cependant
assez rares. Il n'est aucun fait qui démontre que l'accouchement ait eu lieu à onze mois et à un an ; mais la
nature est si bizarre, elle se joue tellement des lois

qu'elle s'est imposées, qu'on hésite à penser qu'elle ne puisse pas prolonger, dans certains cas, la grossesse jusqu'à ces diverses époques.

Quoi qu'il en soit de toutes ces questions sur lesquelles nous reviendrons dans la troisième partie de cet ouvrage, lorsque le fœtus a séjourné assez longtemps dans le sein de sa mère pour acquérir le développement nécessaire à son existence isolée, il s'en sépare avec toutes les parties qui lui servaient d'enveloppe, par un mécanisme en tout semblable, dit Richerand, à celui par lequel le pétiole d'un fruit mûr abandonne le rameau auquel ce fruit est suspendu. Cette séparation ne se fait pas cependant sans secousse ni pour la mère ni pour l'enfant. La femme éprouve d'abord de légères coliques; bientôt elle se livre à des efforts énergiques, par lesquels elle seconde les contractions utérines, et le fœtus est expulsé avec assez de promptitude. Les membranes dans lesquelles il était enveloppé se présentent d'abord au col de l'utérus, où elles offrent une poche qui s'amincit peu à peu et se rompt; les eaux s'écoulent et l'enfant est ainsi mis à nu : sa tête s'enfonce alors à la manière d'un coin dans le vagin où elle accommode ses diamètres aux différents détroits du bassin; elle paraît enfin au dehors et se dégage de la vulve, suivie peu à peu par les épaules et les autres parties du corps. Tout-à-coup les douleurs intolérables qu'éprouvait la mère sont apaisées; les premiers cris de son enfant sont pour elle le signal de la fin de ses maux; la joie se répand sur sa figure, et la douleur a fui, laissant à peine un souvenir : tant il est vrai de dire, et l'on ne saurait trop le répéter, qu'un accouchement n'est point une maladie, que c'est au contraire un des actes les plus naturels de la vie de la femme, celui pour lequel seul elle semble être née.

Mais pourquoi cet acte est-il accompagné de douleurs? On pourrait répondre avec raison que le mal est ici un des liens nombreux qui attachent la mère à son enfant, et que la nature a cherché dans ces douleurs une sorte de garantie pour les soins nécessaires au nouveau-né, long-temps même après sa naissance. Toujours est-il que dans l'état normal la santé de la femme n'éprouve aucune altération qui soit la conséquence du travail de l'enfantement. « Les suites de l'accouchement, dit Roussel, qui sont en partie une maladie réelle pour le plus grand nombre des femmes de la ville, et en partie une espèce d'étiquette et de convention qui les assujettit, pendant un temps déterminé, au régime des malades, ne sont presque rien pour les femmes de la campagne. La nature n'a ni caprice ni excès à combattre chez celles-ci : comme elles ne donnent rien à l'opinion ni à l'usage, elles jouissent bientôt de ses bienfaits. Elles n'ont pas le temps de se traîner méthodiquement d'un lit sur une chaise longue ; elles ont presque toujours ce courage qui multiplie les forces, et que la nécessité donne quelquefois même aux femmes de la ville. Chez ces dernières, au lieu du courage capable d'anéantir le sentiment du mal, tout concourt à nourrir en elles la pusillanimité qui le rend plus vif. Les alarmes feintes ou vraies qui règnent autour d'elles, lorsqu'elles sont enceintes, l'inaction à laquelle on les condamne, doivent leur donner une idée effrayante de leur état, et semblent les dispenser de se servir de leurs propres forces, et par là les rendre nulles. La faiblesse et l'inertie de leur âme, passant

jusqu'à leurs organes, ne peuvent que les disposer à
une grossesse orageuse et leur préparer un accouchement douloureux et quelquefois fatal. »

ARTICLE IV. — DE LA LACTATION.

Quoique l'enfant soit séparé de sa mère après l'accouchement, il est encore loin, pour cela, d'en être
indépendant. En effet, elle doit lui fournir, pendant
un temps assez long, un aliment doux, très-nourrissant,
d'une digestion facile, tel, en un mot, que ses faibles organes n'en puissent pas être incommodés en l'élaborant.
Cet aliment est le lait. Nous allons décrire ici les circonstances qui accompagnent sa formation, donner sa
composition chimique et apprécier son degré de nécessité pour l'enfant nouveau-né.

Pendant la grossesse, les mamelles, que d'étroites
sympathies lient avec l'utérus, participent à l'excitation
dont il est le siége. Leur volume s'accroît peu à peu,
et lorsque le fœtus a été expulsé, le lait ne tarde pas à
engorger leur tissu. Le premier liquide qu'elles fournissent a une couleur jaunâtre, une saveur sucrée; il
porte le nom de *colostrum* : on croit qu'il jouit d'une
propriété laxative propre à déterminer l'évacution des
matières fécales contenues dans l'intestin du nouveau-
né, et désignées sous le nom de *méconium*.

Cette dernière substance est noirâtre, renfermée dans
le tube digestif du fœtus, et elle s'évacue immédiatement après la naissance, sous l'influence purgative ou
délayante du colostrum. Le mot méconium dérive du
grec μήκων, qui signifie pavot. La couleur et la consis-

tance du méconium sont analogues, en effet, à celles
du suc de pavot non épaissi.

Les physiologistes ne sont pas d'accord sur la formation et les usages du méconium. Les uns pensent
que c'est une sécrétion de la membrane muqueuse in-
testinale qui se fait pendant tout le cours de la vie fœtale : ce mucus serait destiné par la nature à tenir le
tube intestinal dans un état de lubrifaction convenable, et à empêcher l'oblitération de ses parois qu'un
contact permanent amènerait infailliblement à s'unir,
en conséquence de cette loi de l'organisation qui veut
que les surfaces contiguës finissent par adhérer et par
devenir continues. D'autres sont d'avis, avec M. Geoffroy-Saint-Hilaire, que cette matière visqueuse, pois-
seuse, qui arrive graduellement à remplir le petit et
le gros intestin, est une véritable substance nutritive
préparée pour le fœtus. S'il en était ainsi, ce ne
pourrait être que dans l'origine ; car, à la fin de la vie
fœtale, il n'est plus permis de douter de la nature excrémentitielle du méconium.

Au reste, le méconium se montre de très-bonne
heure dans l'intestin du fœtus, mais il change de nature et d'aspect aux diverses époques de la vie fœtale.
Ce liquide est d'abord blanchâtre et muqueux, et il
reste tel pendant la première moitié de la grossesse ;
ensuite il s'épaissit graduellement, devient poisseux,
se colore en jaune-vert, et prend alors le nom de méconium. On en trouve dans l'estomac dès le troisième
mois de la vie utérine ; à quatre mois, il s'est amassé
jusque dans le duodénum ; à sept, il remplit l'intestin
grêle, puis le gros intestin et le rectum.

Pour ce qui est de l'origine de cette matière excrémentitielle, je dirai que je crois qu'on est allé chercher fort loin une explication que les lois connues de
l'organisation donnent facilement. Le méconium n'est
pas autre chose qu'un produit de la fonction des nutri-
tions, un résultat de la composition nutritive. Il y a
deux actions principales dans toute nutrition : l'action
de composition, par laquelle chaque partie s'assimile
les éléments nutritifs qui lui sont apportés, et l'action
de décomposition, par laquelle ces mêmes parties abandonnent les matériaux nutritifs usés. Il est bien évident que, depuis le commencement de la vie fœtale
jusqu'à la fin de l'accroissement extra-utérin, c'est-à-
dire jusqu'à l'âge adulte, l'action de composition est
plus puissante que l'action de décomposition ; mais
tout prouve aussi que cette dernière ne s'en exerce
pas moins : or, le méconium est le résultat de la décomposition qui s'opère pendant le courant de la vie
fœtale.

M. Geoffroy-Saint-Hilaire nous semble donc avoir
tourné dans un cercle vicieux, lorsqu'il a prétendu que
cette excrétion servait à alimenter le fœtus ; il résulterait de là en effet que le fœtus se fabriquerait à lui-
même sa propre nourriture.

Quoi qu'il en soit, le méconium s'évacue immédiatement après la naissance, et aussitôt que la respiration
est parfaitement établie. Il est probable que l'irritation
exercée sur l'organe cutané de l'enfant par le nouveau
milieu dans lequel il se trouve, détermine dans les intestins un mouvement intérieur qui expulse cette matière. L'impression vive qu'éprouve la peau, lors de
l'action de l'air sur elle, se transmet sympathiquement

au canal intestinal et en augmente la contractilité. Cette excitation se communique aux muscles involontaires compris dans son épaisseur, et leur réaction le débarrasse d'une matière excrémentitielle dont le séjour plus long deviendrait nuisible.

Vingt-quatre heures après l'accouchement, le lait est devenu blanc et a acquis peu à peu toutes les qualités qu'on lui connaît. Ces changements dans les qualités du lait et l'augmentation de sa sécrétion ne se font point d'une manière inaperçue; quarante-huit heures après l'accouchement, il survient une espèce de fièvre, appelée *fièvre de lait,* caractérisée par de légers frissons, accompagnés bientôt d'une chaleur vive de la peau, et suivis d'une sueur abondante. Il survient de la rougeur à la face, du mal de tête et de l'accélération dans le pouls. Pendant cet état, qui dure environ vingt-quatre heures, la tuméfaction des mamelles est arrivée au plus haut point; leur augmentation de poids, jointe à la tension de la peau, gêne les mouvements de la poitrine et produit de l'embarras dans la respiration. Mais les symptômes de la fièvre de lait n'ont pas toujours ce degré d'intensité; souvent ils sont à peine sensibles, et douze heures suffisent pour les calmer. On doit chercher les causes de cette fièvre, qui est un état physiologique et non maladif, dans le déplacement de l'excitation qui, abandonnant l'utérus, vient se fixer sur les mamelles.

A la fin de cette époque fébrile, la sécrétion du lait est très-abondante; les mamelles ont acquis le plus haut degré de distension, mais l'enfant les a bientôt désemplies, et, pendant tout le temps que dure la lactation, elles passent alternativement de l'état de plénitude à celui de vacuité. Lorsque la sécrétion est activée, les femmes éprouvent une espèce de fourmillement, de picotement et d'élancement dans les mamelles ; il semble que le *lait monte*, selon leur expression, par un mouvement d'ascension qui s'étend depuis le bas-ventre jusqu'aux mamelles.

Lorsque la menstruation survient chez une femme qui allaite, son lait devient plus aqueux et la quantité en est diminuée. La grossesse produit toujours le même effet, et fait souvent cesser tout-à-fait la sécrétion.

Les glandes mammaires sont les organes où se forme le lait ; le mécanisme de sa production nous est inconnu ; on dispute même sur la nature des vaisseaux qui apportent les matériaux de la sécrétion. Les uns veulent qu'à l'instar de tous les autres fluides sécrétés, les matériaux du lait soient fournis par une artère ; les autres pensent que le chyle seul, et non le sang, est destiné à sa fabrication, et que les vaisseaux lymphatiques des mamelles sont les voies par lesquelles le chyle est porté du canal thoracique aux glandes mammaires : cette dernière opinion n'est pas la moins probable.

Tout le monde connaît les propriétés physiques du lait, nous n'avons donc à parler ici que des principes qui le constituent. Le lait de femme a une densité de 1,023, suivant Brisson ; la densité de celui de la vache est, au contraire, d'après le même, de 10,324 ; il contient beaucoup de crême, beaucoup de sucre de lait, et très-peu d'un caséum mou, visqueux et tremblant ; on y trouve aussi des hydrochlorates de soude et de chaux, une partie volatile odorante à peine sensible et peut-être du soufre. Son peu de consistance l'empêche de se coaguler. Deux livres de lait de femme

fournissent une once et demie de crême, un gros de
beurre peu consistant, une demi-once de caséum, dix
gros de sérum, et le reste de l'eau. La même quantité
de lait de vache donne deux onces et demie de crême,
six gros de beurre assez consistant, et trois onces de caséum assez épais.

Le lait varie dans ses principes, non-seulement selon
les différents animaux, mais encore selon les diverses
époques, à dater de l'accouchement; moins abondant
en parties nutritives dans le commencement, ce n'est
guère qu'à trois mois qu'il a acquis toute la perfection
dont il est susceptible. Plus la fin de la sécrétion approche, plus il acquiert de propriétés nutritives. Destiné à servir de nourriture habituelle à l'enfant, il
s'accommode à la faiblesse de ses organes, dont il poursuit le développement en faisant concorder ses propriétés nutritives avec les progrès des forces. Il n'est
donc pas indifférent de donner à un enfant un lait
plutôt qu'un autre, car si l'âge d'un enfant n'est pas
en rapport avec celui du lait, il en résulte toujours
pour lui une mauvaise alimentation. L'oubli de ce
principe incontestable, méconnu dans les grandes villes,
où l'on ne fait point de difficulté de confier les enfants
à des nourrices dont le lait vieux a déjà servi à l'alimentation d'un nourrisson au moins, frappe de mort
la plupart des jeunes citadins et ruine la santé des autres. Il n'en serait point de la sorte si chaque mère al-
laitait son enfant : il en résulterait pour tous les deux
des avantages inappréciables. Si l'on voit tant de maux
peser sur les femmes des villes, ne doit-on pas en accuser en grande partie la funeste habitude des mères
de repousser leurs enfants de leur propre sein et de les

confier, contre le vœu de la nature, à des nourrices
mercenaires? Comment peut-on croire que l'on puisse
réprimer impunément la sécrétion du lait qui tend à
s'établir après l'accouchement? On sent bien que ceci
ne s'applique point au petit nombre de mères qu'un état
maladif ou une constitution délicate empêche de remplir le devoir le plus doux que la nature ait imposé aux
femmes.

Ces dernières sont obligées d'avoir recours à une
nourrice étrangère ou bien de soumettre l'enfant à un
allaitement artificiel. A ce propos, quelques conseils
hygiéniques ne seront pas inutiles. Ces conseils ont été
fort bien exposés dans une lettre qui nous fut adres-
sée, dans le temps, par M. le docteur Prosper Martin,
et que nous avons insérée dans la *Gazette de santé*,
tome IV, page 75. Nous la reproduisons en entier à
la fin de cette première partie, note C, page 205.

NOTES

DE LA PREMIÈRE PARTIE.

Note A. « Le chorion, ou la membrane la plus externe de l'œuf, forme une poche sans ouverture, mince et transparente : sa surface externe, dès les premiers temps, est revêtue dans toute son étendue de flocons auxquels on a donné le nom de *villosités*. Hewson a soutenu que le chorion est formé de plusieurs feuillets qui, s'appliquant de bonne heure les uns contre les autres, finissent par n'en plus constituer qu'un seul ; que le placenta résulte du dédoublement et de l'épaississement de ces lames, dont les vaisseaux ombilicaux reçoivent partout une gaîne. Suivant d'autres auteurs, la surface interne du chorion est lisse, régulière, polie, et en contact avec un liquide clair et séreux ; son épaisseur est partout la même ; elle n'est formée que d'un seul feuillet ou lame, et paraît être de nature celluleuse. D'après M. Velpeau, il n'y a pas de vaisseaux propres au chorion, et il se fonde sur ce que personne jusqu'à présent ne les a jamais positivement décrits ni vus ; il pense que les observateurs qui ont admis des vaisseaux dans le chorion ont confondu la caduque avec cette membrane, et qu'ils ont pris pour des vaisseaux les cordonnets solides, reste du velouté primitif de l'ovule, que l'on voit en détachant la caduque réfléchie de la surface externe du chorion. Ces villosités atrophiées sont d'autant plus nombreuses qu'elles sont plus rapprochées du placenta, et qu'on les considère à une époque plus voisine du commencement de la grossesse.

« Pour décrire l'apparence et les rapports de la surface interne du chorion, pour affirmer que cette membrane n'est formée que d'un seul feuillet, et lui refuser des vaisseaux, il faudrait avoir des idées arrêtées sur ce que l'on doit appeler chorion. L'anatomie comparée nous a fourni quelques données à cet égard. Chez la vache, la jument, la brebis et la truie, il nous a été très-facile de séparer cette membrane en trois lames ; elle est parcourue dans toute son étendue par des vaisseaux qui, ainsi que nous l'avons vérifié, sont placés dans le feuillet moyen et se réunissent aux vaisseaux ombilicaux. La surface interne du chorion varie dans ses rapports avec les autres parties de l'œuf aux différentes époques de la gestation ; mais nous avons toujours trouvé le chorion dans ces animaux, et vers le milieu de la grossesse, en contact, dans une certaine étendue, avec l'amnios, et dans tout le reste avec l'allantoïde ; un liquide clair et limpide existait en outre entre ces parties. Si on n'admet dans l'œuf humain qu'une membrane externe (le chorion), une lamelle très-fine (l'al-

lantoïde), une membrane interne (l'amnios), et une poche intermédiaire
(la vésicule ombilicale), on a raison de dire que la surface interne du
chorion est lisse et en contact avec un liquide ; mais alors il faut admettre
que le chorion est formé de trois lames : l'une , ainsi que le pense M. Dutrochet. externe, épidermoïde ; l'autre, moyenne, de nature celluleuse , et
renfermant des vaisseaux ; enfin, la troisième , interne , également épidermoïde. Chez la femme , hors la partie où existe le placenta , le chorion ne
nous a présenté aucun vaisseau : cela ne nous surprend nullement , puisque, dans tout le reste de son étendue , les fonctions du chorion sont réduites à celles d'un épiderme. Pour nous , le feuillet épidermoïde externe
aurait pour usage d'isoler l'œuf des parties environnantes ; le moyen ser-
virait de gangue aux vaisseaux qui , se trouvant immédiatement en contact avec des fluides sécrétés par la mère, porteraient au fœtus les éléments
de sa nutrition ; et enfin l'interne serait destiné à isoler cet organe des autres parties de l'œuf. Quant à l'examen des villosités , nous le renvoyons au
moment où nous parlerons du placenta.

« Nous avons rencontré constamment la vésicule ombilicale chez l'homme,
et chez les différents animaux que nous avons examinés ; mais nous avons
vu que cette vésicule présentait un développement variable ; volumineuse
dans le chat , elle est très-petite chez la truie. La vésicule ombilicale chez
la femme consiste d'abord en un petit sac sphérique , adhérant probablement (d'après ce que l'on remarque chez le poulet et le lapin) au point
où se développera l'embryon ; ce n'est que plus tard qu'elle s'en éloignera
en formant un pédicule. Du quinzième au vingtième jour, elle a la grosseur d'un pois ordinaire : suivant M. Velpeau, elle acquiert ses plus grandes dimensions dans le courant de la troisième ou de la quatrième semaine ; vers la sixième ou la septième, elle diminue insensiblement de volume , et finit par disparaître vers le troisième mois ; quelquefois cependant on la rencontre encore sur des produits de quatre , cinq et six mois.
Elle est lisse, régulière et d'une couleur légèrement jaunâtre lorsqu'elle est
remplie de liquide ; à mesure que celui-ci disparaît , elle se flétrit , se
couvre de rides, mais conserve toujours sa teinte jaunâtre qui sert à la faire
reconnaître.

« Le pédicule est un canal qui se termine en entonnoir et s'ouvre dans
la vésicule ombilicale ; du côté de l'embryon, il se continue d'une manière
évidente avec le tube intestinal. M. le professeur Velpeau dit qu'il est
parvenu dans deux circonstances à faire passer la matière renfermée dans
la vésicule jusque dans l'intestin. Du vingtième au trentième jour ce pédicule commence à s'oblitérer de l'ombilic vers la vésicule. Sa forme est cylindrique, à partir du point où il est disposé en entonnoir jusqu'à l'intestin,
excepté cependant vers l'endroit qui correspondra à l'ombilic, où il est
comme étranglé par l'amnios. Sa longeur varie ; nous avons vu que dans

les premiers temps il n'existait pas, ou du moins à peine ; vers la fin du premier mois il a de deux lignes de longueur et un quart de ligne de diamètre ; il devient ensuite de plus en plus grêle, s'allonge considérablement, et présente d'un à deux pouces de longueur. Dans les cas où la vésicule a été trouvée beaucoup plus éloignée de l'ombilic, **M.** Velpeau pense que ce phénomène dépendait de la rupture de cette tige. Cet appareil est formé par une membrane granuleuse et très-résistante qui se continue avec les parois des intestins ; la continuation entre cette membrane et les tuniques intestinales a fait que certains anatomistes lui ont admis trois lames. On trouve sur cette membrane un réseau vasculaire qui donne naissance à deux troncs connus sous les noms d'artère et de veine *omphalo-mésentériques*, et que M. Velpeau propose d'appeler *vitello-mésentériques*. Ces vaisseaux s'ouvrent dans des branches de l'artère et de la veine mésentérique supérieure ; dans le courant du deuxième au troisième mois, ils s'oblitèrent, et disparaissent de la vésicule vers l'ombilic. **M.** Velpeau pense que ces vaisseaux sont « destinés à porter et à reprendre dans les parois de la vésicule et de son conduit, les matériaux qui servent à la nutrition et aux usages particuliers de ce curieux appareil, et non pas à transporter dans la circulation générale la substance vitelline ». Il résulterait de cette manière de voir que l'embryon doit alimenter les parties qui sont destinées à le nourrir ; tandis qu'on remarque constamment que les vaisseaux de première formation, tels que la veine primogéniale, les artères et la veine ombilicales, etc., qui n'existent que temporairement, servent à la formation du fœtus et disparaissent ensuite ; que les organes permanents du fœtus reçoivent au contraire des vaisseaux qui les nourrissent. Les premiers sont donc destinés à la formation du fœtus, les autres à la nutrition des organes où ils se distribuent. La substance renfermée dans la vésicule ombilicale paraît être de même nature que la matière vitelline de l'œuf ; elle présente une couleur jaune plus ou moins foncée, une consistance qui varie entre celle d'une émulsion et celle du jaune d'œuf cuit, que l'on rencontre quelquefois sous la forme de grumeaux concrets.

« La vésicule ombilicale fournit des éléments à la nutrition et au développement de l'embryon dans les premiers temps de son existence ; mais dès que les vaisseaux ombilicaux sont formés, son importance diminue ; elle devient bientôt inutile, s'atrophie et finit par disparaître : cet organe n'est donc que temporaire. Avec la cessation des fonctions de cette partie doit se terminer une des premières phases du développement de l'embryon. De quelle manière la matière vitelline ou le jaune paraît-il servir au développement de l'embryon ? Est-ce par les vaisseaux ou par la matière émulsive qui pénètrerait dans l'intestin ? Nous sommes porté à croire que ce doit être par les vaisseaux.

« Les rapports qui existent entre cet organe et les parties ambiantes doi-

vent nécessairement varier d'après l'espace de temps plus ou moins long
qui s'est écoulé entre le moment de la conception et l'époque à laquelle
on les examine. Dans les premiers instants, elle n'a de rapports qu'avec
la cicatricule ou blastoderme à laquelle elle adhère, et avec la surface interne du chorion qui recouvre tout l'œuf. Plus tard, à mesure que l'amnios se développe, on la trouve placée à la surface externe de ce dernier.
Enfin, la vésicule ombilicale sera nécessairement revêtue sur une de ses
faces par l'allantoïde, quand celle-ci viendra à se former, ainsi que par
l'amnios, avec lequel elle conservera toujours des rapports ; tandis que ses
connexions avec le chorion seront détruites par suite de l'interposition de
l'allantoïde entre ces deux parties. »

———

Note B. « *Placenta de la femme.* Il se présente sous la forme d'un gâteau
aplati plus ou moins circulaire ; sa circonférence est limitée par le repli de
la membrane caduque, avec le double feuillet de laquelle il se continue. Sa
surface fœtale est tapissée par la membrane amnios, et présente les divisions principales des vaisseaux du cordon qui rayonnent dans toutes les
directions. Sa face utérine est régulière et fongueuse ; elle présente des
espèces d'ondulations, des points plus saillants les uns que les autres, qui
deviennent beaucoup plus évidents quand on replie cet organe sur lui-
même, de manière à augmenter sa convexité : alors on déchire une membrane qui revêt cette surface et qui réunissait les lobes ou cotylédons, que
séparent des rainures plus ou moins profondes. Le volume de ces cotylédons et leur forme sont très-variables. Cette membrane, appelée caduque
secondine, ne se forme, dit-on, que vers la fin du troisième mois ; mais
nous l'avons observée sur des œufs beaucoup plus jeunes. Son adhérence
à la surface du placenta est plus grande sur les bosselures que vis-à-vis les
rainures, où il est toujours facile de la séparer ; elle reste à la surface du
placenta, et ne pénètre point en général dans son intérieur. Cette membrane est formée par une couche demi-transparente, molle, spongieuse,
tantôt plus mince, tantôt plus épaisse, que l'on peut diviser en plusieurs
lames ; mise dans l'eau, elle se dissout, et se détruit au bout de quelques
jours ; nous n'y avons pu découvrir aucun vaisseau ni aucune trace d'organisation. Cependant, suivant Albinus, Hunter, Dubois, Burns, etc., elle
recevrait des vaisseaux. MM. Lee et Radford ont décrit quelques filaments
tortueux qui vont de la matrice à la caduque secondine, et qui servent à
nourrir ce feuillet. D'après les figures de M. Radford, ce seraient, suivant
M. Velpeau, tout au plus des canaux de nouvelle formation. Enfin, elle se
continue par sa circonférence avec la membrane caduque, dont au reste
elle ne paraît différer que par sa moindre épaisseur.

« En examinant la structure intime du placenta, nous voyons que les

artères et la veine ombilicales, arrivées plus ou moins près du centre de sa
face fœtale, s'y ramifient en rayonnant de tous les côtés, que les principales branches artérielles s'anastomosent entre elles, ainsi que celles de la
veine. Nous avons rencontré, vers la face fœtale du placenta, plusieurs
branches assez fines qui offraient des zigzags comparables à ceux que présentent les vaisseaux de l'utérus et des autres organes qui doivent subir de
grands changements de volume. Après un certain nombre de divisions secondaires, une branche artérielle et une veineuse vont constituer ce que
l'on nomme les cotylédons du placenta. Il est dès lors facile de concevoir
comment on peut injecter un seul cotylédon sans que les parties voisines
reçoivent de l'injection ; comment on produit les rainures ou intervalles
artificiels que l'on a pris pour des sinus veineux ; comment un cotylédon
peut être malade sans que les autres le deviennent. Cette artère et cette
veine, qui doivent se ramifier dans un cotylédon, sont adossées et liées
l'une à l'autre par du tissu cellulaire qui se détruit facilement par la ma-
cération, et qui paraît être la continuation de celui qui se trouve dans le
cordon ; le feuillet épidermoïde externe du chorion leur fournit une enveloppe blanche et assez résistante. En suivant cette artère et cette veine,
toujours disposées ainsi que nous venons de le dire, on les voit donner des
ramifications successives qui forment un réseau capillaire extrêmement fin ;
les dernières ramifications se terminent dans une partie qui est véritablement la continuation de l'appareil, que nous examinerons plus bas sous le
nom de *villosité*. Ces ramifications sont réunies ensemble par une couche
inorganique, irrégulière, qui se présente sous la forme de petites lamelles
ou de granulations libres, et qui flottent dans l'eau quand on isole les villosités les unes des autres. Cette couche est, d'après M. Velpeau, le produit d'une exsudation particulière de la matrice, du chorion et de ses
faisceaux tomenteux, et ne diffère de la caduque que parce qu'elle est plus
fragile, plus sèche, et ne se forme que long-temps après l'arrivée de l'œuf
dans la matrice.

« Afin de mieux comprendre la structure et la formation du placenta,
nous allons examiner les villosités à partir des premiers jours de l'existence de l'œuf. Suivant plusieurs auteurs, la périphérie de l'œuf présente,
dans toute son étendue et dès son apparition dans la matrice, des flocons,
un duvet, des villosités en un mot. Elles sont d'abord éparses sur toute
la surface externe de l'œuf, indépendantes toutes les unes des autres, et
paraissant avoir, à peu de chose près, le même degré de développement.
D'abord très-courtes, on a dit qu'elles n'étaient pas ramifiées, et que la
surface externe de l'œuf avait l'aspect d'une peau de chagrin. Cependant
nous les avons constamment trouvées ramifiées ; il est possible que cela
tienne à ce que nous avons examiné des œufs humains, dont le plus jeune
avait déjà environ un mois.

« Nous avons aussi remarqué que ces filaments cylindriques offraient un plus grand nombre de ramifications vers la fin du second ou du troisième mois, que vers le trentième jour. A mesure que la gestation avance, les villosités qui se trouvent en contact avec la caduque réfléchie, et qui occupent environ les quatre cinquièmes de la surface de l'œuf, dépérissent, et vers la fin du troisième mois ont entièrement disparu ; tandis que celles qui occupaient l'autre cinquième prennent un accroissement beaucoup plus considérable, deviennent beaucoup plus longues, et présentent plus de ramifications. Ces dernières villosités se trouvaient dans les premiers temps en contact immédiat avec la matrice, et plus tard avec la membrane caduque secondine, dans l'épaisseur de laquelle elles pénètrent plus ou moins. Cependant, sur un œuf de deux mois environ, les villosités de toute la surface de l'œuf nous ont offert le même degré de développement. MM. Breschet, Raspail et Velpeau ont avancé, dans différents mémoires, qu'au commencement de la grossesse les villosités n'étaient point vasculaires. Selon nous, les vaisseaux des villosités préexistent à la formation des vaisseaux dans le cordon ombilical. Sur un œuf de deux mois environ nous sommes parvenus, au moyen de l'air injecté dans les vaisseaux du cordon, à nous assurer que les villosités renfermaient des vaisseaux. Du reste, l'existence de troncs vasculaires est, d'après ce que nous avons vu sur la formation des vaisseaux, une preuve de l'existence d'un réseau vasculaire au-delà des troncs. A terme, les villosités sont très-grêles et très-longues ; elles s'entrelacent entre elles, se contournent en différents sens et affectent toutes sortes de directions. On ne saurait mieux comparer cette disposition qu'à celle des cheveux crépus du nègre. Lorsqu'on les a isolées, on voit qu'elles ont un demi-pouce à un pouce de longueur ; qu'elles fournissent de nombreuses ramifications, et se terminent par des extrémités renflées, arrondies et claviformes. Elles offrent en divers points de leur étendue des nodosités ou renflements irréguliers. La veine et l'artère présentent, dans le tronc principal de la villosité, un calibre assez grand : on peut suivre les subdivisions jusque dans leurs dernières ramifications de la villosité. Le plus souvent la matière injectée s'arrête dans les vaisseaux avant d'arriver au bout des dernières ramifications de la villosité, et ne pénètre point dans le réseau capillaire par lequel ces vaisseaux se terminent. Mais si l'on a injecté de l'air, ou s'il en est mêlé au liquide dont on s'est servi pour faire l'injection, alors, à l'aide du microscope, on pourra distinguer ce réseau capillaire, et reconnaître qu'une branche artérielle et une veineuse se continuent, l'une avec l'autre, en formant une espèce d'anse, comme l'a observé M. Lauth.

« Ainsi, dans le principe, la surface libre du chorion présente des villosités qui n'ont point de ramifications ; il s'en manifeste quelques-unes plus tard ; celles-ci deviennent ramusculeuses à leur tour, et ainsi de suite. Des vaisseaux se développent dans leur intérieur à mesure que les villo-

sités prennent de l'accroissement, et la formation des vaisseaux a lieu de
la manière précédemment indiquée. Les vaisseaux se réunissent en branches plus ou moins volumineuses, et forment les troncs des artères et de
la veine ombilicales. Au premier coup d'œil, on pourrait croire que des
vaisseaux libres se ramifient dans le parenchyme du placenta, tandis qu'ils
sont réellement toujours dans l'intérieur des villosités.

« Sur quelques points de la face utérine du placenta, on rencontre des
villosités qui dépassent les autres, et traversent presque la caduque secondine, de manière à faire croire à l'existence d'un vaisseau qui irait directement du placenta à l'utérus; mais ces villosités *perdues* sont en tout analogues aux autres.

« Pour nous résumer, le placenta est constitué par les villosités du chorion, qui, étant devenues vasculaires, sont réunies entre elles au moyen
d'une couche inorganique, et sont revêtues du côté de la matrice par la
membrane caduque secondine. Suivant M. Velpeau, le parenchyme du
placenta est formé en entier par des vaisseaux, des filaments solides, des
granulations et une matière couenneuse qui tient le tout aggloméré, mais
non par une trame cellulaire analogue à celle des autres organes. Nous
avons exposé plus haut notre manière de voir par rapport aux vaisseaux.
Quant aux cordonnets solides ou villosités non vasculaires, nous n'en
avons pas rencontré sur les pièces que nous avons examinées; les villosités étaient au contraire toutes vasculaires, et nous pensons qu'on ne
saurait établir une distinction entre les granulations et la matière couenneuse.

« Lorsqu'on injecte de l'eau, du vernis à l'alcohol, de l'air, etc., dans
une des artères ombilicales, ces substances reviennent par l'autre artère ;
les anastomoses entre les branches de ces artères à la face fœtale du placenta expliquent ce retour. Mais si, au lieu de laisser sortir l'injection
par l'autre artère, on l'empêche d'y passer, elle pénétrera dans les dernières ramifications, et finira même par arriver dans le tronc de la veine
ombilicale. Si l'on injecte par la veine, les matières sortiront par les deux
artères. Un passage libre existe donc entre les artères et la veine ombilicales. La matière de l'injection ne s'épanche jamais régulièrement à la surface du placenta ; si on examine attentivement les points où l'épanchement
a lieu, on reconnaitra facilement que la sortie de la matière injectée est
due à la déchirure des petits vaisseaux.

« *Placenta de la brebis.* Il est formé par de nombreux cotylédons isolés, et disséminés çà et là à une distance plus ou moins grande les uns des
autres, mais disposés cependant suivant des lignes assez régulières; leur
forme s'approche d'un ovoïde aplati ; elle subit cependant quelques varia-
tions : deux cotylédons sont quelquefois adossés l'un à l'autre, de manière
à n'en constituer en apparence qu'un seul. Leur volume varie depuis celui

d'un petit pois à celui d'une forte noix. Un cotylédon, vu par sa face
fœtale, présente une espèce d'excavation dans laquelle les membranes de
l'œuf plongent, pour en tapisser toute l'étendue. En tirant très-légère-
ment les membranes en même temps que l'on appuie sur l'utérus, on
voit de distance en distance la réunion d'un grand nombre de masses
cylindriques, rouges et molles, sortir d'un nombre égal de cavités; on
sépare ainsi avec la plus grande facilité le cotylédon en deux parties distinctes : le placenta fœtal et le placenta utérin.

« Une portion de la matrice, ainsi isolée des membranes de l'œuf et
du placenta fœtal, offre à sa surface libre des élévations arrondies, de
volume variable, sur lesquelles se voient des excavations proportionnées
au volume de cette partie, et qui embrassent en quelque sorte le placenta fœtal. Chacune de ces excavations est criblée d'ouvertures qui correspondent à autant de cavités, en forme d'alvéoles, appelées *cellules;*
sur les parois de chaque cellule, on voit un grand nombre d'ouvertures
secondaires qui correspondent à autant de sous-cellules. Un léger rétrécissement, sorte de collet, sépare chaque cotylédon de la surface sur laquelle ils sont implantés. Toute l'étendue de la face interne de la matrice
est tapissée par une membrane lisse, rosée, que l'on reconnaît pour être
une membrane muqueuse; celle-ci se prolonge sur le placenta utérin
d'une manière très-évidente, jusqu'au fond de l'espèce d'excavation dont
nous avons déjà parlé, et où elle paraît s'arrêter; mais si on la détache
et si on la suit jusqu'au bord de l'excavation, on voit qu'elle plonge dans
les cellules et tapisse leurs parois. Examinée à la loupe, sa surface libre
présente, dans toute son étendue, d'innombrables dépressions ou petites
cellules; et dans son épaisseur un grand nombre de glandes muqueuses,
qui sont formées de granulations blanchâtres, s'ouvrant toutes dans un
canal excréteur qui aboutit à la surface libre de cette membrane; on ne
peut mieux comparer cette disposition qu'à celle qu'offre une grappe de
raisin. Ces glandes sont surtout développées autour des cotylédons, et
sont là comme disposées en rayons. Cette membrane muqueuse reçoit une
innombrable quantité de vaisseaux qui lui forment un réseau vasculaire
d'une grande beauté et d'une finesse extrême, qui se voit sur tous les
replis qu'elle forme pour tapisser les cellules; ces vaisseaux lui viennent
d'une couche de tissu cellulaire qui l'unit ici comme ailleurs à la couche
musculaire. Cette couche de tissu cellulaire fournit à la surface adhérente
du placenta une lame externe lâche, et qui renferme les vaisseaux; une
autre lame vient gagner le bord de l'excavation, et là, donne naissance
à une espèce d'enveloppe fibreuse; cette enveloppe entoure et limite toute
cette partie, en même temps qu'elle forme la charpente des cloisons des
cellules sur lesquelles la membrane muqueuse se réfléchit. Les artères et
les veines partent de la couche cellulo-vasculaire; elles traversent oblique-

26

ment la couche fibreuse , s'y ramifient, fournissent des ramuscules , et se subdivisent à l'infini dans la membrane muqueuse , jusqu'à l'extrémité des parois des ruches ou cellules. Aucune branche de ces vaisseaux n'arrive au chorion , aucune même ne dépasse les limites du placenta utérin.

« On détermine le plus souvent par des injections un épanchement dans les cellules de la matière que l'on injecte ; on serait tenté de rapporter ce phénomène à la terminaison des vaisseaux par des ouvertures béantes , et cette expérience devrait nécessairement induire en erreur, si on n'avait pas la précaution de rechercher avec soin le point qui a donné naissance à cet épanchement ; il sera toujours facile de le trouver et de s'assurer, à l'aide de la loupe , que c'est par un point déchiré du vaisseau que la matière est sortie ; l'extrême ténuité des vaisseaux , et la force que l'on emploie pour lancer la matière à injection , suffisent assez pour rendre compte de la facilité avec laquelle ces vaisseaux se rompent.

« Les masses cylindriques , rouges et molles , qui adhèrent aux membranes de l'œuf , sont des villosités , et constituent, par leur réunion, le placenta fœtal. Prise isolément , chaque villosité se continue avec la surface du chorion ; un léger rétrécissement ou collet surmonte le point de jonction ; à partir de là, la villosité se dilate et fournit un nombre considérable de ramifications plus ou moins longues , ainsi que d'autres ramifications secondaires qui se terminent par des extrémités arrondies, renflées et claviformes. Dans leur trajet, les branches présentent des nodosités analogues au renflement qu'offre l'extrémité des villosités ; leur surface est tout-à-fait lisse et unie quand elles sont fraîches ; mais après qu'on les a fait macérer dans l'eau , cette apparence se perd , elles deviennent floconneuses , et ne représentent que des ramifications vasculaires. Si , au lieu de se servir d'eau , on se sert d'alcohol , elles conservent la netteté de leur forme , et on peut, dans cette circonstance , en séparer une pellicule fine.

« Dans chaque villosité, on voit une artère et une veine qui se rendent aux vaisseaux ombilicaux , et fournissent chacune des branches pour chaque ramification de la villosité. Ces vaisseaux marchent côte à côte , et peuvent être suivis jusque vers l'extrémité de la villosité ; on voit, à l'aide du microscope , le réseau capillaire qu'ils constituent : nous avons même pu suivre des branches artérielles qui se continuaient avec des branches veineuses en formant des arcades. Lorsqu'on pousse l'injection soit dans les artères , soit dans les veines , et que l'on n'a point séparé le placenta fœtal du placenta utérin, la matière injectée s'épanche dans les cellules , et donne lieu à une apparence réticulée , semblable à celle de la dentelle ; cette disposition provient de ce que la substance injectée a soulevé le chorion , et l'a séparé du bord des cellules ; au milieu de chaque maille on observe un point injecté : c'est le vaisseau qui plonge dans l'intérieur de la villosité où il doit se distribuer. Si l'injection se fait sur un placenta fœtal, isolé de l'utérus, la matière s'échappe à sa surface ; si on injecte de l'air par ces vaisseaux, tandis que l'on garde le placenta sous l'eau, on en voit sortir des bulles, et l'air contenu dans les vaisseaux leur donne un beau brillant d'une couleur argentine.

« Dans ces expériences, nous avons vu les matières passer des artères dans les veines, et réciproquement. Nous ne nous arrêterons pas sur la sortie de l'injection hors des vaisseaux, puisque nous avons vérifié qu'elle était également produite par la rupture des ramifications vasculaires. On ne réussit pas ordinairement à bien injecter l'artère et la veine sur la même pièce ; il est probable que dans cette circonstance la matière colorante que renferme déjà l'un des vaisseaux, dilate celui-ci au point de comprimer l'autre et d'empêcher l'injection d'y parvenir.

« *Placenta de la vache.* L'œuf de la vache ayant la plus grande analogie avec celui de la brebis, nous nous bornerons à faire connaître la disposition et la forme de ses cotylédons : leur surface fœtale est convexe, et coiffe le placenta utérin, ce qui est tout le contraire de ce que l'on observe chez la brebis ; les membranes de l'œuf, au lieu de plonger dans la partie centrale, se portent à la périphérie du cotylédon, comme pour l'envelopper. Le placenta utérin ressemble assez à un champignon à surface convexe ; son collet est très-marqué et aplati ; les parois des cellules, au lieu d'être lisses et unies, ainsi que dans la brebis, sont dentelées. Les villosités, ressemblant à des radicules de vaisseaux, sont comme dépourvues de membrane épidermoïde.

« *Placenta de la chatte.* Il a la forme d'une zone, et il entoure la partie moyenne du fœtus à la manière d'un anneau. Le placenta utérin a la même configuration et les mêmes dimensions que le placenta fœtal ; sa surface interne paraît, au premier coup d'œil, fongueuse, inégale et très-molle ; examinée à l'aide de la loupe, on voit, dans toute son étendue, des cellules nombreuses ; cette disposition, comparée à celle des parties de la membrane muqueuse qui avoisinent le placenta utérin, ne semble être que l'exagération de la même structure. Ses bords sont limités par un repli ou duplicature de la muqueuse, qui se continue sur toute la surface de la matrice. Il est facile de séparer cette membrane de la paroi interne de cet organe ; cependant des adhérences assez intimes existent vers les points où la matrice se rétrécit pour maintenir les œufs isolés ; il est aussi plus ou moins aisé de l'isoler, suivant l'époque où on l'examine. Au-dessous de cette membrane existe une couche de tissu cellulaire, dont la surface est rugueuse, et à travers laquelle de nombreuses ramifications vasculaires passent pour se rendre à la membrane muqueuse.

« La face externe du placenta fœtal est comme chagrinée ; elle paraît formée par la réunion d'un grand nombre de points arrondis ; si on essaie, à l'aide d'un filet d'eau ou d'un moyen mécanique quelconque, de les separer, on trouve les villosités sous l'apparence de feuillets distincts , irréguliers, plissés, sans ramifications évidentes, et affectant en général la forme quadrilatère. On peut suivre sans peine les dernières ramifications des vaisseaux ombilicaux dans l'intérieur de ces villosités.

« *Placenta du cochon d'Inde.* Il consiste en un seul gâteau circulaire et aplati sur ses deux faces. La membrane muqueuse de la matrice forme, sur chaque côté du placenta, un double repli transversal, semblable à une boutonnière; elle se continue sur toute l'étendue de la surface fœtale du placenta, à l'exception d'un point d'environ deux lignes de diamètre , où pénètrent les membranes de l'œuf et les vaisseaux ombilicaux. En coupant perpendiculairement cette masse , on trouve, à partir de la couche musculeuse , une lame de tissu cellulaire renfermant les vaisseaux qui vont se distribuer à la membrane muqueuse et au placenta utérin. Cette lame constitue une espèce de culot qui s'élève au-dessus du niveau de la membrane muqueuse, et qui dépasse l'étranglement que présente le placenta à son point d'adhérence. Une autre lame de tissu cellulaire forme les parois des cellules. Le placenta utérin embrasse et enveloppe de toutes parts le placenta fœtal ; on peut le comparer, sous ce rapport, à ce que l'on observe chez la brebis ; ses villosités sont disposées en lanières. On remarque , en outre , que le pédicule de la vésicule ombilicale se trouve d'un côté du fœtus, tandis que les vaisseaux du placenta se trouvent sur le côté opposé.

« *Placenta de la truie.* Toute l'étendue de la surface de la membrane muqueuse de la matrice présente des plis longitudinaux , ainsi que des replis transversaux extrêmement petits et en grand nombre , qui s'arrêtent brusquement de distance en distance, et forment des dépressions le plus souvent circulaires; la surface de ces dépressions est quelquefois recouverte de ramifications vasculaires qui s'irradient de la circonférence au centre : les cellules sont en losanges plus ou moins allongées. La surface libre du chorion est recouverte de villosités en houppes , extrêmement petites et disposées de manière à s'adapter aux cellules. Les villosités sont interrompues par des élevations circulaires, qui correspondent aux dépressions que nous avons remarquées sur la surface de la membrane muqueuse. A partir du point de l'œuf où se trouve l'appendice de l'allantoïde , le chorion ne présente pas de villosités ; ce point correspond à l'endroit où existe la portion de la membrane caduque.

« *Placenta de la jument.* La membrane muqueuse est très-épaisse, se détache facilement, et forme des replis nombreux suivant l'axe de l'aduterum ; toute la surface de cette membrane offre à l'observateur des cellules, et dans son épaisseur, des glandes muqueuses analogues en tout à ce que présente la muqueuse utérine de la brebis ; mais ces cellules et ces glandes sont d'une dimension beaucoup moindre. Un liquide opaque, dans lequel nagent des flocons grisâtres, revêt toute la surface externe de l'œuf,

qui se détache de la matrice avec la plus grande facilité. Le chorion est
hérissé , dans toute son étendue, d'innombrables villosités, très-courtes
et disposées en houppes ramifiées. Cette membrane , que l'on parvient
très-facilement à séparer en trois feuillets , renferme pourtant des vaisseaux sanguins. »

Note C. *Réflexions sur l'allaitement des enfants*, par le docteur
Prosper Martin.

A M. Gabriel Grimaud de Caux, rédacteur en chef de la Gazette de santé.

« J'ai lu avec le plus vif intérêt l'article sur le lait, inséré dans le dernier cahier de la *Gazette* (Voy. *Gazette de santé*, tome III , page 241),
et j'ai vivement applaudi à la découverte de la *lactoline*. C'est là vraiment
de l'utilité, ou je ne m'y connais pas, et si messieurs de l'Académie des
sciences ne sont pas résolus à refuser tout encouragement aux applications
usuelles, ils vous octroieront l'un des prix Monthyon. Hâtez-vous donc de
vous mettre sur les rangs, si vous ne l'avez déjà fait, et traitez moins légèrement, je vous prie, une chose qui vous méritera, tôt ou tard, la reconnaissance publique. Songez aux bénédictions qui vous attendent de la part
des médecins pour leurs malades, des mères pour leurs jeunes enfants , des
navigateurs pour leurs voyages maritimes. Il y avait un aliment précieux,
le premier, le type de tous les aliments, que la nature bienfaisante avait
apprêté elle-même pour satisfaire aux premiers besoins de l'homme, pour
fournir à ses organes naissants leurs premiers matériaux nutritifs , pour
fortifier ses facultés débilitées par l'âge ou les maladies ; mais par une sorte
de contradiction qui se présente assez fréquemment à nos yeux imparfaits,
quand nous les appliquons à l'étude des causes finales, cet aliment si important, ce nectar liquide, une fois issu des vases où la nature l'avait préparé, se décomposait, laissant séparer ses principes constituants, et nous ,
orgueilleux chimistes, nous n'avions à conserver que des débris ; comme
si la nature, jalouse d'un si grand bienfait, eût voulu nous en limiter l'u-
sage. Aujourd'hui ce bienfait est permanent , et c'est à vous qu'on le doit,
à vous et à M. Gallais, pour lequel, vous le savez, je professe, depuis son
théréobrôme, une vénération alimentaire profonde. Vous avez rendu pra-
ticable, en tous lieux, l'usage du lait des meilleurs pacages ; vous pouvez
verser dans toutes les coupes, selon le besoin ou le caprice, le lait de la
Normandie ou des Alpes, du Larzac ou du Glocester. Et vous douteriez de
la gratitude publique !! Mais ce bienfait vaut au moins celui que nous
rendit Parmentier quand il *inventa* la pomme de terre. Croyez-moi,
comme lui poursuivez votre tâche , et quels que soient les obstacles que
vous puissiez rencontrer dans la propagation de vos idées généreuses, que

le bien que vous avez déjà opéré soit toujours pour vous un stimulant énergique.

« Mais cette lettre a un tout autre objet que de vous complimenter sur les résultats heureux de vos travaux, je veux traiter, pour vos lecteurs, un sujet bien digne de les intéresser ; car si tous ne sont pas pères, tous du moins aiment les enfants, ne serait-ce que pour obéir à la parole sublime : *Sinite parvulos*..... Accordez-moi donc, je vous prie, quelques pages de la *Gazette* pour y consigner mes réflexions sur les aliments du jeune âge.

« J'ai toujours pensé que la frêle constitution des citadins tenait à l'alimentation défectueuse à laquelle ils sont soumis dès leur naissance, encore plus qu'à l'air vicié qu'on respire dans les grandes villes. Lorsqu'une femme devient mère, elle n'a que trois partis à prendre relativement à son enfant : 1° ou bien elle l'allaite elle-même ; 2° ou bien elle le confie à une nourrice étrangère ; 3° ou bien encore elle lui fournit un allaitement artificiel. L'allaitement maternel est un peu plus usité que du temps de Rousseau, grâce à quelques phrases éloquentes de son *Émile*; mais je tiens que dans les villes populeuses cet allaitement est cent fois moins avantageux à l'enfant qu'à la mère ; celle-ci évite, en allaitant, toutes les causes de maladie qui proviennent de la suppression trop brusque du lait; tandis que l'enfant, lui, n'en retire qu'une nourriture pauvre, et reste soumis, de plus, à toutes les influences débilitantes qui agissent avec tant d'énergie sur une jeune organisation, loin de l'air vivifiant des campagnes. J'établis là, comme vous le voyez, une large exception au grand principe de Rousseau, et j'y attache assez de valeur pour croire qu'elle égale au moins l'importance de celle qu'il faut admettre, relativement aux jeunes mères d'une constitution débile, maladive ou empreinte de quelques-uns de ces vices organiques qui, pour ne pas manifester actuellement leurs effets, n'en amènent pas moins, plus tard, une détérioration profonde de la santé, et la mort avant le temps. Je dirai donc à toutes les femmes qui ne peuvent pas habiter la campagne, comme à celles qui ne jouissent pas d'une santé *excellente :* Vous ne devez pas allaiter vos enfants, sous peine d'en faire des *Parisiens* (or, tous ceux qui ont dépassé un rayon de cinquante lieues autour de la capitale, connaissent le sens d'une pareille qualification, qui ne porte, d'ailleurs, que sur l'état physique individuel) (1).

(1) La qualification de *parisien*, avec le sens qu'y attache M. Prosper Martin, comporte des exceptions très-nombreuses ; mais il n'en est pas moins vrai que, généralement parlant, les individus nés à Paris et élevés à Paris sont d'une complexion pauvre, dominée par un tempérament nerveux plus ou moins exalté. C'est un fait connu et signalé surtout aux armées, que l'ardeur belliqueuse des Parisiens est en rapport inverse de leurs forces physiques.

« Je n'ai que peu de choses à dire touchant les nourrices étrangères, sinon que, par une conséquence évidente du principe que je viens de poser, celles que l'on amène à la ville pour en faire des *nourrices sur lieu* rentrent peu à peu dans la classe des jeunes mères qui ne peuvent pas aller habiter la campagne pour y allaiter leurs enfants. J'ai entendu, à Paris, le professeur Désormeaux, homme de conscience, d'étude et de travail, faire sur ce sujet, dans ses cours, des réflexions très-justes : « La nourrice qui vient sur lieu, disait-il, doit abandonner son ménage, sa famille, ses champs, ses habitudes. Ce changement ne se fait pas sans regrets, et l'ennui qu'elle en éprouve influe plus qu'on ne pense sur les qualités de son lait. Les gens de la campagne supportent difficilement d'être enfermés dans les appartements des grandes villes, et les promenades qu'on permet à une nourrice, les occupations qu'on lui fournit, ne suffisent pas toujours à la distraire dans son exil. Ce n'est jamais la femme d'un cultivateur aisé qui se mettra nourrice sur lieu, ajoutait-il encore ; il en résultera donc toujours, pour votre nourrice, un changement fondamental, je ne dis pas seulement relativement à la fatigue habituelle à laquelle cette femme était soumise, mais encore à sa nourriture, qui, de végétale et peu azotée qu'elle était, sera nécessairement beaucoup plus animalisée et succulente. Le premier régime, combiné avec la fatigue, lui convenait parfaitement, puisque c'est grâce à sa fraîche santé que vous l'avez choisie et que vous l'avez arrachée à son gros enfant ; pouvez-vous croire que le second, qui est tout l'opposé, n'exercera pas sur elle et sur son lait une influence fâcheuse? etc., etc. »

« Je passe à *l'allaitement artificiel* ; je considère deux choses dans cet allaitement, la substance nutritive, et son mode d'administration à l'enfant. *En principe*, le lait seul peut remplacer le lait, et si l'on voulait pousser l'analogie le plus loin possible, il faudrait, parmi toutes les espèces de lait, choisir le lait de jument ou celui d'ânesse, comme étant, dans leur composition, les plus semblables au lait de femme. Mais les principes, depuis le commencement du monde, ont toujours cédé aux difficultés matérielles de l'application ; le combat entre la raison et la nécessité, entre le droit et le fait, est incessant dans l'humanité ; il semble que ce soit là une conséquence inévitable de l'opposition de nos deux natures, de ce contraste d'âme et de corps qui est notre essence, et qu'il n'est plus de bon ton de nier, quelque idée qu'on ait d'ailleurs sur les explications qu'en donnent les hommes. Au lieu de jument ou d'ânesse on a donc pris une chèvre ou une vache ; il y avait plus de profit à faire avec ces animaux : la chèvre coûte peu à nourrir, on pourrait presque lui confier l'enfant, tant elle s'y attache, tant elle l'aime, tant elle prend plaisir à l'amuser avec ses barbiches. Pour ce qui est de la vache, lorsqu'elle ne fournit plus une quantité de lait suffisante au bénéfice de ses maîtres, on l'engraisse et on la vend au boucher ; ainsi va de nous et de nos serviteurs : l'intrigant caresse l'homme simple, le grand sourit au petit, le fort protège le faible, toujours en raison de l'avantage que chacun espère en retirer. Le profit obtenu, tout change : c'est le citron dont on exprime le suc et dont on rejette l'écorce.

« Au milieu des contes que les anciens nous ont faits touchant les qualités du lait de chèvre et les inclinations qu'il communique à ceux dont il forme la nourriture exclusive, il reste un fait certain, c'est que ce lait est plus excitant que celui de la vache, et que cette excitation va parfois jusqu'à causer des insomnies aux enfants dont la fibre est sèche et le système nerveux très-impressionnable. Les auteurs en ont tiré une conséquence que la raison des contraires justifierait à défaut de l'observation, c'est que par ses qualités excitantes le lait de chèvre doit convenir merveilleusement aux enfants nés de parents lymphatiques et ayant eu, dans leur jeune âge, des tumeurs glanduleuses au cou ou aux aisselles. Cela est, je vous assure. Il n'y a que des chèvres à Cabrières et aux environs; or, malgré la profondeur des vallées, l'encaissement des habitations, le régime alimentaire détestable auquel les enfants sont livrés, et une ignorance ou une incurie complète touchant les causes les plus évidentes de maladie, je suis encore à trouver un enfant scrophuleux. Puisque votre théorie de la conservation du lait peut être appliquée à toutes les espèces, ne dédaignez pas cette observation dans la pratique; conseillez sérieusement à M. Gallais de préparer de la lactoline de chèvre, et assurez-le qu'il rendra par là un éminent service aux enfants nés de parents strumeux.

« Selon les auteurs aussi, le lait de vache a des propriétés opposées, il stimule moins vivement le système nerveux : « Les enfants que l'on nourrit avec le lait de vache, dit expressément M. Gardien, sont lents. » Je crois cette opinion exagérée, néanmoins je conseillerais volontiers, et comme régime prophylactique, le lait de vache pour toute nourriture aux enfants d'un tempérament sec et nerveux, sans y attacher, pour cela, la même importance qu'au lait de chèvre administré dans le but de produire un effet contraire. Je n'ai du reste à cet égard aucune pratique ; l'absence des vaches dans le canton que j'habite m'interdit les preuves que je pourrais chercher dans l'observation pour appuyer mon sentiment.

« Il importait à l'objet de cette lettre de rappeler tous ces faits et les principes qu'ils servent à fonder. Le lait donc, le bon lait, celui qu'on obtient d'un animal sain et bien nourri, est le seul aliment qui convienne à l'enfant qui vient de naître, lorsque par un motif ou par un autre le sein d'une femme lui est refusé, et rien ne peut remplacer complètement ce liquide ; les bouillies, les panades, les émulsions, les bouillons et toutes ces préparations plus ou moins légères qu'on s'applique à confectionner pour le premier âge sont presque toujours choses intempestives et doivent être mises au rang des causes nombreuses de maladies qui moissonnent tant d'enfants dans cette première période de la vie qui finit à la seconde dentition. Mais ne croyez pas non plus que le lait lui-même soit d'une administration facile, et par conséquent toujours heureuse ; et en voici une raison entre mille : à l'issue de la mamelle qui le fournit, le lait est une émulsion parfaite, les trois substances qui le composent sont dans un état d'union intime, de laquelle résulte un ensemble doué de propriétés nutritives qu'on ne rencontre dans aucune autre substance de la nature. Si vous le laissez en repos, même pour un peu de temps, tous ses éléments tendent à une séparation prompte et irrévocable ; la partie la plus légère, la crème, s'élève immédiatement, vient surnager comme l'huile ou un corps gras, tandis que les parties salines, restant unies à l'eau, se précipitent peu à peu au fond du vase ; quand cette séparation a commencé, ne croyez pas qu'il suffise d'agiter le tout pour reconstituer l'émulsion, ce n'est plus qu'un mélange imparfait que vous opérez de la sorte, et qui a perdu, en grande partie, la propriété d'assimilation facile qui faisait le principal et le plus précieux mérite du liquide primitif. Le lait reposé est donc toujours un lait plus ou moins altéré ; étonnez-vous, après cela, de ne pas retirer constamment de bons effets de son usage. Si vous puisez à la partie supérieure du vase, si vous l'*écrémez*, comme on dit, vous avez un aliment savoureux, mais gras et plus ou moins épais, qui pèse sur l'estomac et qui devient peu facile à digérer par les personnes délicates. Si vous prenez au fond, vous n'avez en quelque sorte qu'un amalgame d'eau et de sels, qui débilite les organes digestifs, qui irrite le tube intestinal, qui détermine des coliques, et qui, finalement, produit une purgation véritable. Tous ces effets s'observent chez des personnes qui sont dans la force de l'âge et dans le plus parfait état de santé, voudriez-vous qu'il en fût autrement chez l'enfant qui vient de naître. On vous dit, vous lisez, tous les praticiens vous affirment que quand une personne veut se mettre à l'usage du lait pour aliment principal, le lait l'éprouve, l'estomac a besoin de s'y habituer comme à une nourriture étrange et indigeste; j'ai été toujours surpris qu'on n'en eût pas recherché la raison, qu'on ne se fût pas demandé par quelle anomalie cette substance si parfaitement nutritive, quand nos organes digestifs étaient à peine formés, cette nourriture si merveilleusement assimilable que chacune de ses molécules est, pour ainsi dire, apte à se transformer instantanément, et sans efforts digestifs, en notre sang, notre chair et nos os; par quelle anomalie, dis-je, un pareil aliment, le plus parfait de tous les aliments, ne formait plus pour nous, dans l'âge mûr, qu'une préparation comme une autre, facile à digérer par des estomacs robustes, indigeste et nuisible à des gens délicats. Cette raison, je viens de vous la dire; là comme ailleurs, elle est dans la nature des choses.

« J'aurais bien des observations à faire sur le mode d'administration du

lait dans l'allaitement artificiel; mais je dois me borner. Le vice capital
des biberons, dont on a fait grand bruit, ne consiste pas dans le plus ou
le moins de difficulté que l'enfant peut avoir à en extraire le lait par la succion. Que ces instruments soient en cristal ou en grès, que leur bout soit
en éponge ou en caoutchouc, en liége ou en pis de vache (et c'est à mon
sens une grande niaiserie de sage-femme, qu'un bout en pis de vache),
n'importe! Ce qui appelle surtout l'attention dans le biberon, c'est l'aliment qui doit y être contenu. Je viens de dire combien l'altération de cet
aliment était facile; mais cette altération primitive et résultant de l'intervalle obligé qui a lieu entre la traite du lait et son emploi, n'est pas la
seule. J'ai vu à Paris comment se pratiquent les allaitements artificiels
chez des gens entichés d'un pareil mode de nourriture et incapables d'en
discerner les inconvénients, et par conséquent d'en éloigner les dangers.
Communément on fait le matin la provision du lait pour toute la journée,
et vous savez quel lait, vous l'avez dit dans votre article; quand il provient
d'animaux nourris en ville, c'est le lait d'un animal toujours enfermé dans
son étable, mal en santé, phthisique; et quand on le tire de la campagne,
c'est du lait fouetté, mousseux comme le blanc d'œuf, avec lequel il est
souvent mêlé, et doublement altéré dans sa composition intime par le
voyage et par le repos. Ceux qui y apportent le plus de soin font une seconde provision le soir; mais, dans tous les cas, comme il faut maintenir
le liquide à un degré de chaleur tempérée pour le donner à l'enfant, on
place le vase qui le contient devant un feu doux ou sur une veilleuse, et
le lait se trouve ainsi, sans qu'on s'en doute, dans des conditions nouvelles encore plus favorables à sa prompte décomposition. Aussi, qu'arrive-t-il
de là? c'est que l'enfant vient toujours mal dans les premiers jours de sa
naissance, il pousse des vagissements continuels, on dirait qu'il a plus de
peine à vivre que les petits de nos animaux domestiques qui naissent autour du foyer; il n'en est rien pourtant, car ils ne sont, en naissant, ni
mieux constitués que lui, ni entourés de plus de soins par leur mère. Ce
qui manque à l'enfant, c'est une nourriture appropriée à son jeune estomac : privé du lait de sa mère, il ne digèrera bien l'aliment par lequel
on voudra le remplacer que quand ses organes, tout faibles qu'ils sont,
en auront contracté l'habitude. Mais cette habitude d'une substance que
l'on croit bonne, et qui est détestable, ne remédie pas à tout, tant s'en
faut, car peu de jours se passent, et déjà il faut recourir aux bouillies,
aux panades, aux bouillons, aux biscotes, aux fécules de toute espèce,
en un mot, à l'emploi de tous ces amalgames nutritifs qui sont la cause
la moins contestée de l'empâtement des organes abdominaux et de la bouf-
fissure de la majorité des enfants des grandes villes.

« Vous avez lu, en souriant j'en suis sûr, les compliments que je vous
fais au commencement de cette lettre, et vous les avez pris sans doute

pour ces témoignages ordinaires d'affection que l'on se donne mutuellement entre amis, et qui deviennent d'autant plus empressés que l'absence a été plus longue ou que le silence a duré plus long-temps. Eh bien! vous vous êtes trompé; en vous félicitant à propos de la lactoline, j'étais plus pénétré d'admiration pour la découverte, que de l'amitié qui m'attache à vous. Je vous le dis sincèrement, c'est toute une révolution que vous avez fait là, une révolution dans l'empire de la *bromatologie* (comme dirait M. Rostan, inventeur glorieux, je crois, de ce mot inutile); et toutes ces idées qui me sont revenues touchant l'alimentation des enfants, me rappellent, avec une vivacité nouvelle, les impressions que j'ai reçues, et redoubleraient à mes yeux, s'il était possible, l'importance de vos travaux actuels. Vous êtes dans la bonne voie, soyez-en sûr, dans la voie de Parmentier; *sic itur ad astra;* et, n'en rougissez pas, ce n'est pas là une gloire à gêner votre modestie. Des populations innombrables se nourrissent aujourd'hui de pommes de terre, et le nom de Parmentier est à peine connu de quelques savants; il ne s'agit donc pas de détrôner la renommée d'Alexandre ou de César. Vous êtes dans la bonne voie, je le répète, non pas seulement sous le rapport de l'utilité actuelle, immédiate, de vos travaux, mais encore sous le rapport de la science, et je me hâte de prouver mon assertion.

« En général, on a peu d'idées sur la manière d'être du lait, je veux dire sur sa constitution physique, et non pas sur ses éléments chimiques, fort bien connus depuis long-temps. Un seul mot, jeté comme par hasard dans votre lettre à l'Académie des sciences, m'a fait croire que vous aviez étudié la question sous le point de vue auquel je fais allusion dans ce moment. Vous avez dit qu'en soumettant la lactoline à l'analyse microscopique, M. Turpin y avait retrouvé les globules du lait dans un état parfait d'intégrité. Mais, ne vous y trompez pas, cette intégrité des globules est le témoignage le plus certain de la conservation du liquide, et M. Turpin a eu raison de vous la signaler. Le lait n'est qu'un amas innombrable de globules nageant dans de l'eau véritable, dans de l'oxide d'hydrogène, si vous aimez mieux. Chaque globule forme un tout parfait, composé de matière butyreuse, de matière caséeuse et de sels; quand il y a séparation entre ces trois principes chimiques du lait, il y a destruction des globules, *et vice versâ*. Ce que je dis là, vous le savez sans doute aussi bien que moi, et si vous ne le savez pas, M. Turpin, qui est bien notre maître à tous pour les études microscopiques, mieux que moi pourra vous l'apprendre; ce n'est pas une théorie, d'ailleurs, que je vous expose, c'est de l'observation et de la plus simple. Armez votre œil d'un microscope grossissant deux cents fois tout au plus, et voyez vous-même. Comme la matière butyreuse, la matière caséeuse et les sels sont contenus dans le globule, vous concevez parfaitement que la crème ne peut monter sans qu'il y ait destruction d'un plus ou moins grand nombre de ces infiniment petits, et comme, d'un autre côté, la crème monte toutes les fois que le lait est en repos, cela vous explique aussi comment ce repos est, à lui seul, un grand agent de décomposition. A la première nouvelle de la découverte de la lactoline, bien des personnes ont mis en doute la réalité du résultat que vous annonciez; mais, en vérité, ce que je viens de dire doit leur prouver combien ce résultat était simple et facile à obtenir : il n'y avait qu'une chose à faire, et que vous avez parfaitement accomplie, c'était de priver les globules de la partie aqueuse dans laquelle ils nagent, et en quelque sorte de les mettre à sec. Il est vrai aussi que les choses les plus simples sont les plus difficiles à découvrir, et que, quand on les a trouvées, rien n'étonne comme les peines qu'on s'est données, et les grands détours que l'on a faits pour arriver jusqu'à elles.

« Cabrières (Hérault), avril 1835.   *Signé*, Prosper MARTIN. »

Pour comprendre toutes les allusions du docteur Prosper Martin et ses éloges, sans contredit exagérés, nous devons entrer dans quelques explications sur le lait et sur la lactoline. Je réfléchissais depuis long-temps à l'importance de la conservation du lait, soit pour les voyages maritimes, soit pour l'économie domestique, soit enfin pour l'approvisionnement des grandes villes, dont, comme il n'est que trop vrai, la population ne fait usage que de lait sophistiqué ou provenant de vaches mal nourries ou malades. Après bien des recherches sur tout ce qui avait été tenté dans ce but, après bien des études sur la constitution physique de ce liquide, je crus que l'évaporation de la partie aqueuse dans des circonstances données. mais surtout à l'air froid, en rapprochant les principes constituants du lait, fournirait le moyen, non-seulement de le conserver pendant un certain temps dans un état d'inaltérabilité parfaite, mais encore de le transporter facilement des lieux où il se produit excellent dans les grands centres de consommation. M. Gallais, ancien pharmacien, aujourd'hui fabricant de chocolats et fort entendu dans tout ce qui est relatif à une alimentation recherchée, à qui je communiquai mes idées, en comprit toute l'importance, et voulut bien se livrer incontinent aux expériences multipliées que leur réalisation nécessitait. Le résultat fut des plus heureux, car il constitua la découverte de la *lactoline*.

La lactoline, en effet, c'est le lait pur à l'état solide, sans mélange ni décomposition, ni altération d'aucun de ses principes, conservant son bouquet naturel, avec son parfum des montagnes ou des prés salés. Quand je dis que c'est du lait, je ne veux pas qu'on entende que c'est une imitation de lait; c'est le lait lui-même réduit à sa plus simple expression, et pouvant être ramené à volonté et avec la facilité la plus grande à son premier état.

Et la preuve, c'est qu'en y ajoutant l'eau qu'on en a retirée, on peut en faire à volonté de la crême, du beurre , du fromage et du petit-lait, car la lactoline contient le caséum, le beurre et les sels, tous les principes du lait, en un mot, à l'exception de l'eau.

Les efforts qu'on avait faits avant M. Gallais et moi pour arriver à des résultats analogues n'avaient rien produit que le procédé de M. Braconnot de Nancy. Cet habile chimiste avait essayé de faire une conserve de lait, qui réduisait cette substance à un sixième environ de son volume ; mais par son procédé, qui est basé sur la coagulation par les acides, d'un côté il privait le lait de la plupart des sels et notamment du sucre de lait, de l'autre il ajoutait une certaine quantité de sous-carbonate de potasse, pour rendre plus tard son coagulum soluble. Du lait ainsi décomposé et ainsi reproduit n'était plus qu'une préparation chimique, conservant seulement l'apparence et fort peu la saveur du véritable lait.

La constitution physique du lait n'est pas tout-à-fait telle que l'établit M. Prosper Martin. S'il peut être admis que les globules du lait soient le réceptacle du caséum et de la matière butyreuse, il est fort probable qu'ils ne contiennent pas les sels, ou du moins tous les sels. Lorsqu'on soumet un peu de lactoline à l'analyse microscopique, on voit en effet que le sel de lait se présente sous forme de superbes cristaux triangulaires parfaitement isolés des globules qui se trouvent réduits à un volume d'autant plus petit que l'évaporation a été plus puissante. Il résulterait donc de là que les sels de lait se trouvent dissous dans la partie aqueuse , et ne font point partie constituante des globules. Cette manière de considérer le lait diffère, comme on voit, de la théorie que M. Raspail a fondée sur ses observations microscopiques. Cela dépend peut-être de la différence de notre point de départ respectif. (*Voy.* Raspail, *Nouveau système de chimie organique*, page 543).

Nous terminerons cette note par un extrait de l'article sur le lait, qui a été inséré dans la *Gazette*, et dont le docteur Prosper Martin parle au commencement de sa lettre. La consommation du lait, dans les grandes villes, est un objet qui intéresse au plus haut degré la santé publique, et, sous ce rapport, nous pensons que le fragment suivant, en faisant connaître une partie des fraudes auxquelles la vente de cet aliment a donné lieu, ne sera pas sans intérêt pour nos lecteurs.

« La composition du lait est la même dans tous les animaux qui le fournissent, ses principes varient seulement de proportion entre eux dans les diverses espèces. Pour l'usage économique ou médical, on le tire ordinairement de la vache, de la chèvre, de la brebis, de l'ânesse et de la jument. Le lait de tous ces animaux est une émulsion dans laquelle le beurre et le caséum se trouvent suspendus.

« Lait de *vache*. Il contient de la matière caséeuse 0,1 ; du beurre 0,8 ;

du sucre de lait 0,02; de l'hydrochlorate, du phosphate, de l'acétate de potasse , de l'acide lactique, du lactate de fer et du phosphate terreux . de 0,006 à 0,007. Tous ces principes sont tenus en suspension dans une quantité notable de *serum*, liquide parfaitement analogue à l'eau.

« Lait de *chèvre*. Il est plus odorant que le précédent; il contient plus de caséum. Le beurre qu'on en tire est plus solide et toujours blanc; le meilleur est fourni par les chèvres blanches et sans cornes.

« Lait de *brebis*. Il contient plus de beurre que les deux autres; le caséum en est gras et visqueux.

« Lait de *jument*. Peu de matière caséeuse; beurre fluide en petite quantité; sucre de lait très-abondant.

« Lait d'*ânesse*. Beurre en petite quantité, très-mou, même en hiver; matière sucrée encore plus abondante que dans les précédents. Il se rapproche du lait de femme.

« Lait de *femme*. Il varie excessivement dans sa composition. Son caractère principal est de fournir une proportion plus considérable de muco-so-sucré que tous les autres. Il donne un beurre jaune, solide, et un caséum consistant et assez blanc. MM. Deyeux et Parmentier ont classé de la manière suivante, relativement à la quantité proportionnelle de leurs principes constitutifs, les six espèces de lait dont nous venons de parler.

CASÉUM.	BEURRE.	SUCRE DE LAIT.	SÉRUM.
Chèvre.	Brebis.	Femme.	Anesse.
Brebis.	Vache.	Anesse.	Femme.
Vache.	Chèvre.	Jument.	Jument.
Anesse.	Femme.	Vache.	Vache.
Femme.	Anesse.	Chèvre.	Chèvre.
Jument.	Jument.	Brebis.	Brebis.

« Au reste, cette composition chimique du lait est susceptible de varier par une foule de circonstances. La nourriture en modifie singulièrement les matériaux. Les vaches qui paissent dans des prairies humides, ne donnent qu'un lait fade et séreux. Les mêmes animaux paissant dans les bois ou sur le penchant des coteaux frais, donnent un lait plus savoureux, et dont le beurre est plus jaune et plus ferme. Telles sont les qualités qui se rencontrent dans le beurrre de Gournay, qui est, à juste titre, le plus estimé à Paris.

« Le lait conserve le parfum des végétaux aromatiques ou l'odeur des mauvaises plantes que broute l'animal. Le chou, les navets, toutes les alliacées, lui communiquent une odeur et une saveur désagréables, tandis que les ombellifères, telles que la pimprenelle (*pimpinella anisum*), lui donnent une légère odeur d'anis. Les voyageurs qui ont parcouru certains cantons des Alpes, des Pyrénées ou du Mont-d'Or, et qui ont savouré le lait des bestiaux qui paissent sur ces montagnes, savent de quels agréables bouquets il est souvent parfumé.

« Lorsqu'on trait une vache, si l'on reçoit le lait dans trois vases différents, on observe que le premier est très-séreux et contient très-peu de crème ; que le second en renferme un peu plus ; mais que le troisième, celui qu'on recueille à la fin de la traite, est infiniment plus riche en beurre et en matière caséeuse. Cette observation très-exacte, faite par Deyeux et Parmentier, nous rappelle un fait qui n'est peut-être pas assez connu au-delà des lieux où il se pratique.

« On sait que le fromage de Roquefort se prépare avec le lait de brebis. On mène paître ces animaux dans les montagnes du Larzac, non loin de Roquefort. Quand l'heure de la traite arrive, on y prépare la brebis en frappant ses mamelles pendant quelque temps et en les pétrissant avec les mains ; et ce n'est qu'après une demi-heure de pratiques semblables que l'on commence à faire couler le lait. Il serait curieux de savoir si ces percussions et ces *malaxages*, dont les brebis ne paraissent pas souffrir, ne donnent pas lieu à la production d'un lait plus homogène, et si ce n'est pas à cette circonstance, autant qu'aux qualités spéciales des caves dans lesquelles on le dépose, que le fromage de Roquefort doit quelques-unes de ses propriétés.

« En ce qui concerne l'alimentation des enfants à la mamelle, on a tiré du premier fait cette conséquence, savoir : qu'il est extrêmement essentiel de ne faire téter les enfants qu'à d'assez longs intervalles, et de ne leur présenter le sein que lorsqu'ils sont pressés par le besoin, afin qu'ils y restent chaque fois assez long-temps pour qu'ils puissent épuiser la partie du lait la plus crémeuse.

« Les propriétés du lait varient également selon le temps qui s'est écoulé depuis le part (*partus*). Le premier lait, qui a reçu le nom de colostrum, est visqueux et albumineux ; il contient une très-grande quantité de beurre. Mais peu à peu ces premiers caractères se dissipent, et vers le troisième mois environ, le lait a acquis toute sa perfection.

« Que les propriétés du lait varient suivant l'état de santé ou de maladie de l'animal qui le fournit, cela ne peut pas être l'objet d'un doute, il n'est pas besoin de fait particulier pour le prouver. L'organisation de tous les êtres est *une*. Toutes les parties qui entrent dans leur composition se correspondent, et l'une d'elles ne peut être atteinte sans que toutes les autres s'en ressentent ; *consensus unus, consentientia omnia*, disait Hippocrate. M. Labillardière examine à Alfort le lait d'une vache amenée dans un état très-avancé de phthisie pulmonaire tuberculeuse (pommelière), et il trouve que la proportion de phosphate calcaire y est septuplée (1). Deyeux et Parmentier analysent le lait d'une nourrice sujette à des attaques de nerfs, et après chaque crise ce liquide se montre visqueux et transparent comme le blanc d'œuf. Une malheureuse femme est maltraitée, l'enfant qu'elle allaite est saisi de convulsions pour avoir tété immédiatement après l'acte d'inhumanité exercé sur sa nourrice (Petit-Radel.) Le lait d'une femme ivre produit également des convulsions chez son nourrisson. (Boerhaave.)

« Toutes ces altérations du lait sont naturelles, et il n'y a rien à en dire, sinon qu'il faut les éviter. Les falsifications volontaires sont punissables, et devraient être l'objet d'une surveillance spéciale de la part de l'administration dans les grandes villes. La fraude la plus fréquente, et qui a pour but de donner au lait un aspect plus agréable et plus gras, consiste à en faire bouillir une partie avec de la farine ou de l'amidon. M. Orfila donne le moyen suivant de la découvrir. Le lait pur, trituré avec un peu d'iode, prend la couleur du tabac d'Espagne; le lait falsifié devient bleu. Quand le mélange d'amidon ou de farine et de lait a été fait à froid, sa trituration avec l'iode fournit les nuances suivantes : peu d'amidon, *jaune clair;* plus d'amidon, *jaune de moutarde;* davantage encore, *bleu-verdâtre;* une grande quantité, *bleu-lilas.*

« On épaissit également le lait avec l'oxide de zinc. Il faut une manipulation chimique plus compliquée pour reconnaître cette fraude.

« Enfin, on mêle le lait avec du sous-carbonate de potasse pour l'empêcher de se cailler. Le lait alors a une saveur piquante, alcaline, et si on y ajoute un acide quelconque, il fait effervescence.

« Dans les grandes villes, à Paris surtout, où, pour l'usage alimentaire, on n'emploie que du lait de vache, le lait est constamment mauvais. Les animaux qui le fournissent sont presque toujours renfermés dans les étables étroites, mal aérées, d'où ils ne sortent jamais; et le manque d'exercice, les mauvais fourrages, autant que la viciation de l'air qu'ils respirent continuellement, les rendent fréquemment phthisiques. Si l'on considère maintenant que les maladies tuberculeuses moissonnent un quart au moins de la population des grandes villes, où le lait est, sans contredit, un des aliments les plus usités dans toutes les classes de la société, on sera tenté de croire qu'il y a une relation intime entre ces deux faits, et que, dans la plupart des cas, l'un doit être la conséquence de l'autre. Quand il s'agit de donner un enfant à une nourrice, on a grand soin de

---

(1) Les concrétions tuberculeuses qu'on remarque chez les phthisiques et les scrophuleux sont principalement composées de phosphate et de carbonate calcaires. C'est une raison pour ne pas donner de lait aux enfants disposés aux scrophules. Pour les personnes menacées de phthisie, il y a des raisons beaucoup plus puissantes d'en agir autrement dans certain cas.

la choisir bien portante, et l'on se garderait bien de le confier à celle en qui on reconnaîtrait le plus léger symptôme de phthisie pulmonaire, et cependant, ajoute M. Guersent, qui nous fournit cette réflexion, nous nourrissons tous les jours nos enfants, et nous employons pour nous-mêmes le lait de vaches qui ont le poumon rempli de tubercules.

« Un pareil état de choses est d'autant plus déplorable qu'un bon lait est le meilleur de tous les aliments. C'est celui que la nature présente aux jeunes animaux dont les organes, trop faibles encore pour élaborer une nourriture plus énergique, acquièrent peu à peu, par l'usage de ce liquide, la vigueur et le développement nécessaires. Quand le corps est usé par les souffrances ou par un âge avancé, c'est encore à un bon lait que le vieillard et le convalescent vont demander de nouvelles forces. » (Voy. *Gazette de santé*, tome III, page 241.)

On comprend d'après cela toute l'importance qui doit s'attacher à la découverte que nous avons faite, M. Gallais et moi (G. Grimaud de Caux). Parent Duchatelet, l'un des médecins les plus laborieux et les plus éclairés (1) du conseil de salubrité, ayant eu connaissance de nos premiers résultats, en fut émerveillé ; il désirait surtout que l'administration des hôpitaux en mît à la disposition de ses malades. Les vœux de Parent ont été remplis jusqu'à un certain point, car depuis le mois de janvier de cette année la lactoline entre en partie dans le service alimentaire de plusieurs hôpitaux de la capitale. Il est facile en effet de se rendre compte des grands avantages qui doivent résulter de l'emploi d'un bon lait pour les malades. Ce n'est pas que dans l'état actuel des choses les hôpitaux soient plus mal servis que le reste de la population. Il n'est que trop vrai qu'à Paris, comme dans plusieurs autres grandes villes, le riche et le pauvre sont à l'égard du lait sur le pied de la plus parfaite égalité, c'est-à-dire que les uns et les autres n'ont à leur usage qu'un lait sophistiqué, par la raison que le lait ne se conservant pas, on ne peut l'obtenir que des lieux rapprochés des centres de consommation, et qu'il est prouvé que là il est constamment mauvais. Grâce à nos moyens on peut aller chercher le lait dans les pays où il se produit le meilleur, sans que pendant le voyage et long-temps après l'arrivée au lieu où il doit être consommé, il soit passible de la moindre altération. Au reste, la lactoline est maintenant une chose acquise à la science. (Voy. les *Éléments de chimie* de M. Orfila, tome III, page 461, dernière édition.)   (G. Grimaud de Caux).

(1) Notre éloge n'a rien de suspect ; Parent est mort regretté de tous ceux qui l'ont connu et qui ont pu apprécier ses excellentes vertus sociales et privées, ainsi que la grande utilité de ses travaux presque tous relatifs à l'hygiène et à la santé publique.

FIN DE LA PREMIÈRE PARTIE.

DEUXIÈME PARTIE.

HYGIÈNE ET MÉDECINE

DE LA GÉNÉRATION.

Quisquis ad has litteras impudicus accedit, culpam refugiat, non naturam, facta denotet suæ turpitudinis, non verba nostræ necessitatis, in quibus mihi facilè pudicus et religiosus lector vel auditor ignoscet... Quin non damnabilem obscœnitatem commemoramus, sed in explicandis, quantùm possimus, humanæ generationis affectibus, verba tamen obscœna devitamus....

AUGUST., *de Civit. Dei.*, lib. XIV, cap. 23.

HYGIÈNE ET MÉDECINE

DE LA GÉNÉRATION.

Dans la première partie, nous avons exposé l'histoire de la génération telle que la fournissent les organes; nous avons vu comment ces derniers se comportent dans les divisions principales du règne animal, se compliquant, s'étendant et se perfectionnant d'une classe à l'autre. Tout ce que nous avons dit alors sur la fonction nous a été donné, presque uniquement, par l'anatomie, soit spéciale, soit comparée, c'est-à-dire par la conformation individuelle de chacun des êtres chez lesquels nous l'avons étudiée.

Il nous faut passer maintenant à des considérations d'un autre ordre; pour les fonder, nous aurons moins à disséquer et à décrire qu'à observer et à réfléchir. Et, en effet, cette étude spéciale de l'hygiène et de la médecine appliquée nous permet, jusqu'à un certain point, d'abandonner les organes pour ne plus voir que le résultat de leur mise en activité.

Nous comprendrons dans cette partie tout ce qui est relatif à l'accomplissement régulier de la géné-

ration, aux capacités spéciales, aux influences qui do-
minent ces capacités, enfin aux soins particuliers que
réclament les conséquences diverses de l'acte générateur. Mais avant d'entrer dans l'étude de chacun de ces
points, nous dirons un mot de l'influence que le système nerveux exerce sur la fonction en général.

CHAPITRE PREMIER.

Tous les actes de l'organisation dont l'accomplissement exige des rapports avec l'extérieur sont précédés
d'une sensation particulière qui est l'expression du besoin de la nature, et qui devient pour l'individu un
avertissement, une première annonce du plaisir, si l'on
y satisfait, et le premier symptôme d'une peine future,
si on y résiste. C'est ainsi que le sentiment de la faim
nous provoque à prendre des aliments et à satisfaire
les fonctions nutritives. Cette sensation est profonde,
bien distincte, et, jusqu'à un certain point, irrésistible,
car elle tend à dominer notre volonté, et elle ne cesse
de se produire qu'après avoir été ou satisfaite ou trom-
pée. La fonction qui nous occupe a aussi sa sensation,
son instinct particulier; mais il y a entre la nutrition et la
reproduction une différence capitale qui doit beaucoup

influer sur l'irrésistibilité de leurs sensations respectives. La faim a pour objet l'assimilation, le renouvel-
lement des molécules organiques, le remplacement des
parties usées de notre corps par d'autres parties neuves;
et les corps organisés sont constitués de telle sorte que
si les matériaux usés ne sont pas remplacés en temps utile, il y a dépérissement plus ou moins rapide, et conséquemment destruction. L'instinct de la reproduction,
au contraire, se rapporte à l'élimination d'un produit sécrété et d'un produit qui n'embarrasse l'organisme qui
l'a fabriqué, que d'une manière tout-à-fait relative; en
sorte que l'élimination de ce produit peut n'avoir jamais lieu, d'une façon fonctionnelle au moins, sans qu'il
en résulte pour cela de trop grands désordres dans l'é-
conomie. Ces désordres sont même d'autant moins à
craindre qu'en l'absence de l'accomplissement de l'acte
générateur, qui est le but de l'instinct de la reproduction, l'excès de replétion des vaisseaux détermine presque toujours leur évacuation spontanée, de façon que la
nature secoue, en quelque sorte d'elle-même, son fardeau, et c'est là ce qui ne peut avoir lieu pour la sensation de la faim. On ne saurait concevoir, en effet,
comment la nature se satisferait en l'absence de tous
matériaux alibiles. Il résulte évidemment de là que si
l'on ne peut vivre sans digérer, on peut, jusqu'à un
certain point, se passer de se reproduire. Toutefois,
hâtons-nous de dire que cette possibilité peut tout au
plus être posée comme une exception, et que ce serait
folie de vouloir en faire les fondements de la règle,
parce que l'on ne résiste jamais tout-à-fait impunément
à la nature.

Ici se présente la question de savoir quel est le véritable siége de l'instinct de la reproduction. Au premier abord, cette question pourrait n'en être point une pour plus d'un lecteur; car, comme tout instinct se rapporte à l'accomplissement d'une fonction particulière, il est naturel d'admettre que la nature a donné à cette fonction en souffrance les moyens d'en avertir le cerveau, chargé d'y pourvoir. D'après cette manière de voir, l'instinct aurait donc son point de départ dans les organes particuliers de la fonction. J'avoue que je suis assez de cet avis, et je ne conçois pas qu'on puisse en avoir d'autre; car il est bien certain, 1° que l'instinct ne se développe qu'à la puberté, c'est-à-dire quand il y a aptitude de la part des organes; 2° qu'il disparaît complètement dans la vieillesse, quand cette même aptitude a disparu; 3° qu'il a une énergie tout-à-fait en rapport avec l'énergie des organes; 4° enfin, qu'il n'existe jamais quand la castration a été pratiquée en bas-âge, etc.

Cabanis, Gall et M. Broussais n'ont pas admis des raisons semblables; mais pour bien saisir leur manière de voir, il faut prendre les choses d'un peu plus haut. Dans tous les actes qui sont sous la dépendance de la volonté, le cerveau intervient par le moyen des nerfs, qui tirent de lui leur origine d'une manière immédiate ou non, et il intervient toujours activement. Ainsi, pour ne pas sortir de notre sujet, qu'à la vue d'un objet aimé, on éprouve le désir de s'en rapprocher, voici ce qui se passe alors dans l'organisation : L'impression faite sur l'organe visuel est transmise au cerveau; celui-ci, réagissant sur cette impression, commande aux muscles de se mouvoir. L'ordre qu'il leur transmet ainsi par l'intermédiaire des nerfs est aussitôt exécuté, et le rapprochement a lieu. Jusque-là, il n'y a rien que de très-simple et de très-facile à concevoir; mais si le rapprochement doit devenir plus intime, si l'acte générateur doit en être la suite, il survient incontinent une série d'effets dont la cause est l'objet de la difficulté qui nous occupe. Le premier de tous et le principal, c'est le phénomène de l'érection. La question est de savoir si ce phénomène et ceux qui suivront sont sous la dépendance de l'irritation des organes, irritation provoquée par le désir, qui est né lui-même du rapprochement des deux individus; ou bien s'il faut recourir pour l'expliquer à une intervention nouvelle de la masse cérébrale. Or, c'est précisément là ce que prétendent les auteurs mentionnés plus haut.

Cabanis se bornait à admettre une *sensation interne* provenant des organes génitaux, et allant provoquer le cerveau à mettre en jeu les puissances organiques nécessaires à l'accomplissement de l'acte générateur.

M. Broussais a été d'abord de l'avis de Cabanis, purement et simplement; mais depuis il a adopté le sentiment de Gall qui admettait en principe l'opinion de Cabanis; il l'a mieux particularisée, en affectant une portion spéciale du système nerveux cérébral à la fonction qui nous occupe, et il a assigné conséquemment le siége de celle-ci dans cette partie de l'encéphale que les anatomistes ont appelée *cervelet*.

Le cervelet est donc, selon M. Gall et ses disciples, le siége de ce qu'ils appellent l'instinct de la reproduction. M. Spurzheim, le premier élève de Gall, a donné à cet instinct le nom d'*amativité*. Peut-être devons-nous rappeler ici, pour plus de clarté, que toute la doctrine de Gall repose sur une opinion encore contestée, savoir, que le cerveau n'est pas un organe

unique, mais un composé d'autant d'organes spéciaux
qu'il y a de facultés et d'instincts dans un animal quelconque. L'homme a peu d'instincts : il a, par contre,
beaucoup de facultés; les animaux n'ont que des instincts; mais, chez l'un comme chez les autres, les facultés
et les instincts ont chacun leur département spécial
dans le système nerveux encéphalique. Il suit de cette
manière de voir que le développement de ce système
nerveux devrait être en raison du nombre des facultés
et des instincts, et cela est vrai, mais non pas sans
exception. Les insectes, par exemple, ont des instincts
très-nombreux, et pourtant leur cerveau n'est pas en
raison de leur nombre. Il est vrai que pour résoudre
la difficulté on a dit qu'il fallait calculer la grosseur
du cerveau en le rapportant au volume du reste du
corps; mais, dans cette hypothèse même, on trouve de
grandes exceptions dans le règne animal; ainsi le saïmiri
n'en aurait que trois quatorzièmes, tandis que le serin
en aurait moitié plus que l'homme : la théorie de Gall
ne s'appliquerait donc pas à tous les faits d'organisation.
Quoi qu'il en soit, la manière de procéder des phrénologistes consiste à reconnaître d'abord les instincts ou
les facultés manifestées, et à leur assigner ensuite un
siége spécial dans l'encéphale. L'existence d'un instinct de la reproduction est incontestable selon eux,
parce qu'il est nécessaire à la conservation des espèces.
Or, voici les preuves sur lesquelles ils se fondent pour
démontrer que cet instinct a son siége dans le cervelet :

1° Dans la série animale, il n'y a, dit-on, de cervelet que chez les animaux qui se reproduisent par copulation.

2° Il y a une coïncidence (*parfaite ?*) entre les époques

auxquelles le cervelet se développe et celles où le penchant éclate. Dans l'enfance, ajoute-t-on, où le penchant est nul, le cervelet est fort petit. « Quand on m'a présenté des enfants, dit à ce sujet M. Broussais, qui, avant la puberté, manifestaient un penchant extraordinaire vers l'acte sexuel et devinaient les procédés supplémentaires de cet acte, j'ai été tout de suite au cervelet, et je l'ai toujours trouvé très-développé. »

3° Il existe des rapports entre le cervelet et les organes génitaux externes; quand la castration est pratiquée dans le premier âge, le cervelet est arrêté dans son développement, et reste toute la vie petit. Voici encore comment s'exprime M. Broussais à cet égard : « Le cervelet est maintenu, dit-il, dans son degré normal de développement par la persistance de l'action génitale. Si les organes génitaux, l'organe sécréteur surtout (*testis*), qui est le fondement de cette fonction, disparaissent, le cervelet diminue; la castration le prouve : le cervelet se déprime, le bas de la tête se rétrécit, et le reste conserve à peu près ses dimensions. Vous voyez, lorsque le taureau se change en bœuf, la nuque se rétrécir sensiblement; toutefois, ce rétrécissement n'arrive pas au degré où on l'observe lorsque la castration a été pratiquée avant le développement des organes génitaux et du cervelet. Lorsque, chez l'homme, le cervelet et les organes génitaux se sont développés, si la castration survient, il reste encore des idées érotiques, tandis qu'il n'y en a pas si l'opération a été pratiquée avant l'évolution de la puberté. Tout le monde sait que, dans les pays où l'on tolère cette mutilation, certains eunuques ne laissent pas d'avoir du penchant pour le sexe opposé, lorsque la castration a été faite après un développement complet. Juvénal (1) raconte que les dames romaines ne faisaient mutiler des jeunes hommes choisis dans leurs bains, et dont elles se proposaient d'abuser, qu'après le développement complet de la puberté : à cette époque, le cervelet, ayant acquis tout son développement, avait modifié les autres organes de l'encéphale d'une manière telle que les idées érotiques ne disparaissaient pas complètement, et que l'érection pouvait se faire sans la sécrétion. »

4° La nuque est, dit-on, plus gonflée et plus chaude chez les animaux à l'époque du *rut*, et M. Gall affirme que, chez les oiseaux surtout, le cervelet diffère en volume et en excitation, selon qu'ils sont ou non dans la saison des amours.

5° Enfin, lorsqu'on applique des vésicatoires ou des sétons à la nuque, lorsqu'on prend de l'opium, lorsqu'on se couche sur le dos, lorsque l'apoplexie est imminente, lors surtout que cette apoplexie affecte le cervelet, dans la mort par suspension, etc., il y a érec-

(1) Voici les vers de Juvénal invoqués par M. Broussais.

> Sunt quas eunuchi imbelles, ac mollia semper
> Oscula delectent, et desperatio barbæ,
> Et quòd abortivo non est opus. Illa voluptas
> Summa tamen, quòd jam calida et matura juventa
> Inguina traduntur medicis, jam pectine nigro.
> Ergò expectatos, ac jussos crescere primùm
> Testiculos, postquam cœperunt esse bilibres.
> Tonsoris damno tantùm rapit Heliodorus.
> Conspicuus longè, cunctisque notabilis intrat
> Balnea, nec dubiæ custodem vitis et horti
> Provocat, à dominâ factus spado...
>   JUVÉNAL, satire VI, vers 366 et suivants.

tion et quelquefois émission de fluide séminal. Pourquoi? si ce n'est parce que, dans toutes ces circonstances, le cervelet s'est trouvé irrité par un plus grand afflux de sang, et a provoqué le résultat fonctionnel que l'on accuse.

Tel est, à peu de chose près, l'ensemble des raisons invoquées par tous les phrénologistes pour établir que l'instinct de la génération a son siége dans le cervelet. Il y aurait ici deux discussions à établir pour savoir ce qu'il faut penser d'un pareil système. La première serait relative à la grande question des *sensations internes*, qui n'est pas encore bien résolue, à notre avis, et la seconde regarderait plus spécialement l'organe de l'instinct de la reproduction. Nous dirons seulement, relativement à ce dernier, que, des faits invoqués à son appui, plusieurs sont contestables et ont été contestés, et que les autres sont tous les jours invoqués pour soutenir une opinion contraire. Il y a plus, pendant que M. Gall et ses partisans attribuaient au cervelet la faculté dont nous parlons, des expérimentateurs, cités comme habiles, établissaient, par des *vivisections*, que cet organe est principalement chargé de régulariser les mouvements musculaires. Lorsqu'on blesse le cervelet, lorsqu'on y pratique des sections, les mouvements musculaires sont désordonnés, l'animal ne peut plus les diriger suivant sa volonté, ou suivant le but qu'il paraît se proposer. Pour mon compte, j'avoue que les conclusions tirées de pareilles expériences faites sur des animaux mutilés, dont on a commencé par troubler l'état normal par des blessures profondes et nécessairement très-graves, puisqu'elles tuent, m'ont toujours semblé hasardées ; mais cette opinion n'en est pas moins un fort argument contre la doctrine des phrénologistes.

Les phrénologistes citent des faits, toujours des faits, car ce sont les faits qui fondent la métaphysique de Gall. Ils citent surtout, avec une complaisance qui n'est pas assez désintéressée pour avoir tout son mérite, ce que M. Guizot a dit autrefois dans son cours d'histoire : « *Les faits*, disait le professeur, *sont maintenant, dans l'ordre intellectuel, la seule puissance en crédit.* » Le gouvernement de l'époque, la restauration, qui avait ses raisons pour tenir aux principes bien plus qu'aux faits, fit suspendre le cours, si ce n'est à cause de la maxime, au moins pour les conséquences que les mauvais logiciens pouvaient en déduire. L'expérience a prouvé que M. Guizot n'a jamais entendu, par là, qu'il fallait sacrifier aux faits, et aux faits matériels, même les principes. Or, les phrénologistes m'ont toujours semblé différer, en ce point, de M. Guizot. C'est pour cela que je leur remettrai sous les yeux ce que disait, vers le même temps que M. Guizot, un médecin, jeune d'âge, mais vieux de science, de raison et de philosophie, que nous pouvons nommer après cet éloge, car il est mort. Urbain Coste parlait de médecine dans le *Journal universel* d'alors, il discutait sur les faits, et il concluait ainsi : « Nous savons aujourd'hui à quoi nous en tenir sur l'autorité des faits. Il n'y a pas une *bévue médicale* qui n'ait été aussi un *fait* dans son temps. »

Quoi qu'il en soit de toutes ces opinions, l'énergie de l'instinct de la reproduction est soumise à l'influence des sexes, des tempéraments et des constitutions individuelles. Les aliments, les saisons, les climats, l'habitude, qui est la conséquence du plus ou moins d'exercice, le rendent très-variable. Ainsi, en thèse générale, on peut dire que les hommes sont plus ardents que les femmes, car, dans la règle, ils sont toujours provocateurs; les tempéraments sanguins et bilieux l'emportent aussi, sous ce rapport, sur les lymphatiques. Il y a des aliments évidemment aphrodisiaques; d'autres sont ce qu'on appelle *réfrigérants*; enfin, s'il est vrai de dire que l'organisation commande les habitudes, il n'en est pas moins vrai que celles-ci, à leur tour, donnent de nouvelles forces à l'organisation.

CHAPITRE II.

———

DE L'IMAGINATION CONSIDÉRÉE DANS SES RAPPORTS AVEC LES
FONCTIONS GÉNITALES.

Le premier mobile de la fonction de la génération
est le besoin provoqué par les organes fonctionnels.
C'est ce besoin qui éveille l'instinct, et qui provoque
l'influence cérébrale ou *cérébelleuse*. Cela doit se dire
surtout des premiers actes, qui certainement ne seraient point provoqués, s'il n'y avait point d'aptitude
de la part des appareils organiques. Les faits cités qui
se rapportent à des enfants qui devinent les moyens
d'exciter les organes, lors même que ceux-ci ne sont
pas formés, ne peuvent être invoqués comme des résultats du besoin : ce sont des exceptions tout-à-fait
en dehors de la règle, et desquelles, conséquemment,
on ne peut déduire aucune conclusion générale tant
soit peu rationnelle. Il y a perversion de la sensibilité
locale, mais il n'y a pas de besoin positif, et ce n'est

en aucune façon l'instinct qui parle dans des conjonc-
tures pareilles.

Mais le besoin a bientôt éveillé l'imagination ; alors
tous les jeunes gens s'écrient, comme Chérubin : « Je
ne sais plus ce que je suis ; mais, depuis quelque temps,
je sens ma poitrine agitée ; mon cœur palpite au seul
aspect d'une femme ; les mots *amour* et *volupté* le
font tressaillir et le troublent ; enfin, le besoin de dire
à quelqu'un *je vous aime* est devenu, pour moi, si
pressant, que je le dis tout seul, en courant dans le
parc, à ta maîtresse, à toi, aux arbres, aux nuages,
au vent, qui les emporte avec mes paroles perdues (1). »
(BEAUMARCHAIS, *Mariage de Figaro*, acte I, scène VII.)

(1) Ce langage de Chérubin a été rendu avec un grand bonheur d'expression par un jeune poëte enlevé fatalement aux muses dans un duel
sans raison, comme sont tous les duels. Nous mettons sous les yeux de nos
lecteurs cette pièce fugitive extraite d'un recueil dans lequel, d'après
l'opinion de M. Victor Hugo, tout est grâce, tendresse, fraîcheur, douceur harmonieuse, suave et molle rêverie.

Une femme ! ! ! Jamais une bouche de femme
N'a soufflé sur mon front !.. ne m'a baisé d'amour !...
Jamais je n'ai senti sous deux lèvres de flamme
Mes deux yeux se fermer et s'ouvrir tour à tour !...
Et jamais un bras nu, jamais deux mains croisées,
Comme un double lien autour de moi passées,
N'ont attiré mon corps vers un bien inconnu !...
Jamais un œil de femme au mien n'a répondu !...
Une femme !.. une femme !.. Oh ! qui pourra me dire
Si jamais une femme, avec son doux sourire,
Avec son sein qui bat, et qui fait palpiter,
Avec sa douce voix qu'il est doux d'écouter ;
Si jamais une femme aimable et prévenante,
Amie aux mauvais jours, aux jours heureux amante ;
Si cet ange du ciel un jour me sourira !...
Si sa main à ma main quelquefois répondra !...
Je suis jeune, et pourtant la gaîté m'est ravie ;
Et pourtant sans plaisir je dépense la vie ;

Telles sont les impressions naïves, les premiers sentiments qu'éprouve un adolescent dont l'imagination n'a point été échauffée et flétrie par une connaissance prématurée des secrets de l'âge viril. Malheureusement, dans les villes surtout, quels que soient les scrupules de l'éducation, les désirs sont éveillés long-temps avant que la faculté de les satisfaire ait acquis un développement normal. Ulysse a beau fermer les outres, les vents des passions trouvent toujours le moyen de se déchaîner, et la frêle barque du jeune homme ne tarde pas à faire eau de tous côtés.

J.-J. Rousseau, dans son *Émile*, a bien saisi, avec sa sagacité ordinaire, les effets de cette influence de l'imagination sur l'instinct génésique dans le jeune âge,

> Et souvent, quand, pour moi, les heures de la nuit
> S'écoulent sans sommeil, sans songes et sans bruit,
> Il passe dans mon cœur de brûlantes pensées,
> D'invincibles désirs, des fougues insensées....
> Je ne respire plus !... C'est alors que ma voix
> Murmure un nom, tout bas... C'est alors que je vois
> M'apparaître à demi, jeune, voluptueuse,
> Sur ma couche penchée, une femme amoureuse,
> Une image de femme, une femme.... Oh ! pourquoi,
> Quand mes bras étendus vont l'attirer sur moi,
> Fuit-elle tout d'un coup, ainsi qu'une ombre vaine ?..
> Sur sa trace parfois le délire m'entraîne :
> Je m'élance, j'appelle,... Au silence profond,
> A l'ombre où je m'égare, à l'air qui m'environne,
> Au sommeil qui me fuit, au lit que j'abandonne ;
> Je demande une femme... et rien ne me répond !...
> Rien !.. rien autour de moi !.. Comme arraché d'un songe,
> Je m'arrête soudain... je m'étonne... je songe
> Que je suis seul, tout seul... tout seul !.. et j'ai vingt ans !..
> Tout seul !.. et mon cœur brûle !.. O toi que j'ai rêvée,
> Femme, à mes longs baisers si souvent enlevée,
> Ne viendras-tu jamais !.. Viens... oh ! Viens !.. je t'attends !
>
> (*Poésies de* DOVALLE).

et nous rappellerons d'autant plus volontiers son sentiment sur ce point que, quoiqu'il ne fût pas naturaliste et qu'il fût privé par conséquent des lumières particulières que la physiologie eût pu lui fournir, il n'en a pas moins redressé, avec une raison parfaite, l'opinion erronée de Buffon, touchant cette précocité chez les enfants des grandes villes. « Dans les villes, a dit le naturaliste, et chez les gens aisés, les enfants, accoutumés à des nourritures abondantes et succulentes, arrivent plus tôt à cet état ; à la campagne et dans le pauvre peuple, les enfants sont plus tardifs, parce qu'ils sont mal et trop peu nourris. » Tel est le sentiment de Buffon. « J'admets l'observation, répond Jean-Jacques, mais non l'explication, puisque dans les pays où le villageois se nourrit très-bien et mange beaucoup, comme dans le Valais, et même en certains cantons montueux de l'Italie, comme le Frioul, l'âge de puberté dans les deux sexes est également plus tardif qu'au sein des villes, où, pour satisfaire la vanité, l'on met souvent dans le manger une extrême parcimonie, et où la plupart font, comme dit le proverbe, *habit de velours et ventre de son*. On est étonné, dans des montagnes, de voir de grands garçons, forts comme des hommes, avoir la voix aiguë et le menton sans barbe, et de grandes filles, d'ailleurs très-formées, n'avoir aucun signe périodique de leur sexe ; différence qui me paraît venir uniquement de ce que, dans la simplicité de leurs mœurs, leur imagination plus long-temps paisible et calme fait plus tard fermenter leur sang, et rend leur tempérament moins précoce. »

Les conseils que donne J.-J. Rousseau dans ces circonstances ne méritent pas moins d'être remarqués :

« Les enfants, ajoute-t-il, ont une sagacité singulière pour démêler à travers toutes les singeries de la décence les mauvaises mœurs qu'elle couvre. Le langage épuré qu'on leur dicte, les leçons d'honnêteté qu'on leur donne, le voile du mystère qu'on affecte de tendre devant leurs yeux, sont autant d'aiguillons à leur curiosité. A la manière dont on s'y prend, il est clair que ce qu'on feint de leur cacher n'est que pour le leur apprendre, et c'est de toutes les instructions qu'on leur donne celle qui leur profite le mieux.

« Consultez l'expérience, vous comprendrez à quel point cette méthode insensée accélère l'ouvrage de la nature et ruine le tempérament. C'est ici l'une des principales causes qui font dégénérer les races dans les villes. Les jeunes gens, épuisés de bonne heure, restent petits, faibles, mal faits, vieillissent au lieu de grandir ; comme la vigne à qui l'on fait porter du fruit au printemps, languit et meurt avant l'automne.

« Si l'âge, continue l'auteur d'*Émile*, où l'homme acquiert la conscience de son sexe, diffère autant par l'effet de l'éducation que par l'action de la nature, il suit de là qu'on peut accélérer et retarder cet âge, selon la manière dont on élèvera les enfants ; et si le corps gagne ou perd de la consistance, à mesure qu'on retarde ou qu'on accélère ce progrès, il suit aussi que plus on s'applique à le retarder, plus un jeune homme acquiert de vigueur et de force. »

On sait les conséquences que notre auteur tire de ces réflexions et la manière dont il répond à la question de savoir s'il convient d'éclairer les enfants de bonne heure sur les objets de leur curiosité, ou s'il vaut mieux leur donner le change par de modestes erreurs : « *Je*

pense, répond-il, *qu'il ne faut faire ni l'un, ni l'autre.* »
(*Voy.* J.-J. Rousseau, *Émile,* livre III.)

L'imagination des jeunes filles n'est sans doute pas
moins ardente ; mais les actes par lesquels ses effets
peuvent se traduire sont sous la dépendance de deux
sentiments qui font la base du caractère de la femme.
Ces sentiments sont la coquetterie et la pudeur, qui,
dans leurs incessantes réactions, donnent naissance à
des caprices variés , si désespérants quelquefois, toujours aimables et nécessaires. « Sophie n'étale point ses
charmes, elle les couvre ; mais en les couvrant, elle
sait les faire imaginer. En la voyant, on dit : voilà une
fille modeste et sage ; mais tant qu'on reste auprès
d'elle, les yeux et le cœur errent sur toute sa personne, sans qu'on puisse les en détacher, et l'on dirait
que tout cet ajustement si simple n'est mis à sa place
que pour en être ôté pièce à pièce par l'imagination. »
Quand le cœur commence à parler, toutes les jeunes
filles ressemblent à Sophie. La coquetterie les pousse
à une provocation d'autant plus puissante qu'elle est
plus déguisée, et la pudeur en les retenant leur donne
tout le mérite d'une résistance honorable, mais non pas
invincible :

> Malo me Galatea petit , lasciva puella :
> Et fugit ad salices , et se cupit ante videri.

Au reste, il n'est pas nécessaire d'aller chercher bien
loin la cause de ce caractère contradictoire. L'organisation particulière de la femme nous l'explique : d'un
côté, la mobilité apparente de ses goûts tient à la délicatesse de ses fibres qui sont par là même plus impres-
sionnables ; cette mobilité n'est pas le caprice, mais

elle en est la cause efficiente. D'un autre côté, cependant, cette même organisation lui fait une loi de la retenue et de la pudeur. La femme est toujours maîtresse de se rendre, parce qu'elle est toujours libre d'accepter; la nature, en la constituant de la sorte, lui avait par cela même interdit toute démonstration. Il n'en pouvait être ainsi de l'homme : comme il ne peut donner que quand il a, son rôle est d'offrir pour prouver qu'il possède. Dans un pareil état des choses, la coquetterie provoque le désir, celui-ci détermine l'attaque, et la pudeur vient résister pour donner plus de prix à la victoire.

« La femme, dit avec raison celui de nos philosophes qui a le mieux interprété le cœur humain, est faite pour plaire et pour être subjuguée : elle doit se rendre agréable à l'homme au lieu de le provoquer. Sa violence à elle est dans ses charmes; c'est par eux qu'elle doit le contraindre à trouver sa force et à en user. Alors, l'amour-propre se joint au désir, et l'un triomphe de la victoire que l'autre lui fait remporter; de là naissent l'attaque et la défense, l'audace d'un sexe et la timidité de l'autre, enfin, la modestie et la honte, dont la nature arma le faible pour asservir le fort.

« Qui est-ce qui peut penser qu'elle ait prescrit indifféremment les mêmes avances aux uns et aux autres, et que le premier à former des désirs doive être aussi le premier à les témoigner? Quelle étrange dépravation de jugement! L'entreprise ayant des conséquences si différentes pour les deux sexes, est-il naturel qu'ils aient la même audace à s'y livrer? Comment ne voit-on pas qu'avec une si grande inégalité dans la mise commune, si la réserve n'imposait à l'un la modération que la nature impose à l'autre, il en résulterait bientôt la ruine de tous deux, et que le genre humain périrait par les moyens établis pour le conserver? Avec la facilité qu'ont les femmes d'émouvoir les sens des hommes et d'aller réveiller au fond de leur cœur les restes d'un tempérament presque éteint, s'il était quelque malheureux climat sur la terre *où la philosophie eût introduit cet usage*, surtout dans les pays chauds, où il naît plus de femmes que d'hommes, tyrannisés par elles, ils seraient enfin leurs victimes, et se verraient tous traîner à la mort sans qu'ils pussent s'en défendre. »

En vérité, il n'y a rien de nouveau sous le soleil, pas même le saint-simonisme, car il est évident que J.-J. Rousseau, dans la phrase que nous avons soulignée, avait en vue quelques systématiques professant apparemment, vis-à-vis de la femme, des doctrines analogues à celles des saint-simoniens de nos jours.

Quoi qu'il en soit, il est bien évident que les principaux moyens de la femme pour amener l'homme aux fins de la nature, touchant la conservation de l'espèce, exercent leur action première sur l'imagination de ce dernier, et c'est même là un caractère d'humanité fort remarquable. Chez l'homme, comme chez les animaux, le but final est le même, et les moyens matériels pour y arriver sont à peu près identiques. Mais tandis que, chez les uns, ce sont les organes qui provoquent à l'exercice de la fonction, chez l'autre, l'imagination doit intervenir d'abord avant la mise en jeu des organes : tant il est vrai que, même dans les actes vitaux les moins susceptibles d'idéalité, la nature humaine conserve toujours quelques traits de son essence sublime.

Nous devons laisser à des œuvres moins sérieuses que la nôtre la peinture des effets de l'influence réciproque des deux sexes. L'histoire de l'amour et des passions qu'il excite appartient au domaine du romancier ; ses phases variées, ses plaisirs et ses peines, ses jouissances et ses tourments, ses péripéties heureuses et ses catastrophes, fourniraient peu de lumières au physiologiste. Toutefois, nous ne pouvons nous empêcher de faire observer que l'imagination est tellement saisie dans ces circonstances, que l'acte lui-même qui est le but de tant de sollicitude et qui devrait en être la fin, passe inaperçu et pourrait presque être regardé comme un accident.

Si nous avions à justifier notre façon de penser touchant l'importance prépondérante et nécessaire de l'imagination dans l'exercice des fonctions génésiques, les exemples ne nous manqueraient pas. Nous parlerions de Descartes, qui, ayant d'abord aimé une femme louche, ne fut plus sensible désormais qu'aux attraits des femmes dont les yeux étaient irréguliers, apparemment parce que son imagination lui faisait rapporter à toutes les femmes qui avaient ce défaut les qualités et les charmes qu'il avait aimés et admirés dans la première. Nous citerions encore ce fameux Raymond Lulle, philosophe, théologien, médecin, alchimiste et moine, qui aima éperdûment l'Espagnole Eléonore dont l'esprit vif et délicat relevait les agréments d'une figure à la fois séduisante et noble. Raymond était aimé, et de plus il ne l'ignorait pas ; mais le tendre retour dont il se voyait payé ne lui avait pas

encore donné les droits et les joies d'un amant heureux. Son bonheur était toujours prochain ; sans cesse
il y touchait, et sans cesse il en était repoussé. Vainement il mit en usage toutes les ressources d'un amant
au désespoir : tout fut inutile ; dans le cœur d'Eléonore, la pudeur triompha constamment de l'amour. A la
fin, Raymond Lulle se persuada que ce combat entre
l'amour et la pudeur durait depuis trop long-temps
pour qu'il n'y eût pas à cela quelque mystère. Après
bien des recherches, des tentatives et des ruses amoureuses, il découvrit que sa maîtresse avait un cancer
au sein. Alors, en amant généreux, oubliant son bonheur pour ne s'occuper que de la santé de son
amante, il va cherchant partout les moyens de la guérir. Il entend dire qu'en Afrique un Arabe possède des
secrets admirables, et il y vole. Il en rapporta beaucoup de choses, même la pierre philosophale, mais
non pas le spécifique du cancer qu'il y était allé chercher.

Enfin, nous citerions le fait suivant rapporté par
Brantôme : « Une jeune personne ayant un amant ba-
billard lui imposa un silence absolu et illimité. Celui-ci
obéit si fidèlement deux ans entiers qu'on le crut devenu muet par maladie. Un jour, en pleine assemblée,
sa maîtresse, qui, dans ces temps où l'amour se faisait
avec mystère, n'était point connue pour telle, se vanta
de le guérir sur-le-champ, et le fit avec ce seul mot :
Parlez. »

Mais, encore une fois, les considérations que nous
pourrions tirer des faits de ce genre nous éloigneraient
de l'objet principal que nous nous proposons dans cet
écrit. Toutefois, nous n'abandonnerons point ce cha-

pitre de l'*imagination* sans dire un mot de l'influence de cette faculté sur le produit de la génération.

Communément on croit à la réalité de cette influence, et on lui attribue même la plupart des écarts de la nature, tandis que la majorité des médecins la nient totalement. Cette façon exclusive de juger la question n'est point un préjugé en faveur de la vérité, ni d'un côté ni de l'autre. L'imagination ne fait pas tout le mal dont on l'accuse, mais aussi on ne doit pas la regarder comme absolument inactive. Il y a ici préjugé des deux côtés ; posons la question dans son véritable jour, et, pour cela, prenons les choses à leur principe.

L'influence de l'imagination de la mère sur le produit de la conception, même pour les animaux (1), a été admise dès la plus haute antiquité. En voici une preuve tirée de la Bible :

« Joseph étant né, Jacob dit à son beau-père : Laissez-moi aller, afin que je retourne à mon pays, au lieu de ma naissance.

« Donnez-moi mes femmes et mes enfants, pour lesquels je vous ai servi, afin que je m'en aille. Vous savez quel a été le service que je vous ai rendu.

« Laban lui répondit : Que je trouve grâce devant vous. J'ai reconnu, par expérience, que Dieu m'a béni à cause de vous.

« Jugez vous-même de la récompense que vous voulez que je vous donne.

« Jacob lui répondit : Vous savez de quelle manière je

(1) J'espère qu'on ne conclura pas de cela que nous reconnaissons aux animaux une *imagination* comme à l'espèce humaine.

vous ai servi , et comment votre bien s'est accrû entre mes mains.

« Vous aviez peu de chose avant que je fusse venu chez vous, et présentement vous voilà devenu riche. Dieu vous a béni aussitôt que je suis entré en votre maison ; il est donc juste que je songe aussi maintenant à établir ma maison.

« Laban lui dit : Que vous donnerai-je ? Je ne veux rien, dit Jacob ; mais si vous faites ce que je vais vous demander, je continuerai à mener vos troupeaux et à les garder.

« Visitez tous vos troupeaux, et mettez à part, *pour vous présentement*, toutes les brebis dont la laine est de diverses couleurs, et, *à l'avenir*, tout ce qui naîtra d'un noir mêlé de blanc, ou tacheté de couleurs différentes, dans les brebis comme dans les chèvres, sera ma récompense.

« Et, quand le temps sera venu de faire cette séparation selon notre accord , mon innocence me rendra témoignage devant vous ; et tout ce qui ne sera point tacheté de diverses couleurs, ou de noir mêlé de blanc, dans les brebis comme dans les chèvres , me convaincra de larcin.

« Laban lui répondit : Je trouve bon ce que vous me proposez.

« Le même jour, Laban mit à part les chèvres, les brebis, les boucs et les béliers tachetés et de diverses couleurs. Il donna à ses enfants la garde de tout le troupeau qui n'était que d'une couleur, c'est-à-dire qui était ou tout blanc ou tout noir.

« Et il mit l'espace de trois journées de chemin entre

lui et son gendre, qui conduisait les autres troupeaux.

« Jacob prenant donc des branches vertes de peuplier, d'amandier et de plane, en ôta une partie de l'écorce : les endroits d'où l'écorce avait été ôtée parurent blancs, et les autres auxquels on l'avait laissée demeurèrent verts. Ainsi, ces branches devinrent de diverses couleurs.

« Il les mit ensuite dans les canaux qu'on remplissait d'eau, afin que, lorsque les troupeaux y viendraient boire, ils eussent ces branches devant les yeux, et qu'ils conçussent en les regardant.

« Ainsi, il arriva que les brebis étant en chaleur, et ayant conçu à la vue des branches, eurent des agneaux tachetés et de diverses couleurs.

« Jacob divisa son troupeau, et ayant mis ces branches dans les canaux devant les yeux des béliers, ce qui était tout blanc ou tout noir était à Laban, et le reste à Jacob : ainsi les troupeaux étaient séparés.

« Lors donc que les brebis devaient concevoir au printemps, Jacob mettait les branches dans les canaux devant les yeux des béliers et des brebis, afin qu'elles conçussent en les regardant.

« Mais lorsqu'elles devaient concevoir en automne, il ne les mettait point devant elles. Ainsi, ce qui était conçu en automne fut pour Laban, et ce qui était conçu au printemps, pour Jacob.

« Il devint de cette sorte extrêmement riche, et il eut de grands troupeaux, des serviteurs et des servantes, des chameaux et des ânes. » (Voy. *Genèse*, chap. XXX, v. 26-43.)

Du temps d'Hippocrate, une princesse mit au monde un enfant noir. On l'accusa d'adultère ; elle allait être condamnée selon les lois de l'époque, lorsque le médecin de Cos fit observer que le portrait d'un nègre était au pied du lit de la princesse, qu'elle avait eu l'imagination frappée par cette image, et qu'ainsi elle avait pu mettre au monde un enfant de cette couleur.

Héliodore rapporte que l'épouse d'un roi d'Éthiopie avait enfanté une fille blanche, parce qu'au moment de la conception, elle avait fixé ses regards sur le portrait de la belle Andromède.

Une fille vient au monde, couverte de poil et velue comme un ours. On interroge les circonstances de sa création, et l'on apprend que, quand sa mère l'a conçue, elle avait sous les yeux le portrait de saint Jean-Baptiste, vêtu d'une peau de cet animal.

Enfin, Mallebranche rapporte l'histoire d'un enfant né avec des fractures à tous les membres, et qui devait, assure-t-on, cette difformité à la vive et profonde impression qu'avait éprouvée sa mère en voyant rompre un criminel.

Nous citons ces faits parmi des milliers d'autres semblables dont les auteurs sont remplis, non pas pour les donner comme des preuves de l'influence directe de l'imagination de la mère sur le fruit de ses entrailles, mais pour faire voir que de tout temps on a cru à la réalité de cette influence.

Il est vrai que le vulgaire en exagère singulièrement les effets, surtout quand il rapporte à l'imagination ces défectuosités de la peau auxquelles on a donné le nom d'*envies*, et que l'on prend pour des répétitions de certains objets qui auraient excité les désirs d'une femme enceinte. Cette croyance touche de près au ridicule, et a donné quelquefois lieu à de plaisantes exigences,

Ainsi, une dame anglaise qui désirait depuis fort long-temps une voiture à quatre chevaux, parvint à décider son mari à la lui donner, en lui assurant que si son envie à cet égard n'était point satisfaite, elle était exposée à mettre au monde un enfant qui porterait sur son corps l'empreinte des quatre chevaux et de la voiture.

Relativement à ces envies, il n'est jamais vrai que l'objet qui a occupé l'imagination de la mère ou qui lui a fait impression ressemble même de loin à l'anomalie particulière dont la peau est le siége (1). Si l'on examine avec soin les cas particuliers, on reste facilement convaincu que cette ressemblance n'existe que pour des gens prévenus, et que les personnes qui ne sauraient pas de quoi il est question, méconnaîtraient complètement la ressemblance accusée. Ensuite, on ne peut pas affirmer *à priori* le caractère de la tache que portera un enfant dont la mère aura été en proie aux envies les plus caractérisées et les plus impérieuses durant le cours de sa grossesse, de sorte que ce n'est jamais qu'après l'événement que les femmes accusent un rapport de ressemblance avec tel ou tel objet. « Il ne faut pas compter, dit Buffon, qu'on puisse jamais persuader aux femmes que les marques de leurs enfants

(1) L'anatomie a démontré que les envies sont une altération du tissu de la peau. Les vaisseaux capillaires artériels et veineux sont relâchés, dilatés, variqueux, et c'est un accident qui arrive même aux personnes adultes aussi fréquemment, du moins, qu'aux fœtus. Chez les uns comme chez les autres la couleur de ces taches varie suivant les saisons. Ces taches sont ineffaçables; il faudrait détruire la peau pour les faire disparaître, et les moyens qu'on serait tenté d'employer dans ce but seraient illusoires, car ils laisseraient subsister une cicatrice encore plus difforme que la tache elle-même. Cependant, quand elles se présentent sous forme de petites tumeurs à base plus ou moins étranglée, on peut les enlever sans difficulté et sans danger.

n'ont aucun rapport avec les envies qu'elles n'ont pu satisfaire ; je leur ai quelquefois demandé avant la naissance de l'enfant quelles étaient les envies qu'elles n'avaient pu satisfaire, et quelles seraient par conséquent les marques que leur enfant présenterait. Par cette question, j'ai fâché les gens sans les avoir convaincus. »

Si on recherche des preuves dans les faits contraires, on voit d'abord les femmes du sérail mettre au monde de très-beaux enfants blancs, quoiqu'elles soient entourées de nègres d'une laideur affreuse. M. Girard a publié dans le numéro de janvier 1813 du *Recueil de la Société de médecine de Paris*, l'observation relative à trois femmes qui, ayant eu pendant la durée de leur grossesse l'imagination fortement préoccupée, l'une d'un manchot qui lui avait fait une impression très-vive et très-pénible, l'autre d'un petit chien habillé en homme, qu'elle affectionnait extraordinairement, et la troisième d'une envie démesurée de manger des pêches, n'en mirent pas moins au monde des enfants très-bien portants et exempts de difformités ou de taches. D'un autre côté, on a aussi l'observation de trois femmes encore qui, sans avoir eu aucune envie, sans avoir éprouvé aucune impression fâcheuse pendant leur grossesse, ont donné le jour à trois enfants atteints de difformités : l'un est manchot, l'autre porte sur la jambe une large tache brune couverte de poils rudes tout-à-fait semblables à des soies de cochon, le troisième, enfin, porte derrière l'oreille une excroissance assez semblable à une poire.

« Si l'imagination, disent MM. Chaussier et Adelon, avait le pouvoir qu'on lui attribue, ses effets ne devraient pas être toujours des malheurs ; souvent aussi les mères devraient voir s'accomplir les vœux qu'elles forment relativement au sexe et aux qualités de l'enfant qu'elles attendent ; la femme qui désire un garçon, par cela seul devrait l'avoir souvent ; toutes les filles devraient être belles, car on ne voit pas pourquoi l'imagination qui serait capable de modifier le fœtus d'après une impression fâcheuse, n'aurait pas une égale aptitude à le faire d'après une impression agréable. »

Les faits que nous venons de citer ne sauraient être invoqués comme des preuves de l'influence de l'imagination de la mère ; les rapporter à une semblable cause, évidemment ce n'est pas les expliquer, c'est tout au plus reproduire le sophisme si fréquent dans la logique du vulgaire, qui consiste à attribuer un effet à un autre, par cela seul que celui-ci est antérieur à celui-là : *Post hoc, ergò propter hoc.* Mais en redressant ce faux jugement, nous ne prétendons pas nier toute influence de ce genre ; nous pensons au contraire que cette influence est positive et plus fréquente peut-être que nous n'oserions l'affirmer, mais elle s'exerce d'une façon différente de ce que croit le vulgaire.

L'acte générateur est de toutes les fonctions organiques celle qui exige le plus grand degré de vitalité. Le moment où le sceau de la vie s'imprime à une organisation nouvelle est certainement caractérisé par une exaltation insolite dont on ne peut se rendre compte qu'en le comparant à un accès de convulsion. Pour un instant, la vie des deux conjoints semble passer tout entière dans le nouvel être qui doit résulter de leur union ; tels sont les phénomènes de l'état normal. Mais en consultant l'organisation, nous voyons que si l'homme est toujours et nécessairement actif, que si l'acte doit

toujours être complet de son côté pour qu'il y ait acte,
il n'en est pas de même pour la femme ; celle-ci peut
très-bien rester inactive , *pati hominem* , comme on
dit, sans que cette inaction se traduise au dehors par
quelque phénomène spécial. Or, il doit résulter de là
bien évidemment ou qu'il n'y a pas de conception , ou
que la conception est imparfaite. Horace a dit à propos
de tout autre chose : *Age quod agis*, soyez à votre
affaire , et cette maxime doit s'appliquer aussi à la fonction dont nous parlons. Il y a une observation qui a été
faite à propos des enfants illégitimes : presque tous sont
remarquables par des qualités physiques ou morales ;
à quoi cela tient-il, si ce n'est à ce que l'imagination
de leurs parents est sans cesse éveillée par le besoin de
tromper ou la jalousie ou la vigilance , par la nécessité
de dérober à la connaissance des autres des plaisirs
que condamne l'opinion publique , et surtout par l'empressement à profiter des courts instants d'une réunion,
soit fortuite , soit amenée par d'heureuses circonstances, mais toujours ardemment désirée ? Dans un pareil
état de choses , les fruits dus à un amour qui met en
jeu toutes les facultés physiques et morales doivent
nécessairement porter quelque empreinte de ces facultés. Comparez l'énergie et la vivacité des élans fur-
tifs d'une passion irritée par tant d'obstacles aux embrassements langoureux d'un amour indolent, parce
qu'il est licite et plein de sécurité , et dites s'il est possible que les êtres qui proviennent de ce dernier ne se
ressentent pas de l'inertie d'âme et de la nonchalance
avec laquelle ils ont été conçus.

Voilà donc deux circonstances dont il faut tenir
compte avant de nier totalement l'influence de l'ima-

gination sur le produit de l'acte générateur : 1° l'un
des sexes peut être inactif, et il l'est souvent ; 2° tous
les deux peuvent apporter dans la fonction plus ou
moins d'énergie.

Ceci regarde surtout les circonstances de l'accomplissement de la fonction dépendantes jusqu'à un certain point des deux acteurs. Mais, si nous allons plus loin,
nous verrons que la survenance d'un accident inattendu
peut amener les plus grands désordres dans le produit
de la conception.

« Les grossesses extrà-utérines, dit Astruc, sont
plus ordinaires dans les filles et dans les veuves, et
surtout dans les filles et dans les veuves qui ont passé
pour sages, parce que la crainte, la honte, le saisisse-
ment dont ces femmes sont affectées dans un embrassement illicite, y ont beaucoup de part. » Voici comment s'expliquent les faits auxquels ce médecin fait
allusion, et tous les autres de ce genre que l'on rencontre dans les auteurs. Supposez qu'une femme soit
surprise dans le moment de l'imprégnation, ou par les
yeux d'un indiscret, ou par une vive impression, un
mouvement de terreur quelconque, le travail de la
fécondation se trouve subitement arrêté ; si l'œuf est
fécondé, si la vésicule de Graaf s'est rompue et que
l'ovule s'en soit échappé et soit devenu libre par
l'une des causes dont nous parlons, le pavillon de la
trompe, frappé d'inertie, ayant cessé d'embrasser l'o-
vaire, bien loin de servir de conducteur à l'ovule, le
laisse tomber dans le bas-ventre, et le fœtus se développe hors de l'utérus, ce qui constitue proprement la
grossesse extrà-utérine.

On a fait à cette explication des grossesses extrà-utérines l'objection suivante. On a dit que l'ovule ne se détachant pas de l'ovaire au moment même de l'imprégnation, et son passage dans l'utérus ne s'opérant que dans les jours qui suivent cet acte, le sort du nouvel être pendant tout ce temps ne pouvait dépendre absolument de l'influence passagère d'une cause aussi fugitive qu'un mouvement de l'âme.

M. Dezeimeris a répondu à cette objection de la manière suivante : « Pour être apte, dit-il, à transporter l'ovule de l'ovaire à la matrice, la trompe doit rester, pendant tout le temps que s'opère ce transport, dans un état d'orgasme et d'érection ; la spongiosité, le gonflement, l'injection de son tissu, une fois arrivés à un certain degré, se maintiennent spontanément et se prolongent même pendant une durée bien plus considérable que celle qu'exige la fonction pour laquelle ces modifications ont eu lieu ; mais dans les premiers instants, quand il n'y a encore dans la trompe qu'un spasme érectile qui n'existait pas quelques secondes auparavant, quand son orgasme n'est encore qu'un phénomène purement nerveux, qui peut s'éteindre sans laisser de traces, on conçoit qu'une émotion profonde, qu'une révolution dans le système nerveux général puisse faire cesser brusquement cet état, et dès lors la trompe étant impropre à accomplir sa fonction, l'œuf restera égaré dans un domicile autre que celui que lui destinait la nature. » Ce qui rend cette explication encore plus plausible, c'est qu'il n'y a peut-être pas d'exemple de gestation extrà-utérine chez les animaux.

Quand la fécondation est opérée, le nouvel individu reste pendant neuf mois sous l'influence de l'organisation de la mère ; il fait partie de cette organisation, et conséquemment toutes les causes qui la modifient doivent agir également sur lui. La grossesse est une fonction de la femme, comme la digestion et les sécrétions diverses ; et s'il est vrai que les impressions morales puissent influer sur les unes, pourquoi n'influeraient-elles pas aussi sur les autres. Si la composition du sang est altérée, est-il possible que le développement du fœtus qui s'accroît dans le sein de la mère, à l'aide d'un pareil fluide, n'en éprouve point de modifications fâcheuses. Que de fois les impressions morales amènent des fausses couches, des avortements, en provoquant le détachement de l'œuf. Ne doit-il pas arriver aussi souvent que ces mêmes impressions aient un moindre effet, et n'apportent qu'un trouble plus ou moins grand dans les parties qui le constituent. C'est là, sans aucun doute, la cause la plus fréquente des difformités du produit de la conception ; et dût-on rapporter l'origine de toutes les monstruosités, comme le fait M. Geoffroy Saint-Hilaire, à des adhérences, à des brides du placenta, il n'en est pas moins très-probable que ces brides et ces adhérences peuvent se former par le fait de ces impressions morales dont nous parlons ici, tout aussi bien que par le fait des commotions extérieures.

Nous ne nous arrêterons point aux considérations anatomiques que l'on tire de l'absence de tout nerf destiné à servir les communications de la mère à l'enfant. L'argument est bon pour les solidistes exclusifs, mais il n'a pas une grande valeur aux yeux de ceux qui croient à la vitalité des humeurs. *Anima omnis carnis in sanguine est*, a dit l'Écriture, et, malgré le sentiment des solidistes, l'Écriture a raison. *Si l'âme, si*

la vie de toute chair est dans le sang, il n'est pas besoin d'avoir recours à des cordons nerveux pour expliquer l'action de la mère sur son enfant, dans le cas des
impressions morales.

Mais nous en avons assez dit sur un pareil sujet, qui
se prête d'ailleurs très-difficilement à des recherches
directes, ayant pour base l'observation.

CHAPITRE III.

HYGIÈNE SPÉCIALE RELATIVE AUX RAPPORTS SEXUELS.

C'est surtout en commençant ce chapitre que nous avons besoin de rappeler à l'esprit de nos lecteurs le passage de Tertullien qui nous sert d'épigraphe : *Ne itaque pudeat necessariæ interpretationis* . n'ayez donc pas honte, dit-il, de donner toutes les explications nécessaires. *Natura veneranda est, non erubescenda*, la nature provoque au respect de toutes ses actions, elle n'en commande aucune dont on puisse avoir à rougir. *Concubitum libido, non conditio fœdavit*, c'est la lubricité qui souille l'acte générateur, et non l'observation des lois en vertu desquelles il s'accomplit.

La disposition anatomique des organes destinés à opérer le rapprochement des sexes, indique la manière dont ce rapprochement doit avoir lieu. D'un côté, le vagin est légèrement recourbé dans le sens de sa longueur, et la concavité qui résulte de cette courbure est tournée directement en avant. (*Voy*. la pl. IX.) D'un autre côté, l'organe qui doit se loger dans le vagin présente aussi une courbure, mais cette courbure est dirigée dans un sens contraire, de façon que si l'on recherche une adaptation parfaite, il faut de toute nécessité un rapprochement par opposition ou face à face, car alors seulement la convexité de l'un répond avec exactitude à la concavité de l'autre. Cette condition est essentielle à remplir, car l'utérus est dirigé dans le même sens que le vagin, c'est-à-dire que si l'on continue l'arc de cercle selon lequel le vagin est disposé, la ligne qui le décrira passera par l'axe utérin, et conséquemment par l'orifice du col. Le rapprochement antérieur est donc le seul dans lequel il soit possible au fluide fécondant d'arriver directement à cet orifice. Dans le rapprochement *à tergo*, ce fluide est nécessairement dirigé vers le dessous de l'orifice du col, entre la lèvre inférieure et le vagin, et vers les côtés si l'on affecte une position latérale.

Au reste, la nature indique manifestement ses intentions à cet égard par les précautions accessoires qu'elle a prises. Si le mode de rapprochement avait été indifférent, elle n'aurait pas amassé chez la femme, à l'endroit qu'on nomme *pénil*, le coussinet de tissu cellulaire, que quelques-uns ont désigné sous le nom d'*oreiller de Vénus*, et qui n'a évidemment pas d'autre usage que d'empêcher le froissement et la meurtrissure que la peau aurait éprouvés par la compression des os pubis des deux sexes dans les rapprochements intimes.

La nécessité de donner au fluide séminal une bonne direction est prouvée par mille exemples de fécondations impossibles jusque-là, et qui ont été produit aussitôt qu'on a tenu compte de cette condition. Les médecins ont tous les jours l'occasion de donner des conseils relatifs à l'observation d'une semblable règle, et dernièrement encore un médecin de la Charité, M. R...., à qui la science doit beaucoup de travaux consciencieux et véritablement utiles, nous citait le fait de deux époux désolés de n'avoir point obtenu de fruit de leur mariage. En touchant la dame, M. R.... s'aperçut que le col utérin était dirigé en arrière, de telle sorte que le fond du vagin se trouvait formé par l'une des faces externes du col et non point par son orifice. Il conseilla, avec sa sagacité ordinaire, l'application d'un fragment d'éponge, d'une sorte de pessaire, entre la lèvre inférieure du col et la portion de vagin correspondante ; par cette pratique, il força le col à se maintenir dans le centre, et le rapprochement fut presque immédiatement productif.

L'acte générateur absorbe toutes les facultés physiques et morales, c'est celui dans lequel la nature dépense la plus grande somme possible de vitalité et d'innervation ; c'est une convulsion passagère, un court accès d'épilepsie qui brise momentanément toutes les puissances musculaires ; par conséquent, il est dangereux de s'y livrer sans tenir compte des dispositions individuelles, soit de temps, soit de circonstances, soit même de lieu et de position.

Il faut voir dans les traités de physiologie quel ensemble de forces musculaires est mis en jeu pour tenir un homme debout. C'est d'abord la tête, qui, par

son poids, tend à se porter en avant : il a fallu la retenir en attachant des muscles à sa partie postérieure.
C'est la colonne vertébrale, qui, outre le poids de la
tête, supporte aussi les membres supérieurs et les organes volumineux de la poitrine et de l'abdomen ; ces
organes, comme la tête, tendent à tomber en avant,
et y entraînent la colonne vertébrale : des muscles,
les plus puissants de la mécanique animale, occupent
la partie postérieure et inférieure du tronc pour s'opposer à cette tendance. C'est encore le bassin, qui,
outre le poids de ses propres organes, porte celui de
la colonne vertébrale et de la tête, et qui, avec ce fardeau, n'a pas d'autre point d'appui que celui de deux
têtes rondes de fémurs engagées dans des cavités arrondies correspondantes (les cavités cotyloïdes). La
situation est manifestement précaire, car les rapports
des cavités avec les têtes sont calculés de manière à rendre les mouvements très-faciles. Là donc le torse n'est
maintenu dans la rectitude exigée par la station verti-
cale qu'en observant un parfait équilibre, et cet équilibre est le résultat de la combinaison d'un grand
nombre d'efforts musculaires. Si les puissances qui
agissent sur la partie antérieure viennent à céder, la
colonne vertébrale fait faire au bassin un mouvement
de bascule en arrière. Ce même mouvement de bascule
se fait en avant si les puissances postérieures cessent
d'agir. Nous ne poursuivrons pas plus loin cette exposition de la mécanique animale ; ce que nous venons de
dire suffit à notre objet. On comprend, en effet, que
s'il faut, pour se tenir debout seulement, le concours
d'un si grand nombre de puissances, dont le défaut d'action dans quelques-unes entraîne inévitablement une

chute, il est de la dernière imprudence de vouloir, dans cette situation, se livrer à l'exercice de la fonction, qui abat toujours momentanément les forces musculaires.

La station assise présente des inconvénients moins nombreux, mais tout aussi réels et funestes. Dans la station horizontale, au contraire, il n'y a point d'effort musculaire, le corps repose avec tout son poids sur le plan qui le supporte, et c'est cette station qu'il faut préférer. En résumé, l'acte générateur par opposition est le plus naturel, celui dans lequel toutes choses vont à leur but, et la station couchée est la plus favorable, par cela seul qu'elle ne divertit aucune force musculaire, et qu'elle n'entraîne par elle-même aucune fatigue (1).

Les autres conditions qu'il faut observer sont d'une nature différente. Il faut surtout tenir compte de l'état dans lequel peuvent se trouver les fonctions nutritives. Ainsi, malgré l'exemple de Buffon, qui avait coutume de se livrer à l'exercice de la fonction génésique immédiatement après le repas, cette pratique est éminemment dangereuse. Il est impossible, dans le plus grand nombre des cas, que le travail de la digestion ne soit pas influencé d'une manière funeste par l'ébranlement nerveux qui fait l'essence de l'acte générateur. Il s'établit nécessairement alors sur les

____

(1) « Corporis agitatio in coeundo instar canum, magis nocet quam seminis emissio. Hæc solum viscera, illa omnes nervos et viscera defatigat... Usus coïtûs stando lædit musculos et eorum perspiratum diminuit. » (*Sanctorius, aphor.* 34, *sect. VI; aphor.* 40, *sect.* id.) Et Tissot : « Quand on perd ses forces par deux moyens à la fois, l'affaiblissement augmente bien considérablement. »

organes génitaux une révulsion au détriment des fonctions de l'estomac, dont l'action sur les aliments est pervertie, ou, pour le moins, considérablement diminuée. La plupart des maux qui résultent pour les jeunes gens des désordres auxquels ils se livrent dans les orgies et la débauche n'ont pas de cause plus puissante que ce partage, ou plutôt cette dilapidation de leurs forces dans l'exercice simultané de deux fonctions pour l'accomplissement régulier desquelles il est essentiel de ne point troubler la nature.

En observant la règle que nous venons de poser relativement à la digestion, tous les moments sont bons, pourvu que le désir soit provoqué par un véritable besoin et non par des excitations artificielles. « Le moment où l'on se couche, dit M. Rostan, est celui que l'on doit préférer; cependant, si des travaux pénibles avaient occasioné beaucoup de fatigue, et que la tranquillité d'âme dont jouissent ordinairement les époux le permît, il serait avantageux d'attendre quelques moments de repos, ou même qu'un premier sommeil eût délassé le corps: le sommeil de la nuit viendrait ensuite dissiper les fatigues de l'amour. » ROSTAN, *Cours élémentaire d'hygiène,* tome II, pag. 325.

Les règles que nous venons de poser sont relatives aux deux sexes; celles qu'il nous reste à établir sont déterminées par l'état particulier dans lequel la femme se trouve pendant plusieurs jours de chaque mois, et selon que l'utérus est libre ou embarrassé.

Pendant l'écoulement menstruel, tout rapprochement des sexes est nuisible; d'un côté, l'utérus est alors surexcité; il s'accommoderait très-mal du surcroît d'excitation nerveuse qui est le résultat constant de l'acte générateur, et qui a été quelquefois assez forte pour provoquer de dangereuses hémorrhagies ; de l'autre côté, l'homme qui ne sait pas mettre à ses désirs un frein momentané, s'expose à contracter une de ces inflammations du canal de l'urètre, sur la cause desquelles on peut se méprendre, et qui ont souvent suffi pour faire naître les inquiétudes les plus graves et les plus mal fondées.

L'état de grossesse est aussi une cause d'empêchement plus ou moins absolu à l'exercice de la fonction génératrice. Il faut s'abstenir de tout rapprochement dans les trois premiers mois surtout, et vers la fin. Quand la grossesse est commençante, la surexcitation provoquée dans l'utérus par des sensations trop vives peut déterminer dans cet organe, rendu plus irritable qu'à l'ordinaire par la présence du produit de la conception, une tendance plus ou moins grande à se débarrasser de son fardeau, et, par conséquent, occasioner un avortement ; vers la fin, et après le septième mois principalement, un accouchement prématuré peut s'ensuivre. L'observation prouve en effet que le danger n'est pas le même du troisième au septième mois ; sans doute, parce qu'après trois mois l'utérus est habitué à son fardeau, et parce qu'après sept mois ce fardeau est devenu assez lourd pour que le même organe manifeste pour son expulsion la tendance qui le sollicite de plus en plus depuis cette époque jusqu'à la fin, et qu'il dirige vers ce but toutes les excitations dont il peut être atteint. On comprend de reste que nous ne posons ici qu'une règle générale et qu'il peut se présenter une foule d'exceptions dans le détail desquelles il nous serait impossible d'entrer.

Les inconvénients qui résultent d'une nouvelle grossesse pendant le cours de l'allaitement sont connus, et surtout bien appréciés par tout le monde. On trouverait difficilement un autre précepte d'hygiène aussi religieusement observé par ceux-là même qui n'en ont jamais compris les raisons, sur la valeur et la spécialité desquelles, du reste, les gens de l'art n'ont pas toujours été d'accord; mais, dans le cas présent, les conséquences sont si manifestes que, malgré les nombreuses exceptions qu'on pourrait invoquer pour prouver l'exagération du danger, tout le monde professe à cet égard pour la règle un respect tout-à-fait méritant.

CHAPITRE IV.

**LIMITES ORDINAIRES DE L'ACTIVITÉ DES ORGANES GÉNÉRA-
TEURS. CAPACITÉS EXCEPTIONNELLES. MOYENS PROPRES A
PROLONGER LA DURÉE DE L'APTITUDE.**

La nature a tranché nettement pour la femme la
question de savoir à quelle époque commence l'aptitude spéciale dont nous voulons parler, et à quelle
époque elle finit. La durée de la menstruation règle
d'une manière sensible et irrécusable la durée de cette
aptitude. Avant l'établissement de la menstruation,
toute génération est impossible. Quand la menstruation
est abolie, tous les actes sont improductifs. Si l'on
voulait observer la règle avec rigueur, il faudrait donc
que la femme renonçât à tout rapprochement sexuel
aussitôt que la nature lui a retiré la faculté de rendre
ce rapprochement fécond ; le fait est que les désirs qui
continuent à se manifester sont alors le résultat de l'i-
magination et non le fait du besoin provoqué par la

vitalité des ovaires, qui s'affaiblit et s'annihile de plus
en plus, à partir de l'époque de la cessation des menstrues. Mais il n'en est pas ainsi, dans les villes surtout,
où le luxe et l'oisiveté d'esprit et de corps font souvent
rechercher des plaisirs peu conformes aux vues de la
nature, par ceux-là même à qui cette même nature n'a
pas encore interdit l'usage des plaisirs réguliers.

L'autre sexe n'est pas aussi franchement limité dans
ses moyens. Sa puissance commence à se manifester à
la puberté, et elle se continue plus ou moins long-
temps, selon la réserve et la modération qu'on a su
mettre au commencement dans l'exercice des facultés génésiques ; on peut même dire qu'avec la modération et la réserve dont nous voulons parler, il n'y
a véritablement pas pour l'homme de limites positives
autres que celles qui proviennent des tempéraments
individuels, du plus ou moins d'aisance matérielle, et
des maladies qui ruinent ou affaiblissent sensiblement
tous les ressorts vitaux.

Il y a des tempéraments caractérisés par une grande
énergie des facultés génésiques ; mais il ne faut pas
croire que ce soit là une preuve de l'excellence de l'organisation. Les malheureux qui en sont pourvus, et
pour lesquels la moindre circonstance est une occasion
de besoin, s'épuisent presque toujours prématurément,
et succombent de bonne heure, quand ils n'ont rien
tenté pour diriger les forces organiques sur d'autres
systèmes ; ou bien cette faculté singulière s'éteint chez
eux graduellement, et ne survit guère au-delà du hui-
tième lustre (Rostan). Richelieu s'est remarié à quatre-
vingts ans passés avec une jeune personne ; mais nous
avons peine à croire que ce fût pour tout autre motif

que celui qui introduisit la Sunamite Abisag dans la
couche du roi David (1). En supposant que les besoins
génésiques soient entrés pour quelque chose dans la
conclusion de l'hymen de ce célèbre maréchal, cela ne
prouverait pas grand'chose contre notre thèse, car les
exemples contraires sont très-communs. Nous en citerons un seul. L'un des plus grands génies de notre époque
jouit d'une santé florissante et n'est pas encore d'âge à
faire supposer qu'il a subi une extinction totale des signes de la virilité, et cependant depuis plusieurs années déjà les plaisirs de l'amour ne sont plus pour lui que
des souvenirs agréables. Nous lui conseillons d'être assez sage pour ne point chercher à réveiller par des pratiques imprudentes ses sens endormis, de s'attacher à
conserver la santé parfaite dont il jouit, de se maintenir
surtout dans ce contentement d'esprit et dans cette
gaîté insouciante qui le caractérisent et qui rendent
son commerce si attrayant; et nous pouvons l'assurer
qu'il y a eu quelquefois des individus qui, dans des
conditions semblables, ont vu leur passé redevenir
présent, et ont fourni de la sorte un argument péremp-
toire en faveur de ceux qui croient à l'existence d'une
fontaine de Jouvence.

Quelle que soit la puissance des facultés, on peut

(1) **Et rex David senuerat**, habebatque ætatis plurimos dies : cumque
operiretur vestibus, non calefiebat.

Dixerunt ergo ei servi sui : Quæramus domino nostro regi adolescentulam virginem, et stet coram rege, et foveat eum, dormiatque in sinu suo,
et calefaciat dominum nostrum regém.

Quæsierunt igitur adolescentulam speciosam in omnibus finibus Israël,
et invenerunt Abisag Sunamitidem, et adduxerunt eam ad regem.

Erat autem puella pulchra nimis, dormiebatque cum rege, et ministra-
bat ei ; rex vero non cognovit eam (*Reg.* III, cap. 1, v. 1-5).

34

affirmer qu'en général on se livre à l'acte générateur beaucoup trop fréquemment pour la santé , et
au grand détriment de la constitution des enfants
qui peuvent en provenir. Il est vrai que, relativement
aux individus , il existe des variétés très-nombreuses ; ce qui est un excès pour l'un est assez souvent l'état
normal de tel autre ; mais combien de fois n'arrive-t-il
pas de prendre pour un besoin du tempérament ce qui
n'est que le résultat d'une modification nuisible ! La
jeunesse dans sa verdeur se livre avec déraison à l'exercice des fonctions sexuelles : l'habitude donne lieu
quelquefois alors au développement exagéré des organes copulateurs ; mais ce développement ne se fait
jamais qu'aux dépens des autres appareils organiques ,
c'est-à-dire que là où il s'est manifesté une grande puissance copulative , on a trouvé presque toujours , pour
compensation, une grande faiblesse intellectuelle. On
a vu des individus qui ont pu, sans en mourir, se livrer
tous les jours, et quelques-uns même plusieurs fois par
jour, à l'acte générateur ; mais cette façon d'agir a toujours eu des résultats funestes pour leur organisation
en général, et quand le poumon ne s'est pas altéré rapidement, quand ils n'ont pas été les victimes prématurées de la mort des phthisiques, on les a vus soumis
avant l'âge à la déperdition successive de la plupart de
leurs facultés, et à tous les inconvénients d'une décrépitude anticipée. Ce qui prouve qu'on ne doit pas se
livrer journellement à l'acte reproducteur, c'est que
les organes qui sécrètent le fluide fécondant sont d'une
grande petitesse, comparativement au volume des organes dont l'exercice et les fonctions doivent être jour-
naliers. D'ailleurs, en admettant qu'une répétition aussi

fréquente que nous le supposons ne soit pas tout-à-fait impossible, est-ce que l'on doit en espérer des résultats avantageux pour le produit? on peut même douter qu'il y ait produit dans beaucoup de cas. Ce qui est certain, c'est que la plupart des grands hommes ont presque toujours été le résultat des premiers transports qui ont suivi de longues continences, et l'on sait que Newton a été engendré au retour d'un voyage maritime qui avait duré plusieurs années, et pendant lequel son père s'était abstenu de tout rapprochement sexuel, retenu qu'il était par une passion vive et une constance admirable pour sa femme.

Ainsi donc, le premier et le meilleur moyen de jouir long-temps de l'aptitude aux fonctions génésiques, c'est de mettre dans leur exercice une grande modération ; malheureusement, ceux à qui cette recommandation est le plus nécessaire seront toujours les moins disposés à l'écouter. C'est dans la jeunesse principalement qu'il faudrait avoir cette sorte de prévision, et l'on sait combien ont peu de puissance sur l'esprit des adolescents les conseils de la raison et de l'expérience, quand il s'agit d'un pareil sujet.

Le second moyen consiste dans une diète bien réglée, dans un soin minutieux à maintenir l'estomac en bon état, à ne point abuser des forces gastriques dans des repas hors de saison, comme sont toutes les orgies où l'on consulte beaucoup moins les besoins de la nutrition que le plaisir de se gorger de vins et de viandes, sans s'inquiéter aucunement des moyens qui peuvent rester au ventricule pour une digestion régulière et profitable à toute l'économie. Il y a une correspondance intime entre les fonctions de l'estomac et celles des organes

génitaux. Qu'un individu sensible à l'aiguillon de la
chair se livre à toute l'intempérance de ses désirs, qu'il
passe une nuit entière entre les bras d'une séduisante
Phryné, habile comme toutes ses pareilles à mettre à
profit les plus faibles étincelles d'un feu qui s'éteint,
vous le verrez le lendemain, quel qu'ait été son repas
de la veille, plus pressé d'assouvir la faim insatiable
qui déchire son estomac, que de se livrer à ce doux
sommeil qui répare si agréablement les forces après
un acte régulier et non intempestif. On conçoit donc
qu'en usant l'organe principal de la digestion, on s'expose à perdre complètement et à jamais toute faculté
génésique.

L'aptitude qui disparaît par suite des maladies qui
n'ont pas aboli complètement la fonction en intéressant
les organes eux-mêmes, est en quelque sorte plus facile à rétablir que dans les cas de destruction des forces
gastriques, ou d'oubli antérieur de toute modération.
Lorsqu'une maladie plus ou moins grave est suivie
d'une longue convalescence, il arrive quelquefois que
toutes les fonctions organiques, soit nutritives, soit de
relation, reprennent peu à peu leur activité première,
tandis que les organes relatifs à la génération persistent
à rester dans un sommeil profond, et paraissent frappés
de nullité. Si le reste de l'économie a recouvré son ancienne énergie, si la digestion et les sécrétions diverses
s'exécutent avec régularité, si la respiration et la circulation exercées avec une certaine puissance démontrent que tous les organes reçoivent un sang bien élaboré, alors il est permis, et il ne saurait être imprudent
de solliciter le retour de la faculté génésique. Les conseils à suivre dans de pareilles circonstances sont d'une

nature tellement délicate, leur efficacité et l'opportu-
nité des moyens qu'on pourrait indiquer dépendent à un
si haut degré des circonstances individuelles, qu'il y
aurait une témérité extrême à les mettre en usage sans
l'assistance d'un médecin doué de beaucoup d'expérience et d'une certaine sagacité. Nous mettrons donc
une grande réserve dans nos indications à ce sujet, ce
qui ne saurait nous empêcher de faire connaître dans
le chapitre suivant ce qu'il y a de possible en ce genre
et qui peut être pratiqué sans aucun danger dans les
cas les plus ordinaires.

Tout ce que nous venons de dire sur les limites ordinaires de l'activité génésique et sur les dangers qui
résultent d'un exercice trop fréquent, est presque exclusivement applicable à l'homme. Il ne faut pas croire
que les femmes soient complètement à l'abri des mêmes
dangers; mais il est vrai de dire qu'elles peuvent jusqu'à un certain point répéter l'acte générateur plus
fréquemment que les hommes, parce qu'il est pour
elles infiniment moins fatigant. Celles qui en abusent
sont tôt ou tard en proie à des irritations chroniques
de l'utérus, à ce qu'on appelle vulgairement des des-
centes de cet organe, à des affections cancéreuses
de son col, à diverses sortes de maladies des ovaires, etc., etc.

Ainsi que nous l'avons dit ci-dessus, si l'on mar-
chait selon les voies de la nature, la femme devrait
s'interdire tout acte génésique aussitôt qu'un légitime
espoir de postérité lui a été ravi par la cessation de
l'hémorrhagie périodique. Certainement il serait absurde de vouloir établir entre l'espèce humaine et les
autres espèces animales aucune assimilation tant soit

peu précise ; pourtant, à l'exception des affections
morales qui entrent plus ou moins dans l'histoire de
nos passions érotiques et qui ennoblissent à un si haut
degré le sentiment de l'amour, on ne peut se refuser
à admettre qu'il y a en effet entre les animaux et
l'homme, relativement aux moyens par lesquels se per-
pétuent les espèces, une similitude presque parfaite. Si
donc l'on étudie ce qui se passe chez les animaux, pour
en tirer des conséquences plus ou moins applicables à
l'homme, on voit que les facultés génésiques ne sont
exercées par eux qu'à des époques déterminées de
l'année et pendant un temps très-limité. Hors de là,
les femelles montrent des dispositions tout-à-fait hos-
tiles au mâle qui les poursuit ; tant il est vrai que la
nature ne pousse les animaux à l'exercice de la fonction dont nous parlons, que dans les circonstances où
tout est disposé pour que les organes ne soient pas mis
en activité en pure perte. Est-ce que la raison ne devrait pas produire chez les femmes le même effet que
l'instinct chez les animaux, et ne devraient-elles pas,
quand elles sont arrivées à leur âge climatérique,
s'attacher à vaincre des désirs sans but, qu'aucun véritable besoin ne provoque, et qui au fond ne sont que
le fruit d'une concupiscence mal contenue? Si le libertinage est dégradant chez le vieillard, s'il attire le mépris et l'ignominie sur les têtes que l'âge a dépouillées
ou blanchies, il est plus que tout cela chez la femme
âgée, il est ignoble et dégoûtant.

« La vieillesse, qui est, dit Roussel, toujours plus hâtive pour la femme que pour l'homme, ne succède
point immédiatement à l'époque où elle cesse d'engendrer. Il est encore un espace de temps, mais trop court

sans doute, où elle intéresse par un reste d'attraits qui rappellent le souvenir de ceux qu'elle n'a plus. Elle redouble d'efforts pour conserver ce reste précieux et inutile, elle rassemble autour d'elle toutes ses machines pour arrêter les ravages du temps qui la dépouille tous les jours de quelque chose ; mais si elle pousse ses soins plus loin que ne l'exige le désir légitime de faire une retraite honorable, si elle écoute trop cet instinct qui ne lui a jamais fait envisager que le bonheur de plaire, il est à craindre que la vieillesse, prête à fondre sur elle, ne vienne mettre dans un trop grand jour le contraste désavantageux de ses prétentions et de son impuissance.

« Lorsqu'enfin cet âge, qu'un auteur appelle l'*enfer des femmes*, est arrivé, elle doit se borner à jouir des droits respectables que les fonctions qu'elle a remplies lui ont acquis ; elle n'a plus rien à attendre des objets auxquels elle a dû sa principale considération. Tout est flétri, tout est détruit ; l'impulsion vitale qui animait tous ses organes se concentre vers l'intérieur et se fait à peine sentir aux parties externes ; l'embonpoint qui lui servait de support se dissipe et les abandonne à leur propre poids, d'où résulte un affaissement général qui défigure la femme par les mêmes choses qui l'embellissaient autrefois. »

Nous terminerons par une observation qui vient à l'appui de la doctrine qui devrait être admise touchant la cessation de l'exercice de l'acte génésique chez les femmes, quand elles ont passé l'âge d'aptitude à la reproduction ; c'est que la nature, en les privant de cette aptitude, leur enlève en même temps plusieurs caractères de leur type spécial. Elles acquièrent une fausse apparence de physionomie masculine, leur teint brunit, leurs traits deviennent plus forts, leur menton se couvre çà et là de quelques poils rudes comme ceux d'une véritable barbe ; toute leur personne, en un mot, revêt insensiblement une expression virile ; et c'est alors surtout qu'elles justifient, jusqu'à un certain point, cette opinion préconçue d'Aristote, que les femmes ne sont que des hommes *imparfaits*.

CHAPITRE V.

DES SUBSTANCES APHRODISIAQUES ET DE CELLES QUI ONT DES PROPRIÉTÉS OPPOSÉES.

Le meilleur des aphrodisiaques consiste dans l'usage d'une nourriture substantielle, de ce que les médecins appellent un régime analeptique. Ce régime, sans fatiguer les organes gastriques, fournit un chyle abondant avec lequel se forme un sang riche, où les organes des sécrétions trouvent des matériaux de bonne qualité et dans des proportions presque toujours relatives à la consommation normale de leurs produits.

Tous les aliments d'une digestion facile et prompte sont analeptiques, d'où il suit que telle substance est analeptique pour l'un, tandis qu'elle est indigeste et peu nutritive pour l'autre. Celles que les médecins prescrivent aux convalescents, comme les plus propres à remonter tous les organes au ton de la santé générale individuelle, sont les suivantes : toutes les fé-
35

cules en général, mais surtout le tapioka, le sagou et le salep ; le chocolat ; les bouillons de tortue, de grenouille, de poule ; les gelées et les sucs de viande ; les consommés préparés avec le bœuf, la volaille, les écrevisses ; les jaunes d'œuf, le blanc manger, le laitage de toute sorte. Pour l'état de santé parfaite, il faut y joindre toutes les viandes qui contiennent de l'osmazôme, principe brun-rougeâtre, aromatique, très-sapide, qui donne au bouillon sa couleur et sa saveur, et qui le rend en même temps très-nutritif. C'est l'osmazôme qui, en se caramélisant, forme le roux des viandes ; c'est par lui que se forme le rissolé des rôtis ; c'est de lui encore que sort le fumet de la venaison et du gibier. La chair des jeunes animaux n'en contient point, et c'est, dit-on, pour cela qu'elle est moins nourrissante. Ce n'est que quand ils ont atteint l'âge adulte qu'elle s'en pénètre ; mais on le trouve abondamment dans le bœuf, le mouton, le chevreuil, le lièvre, le pigeon, la perdrix, le faisan, la bécasse, la caille, le canard, l'oie, et, généralement, dans tous les animaux dont la chair est noire. Les champignons et les huîtres en contiennent aussi, mais dans une très-faible proportion.

Selon M. Rostan, c'est à l'osmazôme que sont dues les propriétés principales des aliments analeptiques. « Ces aliments, en présence de la membrane de l'estomac, dit-il, semblent lui imprimer un surcroît d'activité ; la digestion en est facile, et d'un petit volume de substances alimentairesles vaisseaux chylifères retirent une très-grande proportion de matériaux réparateurs ; il se forme peu de résidu excrémentitiel ; le sang est plus riche, son cours est accéléré ; l'impulsion du

cœur et des artères est plus forte et plus vive. Sous
l'influence de ce régime, il se développe une grande
quantité de chaleur; il y a, dans un temps donné, plus
d'absorption d'oxigène que durant la diète végétale;
la respiration s'exécute plus librement ; l'absorption
acquiert une grande régularité ; les organes augmentent de volume , mais c'est alors un véritable embonpoint ; la nutrition est réellement plus active, ce n'est
plus un boursoufflement trompeur; les sécrétions et
les exhalations redoublent d'énergie ; la perspiration
cutanée devient plus abondante , et les appareils glanduleux remplissent leurs fonctions avec la plus grande
facilité. L'homme qui se nourrit ainsi est très-apte aux
sacrifices qu'exigent les plaisirs de l'amour, auxquels il
est fréquemment sollicité.

« Mais, continue le même professeur, si ce régime est
le plus généreux, il traîne aussi à sa suite un grand
nombre d'inconvénients. Les phlegmasies, les hémorrhagies , toutes les maladies aiguës avec excès de ton ,
peuvent être le résultat de l'usage habituel de ces substances ; et ces maladies sont d'autant plus violentes que
l'individu est plus jeune , plus fort, et plus nourri de
ces aliments.

« Il y a , en effet, un grand danger attaché à l'usage
d'une alimentation trop riche : elle donne lieu ou à un
excès d'embonpoint ou à la plénitude des vaisseaux.
La nature a sagement associé , dans les substances destinées à nous servir d'aliments , les principes exclusivement nutritifs à d'autres principes purement excré-
mentitiels ; il semble qu'elle ait eu pour objet de
préparer un certain travail à l'appareil digestif, et que
si les intestins n'avaient pas à exercer leur action sur

une certaine masse alimentaire, ils éprouveraient le besoin d'aliments plus souvent qu'il ne conviendrait à l'entretien général de l'économie. » (*Voy.* Rostan, *Cours élémentaire d'hygiène*, 2ᵉ partie, *Bromatologie.*)

Il y a des aliments qui, sans être rangés dans la classe des analeptiques, sont réputés néanmoins avoir des propriétés aphrodisiaques ; tels sont les poissons et les truffes.

On cite, quant aux poissons, une vieille anecdote rapportée par Hecquet dans son *Traité des dispenses du carême.* Voici comment la raconte un gastronome qui paraissait tenir en grande considération la propriété particulière dont il s'agit ici :

« Le sultan Saladin, voulant éprouver jusqu'à quel point pouvait aller la continence des derviches, en prit deux dans son palais, et, pendant un certain espace de temps, les fit nourrir des viandes les plus succulentes.

« Bientôt la trace des sévérités qu'ils avaient exercées sur eux-mêmes s'effaça, et leur embonpoint commença à reparaître.

« Dans cet état, on leur donna pour compagnes deux odalisques d'une beauté toute-puissante ; mais elles échouèrent dans leurs attaques les mieux dirigées, et les deux saints sortirent d'une épreuve aussi délicate, purs comme le diamant de Visapour.

« Le sultan les garda encore dans son palais, et, pour célébrer leur triomphe, leur fit faire, pendant plusieurs semaines, une chère également soignée, mais exclusivement en poisson.

« A peu de jours, on les soumit de nouveau au pouvoir réuni de la jeunesse et de la beauté ; mais, cette fois, la nature fut la plus forte, et les trop heureux cénobites succombèrent.... étonnamment. »

Cette propriété particulière des poissons a été attribuée à la présence du phosphore qui existe assez abondamment dans leur chair, et que M. Vauquelin a trouvé en un simple état de combinaison dans les laites. Or, le phosphore est un stimulant des plus énergiques. Il agit sur les organes générateurs de façon à provoquer les plus violents priapismes ; mais ce principe n'agit pas seul , et il faut bien croire que le même effet a également pour cause les assaisonnements divers qui font la base des préparations culinaires auxquelles on a coutume de soumettre les poissons, et qui sont tous tirés de la classe des irritants.

Néanmoins on doit bien se persuader que l'on a beaucoup exagéré les vertus prolifiques des poissons. Il est certain qu'on a donné, à cet égard, beaucoup trop d'importance à des observations faites, assez légèrement, par les voyageurs sur l'abondance de la population chez les peuples ichthyophages ; et, s'il fallait consulter l'expérience à ce sujet, nous citerions plus d'un fait capable de démontrer aux plus incrédules que l'usage continuel du poisson n'excite positivement à la luxure que les individus qui sont naturellement enclins à ce péché ; et, malgré l'anecdote quelque peu apocryphe du sultan Saladin , et qui peut bien avoir été arrangée, nous ne pensons pas que si jamais l'Église avait à modifier la théorie du jeûne, cette considération dût éliminer le poisson de la classe des aliments permis.

Les poissons sont des animaux à sang froid ; ils ne peuvent, par conséquent, fournir une nourriture aussi substantielle que les espèces à sang chaud. Leur chair

est d'ailleurs très - légère , car une livre de poisson a
plus de volume qu'une livre de viande ; et c'est pour
cela que les médecins recommandent le poisson aux individus faibles et aux vieillards dont les forces gastriques sont plus ou moins épuisées. Une quantité comparativement très - petite de viande , accordée à l'homme
du peuple , dont la journée est employée à des travaux
pénibles exigeant un déploiement permanent d'action
musculaire , lui suffit, tandis que le poisson , pris à satiété , diminue , à la longue , son énergie , ses moyens
physiques , et jusqu'à la pesanteur de son corps. Cette
dernière observation n'a pas échappé aux amateurs de
courses de chevaux, car il y a long-temps qu'on soumet
les jockeis destinés à courir à New-market , au régime
du poisson , afin de les rendre plus légers en poids. Si
l'aliment tiré du poisson est moins substantiel que
celui qui se tire de la chair des animaux terrestres ,
s'il rend le corps plus léger, moins prépondérant, son
usage doit tendre à faire prédominer l'esprit sur la matière, et, conséquemment, on n'a pas eu si grand tort,
malgré la propriété particulière dont on le croit doué,
d'en faire la base du régime des cloîtres et des temps
de privation que l'Eglise impose à ses fidèles, et cela
pour leur santé dans ce monde, aussi bien que pour leur
salut dans l'autre.

Les propriétés érotiques des truffes et des champignons, en général, sont peut-être encore mieux établies que celles du poisson. Toutefois, le docteur
Roques, qui paraît s'y connaître, s'est exprimé de la
manière suivante touchant le mélange des champignons
avec les autres substances alimentaires :

« Tous ces mets, dit-il, toutes ces friandises où

domine l'arome des champignons, réveillent l'action
de l'appareil gastrique et des organes circonvoisins,
auxquels ils impriment une douce alacrité. Mais il y a
loin de cette agréable excitation aux effets stimulants
et aphrodisiaques qu'on a prêtés à ces plantes; les personnes naturellement chastes peuvent même en user
sans que leur sagesse s'en alarme. D'ailleurs, les truffes
et les champignons ne produisent des effets si char-
mants que lorsqu'on est encore jeune et d'une belle
santé. Quant aux vieillards, ou à ceux qui ont tari avant
le temps les sources de la vie, qu'ils ne s'attendent
point à des miracles, la nature rebelle s'y refuse; et
si par hasard elle se réveille, c'est le vieux Nestor lan-
çant un trait d'une main défaillante, c'est un éclair qui
s'évanouit dans une nuit profonde....» Et ailleurs : Au
lieu d'être indigeste, comme on l'a répété si souvent,
la truffe, continue le même auteur, favorise au contraire les fonctions de l'estomac, accroît sa faculté
digestive par ses molécules aromatiques et légèrement
excitantes, pourvu qu'on en use avec modération ; elle
nourrit, restaure, réchauffe les tempéraments froids,
lymphatiques. Les viandes, les légumes, le poisson et
autres aliments sont plus légers, d'une digestion plus
facile lorsqu'ils sont assaisonnés de truffes. Il s'est pourtant trouvé quelques auteurs dont le palais n'a jamais
pu apprendre à savourer ces délicieux tubercules, qui
leur ont reproché de troubler la digestion, de causer
de l'insomnie, de provoquer des rêves pénibles, de
disposer à l'apoplexie, aux maladies nerveuses, d'exciter vivement certains organes et de faire naître des
désirs érotiques. Nous avons interrogé un assez grand
nombre d'amateurs de truffes, les uns vieux, les au-

tres encore jeunes ; ils ont tous, d'un commun accord,
célébré leur action bienfaisante. L'un d'eux, d'un âge
moyen, homme très-spirituel et d'un caractère aimable
comme les vrais gastronomes, me disait il y a peu de
jours : « Quand je mange des truffes, je me crois trans-
porté dans un autre monde ; bientôt je deviens plus
vif, plus gai, plus dispos ; j'éprouve intérieurement,
surtout dans mes veines, une chaleur douce, voluptueuse, qui ne tarde pas à se communiquer à ma tête ;
mes idées sont plus nettes, plus promptes, plus faciles... ; ma digestion se fait d'ailleurs sans trouble, mon
sommeil est calme ; mais ce qu'on a dit de *certaines
vertus* des truffes est pour moi de l'histoire ancienne.»
(Voy. *Gazette de santé*, tome II, page 29 et 158,
Histoire des champignons comestibles et vénéneux,
par Joseph ROQUES, docteur en médecine ; *voy.* aussi
note A, à la fin de la 2ᵉ partie).

On a vu que, pour expliquer les vertus aphrodisiaques des poissons, on a eu recours à la présence du
phosphore dans la chair de ces animaux. D'après cela,
le phosphore serait l'élément aphrodisiaque par excellence. Voici les faits sur lesquels se fonde cette opinion. Un canard de M. Pelletier père, pharmacien,
ayant bu de l'eau dans un vase de cuivre qui avait
contenu du phosphore, ne cessa qu'à la mort de couvrir ses femelles. Un vieillard, à qui on avait fait prendre quelques gouttes d'éther phosphoré, éprouva impérieusement et plusieurs fois de suite des besoins
génésiques auxquels il lui fallut céder. Les premiers
essais d'application du phosphore au traitement des
maladies ont été tentés par Alphonse Leroy, professeur à la faculté de médecine de Paris. Il en fit d'abord

l'expérience sur lui-même, et voici les effets qu'il en ressentit. Ayant pris dans de la thériaque trois grains de cette substance, il en fut extraordinairement incommodé pendant deux heures. Il fit cesser ce premier et violent malaise en buvant fréquemment de petites doses d'eau très-froide : ses urines étaient très-rouges, mais le lendemain ses forces musculaires étaient doublées, et il éprouva surtout une irritation insupportable *des organes générateurs*. Le docteur Bouttatz répéta cette expérience, en y mettant plus de circonspection qu'Alphonse Leroy : il prit de deux en deux heures vingt-quatre gouttes d'un éther phosphoré qui contenait huit grains de phosphore par once. La première dose produisit quelques nausées ; la seconde, un appétit dévorant : le pouls devint plus fréquent, la chaleur augmenta, et l'expérimentateur éprouva une sensation manifeste de bien-être ; le soir, il avait pris environ un grain de phosphore, et n'en ressentait aucun inconvénient ; ses forces étaient augmentées ; il en était de même de la sécrétion des urines et *de l'appétit vénérien*. Il paraît, au reste, à entendre ceux qui manipulent souvent le phosphore, que le contact prolongé de la peau avec cette substance suffit pour déterminer des effets analogues.

Il résulte bien évidemment de tous ces faits que le phosphore en substance est le stimulant le plus énergique des organes génitaux. Toutefois, pour bien édifier l'esprit de ceux qui seraient séduits par l'espoir de recouvrer des facultés perdues, nous donnerons l'extrait suivant d'un ouvrage de M. Alibert sur la matière médicale.

« Un juif, après une attaque violente d'apoplexie,

36

avait perdu l'usage de la voix et le mouvement d'une
de ses jambes; il était dans un état de constipation
opiniâtre, quoique l'appétit se conservât. Tous les secours d'usage avaient été superflus. Weikard essaya
l'administration du phosphore : il en donna au malade
deux grains incorporés dans une conserve; le lendemain, la dose fut portée à trois grains dans du miel, et
il se proposait de l'augmenter progressivement, quand,
tout-à-coup, et au milieu de la troisième nuit, l'estomac du malade fut agité par des contractions violentes, etc. Application d'un vésicatoire, boisson mu-
cilagineuse. Cependant, le visage du malade annonçait
un état de douleur extrême. Quatre jours après, il
succomba. Cet événement causa beaucoup de chagrin
à Weikard.

« M. Bréra, médecin italien, judicieux et éclairé,
traitait une femme hémiplégique; il avait inutilement
mis en usage tous les remèdes usités en pareil cas. Il
se détermina à employer le phosphore dissous dans le
mucilage de gomme arabique, à la quantité de deux
grains partagés en quatre prises. La dissolution avait
été faite par l'habile chimiste Brugnatelli. Après la
première dose, la malade parut se trouver mieux :
mais à peine avait-elle pris la quatrième, qu'elle commença à se plaindre d'une chaleur mordicante dans
l'estomac et dans les entrailles : vingt-quatre heures
après, elle mourut.

« Ici se placent naturellement les expériences faites
sur les animaux vivants, et, entre autres, celles faites
par M. Giulio, professeur de médecine à Turin. Le
lecteur nous saura gré d'en consigner ici le résultat tel
qu'il l'a publié lui-même. Il a conclu de ses divers

essais : 1° que le phosphore , introduit dans l'estomac
et les intestins des animaux, y subit une combustion et
y développe les phénomènes propres à cette combustion ; 2° que l'irritation brûlante , causée par le calorique dégagé pendant cette combustion , ainsi que
l'impression caustique des vapeurs sulfureuses , produit une phlogose dans l'œsophage et dans les intestins, proportionnelle à la quantité de phosphore avalé,
dissous , brûlé ; 3° que l'inflammation de ces parties ,
qui suffit pour expliquer la mort de l'animal , n'est pas
nécessaire pour la produire ; l'impression cuisante
faite sur les nerfs de l'estomac et des intestins peut
suffire , à cause de la sympathie des nerfs avec le cerveau et le système nerveux, pour expliquer les effets
meurtriers du phosphore : de là , les tremblements du
corps, l'anéantissement des forces, les convulsions ef-
froyables qui, dans ses expériences, se sont constamment manifestés dans les animaux soumis à l'action du
phosphore, pris intérieurement à dose suffisante ; 4° que
la mort des grenouilles , causée par la simple vapeur
phosphoreuse et par le seul contact des parties intérieures de la bouche avec le phosphore, que la prompte
destruction de l'irritabilité de leurs muscles , qui cependant est si forte, présentent une preuve irrécusable
que le phosphore, dans un certain état, a une force délétère, et détruit la vitalité en détruisant la force nerveuse ; 5° que l'eau , qui ne dissout point le phosphore,
produit des accidents légers , graves ou mortels , en
raison de sa quantité et de la quantité des parcelles de
phosphore qu'elle tient en suspension, etc. A ces expériences, suivies avec exactitude sur de jeunes coqs et
sur des grenouilles , on peut joindre celles qui ont été

faites sur des chiens par les docteurs Bréra et Mug-
gesti, et qui s'accordent entièrement avec celles de
M. Giulio. »

M. Orfila a également fait des expériences sur des
chiens, pour constater les effets de cette substance.
En voici les résultats. Introduit, en nature, dans l'estomac de ces animaux, le phosphore produit la mort,
en déterminant une inflammation ordinairement indo-
lente du tube digestif. L'action corrosive qu'il exerce
alors paraît uniquement dépendre de la présence des
acides phosphoreux et probablement phosphoriques
auxquels donne lieu sa combustion : celle-ci est d'autant plus lente, que l'estomac contient moins d'air ou
une quantité plus grande d'aliments. La mort est tran-
quille. Lorsque le phosphore est administré préalablement dissous ou divisé dans de l'huile, sa combustion est rapide, et donne lieu sans doute à de l'acide
phosphorique ; l'inflammation qui en résulte est des
plus vives, les douleurs atroces, les vomissements
opiniâtres, et la mort a lieu au milieu des mouvements
convulsifs les plus horribles. L'estomac, dans le fait
rapporté par M. Orfila, se trouvait perforé. Injectée
dans les veines ou dans la plèvre, l'huile phosphorée
donne lieu, dans l'espace de quelques minutes, comme
l'a le premier reconnu M. Magendie, à des flots de vapeurs blanches chargées de beaucoup d'acide phosphoreux, qui, à chaque expiration, s'échappent de la
gueule de l'animal. La mort, qui ne tarde pas à survenir, est due, selon M. Orfila, à l'inflammation instantanée des poumons, produite par le phosphore, et à
l'asphyxie qui en résulte.

Les traces que le phosphore laisse dans les cadavres

après la mort sont assez remarquables. Tout le corps
répand une odeur d'ail intense et une vapeur lumi-
neuse manifeste. Alphonse Leroy a rapporté l'observation d'une femme qui, atteinte d'une fièvre putride,
avait pris *avec succès* du phosphore, et qui succomba
aux suites d'une imprudence. Le cadavre, ayant été ouvert, se trouva tout lumineux à l'intérieur. Les mains
de l'anatomiste Rielle, qui en fit l'ouverture, même
après avoir été lavées, étaient encore toutes lumi-
neuses. (Voy. *Dict. des sc. méd.*, art. PHOSPHORE, par
de Lens.)

Si les propriétés de l'ambre gris sont moins positives, elles sont aussi bien moins funestes. Aux résultats d'expérience personnelle de Brillat-Savarin que
nous avons mentionnés à la note A, nous joindrons les
détails suivants. L'ambre gris jouit d'une vertu stimu-
lante très-prononcée. Selon Boswell, trente grains de
cette substance suffisent pour produire une accélération marquée du pouls, un certain développement de
la force musculaire, une aptitude plus prononcée des
organes des sens, plus d'activité dans les facultés intellectuelles, une disposition à la gaîté, et des *désirs
vénériens.* Les anciens, qui avaient grande foi dans les
vertus de l'ambre gris, l'employaient pour relever les
forces vitales abattues, pour rendre toute leur énergie
à des organes flétris par l'âge ou par les excès, et,
dans tout l'Orient, ce parfum passe encore pour avoir
le pouvoir de prolonger la vie. Le témoignage de
Boswell est confirmé par celui de Chaumeton dont voici
les propres termes : « *L'usage de l'ambre gris*, dit-il,
*a été plus d'une fois couronné de succès ; je pourrais
confirmer sa vertu par des observations authentiques.*»

Au reste, les pharmacopées sont amplement fournies de formules de préparations dont l'ambre fait la base. Ces recettes portent même, assez ordinairement, des noms qui signalent, jusqu'à un certain point, l'usage particulier auquel elles ont été destinées par leurs auteurs. Ainsi, il y a des *tablettes de magnanimité*, un *électuaire de satyrion*, une *poudre de joie*, dite de Nicolas Prévot, etc. Dans ces derniers temps, on avait mis en vogue à Paris, sous le nom de pastilles du sérail, des trochisques odoriférants auxquels les anciens avaient donné le joli nom d'*acicula cypriæ*. L'ambre gris en fait la base, comme il fait toute la vertu des pastilles indiennes appelées *cachundé*, également préconisées de nos jours. D'après Zacutus Lusitanus, dont on suit la formule, le *cachundé* est composé de terre bolaire, de succin, de musc, d'ambre gris, de bois d'aloès, de santal rouge et jaune, de mastic, de jonc odorant (*calamus aromaticus*), de galanga, de cannelle, de rhubarbe, de myrobolans bellériques et indiques, d'absinthe, et de quelques pierres précieuses qui n'y ajoutent aucune propriété. Usité d'abord dans les sérails de l'Inde, où l'on met un si grand prix à tout ce qui peut augmenter les jouissances matérielles, le cachundé s'est ensuite introduit dans ceux de Constantinople, d'où il nous est parvenu par Zacutus.

Pour terminer ce qui est relatif à l'ambre gris, nous donnerons la formule d'une liqueur préparée par Rivière, et dont les vertus ne sauraient être méconnues. Prenez : ambre gris, un demi-gros ; musc, deux scrupules ; aloès, un gros et demi ; benjoin pur, trois gros. Pilez le tout ensemble ; versez par dessus une quantité suffisante d'esprit-de-vin, de manière à ce que ces substances soient dépassées par ce liquide d'environ cinq travers de doigt ; exposez au bain de sable ; filtrez et distillez ; enfermez bien hermétiquement ; donnez dans du bouillon, à la dose de trois, quatre ou cinq gouttes. On mêle cette liqueur, avec un avantage égal, dans un sirop préparé de la manière suivante :

Prenez : eau de cannelle, quatre onces ; eau de fleurs d'oranger et de roses, de chaque six onces ; sucre candi quantité suffisante.

Chaumeton accordait au musc pris à l'intérieur des propriétés aphrodisiaques presque égales à celles de l'ambre gris. On voit que Rivière l'a fait entrer au même titre dans la formule ci-dessus. À l'extérieur, cette substance produit des phénomènes fort singuliers. Ainsi on trouve dans Borelli l'observation suivante : Un homme, s'étant frotté le pénis avec du musc avant de se livrer à l'exercice des fonctions génitales, resta uni à sa femme sans pouvoir s'en séparer. Il fallut dans cette position lui donner une grande quantité de lavements, afin de ramollir les parties qui s'étaient extraordinairement tuméfiées. Diemerbroeck et Schurigins citent des cas analogues. Dans l'observation rapportée par Diemerbroeck, on sépara les deux conjoints en arrosant leur corps d'une grande quantité d'eau froide.

Mais de tous les aphrodisiaques, le plus assuré et le plus terrible dans ses effets, c'est la cantharide, que Béranger a chantée dans l'une des plus belles odes que sa muse ait produites :

Meurs, il le faut, meurs, ô toi qui recèles
Des dons puissants à la volupté chers ;
Rends à l'amour tout le feu que tes ailes
Ont à ce dieu dérobé dans les airs.

On sait que l'application des cantharides à la peau
détermine une irritation qui s'accroît de plus en plus,
et dont le premier effet est d'en faire rougir la surface,
d'y attirer une grande quantité de sérosité, de soule-
ver l'épiderme, de produire, en un mot, ce qu'on appelle une *vésication*. Or, écoutez, vieillards précoces
que la débauche a flétris avant le temps, et que les souvenirs poignants d'un plaisir défendu pourraient exciter
à user d'une dangereuse ressource : Les cantharides
exercent une action vive et prompte sur l'organisation;
elles réveillent vivement et promptement l'appétit génésique; cela n'est que trop vrai. Mais les effets que
ces insectes produisent, quand on les applique sur la
peau, se manifestent aussi et se développent avec une
intensité encore plus grande sur les membranes internes de l'estomac; de plus, ce n'est pas seulement
l'estomac qui s'affecte de leur usage, et la vessie y participe avec une violence telle que jamais rétention d'u-
rine ne détermina une plus violente irritation. Voilà
pour les premiers effets de l'ingestion des cantharides.
A la suite viennent les perforations de l'estomac, les
ulcères de tout le canal intestinal, la dysenterie, le flux
de sang et la mort au milieu des plus terribles angoisses.
Usez donc de la recette, enfants du plaisir ! Et vous,
jeune femme qu'*un père altier*, comme dit le poète,
a jetée au lit d'un vieil époux, suivez les conseils
que Béranger vous donne par la bouche de la *tendre
vieille :*

> D'un plaisir chaste allumez le flambeau ,
> Et cessez d'être une vaine statue
> Dont un mari décore son tombeau.

Courez au frêne, étudiez-vous à glisser dans ses rameaux touffus une main imprudente; vous parviendrez

ainsi incontestablement à réveiller le vieux Céphale ;
mais aussi, sachez bien que vous changerez la couche
nuptiale en un lit de mort.

Les livres de la science sont remplis d'observations
concernant les effets meurtriers des cantharides prises
dans le but de provoquer l'exercice des fonctions génésiques ; nous citons les deux suivantes qu'on trouve
dans Cabrol. « En 1572, dit le médecin provençal, nous
fûmes visiter un pauvre homme d'Orgon, en Pro-
vence, atteint du plus horrible et épouvantable saty-
riasis qu'on sauroit voir et penser. Le fait est tel. Il
avait les quartes ; pour en guérir, prend conseil d'une
sorcière, laquelle lui fit une potion d'une once de semences d'orties, de deux drachmes de cantharides,
d'un dragme et demi de ciboules et autres, ce qui le
rendit si furieux à l'acte vénérien , que la femme nous
jura son Dieu qu'il l'avoit chevauchée, dans deux nuits,
quatre-vingt-sept fois, sans y comprendre plus de dix
fois qu'il s'étoit corrompu , et même , dans le temps
que nous consultâmes, le pauvre homme spermatisa
trois fois à notre présence, embrassant le pied du lit et
agitant contre icelluy, comme si c'eust été sa femme.
Ce spectacle nous étonna, et nous hasta à lui faire tous
les remèdes pour abattre cette furieuse chaleur ; mais
quel remède qu'on lui çeust faire, si passa-t-il le pas. »

Selon le même auteur, un autre médecin, d'Orange,
nommé Chauvel, avait été appelé, en 1570, à Cade-
rousse, petite ville proche de sa résidence, pour voir
un homme atteint d'une maladie du même genre. « A
l'entrée de la maison , dit-il , trouve la femme du dict
malade, laquelle se plaignit à lui de la furieuse lubricité de son mary qui l'avoit chevauchée quarante fois

pour une nuict, et avoit toutes les parties gastées, étant
contrainte les lui montrer, afin qu'il luy ordonnast les
remèdes pour abattre l'inflammation et l'extrême douleur qui la tourmentoient. Le mal du mary étoit venu
de breuvage semblable à l'autre, qui luy fut donné par
une femme qui gardoit l'hospital, pour guérir la fièvre
tierce qui l'affligeoit, de laquelle il tomba en telle fièvre,
qu'il fallut l'attacher comme s'il fust été possédé du
diable. Le vicaire du lieu fut présent pour l'exorter, à
la présence mesme du sieur Chauvel, lesquels il prioit
le laisser mourir avec le plaisir ; les femmes le plièrent
dans un linsseul mouillé en eau et vinaigre, où il fut
laissé jusqu'au lendemain qu'elles aloyent le visiter ;
mais sa furieuse chaleur fut bien abattue et éteinte, car
elles le trouvèrent rède mort, la bouche riante, mons-
trant les dents, et son membre gangrené. » (CABROL,
Observations anatomiques.)

Les breuvages, les philtres amoureux, ainsi que
toutes les préparations destinées à ranimer les organes
de la reproduction, doivent aux cantharides leurs faibles avantages et leur terribles dangers. « On frissonne,
dit le docteur Chaumeton déjà cité, en voyant la main
des grâces présenter la coupe empoisonnée pour assouvir
une passion brutale. La mort prématurée de Lucrèce
est attribuée, par les biographes de ce poète célèbre,
à un philtre amoureux qu'il reçut de sa chère Lucilia.
Ambroise Paré raconte qu'une courtisane ayant sau-
poudré de cantharides les mets qu'elle offrait à l'un de
ses amants, cet infortuné fut attaqué d'un priapisme
violent et d'une perte de sang par l'anus, dont il mourut. Le même auteur cite l'exemple d'un abbé qui,
pour se montrer preux chevalier de Vénus, avala une

dose de cantharides qui lui causa une hématurie mortelle. On assure que l'excellent acteur Molé, désirant prouver qu'il conservait encore au déclin de sa carrière la vigueur qui est l'attribut de la jeunesse, prit un breuvage dans lequel entraient les cantharides, et trouva la mort au lieu de la jouissance qu'il cherchait. Un de nos plus illustres compositeurs, Nicolo Isouard, l'auteur de *Joconde*, a également trouvé la mort dans l'usage des cantharides. Il me serait facile d'ajouter à ce martyrologe les noms de plusieurs jeunes libertins qui, malgré mes conseils, ont avalé la fatale liqueur, et bientôt après ont terminé leur existence au milieu des tourments.

«Pour terminer cette liste par l'indication d'un moyen plus consolant et qui n'offre aucun danger, nous dirons que bien des personnes ont trouvé que les œufs frais à la coque suffisent quelquefois pour réparer les forces épuisées par de trop fréquentes jouissances. Un jaune d'œuf délayé et parfaitement incorporé dans une tasse de chocolat bien sucré fournit un breuvage dont je ne pourrai jamais, nous disait l'une d'elles, trop louer la saveur agréable et la vertu analeptique.» (Chaumeton.)

Les moyens susceptibles d'opérer des effets contraires aux aphrodisiaques sont de plusieurs sortes : ceux que l'on tire de l'hygiène doivent être regardés comme les plus puissants; nous parlerons des aliments avant de traiter des substances médicinales à l'emploi desquelles il peut être permis de recourir pour déprimer l'ardeur des passions génésiques.

C'est encore dans l'alimentation qu'il faut chercher le moyen le plus puissant de diminuer la violence des ardeurs génésiques. L'usage du lait, des végétaux et

surtout des fruits dans lesquels domine un principe
acidule, ralentit les mouvements du cœur et de tout le
système sanguin; il diminue la chaleur animale, dont
la source principale est dans l'activité de la circulation;
il produit un sentiment de calme et de fraîcheur; la
respiration, devenue plus lente, donne lieu à l'absorption d'une moins grande quantité d'oxygène; de plus,
comme cette sorte d'aliments contient peu de matériaux réparateurs, il en résulte une nutrition peu active, la perte de l'embonpoint et l'affaiblissement ra-
dical de tout principe d'irritabilité; en un mot, c'est
la diète la moins susceptible de fournir un aliment aux
passions, de quelque nature qu'elles soient. Et ici nous
ne pouvons nous empêcher de faire remarquer la sagesse qui présida aux lois que l'église chrétienne a prescrites, dès les premiers temps, à ses fidèles. Les lois relatives au carême, c'est-à-dire à une diète végétale de
quarante jours, ont eu pour objet : 1° en affaiblissant
le physique, d'influer sur le moral et, par conséquent,
de rendre les hommes plus doux par la privation de
tout aliment excitant et susceptible d'exalter la force
physique, comme font les viandes et les liqueurs fer-
mentées; 2° en interrompant ainsi brusquement le régime habituel, on a agi en conséquence de ce principe d'observation qui dit que la santé générale s'altère
avec d'autant plus de promptitude que l'on suit plus
long-temps et avec plus de continuité un régime uniforme et trop exclusivement animal; 3° enfin, en fixant
l'époque de cette abstinence spéciale à la fin de l'hiver,
on a manifestement opposé les effets d'un régime dé-
bilitant à l'effervescence que la nature en réveil excite
dans le corps de tous les êtres vivants, quand le prin-

temps arrive et que la terre elle-même commence à
ouvrir son sein.

Les autres moyens hygiéniques consistent dans l'é-
loignement du sexe, dans un grand soin à ne jamais lire
de livres susceptibles d'exalter le sentiment de l'a-
mour, ce qui ne veut pas dire qu'il faut s'abstenir de
la lecture des livres obscènes seulement. Il y a une
grande erreur touchant les effets des livres obscènes.
Ces livres sont particulièrement recherchés par des
hommes usés, possédant de très-faibles moyens génésiques, ou privés depuis long-temps de toute faculté.
Les jeunes gens, au contraire, les regardent avec un
sentiment de dégoût très-profond ; ils ne parviennent
ordinairement à fixer sur eux leurs regards et leur
attention que lorsque le libertinage et la débauche
prolongés ont chassé de leur cœur toute honte pudique
et de leur esprit tout sentiment de dignité. Les livres
dont la lecture est la plus dangereuse dans l'âge des
passions, ce sont les romans, ceux-là surtout qui, sous
prétexte de peindre le cœur humain, font un tableau
séduisant des amours illicites, transforment des bac-
chanales en de philosophiques réunions, et forceraient,
s'il était possible, à l'estime du vice, en le présentant
en quelque sorte comme un complément de la vertu.
Rien n'est plus dangereux que ces sortes de livres dont
la littérature contemporaine a été dans ces derniers
temps malheureusement trop féconde ; le style en est
très-pudique, les actions les plus impures y sont gazées
par un heureux et fort habile arrangement de termes
révérentieux et pleins d'honnêteté ; mais la chaleur
qui fuit les mots réchauffe d'autant les idées, et l'imagination du lecteur, excitée par de vains fantômes, n'en

retombe pas moins, après tout, dans les plus honteuses réalités (1).

Le conseil de s'abstenir de la lecture des livres susceptibles d'exalter le sentiment de l'amour, en suppose un autre : c'est celui de s'adonner à des études qui, en absorbant l'intelligence au profit d'un ordre d'idées spécial, déroutent l'imagination et lui fournissent un aliment salutaire et en nulle occasion pernicieux. Deux sortes d'études sont surtout très-propres à remplir le but dont nous parlons. C'est, en première ligne, les mathématiques, dont l'efficacité est attestée par mainte expérience. La Vénitienne, dont Jean-Jacques parle dans ses *Confessions* n'ignorait pas leur pouvoir, lorsqu'elle lui dit en voyant le singulier effet que ses charmes avaient produit sur notre philosophe encore adolescent : *Giannetto lascia le donne, e studia la matematica.* Les mathématiciens en effet, ont été de tout temps peu portés à l'amour, et l'on sait que Newton est mort vierge. La contention d'esprit qu'exigent les abstractions détourne vivement le fluide nerveux vers les organes intellectuels et l'empêche de se porter vers les organes de la reproduction. « Il est certain, dit M. Broussais dans ses *Leçons de phrénologie*, que le pouvoir génésique est affaibli par l'exercice soutenu de la recherche des causes et de la méditation, par l'étude outrée des mathématiques et par toutes les espèces de travaux qui tendent à appeler les forces nerveuses vers les organes de la

(1) Des idées analogues à celles que nous venons d'émettre ont été consignées par le docteur Roques dans un ouvrage fort intéressant et très-bien écrit qu'il publie en ce moment sous le titre de : *Nouveau traité des plantes usuelles spécialement appliquées à l'économie domestique et au régime alimentaire de l'homme sain ou malade.* (*Voy.* à la fin de la IIe partie, note C).

pensée L'excès de l'ordre et de la mesure n'est pas favorable aux fonctions du cervelet (1); les hommes compassés, extrêmement méthodiques, trouvent dans cette disposition une espèce de contrepoids qui les préserve des excès que cet organe tendrait à leur inspirer. »

Après l'étude des mathématiques, vient celle de l'histoire naturelle; cette dernière étude est même d'autant plus puissante qu'elle exige une foule de distractions en quelque sorte mécaniques, telles que les courses aux champs, la culture des plantes, l'observation *de visu* de tous les êtres animés.

Cette influence spéciale de l'étude des mathématiques et des sciences naturelles en général doit fixer l'attention des personnes préposées à l'éducation de la jeunesse. On peut, en effet, jusqu'à un certain point, calmer l'effervescence de ses passions en dirigeant plus ou moins son esprit sur les unes et les autres, selon que le tempérament montrera plus ou moins d'ardeur et de précocité.

Toutefois, il y a des organisations exceptionnelles qui sont rebelles à l'influence de tout moyen modificateur; celles-là ont quelquefois été domptées pourtant par des médications particulières. Tel est, par exemple, l'individu qui fait le sujet de l'observation suivante :

« Un musicien d'une structure athlétique, ayant les cheveux et la figure rouges, d'un tempérament ardent, était tellement tourmenté de désirs amoureux, que l'acte vénérien, répété plusieurs fois en peu d'heures,

(1) On sait que les phrénologistes attribuent exclusivement au cervelet l'instinct de la reproduction.

ne pouvait le satisfaire. Odieux à lui-même, il craignait les châtiments que la colère divine réserve aux luxurieux; il vint implorer mon secours. Je lui fis pratiquer une saignée, et le mis à l'usage des rafraîchissants et des calmants; je lui conseillai une diète légère, ce qui ne procura aucun soulagement. Mon avis fut alors qu'il eût recours au mariage; effectivement, il épousa la fille forte et robuste d'un villageois. D'abord, il parut s'en trouver bien; mais peu de temps après il lassa sa femme par des embrassements trop répétés, et redevint aussi satyre qu'auparavant. M'étant venu demander d'autres secours, je lui recommandai les prières et le jeûne; ne s'en trouvant pas soulagé, il voulait se soumettre à la castration. J'ai pensé qu'il ne fallait point pratiquer cette opération par rapport aux suites funestes qu'elle pourrait avoir, et qu'au moins il fallait la différer. Le malade me pressait vivement, et cherchait à gagner, par des présents, ceux qui s'opposaient à son dessein; il me promit même un cheval qui allait l'amble, dont la beauté n'était pas à dédaigner, en cas que je voulusse me rendre à ses désirs.

« J'avoue que mes domestiques m'ont souvent fait rougir, ne connaissant pas la fureur satyriaque de ce musicien, et me demandant ce qu'il venait si souvent faire chez moi, lui qui non-seulement n'avait pas l'air malade, mais qui présentait tous les signes de la santé la plus robuste; peu s'en fallut que je ne fisse couper son membre importun.

« M'occupant des moyens qu'on pourrait tenter pour la guérison de ce musicien, je me rappelai avoir entendu dire à Paris, par l'illustre Prévatius, qu'il avait, avec du nitre préparé, guéri un homme qui souffrait

des douleurs néphrétiques occasionées par la présence
d'un calcul. Le malade en fut délivré, mais il devint
par la suite inhabile aux plaisirs de l'amour. Je fis l'essai
de ce moyen; matin et soir je lui donnai du nitre dissous dans de l'eau de *nymphœa*. L'usage de ce sel, pendant environ huit jours, le rafraîchit au point qu'il suffisait à peine aux besoins de sa femme. » (Traduct. de
Baldassar Timeus, *Cas. méd.*, lib. III, *Salacitas ni-
tro curata.*)

Dans le cas que nous venons de citer, c'est au nitrate de potasse que Baldassar eut recours pour dompter la salacité du musicien. Le nitre, en effet, est une
des substances qui diminuent de la manière la plus sensible les contractions du cœur et celles des artères;
c'est pour cela que la plupart des médecins l'ont regardé, ainsi qu'ils disent dans leur langage, comme
sédatif, tempérant et très-bon rafraîchissant.

Il y en a qui ajoutent quelque confiance aux médi-
caments dits réfrigérants. «Telles sont, dit M. Louyer-
Villermay, les infusions de fleurs ou feuilles de nénuphar (*nymphœa alba*), d'oseille, de laitue; peut-être
aussi celles de mauve, de violette et de chicorée; les
semences émulsives, les eaux distillées de laitue, de
nénuphar, de concombres, de pourpier, d'endives. On
place sur le même rang les sirops d'orgeat, de limon,
de vinaigre, auxquels j'associerais volontiers l'eau distillée de laurier-cerise à dose convenable et progres-
sive.... Saint Basile et Primerose ont vanté l'usage intérieur de la ciguë pour modérer les désirs trop ardents.
On a prêté la même vertu au camphre, qui est un stimulant très-actif, et à l'agnus-castus. » (*Dict. des sc.
méd.*. art. NYMPHOMANIE.)

La ciguë est un poison, et malgré le témoignage de Primerose et de saint Basile, il ne faut pas s'y fier. Pour ce qui est du camphre, que M. Louyer regarde comme un stimulant très-actif, nous devons dire qu'à cet égard les opinions sont partagées. Il est certain que le camphre a quelquefois apaisé les accidents occasionés par la nymphomanie, ainsi que cela résulte d'un exemple fourni par le professeur Alibert dans ses *Éléments de thérapeutique et de matière médicale*. Toutefois, ceux même qui admettent que cette substance agit comme sédative, prétendent qu'elle réussit chez les individus d'un tempérament faible et nerveux, tandis qu'elle irrite les personnes qui ont une constitution ardente, vigoureuse et sanguine. Voici, du reste, de quelle manière en parle le docteur Roques dans sa *Phytographie médicale* :

« On a cru, dit-il, que le camphre pouvait émousser les propriétés des cantharides, et prévenir ainsi ou combattre les irritations que produisent ces insectes. En effet, les auteurs nous fournissent des faits qui sembleraient prouver la faculté sédative du camphre; mais comme dans ces cas on prescrit en même temps des émulsions, du petit-lait, des bains, des fomentations, enfin tout ce qui constitue la méthode tempérante, ces divers moyens peuvent, à juste titre, revendiquer une grande partie des bons effets qu'on attribue à cette substance. Cependant, l'opinion de Groenevelt, qui a disserté sur l'emploi des cantharides, et les faits qu'il a recueillis, ont dû fixer notre attention. Ce médecin n'hésite pas à attribuer au camphre une action spécifique. « *Cantharides*, dit-il, *optimè camphorâ corrigi à plurimis annis expertus sum.* »

« Un jeune homme à qui on avait donné une assez
forte dose de cantharides dans du vin, ressentit d'a-
bord une sorte de prurit avec irritation dans la vessie ;
mais, bientôt après, il fut en proie à une ardeur extrême, accompagnée d'une strangurie intolérable. La
saignée, les émulsions, les injections, les préparations
opiacées n'apportèrent aucun soulagement. Après cinq
ou six jours de souffrances, Groenevelt prescrivit deux
scrupules de camphre en deux bols. La première dose
apaisa en partie les douleurs, et la dernière les dissipa
entièrement. (Joan. GROENEVELT, *De tuto canthari-
dum in medicinâ usu interno.*) Les premiers remèdes
avaient sans doute affaibli l'inflammation, et la strangurie n'étant plus entretenue que par un état de spasme
de l'appareil urinaire, le camphre suffit pour en triom-
pher. »

On voit par tout cela combien il faut rabattre de la
confiance qu'on a si long-temps accordée à ce vers de
l'école de Salerne, qui attribuait une vertu antiaphro-
disiaque très-énergique à l'odeur même du camphre :

Camphora per nares castrat odore mares.

Nous ne parlerons pas de toutes les plantes auxquelles on a attribué des vertus analogues, et qui pour cela
même ont été en grand usage dans les monastères.
L'agnus-castus et le nénuphar sont celles qui ont été
le plus vantées ; nous dirons seulement un mot de la
dernière.

Le nénuphar blanc ou lis des étangs (*nymphea
alba*) est très-commun dans les rivières dont le cours
est peu rapide ; ses grandes et belles fleurs sortent de
l'eau pour s'épanouir au lever du soleil, et s'y replon-

gent à son coucher. Les vertus réfrigérantes qu'on lui
a supposées dès la plus haute antiquité n'ont peut-être
pas d'autre origine que cette habitation au sein des
eaux et la blancheur virginale de ses fleurs. (Marquis.)
Le fait est que ces vertus n'ont pas été constatées,
et qu'en écartant tout le merveilleux qu'on a débité
sur le compte de la plante, on trouve que sa racine
est évidemment astringente, puisque la saveur en est
amère, que son infusion fait noircir le sulfate de fer,
et que ses fleurs sont médiocrement émollientes. Néanmoins, dans ces derniers temps, M. Alibert a persisté,
d'après son expérience personnelle, à attribuer aux
fleurs des propriétés narcotiques assez puissantes
pour lui faire dire qu'elles peuvent en différents cas
remplacer les préparations d'opium. Il est vrai qu'elles
ont une odeur nauséabonde comme cette dernière substance, et qu'elles ont avec le pavot une certaine affi-
nité de caractère, surtout par le fruit auquel elles donnent naissance. Mais c'est là tout, et le reste est
encore à démontrer.

CHAPITRE VI.

——

DE L'ONANISME DANS LES DEUX SEXES.

Tous les auteurs qui ont écrit sur le sujet de ce chapitre ont surabondamment prouvé que le péché d'Onan est le principe le plus actif de destruction de la santé. Nous ne reproduirons pas leurs dissertations, ni les faits sur lesquels ils s'appuient. Le danger n'est pas aussi positivement dans l'acte lui-même que dans la facilité avec laquelle on peut s'y livrer. Pourquoi les rapprochements sexuels n'entraînent-ils pas les mêmes résultats? Uniquement parce que les occasions sont nécessairement moins fréquentes, même pour celui qui les recherche. Pour le péché d'Onan, les moyens d'exécution sont aussi prompts que l'idée. Il n'est pas besoin du concours d'autrui : chaque malheureux qu'un mauvais génie pousse à sa destruction porte en lui-même tout ce qui est nécessaire à la consommation de son lent suicide.

On a dit que la lecture des livres qui traitent de l'onanisme était pernicieuse. Il y a quelque chose de vrai dans une semblable assertion. D'un côté, l'exagération dont ils sont empreints persuade à ceux qui les lisent qu'on a voulu seulement les effrayer : comme ils ne ressentent pas immédiatement les maux dont on les menace, ils continuent à se livrer à leur funeste penchant ; de l'autre côté, les parents croient avoir tout fait quand ils ont habilement placé ces livres sous les yeux de leurs enfants ; ils se relâchent d'une surveillance qui leur paraît désormais inutile, et ils demeurent ainsi dans une sécurité trompeuse. Mais, c'est sous ce dernier point de vue seulement que les livres dont nous parlons sont évidemment pernicieux ; car s'il est vrai de dire que tous ceux qui ont lu Tissot ne se sont pas corrigés, il faut convenir, au moins, que la frayeur a eu sur quelques-uns un pouvoir plus ou moins grand ; et relativement à ceux qui n'ont point été retenus par un semblable frein, on peut arguer tout au plus de son inutilité, mais on ne doit pas l'accuser de danger. Non, l'effroi n'est pas un moyen infaillible de correction ; mais il n'est pas sans influence, et, conséquemment, on aurait tort de renoncer à s'en servir.

Ce n'est pas seulement à l'époque de la puberté que le penchant à l'onanisme se révèle chez les enfants des deux sexes, et, par conséquent, il ne faut pas attendre cette époque pour surveiller de près ce qui se passe en eux touchant les organes de la reproduction. On a vu des enfants au berceau, chez lesquels la sensibilité des organes sexuels était déjà éveillée. Il est vrai que, dans des cas semblables, c'était presque toujours la faute des nourrices qui , ayant découvert dans le chatouillement de ces organes un moyen d'apaiser les cris de leurs nourrissons, se débarrassaient de leur importunité , et jetaient pour toujours dans leur économie les germes d'un vice funeste. D'autres fois (mais comment croire à d'aussi infâmes turpitudes si elles n'étaient avérées?), on a vu des malheureuses provoquer des érections chez des garçons à peine privés de la mamelle , pour se livrer ensuite avec eux à un vain simulacre de rapprochement sexuel.

Les effets de l'onanisme sont excessivement variés. Ce vice conduit toujours et inévitablement à une mort honteuse et prématurée. Parmi les désordres qu'il amène à sa suite il faut mettre en première ligne l'affaiblissement et la perte absolue des fonctions intellectuelles , l'épilepsie , la carie des vertèbres et les affections profondes de la moelle épinière , la paralysie , la privation de la vue et de l'ouïe, la fièvre hectique , etc. Les détails dans lesquels nous pourrions entrer à ce sujet nous mèneraient trop loin ; il faut consulter les livres spéciaux , et notamment celui qu'a publié, dans ces derniers temps , le docteur Deslandes sous le titre *De l'onanisme et des autres abus vénériens considérés dans leurs rapports avec la santé.* Nous nous bornerons à consigner ici deux faits qui démontrent que la sensibilité des organes peut être pervertie au point d'effacer complètement toute idée, tout désir de rapprochement sexuel, et d'exciter pour le sexe opposé une indifférence et quelquefois une aversion profondes.

« Un jeune homme, élevé dans une pension, contracta , dans l'enfance, l'habitude de l'onanisme. Le livre que Tissot a écrit sur ce sujet ayant été mis entre ses mains, l'effraya sans le corriger entièrement. Cette lecture le porta néanmoins à plus de modération, et il ne se livra à la triste volupté de la masturbation qu'à de longs intervalles, et lorsqu'il y était excité par des désirs très-violents. Cette attention fit que son tempérament ne s'altéra pas, demeura robuste, et que ses facultés morales conservèrent toute leur énergie; mais l'affreuse habitude qu'il avait contractée empêcha qu'il ne se développât en lui le moindre germe du penchant qui attire un sexe vers l'autre. Parvenu à trente ans, ses sens n'avaient jamais été émus par la vue d'une femme, et n'étaient vivement provoqués que par de vaines images, ou des fantômes que lui créait son imagination déréglée. Il avait de bonne heure étudié le dessin, et il s'en était toujours occupé avec ardeur. La beauté des formes de l'homme, dans ce beau idéal des peintres que la nature n'a jamais réalisé, le frappa, et finit par lui inspirer une émotion extraordinaire, une passion vague et bizarre, dont il disait lui-même ne pouvoir se rendre compte, et sur laquelle il répugnait à s'appesantir. Il est nécessaire néanmoins d'avertir que cette passion n'avait aucun rapport avec les goûts des Sodomites, et qu'elle ne pouvait être provoquée par l'aspect d'aucun homme vivant. Telle était la situation, aussi étrange qu'accablante, dans laquelle se trouvait cet individu, lorsqu'il réclama mes conseils. Il n'offrait alors, je le répète, à l'extérieur, aucun symptôme physique d'impuissance; il était sain et bien constitué, et n'avait point été, à cet égard, maltraité par la nature; mais il avait tellement travesti l'usage de ses dons, qu'il ne connaissait plus de moyens pour les ramener à leur véritable but. Le malade, d'ailleurs, connaissait et sentait vivement son état. « Il n'est aucun effort, m'écrivait-il, que je ne fusse prêt à faire pour sortir de mon ignominieuse situation, pour arracher de ma pensée les infâmes images qui viennent l'accabler malgré moi ; elles m'ont privé, jusqu'ici, des jouissances légitimes que procure l'union des deux sexes, et de la faculté dont jouissent les plus vils animaux de reproduire les animaux de leur espèce : je me meurs de chagrin et de honte. »

« Pour ce qui me concerne, je ne vis dans cette maladie qu'une perversion de l'appétit vénérien, et je pensai que l'indication la plus urgente était de replacer dans son vrai type la nature dévoyée. En effet, l'individu était très-robuste à l'époque où il me consultait ; d'ailleurs, comme je l'ai dit, la beauté des formes idéales de l'homme excitait en lui des sensations voluptueuses, à l'approche desquelles les organes de la génération s'érigeaient et éjaculaient, ce qui devait faire présumer un état réel d'énergie dans les forces radicales de son économie. Il n'y avait donc ni destruction, ni altération essentielle dans la sensibilité physique, mais plutôt fausse direction de cette faculté de l'organisme. Voici, en conséquence, le traitement que je proposai. J'ai déjà dit que l'individu dont il s'agit aimait passionnément le dessin, et qu'il s'appliquait à ce genre d'occupation avec cette ardeur dévorante qui distingue les grands peintres, et qui est le plus sûr garant du succès. J'exigeai de lui qu'il fît une étude approfondie des formes du sexe féminin pour les reproduire par son talent. Il lui en coûta sans doute de rompre la chaîne de ses habitudes, et de renoncer à l'Apollon du Belvéder

pour la Vénus de Médicis ; mais peu à peu la nature,
plus forte que tous les penchants factices, reprit ses
droits. Dès qu'il fut parvenu à préférer des bras faibles, mais gracieux, à des bras musculeux et redoutables, dès qu'il se plut à contempler l'élégance des
formes et la mollesse des contours, alors sa guérison
commença à s'opérer ; après s'être fait un modèle
imaginaire, il le chercha dans le monde physique. Il
fallut du temps, de la persévérance, mais il se rétablit
entièrement. » (Alibert.)

Le second fait appartient au docteur Deslandes, dont
nous avons mentionné l'ouvrage ci-dessus. « Une
jeune femme à laquelle j'ai souvent donné mes soins,
dit-il, s'était livrée, en pension, à tous les excès de l'o-
nanisme. Mariée à dix-sept ans, elle put connaître enfin ce dont elle s'était fait, me disait-elle, l'idée la plus
voluptueuse. Quel désappointement ! Le mariage ne fut
le plus souvent pour elle qu'une source de malaise et
de douleurs ; ou bien, et c'était le cas le plus heureux,
elle était complètement insensible aux caresses de son
époux, ou bien elle éprouvait, en les recevant, les sensations les plus désagréables. Alors un état pénible de
spasme et de convulsions s'emparait d'elle, et se prolongeait plusieurs heures encore après que la cause
avait cessé d'agir. Plus d'une fois je fus appelé, au milieu de la nuit, pour remédier à cet état, qui inspirait
toujours de vives inquiétudes. Cette dame, au surplus,
était d'une susceptibilité physique excessive, et se
plaignait habituellement de quelques-unes des incommodités nombreuses qu'on rapporte à l'hystérie. Je
ferai remarquer en outre qu'elle présentait toutes les
apparences extérieures du tempérament lymphatique,

qu'elle avait offert, pendant sa jeunesse, les symptômes les plus prononcés de scrophules, et qu'aujourd'hui elle n'en est pas encore complètement exempte, bien qu'elle soit âgée de vingt-deux ans. Ces circonstances, qui ne coïncident pas ordinairement avec une sensibilité bien vive, ne prouvent-elles pas que c'est au long abus que cette dame a fait d'elle-même qu'elle doit son impressionnabilité excessive, et particulièrement l'irritabilité extrême qu'offre chez elle le système utérin ? »

Les malheureux qui sont dominés par la passion de ces turpitudes solitaires trouvent dans la moindre circonstance et dans les objets les plus bizarres les moyens d'arriver au but de leurs incessants efforts. Et l'on ne croirait pas à de semblables imaginatives de leur part, si, pris au piége qu'ils s'étaient tendu sans s'en douter, ils n'avaient été contraints de dévoiler aux hommes de l'art la cause de leurs souffrances.

L'un se sert d'une tige herbacée qu'il s'introduit dans le canal de l'urètre. La tige se rompt, et, pour l'extraire, il faut pratiquer l'opération de la taille. (Observation de M. L. Senn, *Journal des sc. méd.*, 1829.)

Un autre poursuivait l'excitation du même canal jusque dans la vessie avec une tige de glaïeul ; elle se brise : une portion tombe dans ce réservoir, et, après deux mois de douleurs et de dangers, il faut aussi faire usage de l'instrument tranchant. (Observ. de M. Rigal, *Annales de la fac. de Montpellier*, 1810.)

Un troisième, qui est vigneron, se sert d'un petit bâtonnet de sarment : au moment du spasme, le sarment lui échappe des mains, et tombe dans la vessie. (Observ. de Bonnet, chir. de l'Hôtel-Dieu de Clermont-Ferrand.)

D'autres introduisent le pénis dans un anneau de
clé (observ. de Sabatier, *Médec. opératoire*), dans un
anneau de cuivre (*Idem*), dans une bobèche de chan-
delier. (Observ. de Dupuytren.)

Un autre enfin, en prenant un bain, s'imagina d'introduire cet organe dans le trou pratiqué à la bai-
gnoire pour l'écoulement de l'eau. Bientôt le gonflement du gland devint tel qu'il fut impossible au malheureux de le retirer de ce trou où il était serré comme
dans un étau. Ses cris firent accourir à son secours, et
ce ne fut pas sans peine qu'on parvint à le délivrer des
entraves qu'il s'était forgées lui-même. (*Dict. des sc.
méd.*, t. XXXI, p. 107.)

Les individus du sexe opposé ne sont pas moins stu-
pides, dans des conditions semblables. M. Pamard a
rapporté l'exemple d'une fille de trente-un ans, qui se li-
vrait à de honteux désordres avec un sifflet d'ivoire long
de trois pouces et demi et gros de cinq lignes au milieu
et à la tête ; c'était par ce bout qu'elle se l'introduisait,
non dans le vagin, mais dans le canal de l'urètre. Un
jour ce corps s'engagea si avant, qu'elle ne put l'extraire ; on ne parvint, après diverses tentatives, à l'en
délivrer qu'en le saisissant avec une pince à polype.
Une autre fille, qui avait dix-sept à dix-huit ans, fut
moins heureuse : elle avait l'habitude de s'introduire un
gros morceau de bois dans le canal de l'urètre ; cet instrument, ayant une fois pénétré trop profondément,
s'engagea dans la vessie. M. Faure, ayant été appelé,
dut pratiquer la taille vaginale pour l'extraire. M. Rigal
fut obligé d'avoir recours à la même opération pour
une demoiselle de vingt ans, qui s'était introduit dans
la vessie un étui de bois. Des aiguilles et des épingles

se sont égarées souvent de la sorte dans des routes où
elles n'auraient pas dû pénétrer. Morgagni assure qu'il
n'est pas rare, en Italie, que des filles lascives s'insi-
nuent dans l'urètre les aiguilles d'or qui servent à leur
coiffure ; qu'elles les ont laissées plus d'une fois s'échapper dans la vessie ; qu'elles dissimulent long-temps,
mais que la douleur finit par les obliger à confesser
leur faute. Moïnichen parle d'une fille de Venise que
Molinetti parvint à débarrasser d'une aiguille d'or qui
de ses mains était passée dans cet organe. En 1751,
Lachèse (au rapport de Morand) fut appelé pour une
fille de vingt ans, qui, la veille, s'était introduit dans
l'urètre un cure-dents qu'elle y avait perdu : on ne put
l'extraire qu'au bout de deux mois et après des tentatives de toute sorte. Une circonstance heureuse favo-
risa Lamotte dans un cas semblable. Une vieille fille
s'était introduit dans la vessie une très-grosse épingle.
Ayant appliqué plusieurs fois la sonde avec beaucoup
d'attention et de patience, Lamotte finit par sentir cette
épingle très-distinctement. Il sondait pour la quatrième fois, quand le hasard fit qu'elle se trouva em-
barrassée dans les deux trous de la sonde ; voulant retirer celle-ci, et trouvant de la résistance, il porta le
doigt dans le vagin et reconnut d'où elle venait. Des
manœuvres méthodiques lui permirent alors de faire
une extraction qui d'abord lui avait paru impraticable.

D'autres fois des corps étrangers sont introduits dans
le vagin et y sont retenus avec force, malgré l'am-
pleur et le peu de longueur de ce canal. Une femme
vint consulter M. Dupuytren pour une incommodité
qu'elle disait ressentir dans le conduit vulvo-utérin.
Le toucher fit aisément reconnaître qu'il y avait dans

cette partie un corps étranger dont on ne put d'abord déterminer la nature, la malade s'obstinant à ne fournir aucun renseignement à ce sujet; cependant, à force d'explorations, on parvint à reconnaître que ce corps présentait une large ouverture et une cavité profonde. Les parois tuméfiées du vagin, recouvrant les bords de l'espèce de vase qu'il recélait, empêchaient de pénétrer jusqu'à lui, et opposèrent une assez grande résistance à ce qu'on pût le saisir, le dégager, et l'extraire après l'avoir culbuté dans la cavité vaginale; enfin, on réussit, et on put connaître l'objet mystérieux de tant d'efforts : c'était un pot à pommade qui avait été introduit par son fond, et au sujet duquel la malade balbutia plusieurs fables qui ne pouvaient avoir aucun crédit.

Il y a des pays, dans l'Orient, où l'on a fait de l'onanisme, chez les femmes, un art tout particulier. On pense bien qu'il ne saurait nous convenir, en aucune façon ni sous quelque prétexte que ce soit, de donner sur ce sujet des indications précises. D'autres, qui pouvaient être moins scrupuleux que nous, ont reproduit des détails très-curieux fournis par des voyageurs plus ou moins véridiques. Les philosophes et les moralistes qui voudront méditer sur un pareil sujet trouveront des renseignements suffisants dans le *Dictionnaire des sciences médicales*, t. XXXI, p. 126 (article de MM. Fournier et Bégin).

Nous terminerons cette analyse de faits inqualifiables par les deux histoires suivantes :

« Un pâtre contracte, dès l'âge de quinze ans, l'habitude de la masturbation, et se livre à cet excès jusqu'à se polluer sept à huit fois par jour. L'éjaculation de-

vient si difficile qu'il se fatigue pendant une heure
pour obtenir l'émission de quelques gouttes de sang.
Arrivé à l'âge de vingt-six ans, sa main devient insuffi-
sante; seulement elle entretenait la verge dans un priapisme habituel. Il imagine alors de se chatouiller l'intérieur de l'urètre avec une petite baguette de bois
longue de six pouces, employant, chaque jour, plusieurs
heures à cet exercice dans la solitude des montagnes
où paissait son troupeau. Par cette titillation, continuée durant le cours de seize années, le canal de l'u-
rètre devint intérieurement dur, calleux et insensible.
La baguette devenue alors aussi impuissante que sa
main, G. fut malheureux par le souvenir des jouissances qu'il avait perdues. Après plusieurs tentatives infructueuses pour les recouvrer, désespéré, il tire de sa
poche un mauvais couteau, et s'incise le gland suivant
la longueur de l'urètre. Cette opération, douloureuse
pour tout autre, lui procure une sensation voluptueuse, suivie d'une éjaculation abondante. Enchanté
de sa découverte, il répète son procédé chaque fois
que ses besoins l'excitent. Lorsque, par la division des
corps caverneux, le sang coulait en abondance, il sa-
vait arrêter l'hémorrhagie en faisant autour de la verge
une ligature médiocrement serrée. Enfin, peut-être
en mille reprises, il parvint à fendre sa verge en deux
parties égales, depuis le méat urinaire jusqu'à l'origine
du scrotum, très-près de la symphyse du pubis. Arrivé
dans cet endroit, et ne pouvant pousser plus loin son
incision, réduit à des privations nouvelles, il revient à
l'usage d'une baguette plus courte que la première,
l'insinue dans le reste du canal, et, titillant, à volonté,
les orifices des conduits éjaculateurs, il provoquait ai-

sément l'éjection de la semence. Il goûte ce plaisir pendant environ dix années. Au bout de ce long intervalle, il enfonce un jour sa baguette avec si peu d'attention et de ménagement, qu'elle échappe à ses doigts et tombe dans la vessie. Des douleurs atroces survinrent, des accidents graves se manifestèrent. Le malade se rendit à l'hôpital de Narbonne, où le chirurgien, surpris de rencontrer sur le même individu deux verges de grosseur ordinaire, toutes deux susceptibles d'érection, et, dans cet état, divergeant des deux côtés, voyant d'ailleurs, aux cicatrices, ainsi qu'aux callosités de la division, que cette conformation n'était point originelle, obligea le malade à lui faire l'histoire de sa vie, avec tous les détails que l'on vient de rapporter. Ce malheureux fut taillé, guérit de l'opération, mais mourut, trois mois après, d'un abcès dans la cavité droite de la poitrine, état phthisique évidemment amené par une masturbation continuée pendant près de quarante années. » (Richerand, *Éléments de phys.*)

L'histoire suivante offre un exemple analogue à celui du pâtre de Narbonne. « Un maître de pension des environs de Saumur en était venu, comme ce pâtre, jusqu'à se titiller le canal de l'urètre, en y portant des corps étrangers. Il se servait particulièrement d'un fil de fer long de sept à huit pouces, dont il avait eu soin de recourber le bout en forme de crochet ou d'hameçon, vraisemblablement pour se procurer des jouissances plus vives. Un jour qu'il procédait à cette singulière manœuvre, et qu'il abandonnait sa main aux mouvements les plus désordonnés, il sentit tout-à-coup une vive douleur. Le canal était crevé dans sa partie membraneuse. Ce malheureux fit de nombreu-

ses tentatives pour retirer ce long fil de fer ; mais le
crochet, qui s'était engagé dans les parties molles, rendit la chose absolument impossible. En proie à la souffrance et à la honte, il voulut à tout prix se délivrer.
A cet effet, il arrondit la partie libre du fil de fer en
forme d'anneau, se proposant de rendre ainsi la traction plus forte. Il tira, en effet, autant qu'il put, et au
point de rompre l'anneau : le fer n'en resta pas moins
en place. S'abandonnant alors au désespoir le plus
affreux, il attendait la mort, lorsque l'excès de la douleur le décida enfin à appeler un chirurgien. Ce fut le
docteur Fardeau, de Saumur.

« La verge était énormément tuméfiée, ainsi que la
peau du scrotum : tous les tissus qui se trouvent au
point d'insertion de la verge au pubis étaient également gonflés, chauds et douloureux. Le ventre commençait à se ballonner ; il y avait suppression d'urine ;
le visage était rouge, et l'œil visqueux ; le cerveau
commençait à se perdre ; le pouls était dur, fréquent
et concentré. M. Fardeau saisit la portion libre du fil
de fer, exerça sur elle de légères tractions, et acquit
de suite la preuve que l'autre extrémité de ce fil était
arrêtée par un obstacle insurmontable. Explorant alors
les parties avec la plus grande attention, il ne fut pas
peu surpris quand il reconnut, à n'en pouvoir douter,
que le crochet était fiché dans le bord interne de la
tubérosité ischiatique. Une incision oblongue fut pratiquée en cet endroit ; le crochet put être saisi, et le
fil de fer fut extrait par le périnée. Le malade éprouva
de suite un soulagement marqué, et finit par se rétablir complètement. »

M. Saraillé a fait connaître une observation du même
genre que celle qu'on vient de lire. Le malade, qui avait

cinquante ans, fit appeler ce chirurgien, le 18 octo-
bre 1813, lui déclarant qu'il avait eu le malheur de laisser échapper, dans le canal de l'urètre, un carrelet à ma-
telas long de quatre pouces, avec lequel il se masturbait
depuis trois ans. Cet instrument avait disparu de ses
doigts à l'instant qui précède l'éjaculation. Il crut d'a-
bord qu'il serait expulsé au moment où celle-ci s'opère-
rait, mais les choses ne se passèrent pas ainsi : l'aiguille
avait été introduite dans l'urètre par le talon, et la
pointe, dirigée en haut, s'était fixée près la racine
de la verge.

Après huit jours de souffrance, pendant lesquels la
présence de ce corps excitait des érections fréquentes,
M. Lallemand (de la Salpétrière) parvint à l'extraire, au
moyen d'une opération.

Il y a une autre espèce d'onanisme sur les effets
duquel aucun auteur ne nous semble avoir fixé l'attention. C'est celui-là même dont parle la Bible, et qui
attira la colère de Dieu sur le petit-fils de Jacob :
*Dixitque ergo Judas ad Onan filium suum : Ingredere
ad uxorem fratris tui, et sociare illi, ut suscites semen fratri tuo. Ille sciens non sibi nasci filios,* INTROIENS
AD UXOREM *fratris sui,* SEMEN FUNDEBAT IN TERRAM,
*ne liberi fratris nomine nascerentur. Et idcircò per-
cussit eum Dominus, quòd rem detestabilem faceret.*

C'est une chose assez commune, quoique détestable, que le péché d'Onan dans le lit conjugal. Les gens
riches y sont poussés par la crainte d'avoir une famille
plus nombreuse que ne le comporteraient l'aisance et
le luxe dans lesquels ils désirent couler de longs jours.
Mais ce calcul d'égoïsme est bien mal entendu; car, en
thèse générale, les nombreuses familles sont plus sou-

vent des éléments de prospérité et de bonheur pour
leurs chefs, que des causes de décadence et d'infor-
tune. Combien citerait-on de riches héritiers qui
n'aient point conservé, dans l'âge mûr, les traces de la
mollesse dans laquelle se sont passées leurs jeunes années, grâce à l'idolâtrie de leurs parents? Les grands
hommes ont été rarement des fils uniques. Des filles,
il n'en faut point parler, puisque, destinées à changer
de nom, elles ne sauraient employer leur fortune à
soutenir le lustre de la maison paternelle, et à perpétuer l'honneur de la famille. Les pauvres ne font pas
de ces sots calculs, et la vie n'en va pas plus mal pour
eux. Ils vont droit leur chemin, ils se détournent peu
des voies de la nature. Aussi, qu'en advient-il? C'est
que, si la lignée est nombreuse, il est rare qu'elle ne
contienne pas dans un membre ou dans l'autre les éléments certains d'une future illustration.

Je ne crois pas que les définitions des sacrements
soient des articles de foi; voilà pourquoi j'oserai dire
que je n'ai jamais vu sans étonnement les théologiens,
dans la définition du mariage, après le *ad usum prolis
suscipiendæ* qui est l'essence incontestable du sacrement, admettre comme une autre fin ce qu'ils appellent *remedium concupiscentiæ*. Si la concupiscence (1)
est un penchant au vice, il faut corriger ce penchant,
et ne pas y chercher un remède dans les moyens de le
satisfaire, car rien n'est plus propre à enraciner les
vices que d'obéir à leurs inspirations. Si c'est le désir
naturel qui porte un sexe vers l'autre, il faut voir le
but auquel tend la satisfaction de ce désir, et ne rien

(1) *Concupiscence*. Inclination aux plaisirs illicites et sensuels. (*Dict.
de l'Acad. franc.*, 6ᵉ édit.)

faire pour l'annuler ou pour s'y soustraire, car c'est
agir contre les lois établies par le Créateur de toutes
choses, et pareille tentative ne se fait jamais avec une
complète impunité.

Le mariage ne doit donc pas être établi comme un
remède à la concupiscence. Il n'y a point de libertinage et d'abus de soi-même qu'un pareil but ne fût
susceptible d'autoriser. Les casuistes, qui l'ont pris
pour base de leurs décisions, ont été amenés ainsi aux
conséquences les plus indignes. Évidemment, si le
sacrement est établi pour satisfaire la concupiscence,
il ne faut pas leur faire un crime d'avoir permis *inter
conjuges quoslibet tactus*, *quælibet oscula*, et d'avoir
conclu qu'il n'y a point de PÉCHÉ MORTEL dans l'action
de *virile membrum in os mulieris immittere*. (Nous
citons les expressions.)

Hâtons-nous de dire qu'une semblable doctrine n'est
point admise, et que, dans la pratique, il n'est point
de pasteur qui se croie autorisé à excuser par aucune
raison de semblables excès, dignes des époques les plus
corrompues de l'histoire des peuples, et, par conséquent, peu conformes à la sagesse et à la pureté de
la morale évangélique. Le péché d'Onan, sous quelque forme qu'il se produise, a toujours passé pour
une chose détestable et excitant la colère divine, ainsi
qu'il est dit dans l'Écriture : « *Et idcircò percussit eum
Dominus*, *quòd rem detestabilem faceret.* »

Toutefois, comme on le pense bien, nous ne cher-
chons pas nos motifs dans des arguments théologiques
pour condamner une action que nous regardons comme
funeste. Les lois de l'organisation nous en fournissent
d'autres bien plus puissants, et surtout plus analogues

à la spécialité de nos travaux. Voyons, en effet, ce qui se passe en un pareil acte dans lequel la nature est frustrée de prime abord de sa prérogative la plus essentielle. Quelles sont les phases principales de l'acte générateur régulièrement accompli ?

Du côté de l'homme, tout est fini lorsque le fluide fécondant a été fourni par lui ; ses sens reprennent plus ou moins vite leur empire, un moment aboli; l'égarement passager dans lequel il avait été entraîné par les besoins génésiques se dissipe, ainsi que la tristesse et l'abattement qui en avaient été la suite immédiate.

Mais du côté de la femme il n'en est pas de même. Il a suffi d'un instant pour déterminer dans son organisation un ébranlement dont elle ressentira longtemps les conséquences inévitables. En effet, dans cet instant si court, l'utérus subit une stimulation des plus énergiques; il entre dans un nouveau genre de vie. Tout à l'heure il vivait pour son compte spécial, entretenant avec les autres organes peu de relations indispensables à l'économie générale; il ne retenait de sang artériel que celui qui était nécessaire à cette vie isolée et en quelque sorte monacale. Maintenant il est à l'œuvre, car le voilà qui appelle impérieusement à son aide le concours des autres systèmes, et les autres systèmes n'auront garde de le laisser dans l'embarras : le sang se fraiera de nouvelles routes pour lui arriver en plus grande abondance; le système nerveux viendra lui fournir une plus grande dose de sensibilité propre ; le système musculaire même se développera outre mesure dans le tissu de cet organe privilégié; en un mot, la nature rassemblera là toutes ses forces comme

sur un théâtre où elle va accomplir son plus grand
œuvre, l'œuvre d'une nouvelle création. La tâche est
laborieuse, mais elle y a proportionné l'élan de l'utérus, et si, selon l'expression du poète, la semence est
ardente et accuse une céleste origine,

Igneus est illis vigor et cœlestis origo
Seminibus.....

cet organe est maintenant animé, lui aussi, d'un feu
divin, et sa vigueur s'est montée au ton nécessaire.
Aussi, une fois lancé dans les voies de la génération, il
atteindra son but en dépit de tous les obstacles. On
pourra arrêter le développement de son produit en le
lui arrachant par une imprudence ou par un crime;
mais aucune puissance humaine ne saurait l'empêcher
de créer ce produit, et de le parfaire toutes les fois
que les conditions essentielles à l'acte générateur
auront été observées à son égard.

Telles sont les modifications fondamentales dont un
seul organe, l'utérus, est le siége par suite de l'acte
générateur, que si nous portions nos regards sur ce qui
se passe du côté des ovaires, nous y trouverions des
phénomènes non moins remarquables, nous y verrions
les trompes utérines appliquer leur pavillon comme une
bouche aspirante sur ces organes ovoïdes, solliciter l'é-
closion et le détachement d'un œuf, et n'abandonner
leur poursuite qu'après en avoir obtenu l'objet pour le
conduire dans le sein de l'utérus, où nous venons de voir
que tout s'était disposé à grands frais pour l'*hébergement*
de ce précieux hôte.

Voyons maintenant quels sont les phénomènes qui se
manifestent dans un acte générateur incomplet. Il faut

mettre l'homme en dehors, car l'acte est toujours complet pour lui dès le moment qu'il y a émission de fluide fécondant. Nous devons donc considérer ici seulement ce qui se passe chez la femme. Nous y trouvons d'abord l'ébranlement nerveux qui est la cause du spasme qui la saisit toujours avec une énergie proportionnée à son tempérament particulier. Ce spasme n'est pas la conséquence d'une excitation du fluide séminal, car il précède quelquefois l'émission de ce fluide dans les actes complets, et de plus il a lieu par le simple effet d'un attouchement insolite provoqué par des organes autres que l'organe générateur du sexe opposé. Sans aucun doute aussi il y a application du pavillon de chaque trompe aux ovaires correspondants; il y a sollicitation au détachement d'un œuf, il y a enfin appel général de tous les fluides et provocation de tous les systèmes dont nous avons parlé ci-dessus à concourir à ce grand effort de la nature pour mettre en lumière une nouvelle création; et quand tout est ainsi monté au ton convenable pour produire, quand tous les ressorts organiques ont été tendus au plus haut degré, on supprime tout-à-coup l'élément qui devait servir de point d'appui et de résistance, on fait agir tout cet ensemble des forces les plus précieuses de l'animalité dans le vide. C'est un leurre dont la nature doit être mal satisfaite, et, nous l'avons dit plus haut, la nature souffre rarement qu'on se joue d'elle avec impunité.

Quand vous abusez de votre estomac, que vous persistez à lui présenter des aliments qui ne lui conviennent pas, vous savez combien de maladies sont la conséquence d'une pareille obstination : les inflammations chroniques, les gastralgies sont les plus ordinaires.

Quand vous excitez outre mesure les fonctions du cerveau, quand vous ne savez pas combiner prudemment les exercices du corps avec ceux de l'intelligence, les travaux du cabinet avec les travaux mécaniques, la promenade avec le repos, vous avez à craindre une autre série d'incommodités et de maladies. Et vous voulez qu'il soit possible d'abuser impunément et tous les jours des organes générateurs! Ne comptez pas sur l'innocuité de semblables actes, ou plutôt soyez assuré que chaque provocation illusoire dans ses fins amassera dans les organes un nouveau ferment de destruction.

Ce que nous disons ici des effets d'un acte incomplet entre les deux sexes, il faut le dire également des excitations solitaires auxquelles la femme pourrait se livrer. Dans les uns comme dans les autres la première conséquence doit être la stérilité. Cet état de nullité provient alors ou de la perte successive de tous les œufs, qui, abandonnant l'ovaire les uns après les autres à la suite d'excitations réitérées, se perdent faute de fluide fécondant, ou bien de la destruction des ovaires eux-mêmes, qui s'enflamment et suppurent ou se changent en tumeurs enkistées, car il est rare de trouver ces organes sains chez les femmes qui ont abusé d'elles-mêmes ou souffert des abus dont nous venons de parler. Ce genre de maladies n'est pas celui qui a le plus occupé l'attention des pathologistes, c'est ce qui fait que la science n'est pas aussi riche en faits que pour une foule d'autres affections. Si les anatomistes qui poursuivent dans les autopsies la recherche des traces que la maladie laisse après la mort, avaient un peu plus souvent fixé leur attention sur les ovaires, ils les auraient certainement trouvés dans un état normal ou anormal, selon l'usage ré-

gulier ou l'abus que le sujet en aurait pu faire. Nous fon-
dons cette remarque sur les ovaires que nous nous
sommes procurés pour nos travaux anatomiques. Nous
avons éprouvé la plus grande difficulté à en rencontrer dans un état parfait de santé. Des vierges même
(ce que Cuvier signale au moins une fois), et nous en-
tendons par vierges des femmes chez lesquelles la
membrane *hymen* était parfaitement intacte et complète, nous ont présenté des ovaires pleins de kystes
ou parsemés à leur surface de cicatrices plus ou moins
nombreuses, provenant, nous n'en saurions douter,
de la rupture d'autant de vésicules de Graaf et de leur
expulsion sans fécondation.

Nous n'oserons pas affirmer aussi pertinemment,
d'après nos travaux, que le cancer de l'utérus est une
conséquence directe de l'onanisme. Cependant, tous
les auteurs qui ont écrit sur cette affection morbide en
accusent franchement les excitations trop fréquentes
de cet organe ; il faut donc reconnaître que l'onanisme
a quelque part dans la détermination de cette épouvantable maladie.

Nous bornons ici nos réflexions sur un pareil sujet.
On doit en conclure, ce nous semble, qu'il y a toujours danger à s'écarter des voies de la nature en la
trompant. Certes, nous ne voulons pas l'ignorer, la
morale a des conditions d'origine bien plus élevées
que les simples lois organiques, mais il n'en est pas
moins remarquable de voir que la transgression de
ses préceptes tourne toujours au détriment de l'organisation, et que le mépris ou l'abrutissement de la raison soit en quelque sorte fatalement puni par quelque
désordre profond de la nature.

CHAPITRE VII.

DE L'IMPUISSANCE ET DE LA STÉRILITÉ DANS LES DEUX SEXES.

Il ne faut pas confondre la stérilité avec l'impuissance. Beaucoup de femmes sont stériles, il y en a fort peu qui soient impuissantes ; et au contraire bien des hommes sont impuissants qui ne doivent pas pour cela être considérés comme stériles. Dans l'un et dans l'autre sexe il y a impuissance lorsque, par une raison quelconque, ils ne peuvent point concourir au rapprochement sexuel. Il y a stérilité lorsque le rapprochement effectué régulièrement n'est suivi d'aucun résultat productif.

Si l'on fait abstraction des cas pathologiques ou des difformités qui se rencontrent quelquefois, mais fort rarement, on peut soutenir que la femme n'est jamais impuissante, car sa conformation normale s'y oppose. L'impuissance radicale résulte en effet pour elle de l'absence complète ou de l'occlusion du vagin. Or, ce sont là des cas très-rares, des cas exceptionnels, de véritables monstruosités.

Il n'en est pas de même chez l'homme ; il arrive souvent au contraire qu'avec des organes en apparence bien conformés, il est impuissant. Si la femme est constituée pour recevoir, c'est à lui de donner ; or, dans la plupart des cas son impuissance est telle que, tout en ayant un fonds riche en apparence, il est incapable d'offrir. Comment cela se fait-il ? Consultez la satire de Juvénal intitulée *les Vœux*, son chef-d'œuvre.

> . . . . vel si
> Coneris, jacet exiguus cum ramice nervus,
> Et, quamvis totâ palpetur nocte, jacebit.
>
> JUVÉNAL, satire X, vers 204 à 206.

C'est là, en effet, la grande difficulté des individus qui ont abusé de leurs organes et qui en ont aboli la sensibilité. Le tissu érectile, dont la turgescence est indispensable, n'admet plus dans son réseau vasculaire une quantité de fluides suffisante pour rendre l'organe pénétrant, *jacet exiguus;* et quoiqu'on puisse supposer que les glandes séminales font bien leurs fonctions et sécrètent abondamment le fluide qui leur est propre, l'organe copulateur reste paralysé.

D'autres fois l'impuissance de l'homme est indépendante de la sécrétion du fluide fécondant, et même de l'érection, qui sont régulières. Elle tient alors, soit à une imperforation du gland, à ce qu'on appelle un hypospadias (1), soit à un rétrécissement du canal de l'urètre, qui arrête le fluide au moment de son expulsion,

---

(1) L'hypospadias est un vice de conformation dans lequel le pénis, au lieu d'être ouvert au sommet du gland, présente son ouverture sous le gland ou plus ou moins loin, à la partie inférieure de l'urètre, au périnée, etc....

et le fait refluer vers la vessie, ou bien en brise le jet
et lui permet seulement de couler goutte à goutte ou
en nappe.

L'impuissance qui a pour cause un hypospadias ne
pourrait se guérir que par une opération chirurgicale,
au moyen de laquelle on remédierait à la mauvaise
conformation du canal.

L'impuissance qui tient à un rétrécissement disparaît naturellement avec la cause qui lui avait donné
lieu. Cette cause est plus fréquente qu'on ne le croit,
mais pour en comprendre l'action il faut se rendre
compte de la conformation particulière du canal de
l'urètre (pl. VI, *fig.* 2, c,c,c), il faut savoir que ce
canal se compose d'une membrane muqueuse analogue à celle qui tapisse les fosses nasales, et comme
elle susceptible de s'enflammer et de fournir une sécrétion plus abondante que dans l'état normal. L'irritation de la muqueuse nasale porte le nom de *coryza*,
vulgairement *rhume de cerveau*. L'irritation de la
membrane muqueuse de l'urètre est appelée *blennor-*
rhagie quand elle est violente, et *blennorrhée* quand
elle a lieu sans douleur. Mais laissons de côté ce que
la blennorrhagie et la blennorrhée peuvent avoir de
spécial dans leurs causes, pour ne nous occuper que de
leurs effets.

Presque toujours, quand la muqueuse urétrale a été
affectée de plusieurs irritations, il se trouve dans son
trajet tel ou tel point qui a été plus malade que les autres ; il peut arriver alors que la guérison soit parfaite
dans tout le reste, tandis que le gonflement persiste en
cet endroit dans une étendue variable. Lorsque les
choses ont lieu ainsi, voici ce qui se passe : la mem-

brane muqueuse, gonflée, boursoufflée, forme là le plus fréquemment (explication de **M.** Amussat) une bride plus ou moins circulaire qui interrompt comme un diaphragme la continuité du canal. Il est aisé de concevoir que cette circonstance peut apporter plus d'une sorte d'obstacle à l'exercice régulier de l'acte générateur. Et en effet, le fluide fécondant est projeté par les vésicules séminales dans le canal, où il pénètre au moyen de *deux* petits orifices marqués *f*, *fig.* 2, pl. VI. Les animalcules n'ont pas en effet d'autre issue ; c'est par là qu'ils arrivent en cohortes innombrables et pressées, courant droit devant eux. L'accélération de la marche du fluide fécondant dans son passage à travers le canal de l'urètre semble être une condition essentielle des actes réguliers et productifs. Voyez en effet que de circonstances ont été accumulées pour la favoriser. C'est d'abord la prostate (*d,d,fig.* 1 et 2), dont les canaux multipliés, s'ouvrant en *h* autour des deux orifices séminifères (*f*), versent une liqueur abondante qui lubrifie largement tous les alentours en même temps qu'elle sert de véhicule aux animalcules chargés de la fécondation. Ce sont ensuite les deux glandes de Cooper, qui, s'ouvrant plus bas en *i* par deux orifices séparés, viennent encore augmenter la fluidité de la masse et rendre le reste du canal encore plus facile à traverser.

Mais s'il existe dans un point ou dans un autre du canal, en delà des orifices des vésicules séminales, qui sont toujours, comme on voit, à l'entrée de la vessie, un rétrécissement, soit circulaire et en forme de diaphragme, soit simplement conique et en monticule, toutes ces précautions prises par la nature deviennent illusoires ; le fluide séminal n'a plus l'élan nécessaire à sa bonne excrétion , il sort de l'urètre en nappe au lieu de s'en élancer par flots , et l'acte générateur est sans force et sans vertu comme le trait du vieux Priam , *telumque imbelle sinè ictu....* On voit même assez souvent , dans ce cas , et principalement quand l'obstacle est situé profondément dans le canal , non loin des orifices des conduits de la semence , celle-ci n'arriver au dehors qu'en très-petite quantité , le reste refluant jusque dans la vessie.

Une semblable cause , toute mécanique, de stérilité, et non d'impuissance , est très-facile à découvrir ; comme le fluide fécondant est moins léger que l'urine, il se dépose au fond du vase : il suffit donc de le décanter et d'en mettre une goutte sur le porte-objet d'un bon microscope pour y découvrir de nombreux animalcules, lesquels continuent même à vivre dans l'urine pendant plusieurs heures après leur excrétion.

Pour faire disparaître cette cause de stérilité, il faut rendre au canal son diamètre, en détruisant le rétrécissement. Plusieurs moyens ont été proposés dans ce but et sont journellement mis en pratique. Les uns dilatent mécaniquement l'obstacle, les autres le détruisent par la cautérisation , d'autres enfin le scarifient pour en opérer le dégorgement. Disons un mot de chacune de ces trois façons d'opérer.

Il faut savoir d'abord que les chirurgiens, même ceux qui, tout en se livrant au traitement spécial des maladies de la vessie et de l'urètre, prennent la science pour guide, ne sont pas d'accord sur la nature de la cause physique des rétrécissements, j'entends sur la manière dont se compose et se comporte l'obstacle qui

se forme ainsi au libre cours des urines et du fluide fécondant. Il est vrai que leurs recherches n'ont guère pu
avoir lieu sur le cadavre, par la raison que la maladie
étant fort rarement mortelle, les occasions d'examen
sont peu fréquentes, et aussi parce que toutes les fois
qu'il s'est trouvé des cas où l'on a cru pouvoir se livrer
à un examen quelque peu précis, lorsqu'on a voulu
porter le scalpel sur le siége du mal, on n'en a rencontré aucune trace ; l'affaissement que l'état de mort entraîne dans le tissu des organes a fait disparaître plus
ou moins complètement toute tuméfaction ou boursoufflure entretenue par l'irritation locale qui existait
pendant la vie. Sur ce point, donc, on en est véritablement réduit à des suppositions. Nonobstant cela, il
ne faudrait pas croire que toutes les suppositions
qu'on fait en pareil cas soient des chimères, car il y en
a qui tiennent intimement à la nature des choses et
doivent par conséquent être regardées comme l'expression de la vérité et des faits.

Ainsi, il est bien reconnu que la matière du rétrécissement n'est pas toujours le résultat d'une excroissance ou carnosité développée dans l'intérieur du canal, comme on le croyait au temps d'Ambroise Paré,
car, ainsi que nous venons de le dire, on ne trouve
rien de semblable, à l'autopsie, et quel que soit l'affaissement des tissus après la mort, cet affaissement ne
saurait aller jusqu'à faire évanouir les carnosités ou
excroissances qui s'y seraient développées, puisqu'il
n'efface pas entièrement celles qui existent sur les autres parties du corps, tant externes qu'internes (1).

(1) M. Amussat, qui a fait beaucoup d'observations sur le cadavre d'individus atteints de rétrécissements de l'urètre, est d'un sentiment con-

Cela posé, le rétrécissement doit consister, ou bien dans un gonflement local et permanent, une tuméfaction circonscrite de la membrane muqueuse ou des tissus sous-jacents, ou bien dans une duplicature, un bourrelet de cette même membrane, laquelle ayant supporté une extension extraordinaire dans son tissu par le fait d'irritations antérieures plus ou moins fréquentes, a perdu une partie de son élasticité et n'est pas assez revenue sur elle-même pour reprendre complètement son état normal.

Enfin, on peut admettre une autre forme de rétrécissement, c'est celui qui est causé par un état nerveux du canal qui se resserre sur lui-même jusqu'à effacer entièrement son diamètre en mettant ses parois en contact. Mais un pareil obstacle au cours des urines n'est jamais que momentané et ne dure guère plus d'une heure ou deux, quoique par sa répétition fréquente il fasse cruellement souffrir les individus qui en sont affectés. C'est une maladie de ce genre qui rendit J.-J. Rousseau si malheureux et si insupportable à lui-même et aux autres. On lui croyait une pierre dans la vessie, et Morand n'avait pas pu le sonder; il eut recours au frère Côme, qui, ayant pénétré, quoique avec difficulté, jusqu'au réservoir de l'urine, n'y trouva rien. Cet examen lui rendit un peu de calme, mais les spasmes de l'urètre ayant reparu, l'hypochondrie revint à leur suite assombrir l'horizon du philosophe et déguiser fatalement, comme on sait, tous les objets de ses regards et de son amitié. Si l'auteur d'*Émile* eût vécu de nos jours, avec les progrès

traire à celui que nous admettons ici d'après l'opinion générale. (*Voyez* à la fin de la IIe partie, note B.)

faits par la science dans le traitement des maladies des
voies urinaires , il est à croire que la plus grande partie de sa vie, et surtout la fin , eussent été bien autrement empreintes du caractère de son génie, qui , s'é-
tant développé fort tard , était de nature à se manifester avec éclat jusque dans sa vieillesse.

Les rétrécissements spasmodiques ne sont susceptibles d'aucun traitement local : tout le monde est
d'accord sur ce point ou à peu près; il n'en est pas de
même des autres.

Ainsi que nous l'avons déjà dit, trois moyens sont
mis en pratique pour détruire ces derniers. Le premier et le plus ancien , c'est la dilatation à l'aide de
bougies graduellement plus fortes. Le second , c'est la
destruction de l'obstacle, ou de ce qui est supposé tel,
par la brûlure ou la cautérisation. Le troisième enfin ,
c'est le dégorgement par une saignée locale.

Quels que soient le nombre et la valeur des succès
invoqués à l'appui de chacune de ces méthodes, on
conçoit que leur appréciation doit dépendre des idées
que l'on peut avoir touchant la nature de la maladie.

En ce qui concerne la dilatation, l'expérience a
prouvé qu'elle n'était que palliative. Elle déprime
l'obstacle, elle rétablit mécaniquement le diamètre du
canal en comprimant les points saillants, mais aussitôt
que l'agent dilatant est enlevé, l'élasticité des tissus se
remontre et fait revivre le rétrécissement. On ne doit
donc pas fonder l'espoir d'une cure radicale sur la dilatation. Il y a plus, c'est qu'en insistant sur un pareil
moyen, quand l'obstacle consiste en un engorgement
local des tissus sous-jacents à la muqueuse ou d'un
point quelconque de cette membrane , il est très-pos-

sible que la compression permanente exercée sur lui y détermine une sorte de callosité, à peu près comme cela arrive à la peau quand une chaussure mal faite comprime un de ses points beaucoup plus que les autres.

Toutefois, il faut reconnaître que si la dilatation exclusive a des inconvénients, lorsqu'elle est combinée avec d'autres moyens elle peut être fort utile, ainsi que nous l'établirons plus loin d'après les maîtres.

La cautérisation, dont on a beaucoup abusé depuis Ducamp, et qui fait la base du traitement adopté pour les maladies de l'urètre par plusieurs chirurgiens en réputation, a des inconvénients bien plus graves encore. Voici comment on la pratique. On introduit d'abord dans l'urètre une bougie garnie à son extrémité de fils de soie trempés dans de la cire à mouler. On pousse cette bougie contre l'obstacle ; la chaleur locale ramollit la cire, la force à se mouler sur lui, et l'empreinte qui en résulte est censée donner la mesure et la forme du rétrécissement. Cela fait, on revient sur l'obstacle avec un autre instrument armé du caustique et disposé de façon à n'agir que sur le lieu du mal.

Quelles que soient l'expérience et l'habileté manuelle de l'opérateur, et la précision de ses instruments, il est certain qu'on ne sait jamais que d'une manière approximative jusqu'à quel point le caustique agit ou n'agit pas exclusivement sur le point auquel on veut l'appliquer, et que l'on court toujours plus ou moins le danger d'entamer la partie saine du canal, aussi bien que la partie malade. Cela est si vrai, que les modifications que l'on fait subir tous les jours aux instruments appelés *porte-caustique* n'ont pas d'autre objet que celui d'arriver à limiter, à circonscrire avec exactitude leur action. Mais quand même on parviendrait à avoir un porte-caustique parfait, il paraît que la garantie du succès de l'opération ne serait pas complète pour cela ; et la raison, c'est que les empreintes qui doivent servir de guide ne sont pas toujours fidèles. Voici, à cet égard, ce que pense M. Amussat, qui, faisant usage de la cautérisation dans certains cas donnés, a dû en examiner avec soin les avantages et les inconvénients.

« Quoique la sonde exploratrice, dit-il, soit encore aujourd'hui très-préconisée, cet instrument est souvent inutile pour guider le chirurgien dans le traitement d'un rétrécissement, et peut même lui faire commettre des fautes graves, en l'induisant en erreur sur la vraie position de l'ouverture de ce rétrécissement. Que l'on considère attentivement les nombreuses empreintes que l'on a fait dessiner, on verra que, dans le plus grand nombre de cas, la saillie qui marque la position de l'ouverture de l'obstacle est rarement au centre de l'empreinte, mais presque toujours sur un de ses côtés, particulièrement sur celui qui correspond à la partie supérieure du canal. Les rétrécissements circulaires sont cependant nombreux : comment se fait-il donc que, d'après les empreintes, il semblerait que ceux qui sont situés seulement sur un des côtés du canal sont les plus fréquents ? Cela tient entièrement à la disposition des parties où ils ont leur siége, et à leur profondeur dans l'urètre.

« Dans toute la portion droite du canal, il est plus facile d'avoir des empreintes fidèles. Cependant, si,

en poussant la sonde exploratrice contre l'obstacle, on
appuie plus sur la paroi inférieure que sur la supérieure, le tissu spongieux, qui, dans ce point, est plus
épais qu'en haut, se laisse déprimer ; alors la saillie
formée par le rétrécissement paraîtra plus prononcée,
et son ouverture plus rapprochée de la paroi supérieure, et on obtiendra à peu près la même empreinte,
soit que le rétrécissement soit circulaire, soit qu'il ait
son siége sur la paroi inférieure. Si, au contraire, il
existe sur la paroi supérieure seulement, ce qui est
plus rare, la sonde exploratrice, pénétrant plus facilement en bas, rapportera encore une empreinte infidèle
qui fera croire que la saillie du rétrécissement est
moins forte qu'elle ne l'est peut-être réellement, et
son ouverture plus considérable, parce que la cire, en
se moulant sur cette ouverture, la dilate d'autant plus
facilement que le tissu spongieux qui est en bas se
laisse plus facilement déprimer. Il est une circonstance où la sonde exploratrice est vraiment utile, c'est
quand on veut s'assurer de l'existence d'une fausse
route. Dans ce dernier cas, l'empreinte présente toujours une bifurcation dont une des branches correspond à l'ouverture de l'urètre, et l'autre à celle de la
fausse route.

« Si, comme nous venons de le démontrer, on obtient difficilement une empreinte exacte dans la portion
droite du canal, on n'y parviendra presque jamais
quand l'obstacle a son siége au bulbe, sous la symphyse pubienne, cas qui se rencontre le plus ordinairement. Ducamp se servait alors d'une sonde exploratrice recourbée, ou il recourbait légèrement la sonde
exploratrice ordinaire avant de la porter dans le canal.

Toutes ces précautions sont inutiles. La portion bulbeuse de l'urètre est tellement disposée que l'on peut
toujours y prendre, avec la sonde exploratrice, une empreinte, que le canal soit sain ou malade, que l'on
fasse l'expérience sur le vivant ou sur le cadavre.
Quand l'extrémité de l'instrument est arrivée au bulbe,
elle se trouve arrêtée par le cul-de-sac formé par la
membrane fibreuse qui enveloppe ce corps. Pour peu
que l'on pousse alors en avant la sonde exploratrice,
le tissu spongieux, plus épais au bulbe que partout ailleurs, s'y laisse aussi plus facilement déprimer, et il se
forme une espèce d'enfoncement sur lequel vient se
mouler la partie inférieure du bout de la cire dont est
armée la bougie, tandis qu'en haut, la cire s'engage
dans l'aire du canal. Ainsi, toutes les fois que l'on
prend une empreinte au bulbe, si on s'en rapporte à
cette empreinte, on croira que le rétrécissement est
plus saillant en bas qu'en haut, et, par suite, on sera
porté à cautériser, surtout dans le premier cas. »
(*Leçons* de M. Amussat.)

La difficulté d'obtenir une empreinte exacte, et,
quand celle-ci est obtenue, la difficulté non moins
grande de limiter l'action du caustique, doivent exposer à des dangers certains de plus d'un genre, mais surtout à la destruction des parties saines du canal, à de
fausses routes, et, par suite, à des fistules.

Cependant Ducamp, qui est presque l'inventeur de
cette méthode, a obtenu de nombreux succès :
M. Lallemand, à Montpellier, qui l'a modifiée, en
obtient également ; enfin, plusieurs praticiens de
Paris, parmi lesquels on peut citer comme les plus
habiles MM. Adolphe Pasquier et Ségalas, ont aussi à

montrer d'étonnantes et de très-réelles cures. Mais tous ces faits, dont nous n'avons pas les contraires, ne détruisent pas les raisonnements que nous venons de faire connaître, et qui se tirent de la nature même des choses.

Enfin, il existe un troisième moyen, la saignée locale ou la scarification du rétrécissement. Il est clair que c'est le moyen de traitement le plus fondé en raison. Que le rétrécissement soit une bride, une callosité ou une simple boursoufflure, en y pratiquant un dégorgement par la division sanglante ou par la moucheture des parties qui le forment, on doit obtenir à l'instant même une dilatation. Malheureusement les malades, pour la plupart, répugnent à toute opération dans laquelle il faut se servir de l'instrument tranchant; ils s'exagèrent la douleur qui peut en résulter, et qui le plus souvent est peu ou point sentie, et, dans tous les cas, est de moins longue durée que la douleur produite par l'impression du caustique.

L'emploi de la scarification n'exige pas la recherche d'une empreinte; il ne faut que de l'habileté à sonder, c'est-à-dire à faire passer une sonde à travers l'ouverture, quelquefois très-petite et filiforme, qui existe dans le canal, au point rétréci. D'un autre côté, on est maître de l'action de l'instrument tranchant, c'est-à-dire que l'on peut à volonté rendre l'incision de l'obstacle plus ou moins profonde, et donner, par ce moyen, au canal un diamètre instantané plus ou moins grand. La conservation de ce diamètre ne présente plus, après cela, qu'une difficulté secondaire que l'on surmonte à l'aide de sondes dilatantes, car c'est dan ce cas que l'emploi de ces dernières est rationnel (1).

Passons à une autre cause mécanique de stérilité *masculine*. Celle-ci est le résultat de certaines précautions déguisées mises en usage par les Laïs de *haut rang* ou du *bon ton*. On trouve dans le dernier ouvrage de M. Parent-Duchatelet, intitulé *De la prostitution dans la ville de Paris*, une classification assez curieuse de ces sortes de femmes. Voici, selon lui, les caractères qui les distinguent, et ici nous prions nos lecteurs de se rappeler que s'il faut au médecin qui veut remplir sa tâche jusqu'au bout un certain courage pour surmonter le dégoût qu'inspirent les infirmités humaines, surtout quand ces infirmités ont leurs causes dans des vices honteux, il n'en faut pas moins au moraliste pour se résoudre à rechercher ces causes et à fouiller, afin de les découvrir, jusque dans la fange de la dégradation qui les recèle et les fomente. Voici donc comment s'exprime, à cet égard, M. Parent-Duchatelet :

« Je crois utile de dire quelques mots d'une catégorie distincte de femmes, composée de ce qu'on appelle communément les femmes galantes, les femmes à parties, et les femmes de théâtres.

« *Femmes galantes*. Presque toutes ces femmes sont

(1) La méthode à laquelle nous sommes amenés ainsi à donner la préférence est celle qui a reçu la sanction de deux médecins qui ont dû, par leur position spéciale, acquérir la plus grande expérience dans le traitement de certaines maladies des organes génitaux. MM. Cullerier et Lagneau adressent en effet depuis long-temps tous leurs malades atteints de rétrécissements à M. Guillon, qui a inventé plusieurs instruments fort ingénieux, et qui sait les conduire d'une main très-intelligente. Cet habile chirurgien nous a rendus témoins de plusieurs cures remarquables et qui suffiraient à fonder sa réputation, si la confiance des médecins que nous venons de citer ne l'avait depuis long-temps établie.

entretenues, sinon d'une manière complète, au moins en partie, et c'est pour subvenir à la dépense que nécessitent leur luxe et leurs prodigalités qu'elles s'adressent au public. Elles ont des habitudes qui les caractérisent ; tout leur soin est de cacher leur conduite aux hommes avec lesquels elles ont des rapports habituels ; dans les lieux et dans les réunions publics, rien ne peut les distinguer des femmes les plus honnêtes ; mais elles savent, alors qu'elles le veulent, affecter un ton, une contenance et des regards qui sont significatifs pour ceux qui recherchent cette classe particulière ; elles se laissent accoster, se font suivre et reconduire, et c'est chez des amis et dans des maisons particulières qu'elles reçoivent ordinairement.

« Le prix que ces femmes attachent à leurs faveurs étant plus élevé, leur mise plus recherchée et plus décente, on conçoit qu'elles ne fréquentent guère que les hommes qui ont de l'aisance et de l'éducation, ce qui fait que quelques-unes acquièrent, dans cette fréquentation, quelque chose de la bonne compagnie.

« En général, ces femmes sont fines et adroites ; elles possèdent à un haut degré l'art de séduire, ce qui les rend fort dangereuses, comme on le verra plus d'une fois dans le cours de ce travail. Le nom de femmes galantes, sous lequel on les connaît, est celui qu'elles se donnent elles-mêmes lorsqu'elles parlent à des personnes qui savent quel est leur genre de vie, et, en particulier, aux agents de l'administration.

« *Femmes à parties.* Elles se rapprochent des précédentes, mais elles en diffèrent par les caractères suivants : la beauté seule ne leur suffit pas ; il faut qu'elles y joignent les charmes d'un esprit cultivé. En général, pour être admis chez elles, il faut être présenté par un habitué de leurs réunions; elles tiennent des sociétés; elles donnent des dîners et des soirées; elles vont servir d'attrait dans les lieux de réunions, réputés particuliers, où les tables de jeu et l'affranchissement de toutes les convenances morales attirent les libertins, qui viennent y perdre à la fois la bourse et la santé.

« *Femmes de spectacles et de théâtres*. Cette classe, fort nombreuse, a des mœurs et des habitudes spéciales qui ne sont pas celles des deux précédentes. Je dis fort nombreuse, car j'ai trouvé dans un grand nombre de mémoires et de rapports qu'il fallait l'évaluer à trois ou quatre cents; mais comme on n'a jamais fait de relevé spécial, soit sur cette dernière classe, soit sur les deux autres, nous restons dans le vague sur cette question. » (Parent-Duchatelet.)

Ces sortes de femmes craignent, avant toutes choses, la maternité, qui entraîne, pour elles, la perte d'une grande partie des charmes dont elles font marchandise. La grossesse détermine, en effet, la distension des téguments de l'abdomen; elle exagère le volume des glandes mammaires, les ramollit et imprime sur leur enveloppe des cicatrices multipliées qui en détruisent la finesse et le poli. Or, tous ces inconvénients, elles savent y échapper par une habileté d'autant plus fatale à ceux qui succombent à leurs séductions, que leurs coupables manœuvres sont déguisées sous une forme nouvelle de plaisir. Mais de quels termes nous servirons-nous pour décrire leurs procédés iniques? comment exposerons-nous décemment des choses qui dénotent le comble de la lubricité et de l'indécence?

Le fluide fécondant pénètre dans le canal de l'u-

rètre par deux points uniques (f. pl. VI, *fig.* 2), situés,
à l'entrée de la vessie, au sommet d'une petite éminence qui porte, comme nous l'avons déjà dit, le nom
de *verumontanum* et de crête urétrale. Ces deux
points, qui forment les orifices des deux vésicules séminales, sont dirigés en avant, dans l'état normal, le
petit monticule qui résulte de cette disposition faisant
en quelque sorte fonction de digue, et s'opposant à la
marche rétrograde du fluide fécondant vers la vessie.
Supposez maintenant qu'une main habile exerce une
pression convenable sur la partie du canal de l'urètre
qui est en avant du verumontanum. Cette pression
s'opposera d'abord au passage du fluide séminal à travers le reste du canal, le forcera à se diriger en arrière
et à aller s'épancher dans la vessie ; puis, à la longue,
la crête urétrale finira par contracter l'habitude de
cette direction en arrière, et il en résultera inévitablement, pour l'individu qui s'y sera soumis, une stérilité relative d'autant plus incurable que la cause
aura agi plus fréquemment et plus long-temps.

La manœuvre dont nous venons de parler n'empêche pas complètement l'excrétion, mais elle la rend
infertile ; car la matière qui forme cette excrétion ne
se compose pas uniquement du liquide provenant des
vésicules séminales : celui qui est seul fécondant n'y
entre, en réalité, que pour une part comparativement
très-faible, tout le reste étant fourni par la glande
prostate, dont les canaux excréteurs sont très-nombreux, comme on le voit en *h*, *fig.* 2, et par les deux
glandes de Cooper (*e*, *e*, *fig.* 1), dont les conduits s'ouvrent plus bas (*i*, *i*, *fig.* 2).

Les moyens qu'on pourrait employer contre une pa-

reille disposition, acquise par de coupables manœuvres
long-temps continuées, sont fort incertains. Il y en a
qui conseillent de fixer, à la partie du périnée correspondante à la prostate, une pelote destinée à comprimer en ce point le canal, et à s'opposer ainsi à l'abord
du fluide séminal dans la vessie ; mais c'est là un avis
plus facile à donner qu'à mettre en pratique avec
succès.

La destruction du verumontanum, sa déviation,
l'occlusion des orifices de la semence, peuvent être le
résultat d'un traitement mal dirigé des coarctations du
canal. A l'heure qu'il est, la cautérisation européenne
fait plus d'eunuques que la polygamie orientale. Ce
qu'il y a de plus fâcheux dans ce cas, c'est que le mal
ne laisse aucune trace, ne se signale par aucun symptôme ; il y a excrétion plus ou moins abondante, et,
à moins d'en soumettre le résultat à l'analyse microscopique, il est impossible d'acquérir la certitude de la
puissance fécondante ou de la stérilité, de savoir si
elle vient ou non uniquement de la prostate et des autres glandes accessoires, car il n'y a que la présence
des animalcules, comme on sait, ou leur absence, qui
donne raison de l'une et de l'autre.

On conçoit que l'engorgement chronique de la prostate doit produire des effets analogues ; mais cette dernière affection ne survient guère que chez des vieillards qui, presque toujours, sont en outre atteints de
rétrécissements, et l'impuissance alors a aussi pour
cause le grand âge, qui entraîne l'affaiblissement total
de l'individu.

On peut soupçonner aussi, dans certains cas, l'engorgement des canaux déférents qui sont chargés d'ap-

porter aux vésicules séminales le produit de la sécrétion des testicules (*Voy*. pl. **V**, *fig*. 1, c c; pl. **VI**,
fig. 1, *j, j*, et *fig*. 4, *j*); mais ces cas-là sont fort difficiles
à constater, on ne les connaît même que par l'inspec-
tion anatomique. Au reste, le diagnostic en fût-il plus
facile, il n'en resterait pas moins la difficulté de savoir
quel remède il y faudrait, et de quelle façon on pourrait l'y appliquer.

On a vu, page 95, qu'il existait autour du pénis des
muscles spéciaux dont les uns, tels que les deux ischio-
caverneux, concourent au phénomène de l'érection, et
servent à diriger convenablement la verge, dans le moment du coït, et les autres (bulbo-caverneux et constricteur) compriment le canal de l'urètre, et accélèrent, par ce moyen, le cours du fluide fécondant, dans
le phénomène de l'éjaculation. Il arrive fréquemment
que ces muscles se paralysent, ou que leur irritabilité
s'éteint. Il résulte de là des érections incomplètes qui
rendent tout rapprochement sexuel impossible; ou
bien, l'érection ayant lieu, le fluide séminal, privé de
leur impulsion, ne peut point être projeté comme il le
faut pour un acte régulier. Parmi les moyens qui ont
été proposés pour détruire cette cause de stérilité,
celui qui nous semble le plus efficace consiste dans
l'emploi de l'électricité, qui, comme on sait, est l'excitant le plus énergique de la fibre musculaire.

Nous terminerons cette étude de l'impuissance indi-
recte chez l'homme par l'examen rapide des principales causes de l'anaphrodisie.

L'anaphrodisie consiste dans la privation totale de
la sensibilité particulière des organes générateurs.
Cette insensibilité est assez fréquente chez les per-

sonnes qui ont habituellement l'esprit dans un état de
forte contention. Quelquefois même cette cause résiste à de puissants moyens, et elle manifeste alors des
effets assez singuliers.

Un mathématicien célèbre, doué d'une constitution
très-robuste, s'étant marié à une jeune et jolie personne, passa plusieurs années sans jouir du plaisir de
la paternité. Bien loin d'être insensible aux charmes
de sa compagne, il éprouvait, au contraire, assez souvent auprès d'elle l'aiguillon de l'amour ; mais l'acte
conjugal, fort complet en tout le reste, n'allait jamais
jusqu'à l'excrétion du fluide fécondant. L'intervalle
qui séparait le commencement de la fin était toujours
assez long pour que son esprit, un instant distrait par
sa passion érotique éminemment fugitive, fût ramené
à l'objet constant de ses préoccupations, c'est-à-dire à
des problèmes de géométrie ou à des équations. A
l'instant même, l'intelligence reprenait son empire,
et toute sensation génitale était abolie. Peirilhe donna
à Mme*** le conseil de ne souffrir les approches de
son mari qu'après l'avoir plongé dans une demi-ivresse,
ce moyen paraissant seul capable de soustraire son savant époux aux influences spirituelles de la céleste
Uranie, pour le livrer un instant aux séductions plus
positives de la terrestre déesse de Paphos. Le conseil
était judicieux, et le succès ne tarda pas à en démontrer l'excellence. M.*** fut père de plusieurs grands et
beaux rejetons de tout sexe, et fournit ainsi une
preuve nouvelle de la vérité de l'ancien adage : *Sine
Cerere et Baccho friget Venus.*

Au reste, on sait que c'est sur une semblable correspondance des organes génitaux avec les fonctions du

cerveau que nous faisons reposer l'un des moyens les
plus propres à retarder le développement des fonctions reproductives dans le jeune âge, et, par conséquent, à prévenir les désordres et la corruption de
mœurs qui sont la suite inévitable de leur précocité.
(*Voy.* chap. V, page 274.)

L'anaphrodisie qui résulte de la prédominence de
l'intelligence est la moins redoutable de toutes. Il
faut craindre celle qui provient de l'exercice abusif et
prématuré des fonctions reproductives ; les malheureux qui en sont atteints, vieillards précoces, ont tous
leurs organes frappés d'une flétrissure radicale. Leurs
testicules, desséchés, ne sécrètent plus qu'un fluide
séreux et sans vertu ; le tissu érectile n'admet plus
dans son réseau la quantité de sang nécessaire à leur
réplétion ; l'organe principal du rapprochement reste
dans un état de flaccidité rebelle aux sollicitations les
plus réitérées et les plus fatigantes ; les muscles destinés à favoriser l'érection sont frappés de paralysie, et
la violence de leurs désirs, jointe à l'impuissance de
les satisfaire, les pousse aux actes de la lubricité la plus
révoltante, et de là au désespoir.

« Un jeune homme élevé dans une maison opulente,
et parvenu à la puberté, avait eu, dès sa dixième année, des familiarités très-fréquentes avec de jeunes
filles habituées à exercer sur lui des attouchements
lascifs ; depuis cette époque, il avait perdu entièrement la faculté de l'érection. Il voyageait depuis
long-temps, et avait pris successivement l'avis de plusieurs médecins français. Il alla aux eaux de Spa, et, là,
son état fut constaté avec soin par Wan-Hers.

« La sensibilité et la faiblesse du membre génital étaient

si grandes, qu'au moindre attouchement, et sans aucune sorte de sensation ou de désir de l'union des sexes, ce jeune homme rendait une liqueur semblable à du petit-lait. Cette excrétion se continuait, le jour comme la nuit, toutes les fois que l'urine était rendue, ou au moindre frottement exercé par le linge. Déjà une foule de remèdes avaient été mis en usage. Van-Hers regarda la maladie comme incurable; mais le jeune homme ne voulut point s'en tenir à son avis, et, comme il était très-riche, il continua de voyager en Italie, en France, en Angleterre, en Allemagne, dans l'espoir de retrouver les droits de la virilité. Il ne manqua point, selon l'usage, de trouver quelques médecins peu éclairés et féconds en promesses illusoires d'une guérison complète. On l'adressa ensuite à des charlatans, à des femmelettes de toute espèce, même à de prétendus magiciens, et on imagine bien que ce fut toujours avec le même résultat. Enfin, après six années de voyages, de tentatives vaines, et les dépenses les plus infructueuses, ce jeune homme revint, trouva le médecin habile qui lui avait parlé avec tant de franchise, et à qui il regrettait de ne pas avoir accordé sa confiance. La conclusion de leur entretien est facile à deviner: c'est que le jeune homme revint dans ses foyers en déplorant les avantages d'une grande fortune qui le rendait ainsi victime d'un abus précoce des plaisirs et d'une sorte de dépravation. » (*Nosographie philosophique.*)

La médecine offre peu de ressources pour remédier à un semblable état ; l'hygiène seule aurait quelque pouvoir si l'esprit de ces individus, encore plus abruti que leur corps, était susceptible de comprendre la puissance de ses moyens, et de donner à ses prescrip-

tions l'importance et la confiance nécessaires au réta-
blissement de l'état normal. Il faut dire aussi qu'en
général les médecins sont peu portés à s'occuper de
cette sorte d'affection autrement que pour remédier
au délabrement de la santé de l'individu. Ils font peu
d'attention à l'état de la fonction qui nous occupe ;
leur zèle pour le soulagement de l'humanité souffrante
ne saurait les pousser, en effet, à consumer leurs veilles
dans la recherche des moyens de procurer au vice et à
la dépravation quelques éclairs de satisfactions nouvelles. D'ailleurs, quel bien la société pourrait-elle attendre de la lignée dégénérée des individus que des
moyens factices pourraient seuls monter au ton d'une
virilité équivoque? N'y a-t-il pas assez de crétins dans
le monde, et faut-il s'exposer à en augmenter le nombre en y ajoutant les avortons de la débauche? Et ce
que nous disons là ne doit pas être pris pour une vaine
déclamation. Nous exprimons une vérité qui importe
plus qu'on ne pense au salut des empires, dont la
conservation dépend, avant tout, de la vigueur et de
l'énergie physique et morale des peuples qui les composent.

Néanmoins, il s'est trouvé des médecins qui ont dirigé leurs travaux de ce côté. On a publié des livres
dans lesquels on parle de moyens mécaniques qu'on
dit propres à solliciter le réveil et même à déterminer
le développement des organes de la génération. Nous
avons vu une ventouse d'une forme particulière, dont
un praticien faisait un jour la démonstration, à une
séance de la Société de médecine pratique. Nous ne
saurions nous arrêter à discuter la valeur médicale de
la pratique et de l'instrument ; nous renvoyons donc

la découverte à son inventeur. Ceux qui voudront avoir là-dessus des détails plus précis les trouveront à la page 67 et suivantes d'un livre que l'auteur vend lui-même sous le titre : *De la stérilité de l'homme et de la femme, et des moyens d'y remédier.* Nous n'en saurions dire plus long sans nous exposer à partager jusqu'à un certain point une responsabilité que nous n'avons ni la volonté ni les moyens d'accepter en connaissance de cause.

L'anaphrodisie qui tient à l'imagination frappée d'une crainte superstitieuse n'est que passagère. On connaît les noueurs d'aiguillettes. Montaigne a dit, là-dessus, des choses fort sensées et passablement naïves. «Je sais par expérience, dit-il, que tel, de qui ie puis respondre comme de moy mesme, en qu'il ne pouvait cheoir soupeçon aucun de faiblesse et aussi peu d'enchantement, ayant ouï faire le conte à un sien compagnon d'une défaillance extraordinaire, en quoi il estoit tombé, sur le poinct qu'il en avoit le moins de besoing, se trouvant en pareille occasion, l'horreur de ce conte luy veint à coup si rudement frapper l'imagination qu'il encourut une fortune pareille, et de là en hors feut subiect à y recheoir, ce vilain souvenir de son inconuénient le gourmandant et tyrannisant. Il trouva remède à cette resverie par une austre resverie : c'est que, advouant luy mesme et preschant avant la main cette sienne subiection, la contention de son ame se soulageoit sur ce que, apportant ce mal comme attendu, son obligation en amoindrissoit et luy en poisoit moins. Quand il a en loy, à son chois, sa pensée desbrouillée et desbandée, son corps se trouvant en son deu, de le faire lors premièrement tenter, sai-

44

sir, et surprendre à la cognoissance d'austruy, il s'est
guari tout net à l'endroit de ce subiect. A quoy on a
esté une fois capable, on n'est plus incapable, si non
par une iuste faiblesse. Ce malheur n'est à craindre
qu'aux entreprinses où notre ame se trouve outre mesure tendue de désir et de respect, et notamment où
les commoditez se rencontrent improuvues et pres-
santes : on n'a pas moyen de se r'avoir de ce trouble.
J'en sais à qui il a servy d'y apporter ce corps mesme,
demy rassasié. D'ailleurs, pour endormir l'ardeur de
cette fureur, et qui, par l'aage, se trouve moins impuissant de ce qu'il est moins puissant ; et tel austre à
qui il a servy aussi que un amy l'aye assuré d'estre
fourni d'une contrebatterie d'enchantements certains
à le préserver. Il vaut mieux que ie die comment
ce feut.

« Un comte de tres-bon lieu, de qui i'estois fort
privé, se mariant avecques une belle dame qui avoit
esté poursuivie de tel qui assistoit à la feste, mettoit
en grande peine ses amys, et nommeement une vieille
dame, sa parente, qui présidoit à ces nopces et les fai-
soit chez elle, craintive de ces sorcelleries, ce qu'elle
me fict entendre. Ie la priay s'en reposer sur moy.
J'avoy, de fortune, en mes coffres certaine petite
pièce d'or platte, où estoient gravées quelques figures
célestes, contre le coup du soleil et pour oster la
douleur de teste, la logeant à poinct sur la cousture du
test, et pour l'y tenir, elle estoit cousue à un ruban
propre à rattacher soubs le menton : resverie ger-
maine à celle dequoy nous parlons. Jacques Pelletier,
vivant chez moi, m'avoit fait ce présent singulier. J'ad-
visay d'en tirer quelque usage, et dis au comte qu'il

pourroit courre fortune comme les autres, y ayant là
des hommes pour lui en vouloir prester une , mais
que hardiment il s'allast coucher, que je lui ferois un
tour d'amy, et n'épargnerois à son besoing un mi-
racle qui estoit en ma puissance, pourvu que sur son
honneur il me promeist de le tenir très-fidèlement
secret : seulement, comme sur la nuict on iroit luy
porter le resveillon, s'il luy estoit mal allé, il me feist
un tel signe. Il avoit eu l'ame et les aureilles si bat-
tues, qu'il se trouva lié du trouble de son imagination, et me fict son signe à l'heure susdicte. Je luy dis
lors à l'aureille qu'il se levast, soubs couleur de nous
chasser, et prinst en se jouant la robbe de nuict que
i'avoy sur moy (nous estions de taille fort voisine), et
s'en vestit tant qu'il auroit exécuté mon ordonnance,
qui fust, quand nous serions sortis, qu'il se retirast à
tumber de l'eau ; dist trois fois telles paroles, et feist
tels mouvements ; qu'à chacune de ces trois fois il cei-
gnist le ruban que ie luy mettois en main , et couchast
bien soigeusement la mesdaille, qui y estoit attachée,
sur ses roignons, la figure en telle posture : cela faict,
ayant, à la dernière fois, bien estreinct ce ruban
pour qu'il se peust ny desnouer ny mouvoir de sa place,
qu'en toute assurance il s'en retournast à son prix faict,
et n'oubliast de rejeter ma robbe sur son lict, en manière qu'elle les abriast tous deux. Ces singeries sont
le principal de l'effect, nostre pensée ne se pouvant
demesler que moyens si estranges ne viennent de
quelque abstruse science : leur inanité leur donne
poids et reverence. Somme, il fust certain que mes
characteres se trouverent plus veneriens que solaires,
plus en action qu'en prohibition. Ce fust une humeur

prompte et curieuse qui me convia à tel effect esloigné de ma nature. Je suis ennemy des actions subtiles et feinctes, et hay la finesse, en mes mains, non seulement recreative, mais aussi proufitable : si l'action n'est vicieuse, la route l'est. » (*Essais de Montaigne*, livre I, chap. XX.)

« Les mariez, ajoute plus loin notre philosophe, le temps estant tout leur, ne doivent ni taster ni presser leur entreprinse, s'ils ne sont prests ; et vaut mieux faillir indécemment à estrener la couche nuptiale, pleine d'agitation et de fiebvre, attendant une et une austre commodité plus privée et moins alarmée que de tumber en une perpétuelle misère, pour s'estre estonné et désespéré du premier refus. Avant la possession prinse, le patient se doibt, à saillies et à divers temps, legierement essayer et offrir, sans se picquer et opiniastrer à se convaincre définitivement soy mesme. Ceulx qui savent leurs membres de nature dociles, qu'ils se soignent seulement de se contrepiper leur fantasie. » (*Loco citato.*)

La puissance des *noueurs d'aiguillette* était plus étendue autrefois que de nos jours. Une raison plus éclairée a relégué les charlatans de cette espèce dans la classe la plus abjecte de la société. Pour exercer la sorcellerie dont ils se vantent, ils ont soin de choisir des hommes simples, de jeunes mariés, que leur inexpérience met à la merci de qui veut les tromper. Tout le charme, dit avec raison l'auteur de l'article AIGUILLETTE du *Dictionnaire des sciences médicales*, consiste à frapper fortement leur imagination, déjà prévenue, par un mot, un geste, un regard, une menace de la voix ou de la main, par quelque signe extraordinaire ; et comme l'appréhension du mal suffit souvent pour le reproduire, il arrive que le préjugé ayant préparé l'événement, l'événement à son tour renforce le préjugé ; cercle vicieux que l'on peut regarder comme un des scandales de l'esprit humain, lequel ne peut souvent s'affranchir de ce double piége que par un artifice aussi grossier que celui qui l'a d'abord abusé, de sorte qu'il a tout à la fois à rougir du mal et du remède.

Du reste, la sévérité de la médecine n'eût pas permis de faire de cette impuissance passagère un objet particulier d'étude, si cet accident, comme tous les actes de la vie, ne tendait à se convertir en habitude, et n'eût suffi quelquefois pour dissoudre le premier lien des sociétés, qui est celui de la famille, en provoquant des lois telles que celle par laquelle Charlemagne légitimait le divorce, pour cause d'impuissance par sortilége, et celles qui instituèrent depuis l'odieuse épreuve du congrès. Il ne faut pas oublier que rien n'est à négliger dans les opinions des hommes, et que les moindres erreurs, comme les moindres vérités, indifférentes en soi, cessent de l'être dans leurs conséquences. La médecine n'a donc rien fait d'indigne d'elle, en descendant ainsi dans les secrets du lit nuptial, et en cherchant les moyens d'en prévenir les amertumes et d'en redresser les torts involontaires. Mais, parmi ces moyens, quel choix fera-t-elle ? Le paganisme avait les siens qui ne sont plus de saison. Un père de l'Église prescrivait des prières, des jeûnes, des oraisons, des pénitences, et n'hésitait pas à donner les sacrements. La médecine osera-t-elle invoquer des secours aussi respectables, et conseiller des profana-

tions? ou bien, imitant l'ignoble rusticité de nos ancé-
tres, voudra-t-elle proposer de faire ce que n'oserait
nommer le cynisme de Rabelais, et rivaliser de bassesse avec les plus misérables imposteurs? (CARDAN, *de
rerum varietate* ?) Les seuls conseils qu'elle puisse
avouer sont ceux que donne Montaigne. Rien n'empêche, en effet, de combattre l'imagination par ses
propres armes, puisque, comme la lance d'Achille, elle
a l'heureux privilége de guérir elle-même les blessures qu'elle a faites.

Nous avons traité assez longuement des substances
aphrodisiaques (*Voy*. chap. V); il nous reste à parler ici
de quelques pratiques qui peuvent contribuer à faire
atteindre le même but, c'est-à-dire à remonter les organes au ton de la virilité chez les individus bien conformés, mais qui ont eu les facultés reproductives plutôt endormies que détruites. On parvient quelquefois,
en effet, à réveiller ces dernières par la flagellation,
l'urtication, ou le massage. Disons un mot de l'action
de ces trois moyens.

Flagellation. Nous ne pouvions passer sous silence
une pratique employée autrefois par une secte de dé-
vots qui la mettaient en usage dans le but de mortifier
la chair. Ils ignoraient que la stimulation de la peau,
se propageant aux viscères intérieurs, devait augmenter, au contraire, l'énergie de leurs fonctions physiologiques, et provoquer aux actes que l'on avait en vue
de réprimer par ce moyen. J.-J. Rousseau, dans sa jeunesse, ne dédaignait pas les corrections qui lui étaient
administrées par une demoiselle beaucoup plus âgée
que lui, et plus d'une fois il s'exposa à recevoir le
fouet de ses mains, surtout quand il se fut aperçu que

cette punition dévelopait en lui des signes manifestes
de virilité. Au reste, l'abbé Boileau, qui nous a laissé
une *Histoire des flagellants*, attribue en partie le désordre des mœurs de l'époque à cette bizarre coutume
de faire pénitence en se fouettant en public. Pour plus
de détails sur la flagellation appliquée aux fonctions
génératrices, consultez l'ouvrage de Meïbomius, intitulé : *De flagrorum usu in re venereá*, Lugd. batav.,
1643, dédié à un conseiller de l'évêque de Lubeck,
avec cette épigraphe :

Delicias pariunt Veneri crudelia flagra ;
Dum nocet, illa juvat ; dum juvat, ecce nocet.

Urtication. La flagellation se pratique en frappant
la peau avec une poignée de roseaux ou de tiges
menues et lisses de férule, jusqu'à ce que la rougeur et
la chaleur y deviennent plus intenses. Remplacez les
tiges de férule par des orties fraîches, et vous aurez
l'urtication.

« L'ortie, dit M. Mérat, porte deux espèces de poils :
les uns sont simples, imperforés, sans suc, et ne diffèrent point de ceux du plus grand nombre de végétaux ;
les autres, qui sont de véritables aiguillons, sont moins
abondants, mais plus gros, glanduleux à la base, ca-
naliculés et renfermant un liquide transparent, inco-
lore, caustique et vésicant. Ces derniers, qui sont
raides et piquants, s'enfoncent dans la peau, aussitôt
que l'on touche à la plante, sans y rester, différant, en
cela, de l'aiguillon de l'abeille, de sorte qu'ils peuvent
faire plusieurs piqûres. Le suc qui s'épanche cause
alors une démangeaison ou plutôt une cuisson brûlante, insupportable, qui ne s'apaise qu'au bout de

plusieurs heures, et qui ne se passe entièrement qu'après plus de vingt-quatre. Aussitôt après son injection, le liquide urticaire produit de petites proéminences nombreuses sur tous les points frappés, avec une rougeur autour, qui disparaissent avant même la cessation complète de la cuisson. Les deux espèces d'ortie que nous possédons chez nous le plus communément, l'*urtica dioica* ou grande ortie, et l'*urtica urens*, ortie grièche ou petite ortie, peuvent servir à l'urtication ; mais on préfère cette dernière, parce que les aiguillons y sont à proportion plus nombreux et plus forts. On la trouve d'ailleurs plus communément autour des habitations, tandis que l'autre est plus fréquente dans les endroits non habités, les buissons, etc.

« La propriété qu'a le suc contenu dans les canaux glanduleux de nos orties d'Europe d'opérer une sorte de vésication instantanée avec chaleur intense et rougeur, a fait penser aux médecins que l'on pouvait se servir de ce moyen comme d'un bon excitant cutané, toutes les fois que l'on voudrait ranimer la vitalité dans le tissu de la peau, ou y produire une dérivation salutaire. L'emploi de ce moyen excitant remonte à la plus haute antiquité; car Celse, ainsi qu'Arétée, en indique l'usage, et, de leur temps, c'était un moyen vulgaire. Il est tombé en désuétude chez les modernes, bien qu'il soit loin d'être sans efficacité, et qu'il devienne souvent précieux de l'avoir sous la main, surtout à la campagne, où l'on manque parfois d'autre vésicant, dans la belle saison. Je crois même que la chaleur brûlante de l'urtication, et l'espèce de fluxion étendue qu'elle provoque sur la partie où on la pratique, doivent en faire préconiser l'emploi plus qu'on ne le fait.

et je pense que l'on en retirerait des résultats avantageux dans plus d'une circonstance. Les moyens simples sont trop négligés , pourtant ils sont souvent les
plus utiles. Les affections où l'on peut employer l'urtication sont toutes celles où la sensibilité et la vitalité
d'une région du corps sont diminuées ou éteintes. »
(MÉRAT, *Urtication.*)

Un passage de Pétrone démontre que les anciens
employaient fréquemment l'urtication pour réveiller
les désirs vénériens languissants. Enothea promet à
Eucolpe de lui rendre par ce procédé : *fascnum tam
rigidum ut cornu.*

Pour pratiquer l'urtication, il faut cueillir avec des
gants un bouquet d'orties fraîches, et frapper à coups
redoublés sur la région indiquée. On laisse le patient
sans rien appliquer sur l'éruption, en quelque sorte
érysipélateuse, qui se développe, pour recommencer
l'opération après un laps de temps déterminé par la
disparition des rougeurs. On calme les cuissons, quand
elles sont trop vives, en enduisant la partie urtiquée
avec de l'huile d'olive.

L'irritation déterminée par les orties produit des
effets analogues à ceux qu'on observe chez les personnes atteintes de la gale, de certaines dartres, de la
lèpre. La lubricité de ces malheureux est quelquefois
irrésistible ; ils entrent souvent dans des érections
suivies d'excrétions de fluide séminal, lorsqu'un violent prurit les force à se gratter avec une sorte de
rage.

On comprend, d'après tout cela, combien devaient
être infidèles pour dompter la chair les moyens
qu'on avait coutume d'employer autrefois dans les

cloîtres. La haire ou chemise de crin, le cilice, la discipline, étaient plus propres à irriter la peau et à exaspérer les sensations génitales qu'à calmer l'effervescence des passions.

Massage. Le massage, comme la flagellation, augmente l'activité de la peau, en appelant vers cet organe une grande quantité de fluides, par l'excitation qu'il y produit ; il la rend souple et perméable ; il accélère la circulation générale et capillaire ; il favorise la respiration ; il fait naître l'appétit nécessaire à la réparation des pertes considérables que l'on fait par la perspiration ; il empêche l'engorgement des viscères intérieurs, en augmentant l'absorption interstitielle, en accélérant le cours du chyle et des matières intestinales ; il augmente surtout l'activité des muscles, il facilite le jeu des articulations, qui se trouvent lubrifiées par une synovie nouvelle. Mais la mollesse, la laxité des tissus, la faiblesse et l'impression du plaisir, les pertes considérables que l'on fait par la perspiration augmentée, et l'aptitude que l'on acquiert ainsi à être frappé par les moindres causes extérieures, compensent chèrement les avantages de cette pratique.

Le massage s'opère de différentes manières ; son usage est surtout très-répandu en Orient. En Égypte, un esclave vous presse mollement, vous retourne, et lorsque les membres sont devenus souples et flexibles, il fait craquer les jointures sans efforts ; il masse, il semble pétrir les chairs sans faire éprouver la plus légère douleur. Cette première opération finie, il s'arme d'un gant d'étoffe et vous frotte long-temps. Il détache du corps des espèces d'écailles et enlève jusqu'aux saletés imperceptibles qui obstruent les

pores. La peau devient alors douce et unie comme du
satin. Ceux qui se sont soumis au massage, dans ce
pays, prétendent qu'il est difficile de se faire une idée
du plaisir que l'on éprouve. On se sent renaître, disent-ils; il semble qu'on commence à vivre pour la
première fois. Un sentiment de bien-être indicible
remplace la lassitude qu'on éprouvait; tous les organes exécutent leurs fonctions avec une nouvelle
énergie; on retourne à la jeunesse; les idées d'amour
et de plaisir occupent l'âme.

Dans l'Inde, au rapport des voyageurs, un des serviteurs du bain vous étend sur une planche et vous
arrose d'eau chaude; ensuite il vous presse tout le
corps avec un art admirable. Il fait craquer les jointures de tous les doigts et même de tous les membres;
il vous retourne et vous étend sur le ventre; il s'age-
nouille sur vos reins, vous saisit par les épaules, fait
craquer l'épine du dos en agitant toutes les vertèbres;
donne de grands coups sur les parties les plus char-
nues et les plus musculeuses; puis il revêt un gant de
crin, et il vous frotte tout le corps au point de se
mettre lui-même en sueur; il lime avec une pierre
ponce la chair épaisse et dure des pieds; il vous oint
de savon et d'odeur; enfin, il vous rase et vous épile.
Ce manége dure bien trois quarts d'heure; après cela
on ne se reconnaît plus. Il semble qu'on soit un homme
nouveau; on sent dans tout le corps une sorte de quié-
tude et le *désir de se reproduire*, par l'irritation et
l'harmonie que les frottements et les tiraillements ont
établies entre toutes les parties; la peau est quelque
temps couverte d'une sueur légère qui lui donne une
douce fraîcheur : on se sent vivre; on passe ensuite

deux heures sur un canapé, et on s'endort, soit faiblesse, soit chaleur, après avoir fumé un demi-*hoka*.

Les femmes indiennes prennent le bain de la même
manière, et prolongent cette cérémonie une grande
partie de la journée. Des femmes esclaves, accroupies
autour d'elles pendant qu'elles sont mollement étendues sur un canapé, leur rendent ce service dont la volupté semble faire son profit encore plus que la santé.

En France, M. Rapou, de Lyon, est le premier qui
ait tenté d'introduire le massage dans la thérapeutique, et les modifications qu'il a apportées à la manière de le pratiquer méritent d'être connues. « Le
malade, dit-il, étendu sur un lit de canne, après avoir
été exposé pendant un certain temps à la vapeur, est
légèrement frictionné ; puis l'on presse doucement les
membres, on les serre, on les comprime avec les doigts,
plus ou moins, de haut en bas, suivant la direction des
muscles, des tendons, et autour des articulations que
l'on fait mouvoir dans tous les sens. On entend le plus
souvent un certain bruit ou craquement qui est le résultat de la séparation prompte ou instantanée des
surfaces articulaires habituellement en contact, et
unies entre elles par de la synovie épaissie ; on agit de
même sur la poitrine, et notamment sur le bas-ventre
dont on presse alternativement chaque côté pour imprimer aux viscères gastriques un léger ballottement ;
on pratique la même opération sur les parties postérieures, le long de l'épine, puis on frictionne de nouveau le malade sans interrompre le cours de la vapeur.
Le massage détermine non-seulement sur la peau les
mêmes effets que des frictions, mais il agit encore directement sur les organes locomoteurs, et même sur

les viscères renfermés dans les grandes cavités ; il favorise le cours du sang, l'absorption des fluides, la sécrétion de la synovie qu'il distribue également dans les
articulations et les gaînes tendineuses; par ses alternatives de pression et de relâchement, ses mouvements
répétés, il facilite la contraction des muscles, prévient
et dissipe les adhérences ou ankyloses et les engorge-
ments articulaires. » (*Dict. des sc. méd.*, au mot *Vapeur*, par Th. RAPOU.)

C'est à l'impuissance par débilité générale, par épuisement des forces , qu'il faut appliquer le remède dont
parle Cappivaccio, c'est-à-dire le lait de femme , pris
immédiatement *au vase qui le fournit*. Dans certains
cas , cette pratique a été suivie d'un prompt succès.
Ainsi, on cite l'exemple d'un prince à qui on avait
donné deux nourrices. Le lait produisit sur lui de si
bons effets qu'au bout de quelques mois il les avait
mises toutes les deux en état de lui en fournir de plus
frais. Un jeune homme était tombé dans le marasme,
par suite de mauvais penchants. On lui donna pour
nourrice une femme extrêmement fraîche et saine , et
à la fleur de son âge , et on le fit coucher avec elle. Le
remède agit si bien sur lui qu'on fut obligé de le dis-
continuer, parce qu'il en était arrivé au point de ne
pouvoir plus résister au penchant qui le portait à abuser de ses forces revenues.

Le remède dont il est question ici agit de deux façons différentes. Outre ses propriétés nutritives qui
sont très-puissantes et parfaitement accommodées aux
forces de l'estomac du malade, pris au sein qui le fournit, le lait est pénétré d'une chaleur animale infini-

ment précieuse. De plus, par ce contact permanent d'un corps sain avec un corps malade, il s'établit un échange de molécules tout au profit de ce dernier. Tissot avait une grande confiance dans la vertu d'une semblable application, et il pensait qu'on pourrait éviter les inconvénients de la différence des sexes en ne mêlant pas ces derniers, et en établissant le contact entre des personnes d'un sexe identique. Cela est raisonnable jusqu'à un certain point, car la dépravation des goûts peut, dans quelques cas que, pour l'honneur de la morale, nous croyons très-rares, donner lieu à des exceptions.

Quoi qu'il en soit, de semblables idées sont déjà anciennes; car, outre l'exemple de David déjà cité, voici ce que nous lisons à ce sujet dans Montaigne : « Simon Thomas estoit un grand médecin de son temps. Il me souvient que me rencontrant un iour, à Toulouse, chez un riche vieillard pulmonique, et traictant avec luy des moyens de sa guérison, il luy dict que c'en estoit l'un, de me donner occasion de me plaire en sa compaignie, et que fichant ses yeulx sur la frescheur de mon visage, et sa pensée sur cette alaigresse et vigueur qui regorgeoient de mon adolescence, et remplissant touts ses sens de cet estat florissant en quoy i'estoy, son habitude s'en pourroit amender ; mais il oublioit à dire que la mienne s'en pourroit empirer aussi. » (*Essais* de Montaigne, liv. I, chap. **XX**.) Notre auteur attribue tout cela aux effets de l'imagination. Il y a quelque chose de plus positif; il y a, par l'effet de la perspiration insensible, transmission de molécules de l'un à l'autre corps, et si le corps malade profite des molécules du corps sain, celui-ci doit à son tour être malignement influencé par l'absorption des molécules exhalées par le corps malade.

La stérilité proprement dite de l'homme dépend uniquement de l'absence, de l'atrophie ou de l'induration squirrheuse des organes producteurs du fluide fécondant. Les considérations dans lesquelles nous aurions à entrer à ce sujet étant exclusivement médicales, nous nous en abstiendrons.

La femme bien conformée n'est jamais impuissante, elle est stérile. Les causes qui la font telle sont très-nombreuses et de plus d'un genre; nous allons énumérer en peu de mots les principales.

L'absence des ovaires ou leur maladie sont des causes radicales de stérilité. On peut les soupçonner, mais non pas les guérir. Quand il n'y a point d'utérus, on peut admettre que la fécondation et la grossesse ne sont pas impossibles, puisqu'on observe de temps à autre des grossesses extra-utérines, c'est-à-dire des cas dans lesquels le produit de la conception a échappé à l'utérus, et est allé se fixer dans un point quelconque du bas-ventre. Le vagin n'est pas indispensable non plus, car on cite des cas d'étroitesse de cet organe, accompagnée de fistule recto-vaginale, dans lesquels la fécondation s'est opérée, quoique le fluide fécondant eût été confié au rectum.

Nous avons dit au chapitre précédent, en traitant de l'onanisme conjugal, comment les femmes devenaient stériles par cette cause. S'il est vrai que le nombre des œufs soit déterminé, et qu'il n'y en ait que quinze à vingt dans chaque ovaire, il est évident que la stérilité surviendra quand ces quinze à vingt œufs auront été

détachés sans fécondation. Si, au contraire, l'ovaire
sécrète sans cesse de nouveaux œufs, et qu'on puisse
affirmer de la femme ce que nous croyons pouvoir admettre relativement à la poule, il est évident aussi que
cette action sécrétoire s'épuisera tôt ou tard par les
excitations incessantes de l'espèce d'onanisme dont
nous avons fait connaître les mauvais effets.

Une cause très-puissante de stérilité, et qui doit aussi
se rencontrer fréquemment, réside dans l'obstruction
ou l'engorgement des trompes de Fallope. (*Voy*. pl. X,
fig. 1, *f*, *c*.) Ces conduits, qui établissent la communication entre l'ovaire et l'utérus, peuvent être obstrués
par l'inflammation, soit aiguë, soit chronique, qui doit
les atteindre dans toutes les maladies du bas-ventre,
aussi bien que par des excitations trop fréquentes. Morgagni parle de certaines courtisanes chez lesquelles
les trompes étaient entièrement oblitérées par l'épaississement de leurs parois, suite évidente de l'orgasme
habituel dans lequel elles avaient été entretenues par
l'usage immodéré du coït. La structure de ces parois
doit, en effet, rendre leur obstruction très-facile.
Leur tissu est spongieux, vasculaire, et paraît susceptible d'érection comme les corps caverneux de la verge
et du clitoris. Leur tunique interne, qui sert d'union
entre la membrane séreuse qui tapisse l'abdomen et la
muqueuse qui se trouve à l'intérieur de la matrice,
participe aux inflammations de l'une et de l'autre.
« J'ai été plusieurs fois consulté, dit M. Richerand,
par des jeunes femmes sur la cause de la stérilité dont
elles étaient affligées. En recherchant avec soin ce qui
pouvait y donner lieu, j'ai toujours appris qu'elles
avaient essuyé, à différentes époques, des inflamma-

tions du bas-ventre. Une jeune personne, après la cessation des règles, offrit tous les symptômes de l'inflammation du péritoine ; mariée un an environ avant cette époque, elle ne put se réjouir d'une grossesse ardemment souhaitée. Une femme avait échappé aux accidents de la fièvre puerpérale, survenue à la suite d'un premier accouchement qui fut très-laborieux ; depuis lors, malgré les apparences de la santé la plus robuste, elle n'a pu redevenir mère. » Dans les cas cités par M. Richerand, la stérilité a tenu évidemment, soit à l'inflammation des ovaires, soit à l'obstruction des trompes.

La médecine ne possède aucun moyen de guérison pour de semblables cas. Comment arriver à désobstruer un canal aussi délié et situé si profondément dans les organes ? Pourtant, si l'obstruction n'occupait qu'un court espace et se trouvait, par exemple, à l'embouchure de la trompe dans l'utérus, une injection, convenablement dirigée par l'orifice du col utérin, ne pourrait-elle pas arriver jusqu'à l'obstacle, et rétablir, dans certains cas, la liberté du conduit ? C'est ici une idée que nous émettons, d'après la théorie seulement, car nous n'avons aucun fait pratique pour lui servir de fondement.

Quant à l'engorgement de la cavité utérine par des matières excrétées par la muqueuse de la matrice, et qui se produisent abondamment dans le catarrhe de cet organe ou les *flueurs blanches*, il ne nous paraît pas susceptible de déterminer une stérilité incurable, tant que la menstruation n'en est point empêchée. Et, en effet, à chaque période menstruelle, le sang qui s'écoule, comme on sait, de toute la surface utérine, doit entraîner avec lui les mucosités, et dégager, pour un temps du moins, cette surface, ainsi que les points correspondants aux orifices des trompes, de l'embarras qu'elles peuvent y causer. C'est sans doute une considération de cette nature qui fonda le conseil, donné à un roi de France, de s'approcher de la reine immédiatement après la cessation des menstrues. On sait que ce conseil fut suivi de succès, et que la reine, jusque-là stérile, mit au monde un rejeton auguste qui fut plus tard Louis-le-Grand. (*Voy.* note D.)

Les injections dont nous avons parlé ne seraient pas difficiles; une matrone tant soit peu habile pourrait les pratiquer de la sorte, et la pudeur n'éprouverait aucune alarme. L'utérus serait-il offensé du contact de l'extrémité d'un instrument en gomme élastique? Je ne le pense pas, par la raison que la nature a mis cet organe dans des conditions capables de lui faire supporter de plus violentes pressions que celles qui résulteraient du contact d'un corps souple et facile à manier. Quels froissements n'éprouve pas son col dans les accouchements, sans qu'il s'ensuive pour cela aucune lésion physiologique ou mécanique; et si l'on peut retrancher avec le fer des portions plus ou moins considérables de cet organe, ainsi que l'ont fait plusieurs fois des chirurgiens qui n'ont point été taxés de témérité, à plus forte raison peut-on tenter, sans faire courir aucun danger, d'introduire à travers son col des liquides émollients et même détersifs, dans l'unique but de désobstruer sa cavité intérieure.

On sait l'importance qu'il faut attacher aux injections vaginales; c'est le seul moyen de conserver ces parties dans un état de fraîcheur et de santé indispensables à l'exercice de leurs délicates fonctions. Qui oserait dire que des soins analogues, administrés jusque dans la cavité utérine, n'auraient pas de résultats infiniment avantageux pour la fécondation, dans un grand nombre de cas ?

En parlant de la nécessité de bien diriger le fluide fécondant, nous avons fait entrevoir que la déviation de l'utérus pouvait être une cause de stérilité. Nous sommes convaincus que c'est là une des causes les plus fréquentes des rapprochements improductifs. On y remédie en forçant le col utérin, par un moyen mécanique quelconque, à se maintenir dans le centre. Quelquefois même il suffit alors de changer le mode de rapprochement en l'effectuant *à tergo* et non par opposition. Nous n'en dirons pas davantage sur ce sujet.

L'absence de la menstruation ou l'aménorrhée entraîne presque toujours la stérilité. Cependant on cite des cas dans lesquels les femmes ne sont réglées que pendant la grossesse. Ce sont là des exceptions qui confirment la règle, bien loin de la détruire.

Le développement de corps fibreux ou polypes met également obstacle à la fécondation, et leur enlèvement ne fait pas disparaître constamment la stérilité, sans doute parce que leur présence est susceptible de dénaturer les fonctions physiologiques de l'utérus.

L'impuissance chez la femme ne peut résulter que de l'absence du vagin ou de sa trop grande étroitesse qui ne permet pas le rapprochement, quoiqu'on cite des exemples de fécondations opérées sans qu'il y ait eu introduction. C'est ainsi que l'on a vu des femmes, fécondées et arrivées au terme de la grossesse,

auxquelles il a fallu enlever, par une opération chirurgicale, la membrane de l'hymen qui n'avait point été
rompue dans les actes qui avaient déterminé la fécondation.

Enfin, la longueur excessive du clitoris, quand
elle existe, s'oppose aussi à l'acte conjugal, par la
gène qu'il apporte à l'introduction de l'organe fécon-
dateur. Le seul remède à employer dans ce cas consiste dans l'amputation, qui a été maintes fois pratiquée.
On sait que cet organe ressemble beaucoup au membre viril par sa forme extérieure et par sa structure
intime ; qu'il est susceptible d'érection et de relâchement, et qu'il jouit d'une sensibilité exquise. On en a
vu qui égalaient le volume du pénis. Colombus cite
l'exemple d'une femme qui avait le clitoris aussi long
que le petit doigt. Haller parle d'une autre chez laquelle cet organe allait à sept pouces. On prétend en
avoir vu d'aussi forts que le cou d'une oie, et même de
la longueur monstrueuse de douze pouces. Ce sont ces
dimensions énormes qui en imposent quelquefois sur
le véritable caractère du sexe, et qui ont fait croire à
l'existence réelle des hermaphrodites (1). Les femmes
ainsi conformées ont en outre beaucoup de penchant
à usurper les fonctions viriles ; elles ne conservent
presque rien de leur sexe dans leurs habitudes et dans
leurs manières. Leur taille, en général, est élevée ;
leurs membres sont vigoureux ; leur figure est, comme
on dit, hommasse ; elles ont la voix forte, le ton impé-

---

(1) Les vices de conformation compris sous le nom d'hermaphrodisme entraînent nécessairement la stérilité. Nous avons dit un mot de cette monstruosité dans le *Dictionn. pittor. d'hist nat.* (*Voy.* note E.)

rieux et hardi ; en un mot, elles justifient complètement ce vers de Martial :

Mentiturque virum prodigiosa Venus.
(Lib. I, épigr. 91).

On sait par Aétius qu'en Égypte on pratiquait fréquemment l'amputation du clitoris, ce qui doit faire
penser que ce vice de conformation est assez commun
parmi les femmes égyptiennes. Dans beaucoup de contrées de l'Orient, cette amputation est le résultat
d'une coutume qui a pris force de loi.

Il y a des auteurs qui ont vu dans l'énormité de cet
organe une cause légitime de divorce, par cela seul
qu'il peut s'opposer au rapprochement et, par conséquent, à la reproduction; mais si la personne qui est
ainsi conformée se soumettait à l'amputation, la cause
étant enlevée, il me semble que le divorce ne pourrait
plus être demandé avec raison.

Nous terminons ici ce chapitre et la deuxième partie de notre ouvrage, et c'est bien à dessein que nous
tournons si court. Il est certain que si nous avions
voulu ramasser tous les faits plus ou moins curieux et
croyables de stérilité ou d'impuissance qui sont consignés dans les ouvrages de l'art, nous aurions pu promener long-temps encore l'esprit de nos lecteurs sur
des détails qui ont leur valeur sans doute aux yeux des
médecins qui s'y complaisent, mais qui, en leur qualité
de faits particuliers et extraordinaires, ont le grave
inconvénient de ne conclure à rien. Et puis, nous l'a-
vouerons volontiers, nous n'avons eu en vue, dans ce
chapitre, ni les médecins ni les malades; les médecins, parce que, depuis le mot de J.-J. Rousseau rap-

porté par Bernardin de Saint-Pierre, *ce sont les gens qui savent le plus et le mieux;* ce qui donne à penser qu'en aucun état de cause, nous ne pouvions évidemment avoir rien à apprendre aux médecins, le lecteur, en pareille hypothèse, se trouvant nécessairement plus éclairé que l'écrivain. Nous n'avons pas eu non plus en vue les malades, parce que la fonction de la reproduction exige la plénitude de la vie dans celui qui veut s'y livrer, et que celui qui souffre doit, avant tout, s'inquiéter de guérir, et non point de se reproduire.

Nous avons écrit pour les gens du monde bien portants, et nous avons supposé qu'ils nous faisaient la question suivante : Comment, avec une conformation très-régulière en apparence, et une santé qui comporte une dose convenable de gaîté, d'appétit et de sommeil, peut-on être impuissant ou stérile ? Or, nous avons la confiance que tout lecteur honnête et bien prévenu trouvera que nous y avons répondu suffisamment pour son instruction particulière, et, dans bien des cas même, notre réponse lui paraîtra d'autant plus juste et plus heureuse qu'elle se trouvera fonder, pour lui ou pour les siens, une loi d'hygiène dont il aura pu constater les salutaires influences par l'observation.

NOTES

DE LA DEUXIÈME PARTIE.

Note A. Il y a un autre gastronome qui s'est occupé également de la vertu érotique des truffes ; il n'était pas médecin, mais magistrat, et, en sa qualité d'homme de robe et de praticien consommé, le jugement qu'il en a porté mérite considération.

Le magistrat-professeur en gastronomie (comme il s'intitule lui-même) voulait savoir si les effets attribués aux truffes sont réels. « Je me suis d'abord adressé aux dames, dit-il, parce qu'elles ont le coup d'œil juste et le tact fin ; mais je me suis bientôt aperçu que j'aurais dû commencer cette disquisition quarante ans plus tôt, et je n'en ai reçu que des réponses ironiques ou évasives ; une seule y a mis de la bonne foi.... » Là-dessus, le professeur cite une anecdote dans laquelle un ami de la maison, excité par un plat de truffes, s'était montré beaucoup plus affectueux qu'il ne convenait aux intérêts du mari absent. La dame avait résisté plus mollement que dans toute autre circonstance, sans succomber pourtant. « J'eus beaucoup de peine à le ramener, disait-elle en parlant de l'ami de son mari, et j'avoue, à ma honte, que je n'y parvins que parce que j'eus l'art de lui faire croire que toute espérance ne lui serait pas interdite.... Je suis réellement persuadée, ajoutait-elle, que les truffes m'avaient donné une prédisposition dangereuse. » Le professeur conclut de là que la truffe n'est point un aphrodisiaque positif, mais qu'elle peut, en certaines occasions, rendre les femmes plus tendres, et les hommes plus aimables. (Voy. *Physiologie du goût*, ou *Méditations de gastronomie transcendante*, par un professeur.)

On doit au même professeur deux formules de préparations qui, par les matériaux qui les composent et par les manipulations qu'on leur fait subir, peuvent être mises au rang de ce qu'il y a de plus restaurant et de plus analeptique. Nous les transcrivons ici, avec tous les détails qu'il a donnés.

« *Première formule.* Prenez six gros ognons, trois racines de carottes, une poignée de persil ; hachez le tout, et le jetez dans une casserole où vous le ferez chauffer et roussir, au moyen d'un morceau de bon beurre frais.

« Quand ce mélange est bien à point, jetez-y six onces de sucre candi, vingt grains d'ambre pilé, avec une croûte de pain grillé, et trois bouteilles d'eau que vous ferez bouillir pendant trois quarts d'heure, en y ajoutant de nouvelle eau, pour compenser la perte qui se fait par l'ébullition, de manière qu'il y ait toujours trois bouteilles de liquide.

« Pendant que ces choses se passent, tuez, plumez et videz un vieux coq, que vous pilerez, chair et os, dans un mortier, avec le pilon de fer ; hachez également deux livres de chair de bœuf, bien choisie.

« Cela fait, on mêle ensemble ces deux chairs, auxquelles on ajoute suffisante quantité de sel et poivre.

« On les met, dans une casserole, sur un feu bien vif, de manière à se pénétrer de calorique, et on y jette de temps en temps un peu de beurre frais, afin de pouvoir bien sauter ce mélange, sans qu'il s'attache.

« Quand on voit qu'il a roussi, c'est-à-dire que l'osmazôme est rissolé, on passe le bouillon qui est dans la première casserole. On en mouille peu à peu la seconde, et quand tout y est entré, on fait bouillir à grandes vagues pendant trois quarts d'heure, en ayant toujours soin d'ajouter de l'eau chaude pour conserver la même quantité de liquide.

« Au bout de ce temps, l'opération est finie, et on a une potion dont l'effet est certain, toutes les fois que le malade, quoique épuisé par quelqu'une des causes que nous avons indiquées, a cependant conservé un estomac faisant ses fonctions.

« Pour en faire usage, on en donne, le premier jour, une tasse toutes les trois heures, jusqu'à l'heure du sommeil de la nuit ; les jours suivants, une forte tasse seulement le matin, et pareille quantité le soir, jusqu'à l'épuisement des trois bouteilles. On tient le malade à un régime diététique léger, mais cependant nourrissant, comme des cuisses de volaille, du poisson, des fruits doux, des confitures ; il n'arrive presque jamais qu'on soit obligé de recommencer une nouvelle confection. Vers le quatrième jour, il peut reprendre ses occupations ordinaires, et doit s'efforcer d'être plus sage à l'avenir, *s'il est possible.*

« En supprimant l'ambre et le sucre candi, on peut, par cette méthode, improviser un potage de haut goût, et digne de figurer à un dîner de connaisseurs.

« On peut remplacer le vieux coq par quatre vieilles perdrix, et le bœuf par un morceau de gigot de mouton ; la préparation n'en sera ni moins efficace, ni moins agréable.

« La méthode de hacher la viande et de la roussir avant que de la mouiller peut être généralisée pour tous les cas où l'on est pressé. Elle est fondée sur ce que les viandes, traitées ainsi, se chargent de beaucoup plus de calorique que quand elles sont dans l'eau ; on s'en pourra donc servir toutes les fois qu'on aura besoin d'un bon potage gras, sans être obligé de l'attendre cinq ou six heures, ce qui peut arriver très-souvent, surtout à la campagne. Bien entendu que ceux qui s'en serviront glorifieront le professeur.

« *Deuxième formule*. Le magistère précédent est destiné aux tempéraments robustes, aux gens décidés, et à ceux, en général, qui s'épuisent par action.

« J'ai été conduit, par l'occasion, à en composer un autre beaucoup plus agréable au goût, d'un effet plus doux, et que je réserve pour les tempéraments faibles, pour les caractères indécis, pour ceux, en un mot, qui s'épuisent à peu de frais ; le voici :

« Prenez un jarret de veau pesant au moins deux livres ; fendez-le en quatre sur sa longueur, os et chair ; faites-le roussir avec quatre ognons coupés en tranches, et une poignée de cresson de fontaine ; et quand il s'approche d'être cuit, mouillez-le avec trois bouteilles d'eau, que vous ferez bouillir pendant deux heures, avec la précaution de remplacer ce qui s'évapore, et déjà vous avez un bon bouillon de veau : poivrez et salez modérément.

« Faites piler séparément trois vieux pigeons et vingt-cinq écrevisses bien vivantes ; réunissez le tout, pour faire roussir comme j'ai dit ci-dessus, et quand vous voyez que la chaleur a pénétré le mélange, et qu'il commence à gratiner, mouillez avec le bouillon de veau, et poussez le feu pendant une heure ; on passe ce bouillon ainsi enrichi, et on peut en prendre matin et soir, ou plutôt le matin seulement, deux heures avant déjeûner. C'est aussi un potage délicieux.

« J'ai été conduit à ce dernier magistère par une paire de littérateurs qui, me voyant dans un état assez positif, ont pris confiance en moi, et, comme ils disaient, ont eu recours à mes lumières.

« Ils en ont fait usage, et n'ont pas eu lieu de s'en repentir. Le poète, qui était simplement élégiaque, est devenu romantique ; la dame, qui n'avait fait qu'un roman assez pâle et à catastrophe malheureuse, en a fait un second beaucoup meilleur, et qui finit par un beau et bon mariage. On voit qu'il y a eu, dans l'un et l'autre cas, exaltation de puissances, et je crois, en conscience, que je puis m'en glorifier un peu. » (*Loco citato.*)

Dans la première de ces formules, notre gastronome fait entrer l'ambre gris ; il est vrai qu'il avait pour cette substance une prédilection singulière, car dans un autre endroit de son livre, il en recommande l'usage avec une grande dévotion. « Or donc, dit-il, que tout homme qui aura bu quelques traits de trop à la coupe de la volupté ; que tout homme qui aura passé à travailler une portion notable du temps qu'on doit employer à dormir ; que tout homme d'esprit qui se sentira temporairement devenu bête ; que tout homme qui trouvera l'air humide, le temps long, et l'atmosphère difficile à supporter ; que tout homme qui sera tourmenté d'une idée fixe qui lui

ôtera la liberté de penser ; que tous ceux-là, disons-nous, s'administrent
un bon demi-litre de chocolat ambré, à raison de soixante à soixante-
douze grains d'ambre par demi-kilogramme, et ils verront merveilles.
Dans ma manière particulière de spécifier les choses, ajoute-t-il, je nomme
le chocolat à l'ambre *chocolat des affligés*, parce que, dans chacun des
divers états que j'ai désignés, on éprouve je ne sais quel sentiment qui leur
est commun, et qui ressemble à l'affliction. »

Cet amour gastronomique que Brillat-Savarin manifesta pour l'ambre,
d'autres amateurs, parmi lesquels il faut compter l'une des colonnes de la
botanique, Linnée, le reportent avec non moins d'ardeur sur la vanille.
Malgré le préjugé général qui attribue à la vanille des propriétés échauf-
fantes, on s'étonne à bon droit, que l'on repousse par une semblable
raison les bienfaits d'un aromate aussi précieux. Est-ce que toutes les
cuisines du monde ne sont pas fondées sur les épices ? Et qu'y a-t-il de
plus échauffant que le poivre et le gingembre ? Le sel lui-même, dont aucun médecin n'a jamais songé à priver ses malades, n'est-il pas cent fois
plus échauffant que la vanille ? Nous l'avons dit ailleurs, il est vraiment pénible d'avoir à relever de semblables contradictions pratiques ; mais le
genre humain est ainsi fait, il lui faut une expérience qu'il n'écoute pas
toujours, et des leçons qu'il ne suit qu'à la longue. Les plaisirs même les
plus positifs ne sont adoptés par lui que présentés par le caprice de la
mode, ou par l'insistance de ceux qui y trouvent leur profit.

S'il nous était permis de manifester nos préférences, nous dirions,
quant au chocolat, que nous n'en connaissons pas de plus restaurant, de
plus analeptique, qui flatte plus le goût, qui le stimule d'une manière plus
agréable, que le chocolat au salep et à la vanille. La saveur de ce chocolat
est exquise et *nombreuse* : il satisfait l'estomac et réjouit le cœur sans excitation aucune, et partant sans fatigue ; il nourrit abondamment et ne
remplit pas. C'est là, au reste, une des propriétés spéciales du salep : sous
un très-petit volume, il renferme une masse considérable de matière nutritive, et l'on se rappelle combien les médecins l'employèrent avec succès, dans le temps du choléra, pour restaurer les forces épuisées chez les
personnes qui, ayant été atteintes, eurent le bonheur d'échapper à ce terrible fléau. Mais, pour trouver dans un semblable chocolat les qualités
que nous venons d'y signaler, il faut aller aux sources s'enquérir des bons
manipulateurs. Or, pour le chocolat au salep et à la vanille, comme pour
le *chocolat des affligés*, nous doutons qu'il y ait un endroit, dans
Paris, où l'on entende mieux leur préparation que dans la maison si
anciennement renommée de MM. Debauve et Gallais.

Note B. « D'après un grand nombre d'observations et de recherche-

d'anatomie pathologique, M. Amussat admet quatre espèces de rétrécissements organiques :

« 1° Les brides ;

« 2° Les rétrécissements valvulaires ;

« 3° Les rétrécissements par gonflement chronique de la muqueuse ;

« 4° Les rétrécissements calleux, qui comprennent les duretés, les nodosités qui se forment dans les tissus sous-muqueux et spongieux.

« *Des brides.* Lorsqu'une phlegmasie aiguë de la membrane muqueuse
de l'urètre, quelle que soit d'ailleurs la cause qui l'a produite, passe à l'é-
tat chronique, un ou plusieurs points de cette membrane peuvent devenir
le siége d'un engorgement très-circonscrit, qui, s'il n'est pas toujours
suivi d'une induration bien prononcée, prive le tissu muqueux de son extensibilité naturelle.

« A ce premier degré, il serait difficile, même au malade, de soupçonner
l'existence d'un rétrécissement commençant ; mais peu à peu le jet de
l'urine qui vient de la vessie, trouvant un point du canal qui lui résiste au
passage, le pousse devant lui, soulève la muqueuse dans le point où elle
est affectée, forme ainsi une petite élévation plus saillante en arrière qu'en
avant, et qui, plus tard, devient un véritable obstacle à l'émission de
l'urine.

« Si, à cette époque, le malade venant à succomber à une affection étrangère, on examine avec soin le canal de l'urètre, on remarque, particulièrement sur la paroi inférieure, de petites lignes blanchâtres filiformes, situées transversalement, peu ou point saillantes à l'œil, mais qui le deviennent quand on promène l'ongle ou une sonde sur l'urètre, et d'arrière en
avant.

« Pour les brides longitudinales dont parle M. Lisfranc, nous ne les avons
jamais rencontrées, et Charles Bell, qui a étudié avec soin ces altérations
pathologiques, ne les représente qu'avec une direction transversale.

« Il peut y avoir plusieurs de ces brides chez le même sujet ; elles sont
évidemment le résultat d'un état pathologique qui, dans l'endroit qui leur
correspond, a fait perdre à la muqueuse son extensibilité naturelle.

« Il existe une autre espèce de brides beaucoup plus saillantes que celles
dont nous venons de parler : elles offrent plus d'épaisseur que ces dernières, et sont le résultat d'une induration très-prononcée de la muqueuse.
Quelquefois ces brides semblent être formées par la cicatrice d'une ulcé-
ration ; c'est surtout dans la fausse naviculaire qu'elles se rencontrent :
dans le point correspondant, la muqueuse, au lieu d'être blanche, et injectée rouge ; le tissu cellulaire sous-jacent est quelquefois lui-même malade. Souvent ces brides présentent l'aspect d'une cicatrice de brûlure.
Nous en avons vu deux beaux exemples : le premier, sur un vieillard calcu-

leux qui succomba à une pneumonie ; M. Amussat, devant le soumettre à
la lithotritie, avait incisé une de ces brides située près du méat, pour
pouvoir introduire de grosses sondes : le second, sur un adulte mort, à
l'hôpital de la Charité, d'une affection aiguë.

« Les brides ne sont point formées par de fausses membranes, comme le
prétendent Ducamp, Laennec, ou du moins nous n'avons jamais pu constater cette assertion sur le cadavre.

« *Des rétrécissements valvulaires.* Ces rétrécissements ne sont autre
chose que des brides qui occupent toute la circonférence de l'urètre ;
mais, dans ce dernier cas, comme l'aire du canal a beaucoup perdu de sa
capacité, l'urine, trouvant une plus grande résistance, pousse fortement
en avant cette bride circulaire, et forme ainsi une véritable valvule, un
diaphragme qui est traversé par l'ouverture urétrale. A l'examen anatomique, on trouve que là où existait le rétrécissement, la muqueuse semble comme froncée par un fil qu'on aurait passé dans son épaisseur, et
qu'on aurait ensuite serré en réunissant ses deux extrémités. Pour voir
cet anneau valvulaire, il faut bien se garder d'ouvrir l'urètre dans toute
son étendue par sa paroi supérieure, comme on le fait ordinairement,
parce que, aussitôt que cette valvule est divisée dans un de ses points,
et qu'on étend l'urètre pour l'examiner, si elle est peu ancienne, elle
disparaît en grande partie complétement, et on n'observe plus sur la
muqueuse qu'une ligne blanchâtre située, comme les brides, transversalement, et un peu de rougeur, restes peu sensibles du rétrécissement
reconnu pendant la vie, et constaté, même après la mort, avant la division des parties. Il faut donc, dans ce cas, comme dans tous ceux où
on veut examiner un rétrécissement qui occupe toute la circonférence de
l'urètre, ou la plus grande partie de cette circonférence, ouvrir ce canal,
seulement en avant et en arrière, jusqu'au point affecté.

« Les rétrécissements valvulaires sont peut-être les plus communs ; plus
ils sont anciens, plus l'ouverture qu'ils offrent pour le passage de l'urine
est rétrécie ; ils ont rarement, comme les brides, plus d'une ligne et une
ligne et demie d'épaisseur.

« *Des rétrécissements par gonflement chronique de la muqueuse urétrale.* Ces rétrécissements se rencontrent plus fréquemment chez les
vieillards que chez les adultes. On les observe particulièrement chez
ceux qui, à la suite d'une ou de plusieurs blennorrhagies, ont fait usage
pendant long-temps, pour se débarrasser d'un suintement habituel, de
bougies plus ou moins irritantes. Tel est le cas de deux vieillards à qui
M. Amussat a donné des soins.

« L'un s'était servi pendant long-temps de bougies de Daran, pour facili-
ter l'émission de l'urine, devenue difficile après plusieurs blennorrha

gies ; l'autre, pour se débarrasser d'une blennorrhée, introduisait, chaque soir, dans le canal , de petites bougies , qu'il trempait préalablement dans de l'extrait de saturne.

« Le premier ayant succombé à un catarrhe de vessie fort ancien, nous trouvâmes, à l'autopsie, le canal rétréci dans l'étendue de douze à quinze lignes. Dans ce point, la muqueuse était très-rouge, et présentait un état de turgescence très-remarquable ; la partie de l'urètre qui était située en arrière était très-dilatée, ainsi que toutes les lacunes muqueuses. Le canal étant ouvert, si on passait légèrement le doigt sur la paroi inférieure, on ne sentait aucune saillie bien sensible ; si, au contraire, on faisait glisser sur cette même paroi une sonde d'argent de manière à la comprimer, le bec de l'instrument était arrêté là où existait la maladie. Cette pièce pathologique , dessinée avec soin , ne présente qu'un resserrement du canal assez peu sensible dans la partie moyenne et antérieure de l'urètre, quoique, pendant la vie, l'introduction d'une sonde d'un petit calibre fût assez difficile. Chez le second , qui fut opéré par la scarification , et qui guérit parfaitement bien, nous pensons qu'un gonflement semblable de la muqueuse urétrale régnait dans presque toute l'étendue de la partie antérieure du canal, et formait un rétrécissement qui avait plusieurs pouces de longueur.

« Quelquefois, dans ce genre de rétrécissement, le tissu sous-muqueux est affecté , ce qui rend la maladie plus grave et plus difficile à guérir.

« *Rétrécissement calleux.* Si l'inflammation aiguë de la muqueuse de l'urètre se propage aux tissus sous-jacents, et y passe également à l'état chronique, il peut s'y former des indurations , des callosités , des nodus, dans le point primitivement affecté. Ces rétrécissements , assez rares chez les personnes qui n'ont jamais été soumises à la cautérisation , sont beaucoup plus fréquents chez les personnes sur lesquelles le caustique a été appliqué un grand nombre de fois, et trop profondément. Dans ce cas , il est facile de concevoir que l'application, souvent répétée, du nitrate d'argent, faisant passer à l'état aigu l'inflammation chronique qui existait sur la muqueuse, les parties environnantes s'engorgent dans une étendue plus ou moins grande, et, plus tard, cet engorgement donne naissance à des indurations, à des nodosités, qui se sentent avec le doigt, à travers le canal. Ces rétrécissements sont souvent formés par des cicatrices, ou à la suite de plaies ou de fistules de l'urètre.

« A l'autopsie, le canal , quand il est ouvert dans toute son étendue , semble seulement rétréci dans le point malade ; mais il n'y présente aucune saillie , aucune élévation sensible, comme dans les rétrécissements par engorgement ; ce n'est qu'en passant une sonde sur l'urètre qu'on peut sentir le point qui est malade. Dans la plupart des cas, la muqueuse paraît saine, et l'induration a son siége dans les tissus cellulaires , sous-muqueux et fibreux. Souvent même le tissu spongieux est malade ; alors les cellules qui le composent ont disparu, et il est transformé lui-même dans un tissu blanc qui, quelquefois, forme, avec ceux qui l'avoisinent, une substance qui peut acquérir la dureté et la consistance du cartilage.

« J'ai examiné, avec M. Amussat, l'urètre d'un Allemand qui succomba à une colite très-intense, qui portait depuis long-temps un rétrécissement calleux dans la région bulbeuse, et chez lequel l'introduction de la plus petite bougie était impossible. Pendant la vie, on sentait à travers les parois une dureté inégale très-prononcée. Quand nous fîmes l'ouverture du canal, nous le trouvâmes rétréci à un tel point, que nous pûmes y passer avec peine un petit stylet. La muqueuse était saine ; mais tous les autres tissus n'en formaient plus qu'un seul, qui était d'une dureté remarquable.

« Chez un jeune homme, constructeur de vaisseaux, de Nantes, et dont je citerai l'observation plus tard, nous avons observé un rétrécissement calleux qui formait un véritable anneau autour de l'urètre, et qui était bien sensible au toucher ; il avait été cautérisé vingt-sept fois dans ce point.

« Telles sont, suivant M. Amussat, les quatre formes sous lesquelles se présentent le plus fréquemment les rétrécissements. Pour les végétations, les carnosités, dont l'existence a peut-être été niée d'une manière trop absolue par quelques auteurs, il n'en a jamais rencontré qu'une seule fois.

« Il pense que si, à l'autopsie d'individus traités, pendant leur vie, pour des rétrécissements dont le siége et la nature avaient été bien constatés par des chirurgiens habiles, on n'en a trouvé aucune trace, cela tient, comme nous l'avons déjà dit, à la manière vicieuse dont on fait, en général, l'examen anatomique de l'urètre. Le plus souvent, dans les hôpitaux, on sabre plutôt l'urètre qu'on ne l'examine, et si on ne trouve rien, on dit alors qu'il y avait un rétrécissement spasmodique, à l'exemple des médecins qui rejettent sur les affections nerveuses toutes les maladies dont ils ne peuvent trouver la cause après la mort. Plusieurs fois, dans le laboratoire de M. Amussat, nous avons pu examiner des pièces de pathologie de l'urètre fort curieuses, qui y étaient apportées par des élèves intelligents, et sur lesquelles ceux qui étaient chargés de les anatomiser n'avaient trouvé rien de remarquable. »

(PETIT, *Leçons du docteur Amussat sur les rétentions d'urine.*)

———

NOTE C. « L'amour peut sans doute égarer l'homme, mais c'est de toutes les faiblesses la plus excusable. Qui n'a pas aimé au moins une fois en sa vie ? On aime peu dans ce siècle d'égoïsme ; on aime seulement pour avoir de l'or ou pour obéir aux mouvements chaleureux du sang, à la voix de la nature qui appelle les êtres et les invite à s'unir, afin de renouveler le monde. Il est des hommes chez qui ce plaisir des sens devient un appétit grossier, un besoin impérieux que rien ne saurait assouvir. C'est la luxure, vice honteux, qui dégrade l'homme, pervertit son jugement, le suit jusqu'à la vieillesse, engloutit quelquefois sa fortune, ruine sa santé, et le rend imbécille ou maniaque. Ce penchant irrésistible est une sorte de fièvre qui part d'un cerveau malade pour se porter sur d'autres appareils, où elle produit des irritations, des besoins factices. Le temps, qui adoucit tout, ne peut rien sur cette espèce de folie. Voyez, s'écrie Pope, ce vieillard décrépit; il se traîne sur ses genoux chancelants jusqu'au galetas d'une prostituée, et il ne voit point de moineau qu'il ne lui porte envie.

« Mais laissons là ces organisations détériorées par le vice, ces corps sans âme où la matière seule commande. Donnons plutôt quelques instants à l'adolescence, âge tendre, flexible, que les habitudes mondaines n'ont pas encore corrompu, et où l'on peut faire pénétrer les conseils et les consolations.

« Comment guérir ce jeune homme vif, ardent, impétueux, que l'amour tient sous son joug? Comment arrêter les ravages de ce doux poison qui se glisse de veine en veine? Comment apaiser le trouble, les inquiétudes d'un cœur où la vie surabonde? Ce n'est plus une fièvre, une excitation toute physique, que l'homme de l'art maîtrise par des méthodes vulgaires. C'est une sorte d'ivresse qui pervertit toutes les sensations, qui attaque toutes les facultés, qui ne souffre point d'agression directe, qui redouble par les obstacles, qui s'irrite par les remèdes violents, enfin, qu'on ne peut espérer de calmer que par les moyens les plus doux.

« Ainsi, point de vifs reproches, point de conseils dictés par une morale trop rigide; un langage sévère ne ferait qu'envenimer une blessure déjà trop profonde. Montrez-vous d'abord l'ami, le consolateur de ce jeune homme; plaignez sa peine, et s'il pleure, pleurez avec lui. Heureux celui qui pleure! son cœur commence à s'amollir, c'est comme la rosée qui tombe sur un sol brûlé par les feux du soleil. Des entretiens pleins de bienveillance amèneront ensuite peu à peu les conseils de la sagesse et de la raison. On placera à propos sous ses regards quelques-uns de ces ouvrages empreints d'une philosophie douce, indulgente, où il trouvera d'utiles leçons qu'il goûtera avec d'autant plus de fruit qu'on ne lui aura pas imposé cette lecture. Il faut beaucoup de tact et de patience pour sonder ces plaies du cœur, pour y porter un baume salutaire. L'aspect de quelques paysages riants, pittoresques, des courses, des promenades, des exercices variés, des aliments doux, qui donnent peu de chaleur aux organes, quelquefois même les plaisirs de la table, si l'on paraît y attacher quelque prix, sont autant de secours que vous offre une hygiène philosophique.

« Les jeunes filles, amollies par des peintures romanesques, excitées par
des scènes dramatiques, par les réunions, les bals, les concerts, les veilles,
irritées par des élans naturels jusqu'alors inconnus, mais sages, réservées,
ignorant la cause du mal qui les tourmente, tombent quelquefois tout-à-
coup dans un état de langueur et de tristesse qui peut dégénérer en une
sorte de délire, s'il se prolonge. Eh quoi ! un amoureux délire à un âge si
tendre, y pensez-vous? Oui, l'amour naît d'un regard ; c'est l'étincelle
électrique qui part, qui pénètre, embrase un cœur sans défiance, mais que
le monde a déjà préparé en y jetant des germes de faiblesse. On convient
généralement de ces vérités triviales ; elles sont écrites partout, et, aveu-
gles que nous sommes, elles ne frappent nos regards que lorsque l'heure
du danger a sonné. C'est ici qu'une mère tendre, dont le zèle s'est peut-
être un instant endormi, doit redoubler de vigilance, de soins, pour guérir ce jeune cœur, pour l'arracher à une passion que plus tard elle ne
pourrait peut-être plus éteindre.

« Éloigner promptement les principales causes qui ont amené ce trouble
organique, faire naître des impressions nouvelles, changer d'air et de
lieux, choisir un séjour agréable à la campagne, y varier les distractions,
les promenades sans fatigue, voilà les premiers remèdes. Que la jeune
malade respire l'air frais du matin, qu'on la conduise de temps en temps
sur quelque gracieuse colline dominant sur un beau paysage ; l'aspect de
la nature, le puissant arôme des plantes ranimeront son âme, lui donneront d'autres sensations. Qu'on occupe ses loisirs, tantôt par la culture des
fleurs, par des herborisations dans les champs, tantôt par de doux entretiens, par la lecture de quelques voyages qui excitent sa curiosité. Que sa
mère tâche surtout de l'entourer de quelques personnages graves, bien-
veillants, dont les sages conseils puissent lui inspirer les pratiques de la
morale et de la religion. Ces soins maternels apaiseront peu à peu le
trouble de son cœur, lui donneront de plus doux battements. S'abandonner au délicieux sentiment de la charité, soulager les pauvres du village,
visiter les vieillards malades, recueillir partout des bénédictions en présence du ciel qui vous contemple et vous applaudit ; jeunes filles, c'est
une nouvelle vie que vous ne connaissiez pas encore, et qui vous promet
des jours plus calmes et plus heureux.

« Ce traitement moral doit être secondé par les bains tièdes, par le petit-
lait, le laitage, les fruits et autres moyens capables d'affaiblir les irritations
organiques. Mais les accidents nerveux, fomentés par une passion secrète,
demandent quelquefois des remèdes plus directs. Le mariage, lorsque les
convenances le rendent possible, est alors la meilleure médecine du corps
et de l'esprit. Des faits nombreux attestent sa puissante efficacité.

« C'est ainsi que ces âmes neuves et aimantes peuvent être ramenées à un
état de calme. Le devoir et la vertu parlent encore au fond de leurs cœurs

que le vice n'a point atteints. Mais il n'y a pas un instant à perdre ; plus
tard le mal, devenu plus profond, sera peut-être sans remède.

> « Hinc illæ primum Veneris dulcedinis in cor
> « Stillavit gutta, et successit fervida cura.
>> « (Lucret., *de Rerum nat.*)
>>> « Roques. »

Note D. Des recherches faites tout récemment par M. Donné sur les
diverses humeurs du corps humain il résulterait que, dans certains cas, le
mucus du vagin et celui de l'utérus peuvent prendre, à l'égard des animalcules spermatiques, des propriétés délétères. Quelques femmes en effet lui
ont offert, dans un état de santé apparente, un mucus vaginal et utérin
dans lesquels ces petits êtres périssaient instantanément : cette propriété
délétère résidait tantôt dans le mucus vaginal, tantôt à un plus haut degré
dans le mucus utérin. La matière sécrétée par le vagin jusqu'à l'orifice du
col de la matrice se distingue en effet de celle qui s'écoule de la cavité de
cet organe, d'après le même observateur, indépendamment de leurs caractères physiques, par une réaction toute différente; le mucus vaginal est acide,
l'autre est alcalin, et l'excès de l'acidité comme l'excès de l'alcalinité serait également délétère. D'où il résulterait que sans vouloir considérer
d'une manière générale, ainsi qu'on l'a fait, la leucorrhée (ou flueurs blanches) comme une cause certaine de stérilité, on pourrait attribuer à certaines espèces d'écoulements la propriété d'anéantir l'action fécondante
du fluide séminal.

Note E. « L'hermaphrodisme est l'état normal d'un grand nombre
d'animaux des degrés inférieurs de l'échelle, mais il est fort douteux
qu'au dessus des mollusques il y ait de véritables hermaphrodites. Nous
disons qu'il est douteux, car pour ce qui concerne certains poissons,
le fait de la confusion ou de la séparation des sexes n'est pas une chose
nettement établie. Voici, au reste, sur ce sujet, l'opinion la plus ré-
cente et sans doute la mieux fondée.

« On trouve *de temps à autre*, dit Cuvier, parmi les poissons ordinaires, des individus qui ont d'un côté un ovaire et de l'autre un testicule, et qui sont par conséquent de vrais hermaphrodites; mais il
paraît que certaines espèces réunissent naturellement et constamment
les organes des deux sexes. Cavolini l'assure d'un acanthoptérygien,

le serran ou perche de mer, et sir Everard Home, de l'anguille et de la lamproie; pour ce dernier genre, MM. Magendie et Desmoulins pensent qu'il y a des mâles qui seulement seraient infiniment plus rares que les femelles. » (*Voy.* CUVIER, *Histoire naturelle des poissons,* t. 1, page 334.)

« On voit par ce peu de mots combien Cuvier hésite dans son langage, *de temps à autre, il paraît,* etc. *De temps à autre,* ce n'est pas constamment, *il paraît* ne donne point une certitude. Nous croyons qu'en principe la nature n'a appliqué l'hermaphrodisme qu'aux espèces qui ne jouissent pas de la locomotion ou qui ne possèdent cette faculté qu'à un degré très-inférieur. Si cette règle était absolue, les faits cités d'hermaphrodisme chez les serrans, les anguilles et les lamproies, seraient ou des exceptions ou des observations incomplètes, car rien n'est plus agile que ces animaux dans le milieu qu'ils habitent.

« Ainsi donc, au-dessus des mollusques, et en tout cas au-dessus de certains poissons, l'hermaphrodisme est une monstruosité. Il y a plus, c'est que l'on ne connaît pas d'exemple où la confusion des sexes ait été tellement complète, où leur existence chez le même individu ait été si bien établie que cet individu ait pu produire à la fois comme mâle et comme femelle; encore moins a-t-on pu trouver des exemples d'hermaphrodites qui aient pu opérer une génération solitaire.

« Le *Bulletin de la faculté de médecine de Paris,* tome IV, page 285, parle d'un homme qui vivait à Lisbonne en 1807, et qui d'une part présentait deux testicules, un pénis érectile et percé d'un canal jusqu'au tiers de sa longueur, le tout accompagné de traits mâles et d'un peu de barbe; il avait d'autre part les organes du sexe féminin comme ceux d'une femme bien conformée, la voix et les penchants analogues, la menstruation régulière. Cet hermaphrodite eut deux grossesses qui se terminèrent prématurément, l'une au troisième, l'autre au cinquième mois.

« L'observation ne parle pas de l'examen anatomique des testicules ni de leurs canaux excréteurs.

« Les cartons de l'ancienne Académie de chirurgie contiennent les dessins d'un cas analogue, et dans lequel l'examen a été plus complet, puisqu'il a pu avoir lieu à l'aide du scalpel. C'est celui du nommé Jean Dupin, qui mourut à l'Hôtel-Dieu en 1734, à l'âge de dix-huit ans, et qui avait d'un côté un pénis, un testicule et une vésicule seminale, et de l'autre côté une petite matrice ovale, un ovaire et une trompe; la vésicule seminale communiquait avec la matrice.

« Enfin on voit au Muséum de la Faculté une pièce en cire qui représente un cas analogue au précédent; les conduits du fluide fécondant aboutissent également à l'utérus. M. Adelon fait, au sujet de ces deux dernières observations, les réflexions suivantes : « Nous disions tout à l'heure que jamais un hermaphrodite n'avait pu remplir tour à tour les fonctions d'homme et celles de femme, et à plus forte raison n'avait pu se féconder seul ; et, en effet, on n'en a encore vu aucun exemple. On conçoit cependant que, dans ces derniers cas, où il y avait communication entre la vésicule séminale et l'utérus, l'individu pourrait se féconder seul. Qu'on suppose en effet un rêve excitant pendant la nuit l'orgasme vénérien, et mettant en jeu le testicule d'une part et l'ovaire de l'autre : le fluide spermatique pourra, par l'utérus, aller aviver le germe, et celui-ci, alors, parcourra comme de coutume dans l'utérus la série de ses développements ; mais, nous le répétons, ce n'est là qu'une vue de l'esprit qui, à la vérité, se trouve réalisée dans quelques animaux. »

' *Dictionnaire pittoresque d'histoire naturelle*, art. MONSTRES.)

FIN DE LA DEUXIÈME PARTIE.

TROISIÈME PARTIE.

MORALE ET LÉGISLATION

APPLIQUÉES.

Je me prosterne devant les savants comme devant les pères
spirituels du genre humain. Eux seuls entrainent les siècles et
font avancer l'intelligence de notre race dans ses voies lentes et
pénibles. Les hommes d'action marchent à leur suite sans le savoir, et subissant l'influence mystérieuse, font les lois humaines
dans une sorte de rapport avec les lois divines pénétrées par les
savants.

(Georges SAND. *Lettre inédite à* M. *Geoffroy Saint-Hilaire.*

CHAPITRE UNIQUE.

DE LA GÉNÉRATION CONSIDÉRÉE DANS SES RAPPORTS AVEC LA
LÉGISLATION ET LA MORALE.

En quelques mots Cuvier, dans son *règne animal*,
a déduit de l'histoire naturelle de l'homme les lois
principales relatives à la génération, qui fondent l'ordre social.

« Le nombre à peu près égal des individus des deux
sexes, dit-il, la difficulté de nourrir plus d'une femme,
quand les richesses ne suppléent pas à la force, montrent que la MONOGAMIE est la liaison naturelle à notre
espèce ; et comme, dans toutes celles où ce genre d'union existe, le père prend part à l'éducation du petit,
la longueur de cette éducation lui permet d'avoir
d'autres enfants dans l'intervalle, d'où résulte la
PERPÉTUITÉ NATURELLE de l'union conjugale ; comme de
la longue faiblesse des enfants résulte la subordination
de la famille, et, par suite, tout l'ordre de la société,

attendu que les jeunes gens qui forment les familles
nouvelles conservent avec leurs parents les rapports
dont ils ont eu si long-temps la douce habitude. »

La polygamie et le divorce se trouvent donc con-
damnés par la nature, et les législateurs, en les défen-
dant, n'ont fait qu'obéir à ses lois.

Pour ce qui est de la polygamie, elle n'a pu s'établir
que dans des temps de barbarie où l'homme, esclave
des jouissances matérielles, et abusant de sa force pour
les assouvir, s'est arrogé le droit de posséder plusieurs
femmes comme on possède plusieurs troupeaux. Les
pays où cette coutume existe encore sont aussi ceux
où le despotisme est dans le gouvernement, ainsi qu'il
existe dans la famille. Et, en effet, là où la famille se
compose uniquement d'un seigneur et maître, qui
commande seul, et de serviteurs à différents titres, qui
obéissent, le gouvernement est nécessairement formé
d'un despote ayant droit de vie et de mort sur des
populations d'esclaves. Comment le polygame pour-
rait-il résister à l'oppression ou s'y soustraire, en
supposant qu'il en eût la velléité ? Énervé, dès son
jeune âge, par un commerce intempérant avec plusieurs
femmes, il ne saurait apporter dans cette entreprise la
volonté constante et ferme et le courage inébranlable
qui seraient indispensables au succès. Le soin d'élever
une famille nombreuse, et le soin, plus pressant encore,
de veiller sur son harem, lui font un devoir de l'inaction, d'où il suit que sa condition naturelle est la servitude. La polygamie marque donc les peuples qui l'ont
admise et conservée d'un signe d'infériorité dans l'é-
chelle de la civilisation ; et la liberté civile, l'indépendance sociale, sont le privilége exclusif des peuples

monogames. Ajoutons que la polygamie est contraire au bonheur domestique : à quels devoirs peut être tenue une femme envers celui à qui elle ne s'est point donnée, et qui souvent l'achète pour son unique plaisir ? La monogamie laisse la femme à son véritable rang ; elle lui conserve tous ses droits naturels, en faisant d'elle la compagne de l'homme, et non pas son esclave. Quelles que soient les lois du pays où la Providence la fait naître, la femme, en effet, n'en porte pas moins dans son cœur la conscience de la légitimité de ses droits, qui, là où ils sont reconnus et admis, fondent pour elle d'importants devoirs, et la poussent à la recherche du respect et de la considération personnels, sans lesquels il n'est point de mœurs.

Quant au divorce, cette question est revenue trop souvent pour que nous puissions nous en taire. *La perpétuité de l'union conjugale*, pour nous servir des expressions de Cuvier, découle de la longueur de l'éducation des enfants. Si un enfant ne peut être abandonné qu'à quinze ans, il est évident qu'il y aurait danger pour lui à ce que ses parents se désunissent et cessassent de veiller à son éducation et à son établissement avant que ces quinze ans fussent accomplis. L'union conjugale, considérée quant à un seul enfant, doit donc avoir au moins cette durée ; mais le terme moyen des enfants à élever est de quatre, venant à des distances plus ou moins grandes ; leur éducation doit, par conséquent, prolonger d'autant le mariage, c'est-à-dire amener les deux époux à passer ensemble vingt-cinq ans et plus de leur vie d'adultes ? En permettant le divorce dans une situation pareille, quand le mariage a été régulier dans sa fin, dans ses résultats, dans ses

moyens, c'est-à-dire quand la famille a commencé ;
c'est porter à la constitution de la société l'atteinte la
plus dangereuse et la plus profonde ; et en effet si les
enfants sont encore dans un âge tendre, le but du mariage est complètement manqué, car la conservation
de l'espèce exige que les enfants soient élevés, et la
dissolution du lien conjugal en fait des orphelins.

Si les enfants sont élevés et établis, dans ce cas, la
séparation du père et de la mère entraîne pour eux la
rupture ou, du moins, le relâchement des liens de famille ; et le scandale qui en résulte est le plus grand
mal qui puisse frapper la société, dont les familles sont
le véritable fondement.

Ainsi donc, c'est la perpétuité de l'espèce, ce sont les
enfants qui rendent le lien conjugal indissoluble. Au
reste, l'importance des enfants dans le mariage est si
grande que les auteurs du Code civil n'ont pu échapper
à la nécessité de la faire ressortir, malgré toutes les
précautions qu'ils ont prises pour n'entrer dans aucun
détail sur le but et la fin du contrat conjugal. Ainsi, les
époux, en s'associant, ont le droit de se faire respecti-
vement des avantages : le Code civil leur laisse, à cet
égard, une grande liberté ; survient-il des enfants,
toutes les stipulations de cette nature sont profondément modifiées. Il y a plus, quand les époux n'ont rien
stipulé entre eux, à la dissolution du mariage, leurs
biens personnels reviennent aux familles respectives,
et ce droit de retour s'exerce même sur ce qui a été
acquis en commun ; mais s'il y a eu des enfants, et que
l'un des époux leur ait survécu, cette circonstance
anéantit les droits de la famille de l'époux décédé, pour
les reporter sur le survivant. Ainsi, les enfants ont

une telle influence sur les effets du mariage relativement aux époux que, quand ils naissent, ils anéantis-
sent en grande partie, par leur présence, des stipulations déjà faites ; et, quand ils meurent, ils créent
des droits qui n'existaient pas avant eux. Tant il est
vrai qu'aux yeux de la loi, dans le mariage, les enfants
sont plus précieux que les époux (1) ! Et les intérêts généraux le voulaient ainsi : les uns s'en vont, par conséquent la société n'attend d'eux que des services de second ordre ; les autres viennent qui seront ses conti-
nuateurs et ses soutiens.

Lors de la rédaction du Code civil, la question fut
mal posée. Elle devait être résolue par la négative,
comme elle le fut plus tard, à la rentrée des Bour-
bons, mais des circonstances individuelles et actuelles
s'opposaient à une semblable solution. Les hautes ré-
gions du pouvoir étaient occupées par beaucoup de personnages qui, nés dans une condition moins élevée, et
y ayant pris femme, ne pouvaient s'empêcher de s'intéresser à l'affirmative ; et le premier consul lui-même,
qui opina en faveur de la proposition, après avoir pris
plusieurs fois la parole pour la soutenir, prévoyait
peut-être l'époque où cette solution lui serait encore
moins indifférente.

Lorsque, plus tard, le divorce fut aboli, ce fut encore par des considérations plus politiques que morales, quoique celles-ci aient été seules avouées. Mais,
dans l'une et l'autre occasion, personne ne songea à
consulter la nature ni à consacrer législativement ses
indications.

(1) Nous disons les *époux* et non pas les *pères*, car le père a des droits
que l'époux n'a pas.

Dans le premier cas, comme dans le second, on n'avait pas vu que le divorce, considéré dans ses rapports avec le mariage en général, ne pouvait avoir trait qu'à des cas exceptionnels, et qu'en bonne logique toute loi fondée sur des exceptions devait être radicalement mauvaise.

Quoi qu'il en soit, comme la question se représentera nécessairement jusqu'à ce qu'elle ait été résolue d'une manière convenable, il n'était pas sans intérêt d'en faire connaître l'étendue et de dire, en passant, quelles furent les raisons invoquées de part et d'autre pour la repousser ou la soutenir.

Les tribunaux furent tous consultés sur ce point. Les uns repoussèrent le divorce absolument, les autres l'admirent avec des modifications ; deux seulement l'admirent dans sa plus grande étendue, et même pour cause d'incompatibilité d'humeur. Quand la discussion s'établit dans le conseil d'état, M. Portalis, chargé de la présentation, eut à prouver la nécessité du principe. On avait dit que le mariage, sous le rapport religieux, étant indissoluble, c'était blesser la liberté des cultes que d'autoriser le divorce. Il répondit que la religion dirigeait le mariage par sa morale, et le bénissait par un sacrement, mais que cette bénédiction supposait le mariage et ne le formait pas ; que l'Eglise reconnaissait les mariages des hérétiques et des infidèles, et ne les obligeait pas à une réhabilitation quand ils se convertissaient à la foi ; que, d'ailleurs, le principe de l'indissolubilité du mariage avait été controversé dans l'Eglise même ; enfin, que le divorce avait toujours été admis en France, et qu'il n'avait été défendu que lorsque le ministre du sacrement était devenu aussi le ministre de la puissance civile (1) : maintenant que le contrat civil était séparé du sacrement, il était tout-à-fait loisible au législateur de dissoudre ce contrat dans les circonstances nécessaires, et la possibilité de cette dissolution était même une conséquence naturelle de la liberté des cultes, dont les uns le permettent pendant que les autres le repoussent. Il ajoutait que la loi à faire était destinée à régler la volonté de chacun touchant une matière qui intéressait l'ordre public, et non point à autoriser une chose qui était toujours un mal; qu'elle ne donnerait pas *une liberté que tous tiennent de la nature*, mais qu'elle préviendrait seulement les désordres qui pouvaient naître de l'usage de cette liberté indéfinie.

Or, le rapporteur errait en ceci : on ne peut pas dire d'une manière aussi générale que le divorce est une conséquence de la liberté naturelle, et que chacun pourrait en user s'il n'en était empêché par d'autres lois. La nature permet à l'homme et à la femme *qui ont eu des enfants* de se séparer, au même titre qu'elle leur permet de suspendre la respiration ou le mouvement volontaire; c'est-à-dire qu'elle attache à cette suspension ou à cette séparation trop prolongée des maux physiques ou des peines morales dont chacun a le sentiment plus ou moins profond et énergique. Voilà la règle générale établie par la nature, qu'aucune convention sociale ne peut détruire, et qui ne comporte même aucune exception. Quand la discorde s'introduit dans une famille, c'est un mal, un très-grand mal qui intéresse beaucoup cette famille elle-même et très-peu

____

(1) Le rapporteur faisait allusion à l'état civil, qui, ayant été confié au clergé, resta en sa possession jusqu'à la révolution de 1789.

la société ; mais le mal serait profond, immense, irre-
médiable, si pour satisfaire deux époux on dissolvait
la famille entière , car ce serait véritablement alors introduire la dissolution dans le corps social tout entier.

Mais tous les mariages ne sont pas productifs , tous
ne donnent pas lieu à un commencement de famille.
Ici la liberté naturelle reprend ses droits : la nature
en effet laisse alors les deux époux parfaitement libres
de rester unis ou de rompre un nœud que rien ne resserre. Il peut même importer à la société que des époux
mal assortis cherchent à former, chacun de leur côté ,
une union nouvelle, quand le but principal de la première a été manqué : l'on se trouve alors dans des conditions plus rapprochées du véritable but de la nature.
N'arrive-t-il pas tous les jours , en effet, qu'un homme
et une femme ne peuvent point avoir de postérité,
quoique l'un et l'autre soient parfaitement conformés,
leur stérilité n'étant que relative ? Si vous unissez
la femme à un autre homme, et réciproquement, la fécondité se montre chez tous les deux.

Ici donc, la question n'est plus naturelle ; elle devient toute morale , et ne doit se décider que par des
considérations de moralité (1). Si nous avions à la résoudre , nous dirions qu'il ne saurait y avoir rien d'im-
moral à ce que des mariages formés, comme le sont
aujourd'hui la plupart, sur des convenances tout-à-fait
étrangères à la volonté et au goût des deux époux,
et qui seraient improductifs, pussent être atteints par
la dissolution. Ce serait un moyen , au contraire, de re-

(1) Elle a été traitée sous ce point de vue avec beaucoup d'adresse dans
un article du *Journal des Débats*, par M. Saint-Marc-Girardin. (*Voy.* à la
fin de cette troisième partie, note A.)

mettre les choses et les personnes dans leurs véritables conditions ; et, dans ce cas, nous serions tout-à-fait de l'avis du premier consul : « Le mariage, disait à ce sujet Bonaparte dans la discussion, n'est pas toujours la conclusion de l'amour. Une jeune personne consent à se marier pour se conformer à la mode, pour arriver à l'indépendance et à un établissement ; elle accepte un mari d'un âge disproportionné, dont l'imagination, les goûts et les habitudes ne s'accordent pas avec les siens. La loi doit donc lui ménager une ressource pour le moment où, l'illusion cessant, elle reconnaît qu'elle se trouve dans des liens mal assortis, et que sa volonté a été séduite. » Mais, en donnant notre assentiment à de semblables motifs, ainsi qu'aux autres d'une nature analogue qu'on pourrait invoquer et qui sont très-nombreux, il y aurait cette différence entre l'opinion du premier consul et la nôtre que lui en faisait l'application à tous les mariages indistinctement, tandis que nous ne voudrions l'affecter qu'à ceux où il n'y aurait pas un commencement de famille.

Toutefois, en considérant combien la société est intéressée à la stabilité des mariages, il resterait encore à savoir jusqu'à quel point la possibilité de la dissolution dans ce cas lui serait profitable ou nuisible, et s'il ne vaudrait pas mieux encore souffrir des maux individuels, quelque nombreux qu'ils puissent être, que de permettre la violation du contrat, même pour les cas les moins malheureux : or, il nous a toujours semblé que les restrictions admises dans la loi du divorce ne seraient pas suffisantes, même en y comprenant celle dont nous venons de faire connaître la valeur et qui est relative aux enfants.

Ces raisons ne seront pas estimées ce qu'elles valent,
nous le savons : cela provient de ce que l'on a considéré
à tort dans l'union conjugale tout autre chose que ce
qu'il doit y avoir. Si l'on avait une bonne définition du
mariage, le vice que nous attaquons frapperait tous les
esprits. Mais, d'un côté, les législateurs ont reculé devant cette définition, par des motifs qui ne nous paraissent point admissibles, puisqu'ils se réduisent à la
maxime de droit : *Omnis definitio in jure periculosa* (1);
de l'autre côté, les canonistes ont fait entrer dans la
leur un prétendu besoin de satisfaire la concupiscence.
Il suit de là que chacun considère le mariage différemment, selon son goût : tantôt comme une société con-
tractuelle de l'homme et de la femme, dans le but de
passer la vie en commun, et tantôt comme un moyen de
satisfaction pour la concupiscence. Sous ces deux derniers rapports, il est évident que la question du divorce
a sur lui plus de prise. En définissant le mariage comme
il doit l'être, c'est-à-dire en faisant connaître son essence, qui est la conservation de l'espèce et la nécessité
de fournir à la patrie de nouveaux citoyens, le divorce
n'a plus que des motifs vagues, spécieux et tout-à-fait

____

(1) *Toute définition est dangereuse en droit*, parce que les questions
de droit se résolvent presque toujours en des questions de moralité, et
qu'il n'y a rien de plus nuancé, de plus fugitif et quelquefois même de
plus insaisissable que les caractères des faits moraux. Il faut toujours les
juger, non en les rapportant à une définition typéale quelconque, mais
par la conscience, c'est-à-dire par les lumières de la raison et de la justice
naturelles perfectionnées par l'étude et par une connaissance aprofondie
du cœur humain. Maintenant, est-ce que le mariage n'est pas autre chose
que l'un de ces faits moraux dont nous venons de parler? est-ce que la
définition n'en a point été donnée par la nature même? est-ce qu'il y a
dans la nature des actes qui aillent au but du mariage autrement que par
ce que nous appelons génération?

indignes de servir de fondement à une disposition de loi.

Il est bien vrai qu'en l'état actuel de la société, et pour tenir compte de l'influence des passions sur les hommes, une semblable définition emporterait nécessairement avec elle l'établissement de plusieurs sortes de mariages. Où serait l'inconvénient? Est-ce que sous les lois romaines il n'en était pas ainsi? et, de nos jours, en Allemagne, pour ne citer que ce qui est sous nos yeux, n'y a-t-il pas pour les princes régnants ce qu'on appelle des mariages de la main gauche, quoique ces mariages n'aient pas d'autre but que d'empêcher les races princières, qui sont très-nombreuses dans ce pays, de s'avilir par une multiplication outre mesure de successeurs sans successions, les enfants qui naissent alors n'étant point considérés comme des princes au même titre que les autres? A le bien prendre donc, il semble qu'il n'y a qu'une classification analogue qui puisse fournir les moyens de trancher les difficultés de la question. Établissez des mariages *ad usum prolis suscipiendæ*, faites surtout entrer la question d'âge dans l'aptitude requise pour les contracter, et pour ceux-là point de divorce à aucun prix. Faites ensuite des contrats d'union conjugale, dans le but de permettre à un homme et à une femme de passer la vie en commun, ou bien *ad remedium concupiscentiæ*; pour ces derniers le divorce aura moins d'inconvénients, et l'on pourra le leur permettre, à l'exception d'un seul cas pourtant, qui est celui où le *remedium concupiscentiæ* aurait déterminé la naissance d'un enfant : cette circonstance rendrait de toute nécessité le lien formé indissoluble, par cela même qu'il réunirait alors la condition essentielle qui le fait tel.

Ainsi entendu, le divorce n'a aucun des inconvénients qui lui ont été justement reprochés. Bien loin de relâcher les mœurs, il les consolide, car l'adultère n'a plus de motifs. Il renforce les liens du mariage, qui atteint de prime abord son véritable but. Enfin, il ne doit pas intéresser la conscience de l'homme religieux, car l'objet secondaire que les casuistes admettent dans le lien conjugal ne saurait être satisfait pour des époux qui se trouveraient mal assortis.

La question du mariage nous amène naturellement à celle de l'âge nubile ou de la majorité nécessaire pour le contracter. Ici encore, il ne faut pas tant consulter ce qui a été réglé dans des temps et dans des climats divers, que ce qui se passe dans la nature. La véritable base de la majorité doit être prise au terme de l'accroissement des deux sexes. Or, si la puberté accomplie est une preuve de l'aptitude à la génération, elle ne fixe pas toujours les limites de l'accroissement. En général, la puberté se manifeste, dans nos climats, par des signes extérieurs, de dix à douze ans dans les filles, de douze à seize dans les garçons ; et cependant ce n'est guère qu'à dix-huit ans que l'homme cesse de croître. Telle est l'opinion de Cuvier ; d'autres physiologistes pensent avec quelque raison que l'accroissement général se continue graduellement et d'une manière uniforme jusqu'à l'âge de vingt-et-un à vingt-cinq ans. Ceci doit même être entendu d'une manière générale, car les exceptions, en pareil cas, sont excessivement nombreuses. En l'état des choses, nous nous demanderons si la règle établie dans nos lois, qui fixe dix-huit ans révolus pour l'homme et quinze ans pour la femme, est bien conforme aux véritables intérêts de l'un et de l'autre. Nous ne le pensons pas : nous sommes d'avis, au contraire, qu'en exigeant des deux côtés un âge plus mûr, on se trouverait plus près de la nature et de la vérité. Il y a pour cela des raisons physiologiques et des raisons morales.

Sous le rapport physiologique, il faut se rendre compte des circonstances qui accompagnent tout accroissement. Nous venons de voir que si les uns fixent son terme à dix-huit ans, les autres reculent la limite jusqu'à vingt-cinq. Cette diversité d'opinions forme déjà un préjugé très-puissant en faveur de notre thèse; mais voici, selon nous, une considération décisive. Supposons l'accroissement complet à dix-huit ans, est-ce à dire, pour cela, que cet âge doive être pris comme base de la règle? Non, sans doute, car il faut nécessairement laisser aux diverses parties du corps qui y ont participé le temps de se fixer dans leurs relations respectives, et de consolider les changements qui sont la conséquence de leur arrivée à cette dernière limite : or, ce n'est pas trop d'accorder deux années à une pareille consolidation ; d'où il suit qu'en tenant compte seulement des considérations physiologiques, l'âge nubile doit être reculé au moins jusqu'à vingt ans.

Mais il y a des raisons morales qui doivent faire étendre encore davantage cette limite, du moins pour les hommes. Ce n'est pas à vingt ans, en effet, qu'un jeune homme peut avoir la maturité d'esprit et l'expérience nécessaires pour conduire sa maison et élever des enfants. Ainsi, quand le premier consul opinait pour n'autoriser le mariage qu'à vingt-et-un ans pour les hommes, il avait raison, et le conseil d'état aurait

dû adopter ses motifs. La considération décisive, en
pareil cas, ne devait pas être l'âge pubère ou le plus ou
moins de précocité des individus, mais la nécessité où
est l'état de constituer le mariage dans des conditions
telles qu'il en résulte le plus grand nombre possible
d'enfants robustes et bien conformés, et que les parents de ceux-ci aient la capacité nécessaire pour les
conserver et en diriger l'éducation.

Au reste, ceux qui ont consulté la nature avec quelque connaissance de cause et un certain degré de pers-
picacité ont été d'un avis semblable au nôtre. Il y a
plus, le calcul lui-même a été interrogé, et il a donné
une réponse encore plus positive. Au premier abord,
il peut paraître étonnant qu'on ait eu recours au
calcul pour juger une question de la sorte ; mais sans
vouloir justifier complètement cette manière de procéder, ni regarder comme incontestables les résultats
qu'elle a donnés, nous ferons observer que la nature se
prête parfois assez facilement aux combinaisons numé-
riques, et que la difficulté, dans ce cas, consiste seulement à découvrir le nombre principal. Or, voici ce que
donnent les chiffres, dans la question présente, d'après
les combinaisons établies par M. Lhéritier de l'Ain.
Je les emprunte à un *Essai sur la physiologie humaine*, où je les ai consignés dès 1825.

M. Lhéritier fixe d'abord les limites ordinaires de la
vie humaine à quatre-vingt-un ans ; c'est là son point
de départ. Pour distribuer ce nombre d'années selon
les vraies périodes de la vie, il considère qu'il faut en
donner plus à la force qu'à la faiblesse. Si la faiblesse
l'emportait sur la force, la nature ordonnerait mal son
ouvrage, et la vie de l'homme succomberait dans la

faiblesse, non-seulement chez l'individu, mais encore chez l'humanité entière. Les vieillards, incapables de pourvoir eux-mêmes à leurs besoins, périraient dans la plus affreuse misère, et la loi barbare de Lycurgue, qui ordonnait de tuer les enfants mal conformés, serait alors la loi de la nature.

Ainsi donc, la période de l'âge mûr doit être plus étendue que celles de la jeunesse et de la vieillesse prises ensemble. Toutefois, cette donnée nouvelle, quelque degré de précision qu'elle offre, est loin de suffire, et il reste encore à déterminer, non-seulement quelle est la proportion exacte qu'ont entre elles la force et la faiblesse, mais encore quelle est la durée de chacune d'elles.

81 ans représentent la somme des trois périodes de la vie, savoir : deux périodes de faiblesse et une période de force. Quel est le véritable facteur de 81 ? C'est 9, qui en est la racine carrée. La durée de la vie se trouve donc divisée en 9 sections de 9 années, dont la distribution en trois périodes d'accroissement, de force et de décroissement, doit nous donner la durée précise de chacune. Mais la part de la période de force devant être plus grande que le total des périodes d'accroissement et de décroissement, la meilleure distribution qui puisse être faite de ces 9 sections doit consister à en donner 5 à la période de force, et 4 aux périodes de faiblesse.

Appliquons ce calcul aux faits et prenons d'abord 2 sections de 9 années pour la faiblesse ascendante : nous aurons 18 ans pour la jeunesse ; 5 sections pour la force, formant un total de 45 années, qui, ajoutées aux années de la jeunesse, donnent 63 ans ; il ne reste plus que 2 sections de 9 années, qui, appliquées à la dernière faiblesse, donnent aussi 18 années pour cette faiblesse descendante, et complètent les 81 années que nous avons dit exister dans le type de la vie humaine. D'après ce calcul, la force de la vie est à la faiblesse comme 5 est à 4; cette prépondérance de la force sur la faiblesse est suffisante pour chaque être, et elle dépasse les besoins de la masse, parce que bien des individus n'atteignant point le terme de la durée de la vie primordiale, l'excédant de la force inutile alors à l'individu dont la carrière est anticipée, tourne au profit de la masse.

Si nous distinguons ces trois époques par les caractères physiologiques qui leur appartiennent, nous trouvons que le premier âge, de 0 à 18 ans, est véritablement l'âge de la jeunesse, où l'on peut compter 2 sections de 9 ans, la première appartenant à l'enfance, la deuxième à l'adolescence. Cet âge est principalement caractérisé par l'accroissement; les fonctions nutritives jouissent de l'activité la plus grande, l'enfant ayant besoin de se nourrir, non-seulement pour réparer les pertes occasionées par l'usage de la vie, mais encore pour fournir au développement de toutes ses parties. A 7 ans, l'enfant n'est pas assez mûr : cet âge ne peut pas être encore celui de la raison commençante; les hochets insignifiants de la puérilité la plus futile lui plaisent encore, et ce n'est véritablement qu'à 9 ans qu'il commence à vouloir quelque chose de mieux qu'un cheval de carton. Dans cette première époque de la vie, les parties qui manquaient à l'enfant pour sa conservation individuelle se sont développées : le système osseux s'est affermi; les mâchoires se sont garnies de dents solides qui ne finissent de pousser que vers la fin de la neuvième année, époque à laquelle deux nouvelles grosses molaires se joignent à celles qui existaient déjà, et complètent ainsi le nombre des dents, qui est de vingt-huit. De 9 ans à 18, l'accroissement se continue ; il se manifeste principalement dans la vie de relation, dont l'activité devient alors égale à celle de la vie de nutrition. L'adolescent acquiert, dans cet espace de temps, tout ce qui lui manquait pour devenir véritablement homme : la puberté se manifeste ; son menton se couvre d'un léger duvet ; son corps joint la force et la souplesse à l'agilité et à la vigueur ; enfin, sa voix, devenue plus mâle, lui permet de prendre la parole et de se mêler aux conversations de l'homme fait.

Le deuxième âge, de 19 à 63 ans, constitue la période de la force. Les temps de la première faiblesse sont écoulés, maintenant l'homme se suffit ; tout accroissement tourne désormais au profit de sa force, soit physique, soit morale. Cet accroissement de la force a lieu jusqu'à 40 ans et 1/2, époque de la moitié de la durée de la vie. Ce temps écoulé, la force diminue, dans une progression de plus en plus rapide, jusqu'à 63 ans, âge auquel commence la seconde faiblesse.

Cette période de la vie, qui est la période de la force, contient 5 sections de 9 ans, dont la première est remarquable par deux circonstances capitales dans la vie sociale ; ce sont l'âge de majorité et l'âge nubile. L'homme est majeur lorsqu'il est parvenu au milieu de la première section de l'âge mûr, c'est-à-dire à 22 ans 6 mois, et il est nubile à la fin de cette même section, c'est-à-dire à 27 ans. On verra plus bas qu'à

cet âge l'homme est dans la plénitude de la force génératrice ; il est alors parvenu au zénith de la vie
sexuelle. Il est aisé de voir que rien ici ne contredit
l'observation. La troisième section de la période qui
nous occupe dure depuis 36 ans jusqu'à 45 ; c'est l'é-
poque de la plus grande vigueur. L'homme, en effet,
a atteint alors tout le développement que comporte
son organisation ; ses facultés physiques et morales
sont dans la plus grande harmonie. L'anatomie vient
ici appuyer la spéculation du calcul. Le cerveau, selon
Gall, croît jusqu'à 40 ans ; alors les changements
qui peuvent s'opérer dans cet organe ne sont point
sensibles ; mais après 45 ans, à mesure qu'on avance
en âge, l'ensemble du système nerveux diminue graduellement ; le cerveau s'amaigrit, se rappetisse, et ses
circonvolutions sont moins rapprochées. 40 ans
6 mois divisent la vie entière en deux parties égales ; cet âge est le terme de la force ascendante et le
point de départ de la force descendante. L'affaiblissement est d'abord très-lent ; mais, selon une loi assez
semblable à celle de la chute des corps, ses progrès
sont d'autant plus rapides que le moment fatal approche davantage. C'est dans la troisième section de la
période de force, de 36 à 45 ans, que l'homme conçoit ou exécute tout ce qu'il peut faire de grand :
sa vigueur et son énergie le mettent à même de féconder tous les projets que son imagination ardente et
sévère lui a suggérés. Plus tard, si ses facultés intellectuelles sont encore dans leur intensité, ses facultés
physiques ne le secondent que médiocrement. S'il veut
se ménager d'honorables loisirs, qu'il se hâte de mettre
à profit ce temps heureux où son travail sera produc-

tif. Parvenu à la 54ᵉ année, qui ouvre la dernière section de la force décroissante, il manifeste dans ses goûts le besoin qu'il a du repos ; tout ce qui marque le mouvement lui déplaît; il est l'ennemi des innovations. Sans être vieux, il ne jouit plus entièrement des prérogatives de l'âge viril. Son appétit diminue ; la circulation se ralentit; la locomotion perd en vigueur ce que les divers organes acquièrent en embonpoint ; les sensations sont moins vives ; la sécrétion spermatique est appauvrie. Alors, s'il veut que la retraite soit honorable, il lui faut abandonner Cythère, sinon il doit s'attendre à en être bientôt congédié.

Le troisième âge dure de 61 à 81 ans. Les temps de la faiblesse croissante sont arrivés, une pente rapide et irrésistible entraîne l'homme vers la tombe. La faculté reproductrice est abolie ; les forces diminuent en raison de la détérioration des organes, de l'affaiblissement de la pensée et de l'imperfection des diverses fonctions de l'économie. Peu à peu le corps perd sa rectitude ; la peau devient molle, flasque, ridée. La physionomie se décompose ; à peine retrouve-t-on sur le visage du vieillard les principaux traits de sa jeunesse. Le front, devenu chauve, a acquis en étendue ce que la face a perdu, dans la même dimension, par le rapprochement des mâchoires résultant de l'absence des dents. Les organes digestifs refusent bientôt leur secours ; les battements du cœur ne se font sentir qu'à de longs intervalles ; cet organe ne pousse plus le sang qu'avec mollesse, et le sang lui-même, devenu plus séreux, n'excite plus dans les parties cette chaleur salutaire qui donne tant d'énergie et d'activité à l'âge viril. Les sens ont perdu leur intensité ; souvent même quelques-uns

51

ne sont plus aptes à remplir leurs usages. Enfin , à partir de 72 ans, le vieillard ne compte plus ses années que par la perte nouvelle de quelque faculté, soit physique, soit morale.

Après 81 ans, il est décrépit et n'a plus de la vie que les infirmités dont chaque jour augmente le nombre : celui dont l'existence se prolonge au-delà de ce terme est placé, pour ainsi dire, dans un autre monde ; il ne trouve plus un seul témoin de ses succès ni de ses vertus ; il ne peut faire un pas sans porter ses regards sombres sur la tombe d'un parent, d'un ami ou d'un bienfaiteur. En effet, sur mille individus nés en même temps, il en est à peine trente-sept qui accomplissent le type voulu par la nature dans l'état normal : aussi, à 81 ans, la mort n'est-elle plus un mal ; elle est la fin de la vie. (*Voy*. note B.)

Tel est le type de la vie générique d'après le calcul de M. Lhéritier, calcul basé sur l'observation de tous les siècles et analogue aux idées de la plupart des physiologistes modernes. Nous ne parlerons point de la division en quatre âges admise communément, nous croyons en avoir assez fait sentir tout le vice, en caractérisant les diverses époques de la vie selon les coupes faites par M. Lhéritier ; passons maintenant à ses recherches sur la vie sexuelle.

La durée de la vie sexuelle et ses diverses époques se déduisent aussi du calcul, et cette détermination est on ne peut plus heureuse.

La vie sexuelle de l'homme présente trois périodes : la première , celle de la jeunesse sexuelle , s'étend jusqu'à 18 ans ; la seconde, celle de la force sexuelle, occupe l'intervalle de 18 à 45 ans ; et la troisième , celle de la vieillesse sexuelle, commence à 45 ans révolus et se termine à 63.

Ces trois périodes se partagent en 7 époques de 9 années chacune, dont la moitié forme des sections de 4 ans et 1/2 que nous devons admettre, puisque la nature a fixé à leur révolution diverses circonstances capitales de la vie sexuelle de l'homme. C'est ainsi qu'à 13 ans et 1/2, somme totale d'une époque et d'une section, les organes sexuels commencent leur développement, qui n'est complet qu'à 18 ans, époque à laquelle le jeune homme entre dans la période de la force sexuelle. Cette force est dans toute son intensité depuis 27 jusqu'à 36 ans, son zénith précis se trouvant à 31 ans 6 mois, qui comprennent trois époques et une section. Les autres époques et sections, depuis 36 jusqu'à 63, caractérisent les divers degrés d'affaiblissement de la vie sexuelle de l'homme, dont le terme irrévocable est fixé à cet âge. D'après cette projection, l'âge le plus favorable à l'homme pour devenir chef de famille se trouve entre 27 et 36 ans. Avant cette époque, on peut dire que le mariage est prématuré ; après, il est tardif, et cela par plusieurs raisons qui toutes reposent sur le but principal du mariage, la reproduction.

La femme est plus précoce que l'homme, sa puberté est plus hâtive ; c'est un fait dont la physiologie ne peut pas donner l'explication ; toutefois, il s'ensuit que sa vie sexuelle est calculée sur d'autres bases : le nombre 7 est la racine carrée de sa durée qui, par conséquent, est de 49 ans. Mais, malgré la différence des âges, l'union la plus intime règne par le fait entre les deux sexes. Comment est donc réglée l'harmonie qui existe entre eux? La durée de la vie sexuelle de l'homme est le produit de la racine carrée de la vie générique par la racine carrée de la vie sexuelle de la femme. Les facteurs de 63 sont, en effet, 9 et 7. Cette première donnée étant trouvée, les autres n'en sont que la conséquence.

Comme la vie sexuelle de l'homme, celle de la femme présente trois périodes composées de 7 époques de 7 années chacune : la jeunesse sexuelle, comprenant deux époques et se terminant à 14 ans; la force sexuelle, comprenant trois époques s'étendant depuis 14 jusqu'à 35 ans; enfin, la vieillesse sexuelle, qui n'a que deux époques et qui s'étend de 35 à 49 ans. Chaque époque, divisée par 2, forme des sections dont la révolution amène dans la vie sexuelle de la femme des circonstances capitales qui sont, à 10 ans 6 mois, le développement commençant de ses parties génitales, et son complément à 14 ans. L'intensité de sa force sexuelle embrasse l'intervalle de 21 ans à 28, son zénith étant placé à 24 ans 1/2. Mais un coup d'œil sur le tableau comparatif de la vie sexuelle de l'homme et de la femme fera mieux ressortir la concordance qui les lie. En l'établissant par sections, nous avons :

CHEZ L'HOMME.   CHEZ LA FEMME.

4 ans 1/2 correspondant à   3 ans 1/2
9 —   —   7 —
13 — 1/2   —   10 — 1/2
18 —   —   14 —

CHEZ L'HOMME.   CHEZ LA FEMME.

2ᵉ période, force sexuelle, 3 époques de 9 ans.	CHEZ L'HOMME	CHEZ LA FEMME	2ᵉ période, force sexuelle, 3 époques de 7 ans.
	22 ans 1/2 correspondant à	17 ans 1/2	
	27 —	21 —	
	31 — 1/2, zénith sexuel..	24 — 1/2	
	36 —	28 —	
	40 — 1/2	31 — 1/2	
	45 —	35 —	

3ᵉ période, vieillesse sexuelle, 2 époques de 9 ans.	CHEZ L'HOMME	CHEZ LA FEMME	3ᵉ période, vieillesse sexuelle, 2 époques de 7 ans.
	49 — 1/2	38 — 1/2	
	54 —	42 —	
	58 — 1/2	45 — 1/2	
	63 —	49 —	

On voit par ce tableau que l'âge le plus convenable
au mariage se trouve placé entre 22 ans 1/2 et 45 chez
l'homme, et entre 17 1/2 et 35 chez la femme; mais si
l'on fait attention que le but de la vie sexuelle est la reproduction, et que l'homme, l'être le plus long-temps
faible dans la jeunesse, est celui dont l'éducation est
aussi la plus longue, on sera conduit à admettre 27 ans
pour l'homme et 21 ans pour la femme, comme l'époque précise la plus favorable et qui laisse au nouveau
ménage assez d'années de force pour s'occuper de l'é-
ducation d'une famille dont le nombre s'élèverait au
maximum.

Quelles sont les limites dans lesquelles il est prudent
de se marier et dans quel rapport doivent être les années des époux? La femme étant, ainsi que nous l'avons
dit, plus précoce que l'homme, et ses devoirs dans la société conjugale en quelque sorte inférieurs, son âge doit
être moindre que celui du mari; mais une différence trop
grande compromet manifestement les intérêts de la mo-

rale et de la société. Il est de toute rigueur que les
époux soient dirigés dans leur union par la tendre sollicitude de leurs parents, et rien n'est plus sage que la
disposition de la loi qui exige le consentement exprès
de ces derniers ; toutefois , cette exigence de la loi ne
devrait jamais dégénérer en tyrannie. Il doit être loisible au père et à la mère de contrebalancer par une autorité sagement exercée, quand ils le jugent nécessaire,
l'effervescence des passions du jeune âge, et de faire
entrer, par ce moyen, dans la conclusion de l'affaire la
plus importante de la vie, les calculs d'une raison froide
et réfléchie, quand les enfants n'y apportent que les
excitations d'un amour ardent et facilement présomp-
tueux ; mais il faut savoir aussi écouter les besoins du
cœur et les faire intervenir à leur tour avec une mesure convenable.

Enchaîner une jeune fille au lit d'un vieil époux a
toujours été le plus sûr moyen de mettre la nature en
contradiction avec le devoir. L'excellence de l'éducation , la force des principes sont alors une bien faible
sauve-garde contre les atteintes possibles d'une passion.
On s'imagine que la nature laissera périmer ses droits.
Vain espoir ! L'adultère avec tous les maux qu'il traîne à
sa suite vient troubler le cours des générations, mélan-
ger les races, altérer la noblesse du sang, et opprimer la
société sous le poids du scandale. Mais , dira-t-on, la
couche nuptiale n'est pas constamment souillée, le front
des époux ne subit pas toujours le déshonneur. Oserait-
on nous accuser de calomnier les mœurs de notre époque, si nous disions que dans ce cas l'accomplissement
du devoir est une exception ? Et puis, ce devoir accompli, ce n'est en définitive qu'un inconvénient de moins :

il reste encore deux maux inévitables, dont l'un s'attaque à la patrie, et l'autre atteint directement l'époux le moins âgé.

D'un côté la patrie souffre en ce qu'au lieu de citoyens vigoureux et fortement constitués, il ne lui revient que des enfants rabougris qui introduisent dans les familles des éléments certains de dégénérescence plus ou moins profonde.

De l'autre côté, l'époux le plus jeune voit flétrir en très-peu de temps, dans une semblable union, tous les trésors de la santé qui s'échangent rapidement avec les infirmités d'une vieillesse précoce. Mais pour mieux faire sentir la force de cette vérité, quelques détails physiologiques sont nécessaires.

La nutrition du corps s'exécute par deux actions, dont l'une est *composante* et l'autre *décomposante*. Par la première, chaque organe puise dans le sang artériel et s'assimile les éléments qui sont nécessaires à son entretien ; par la seconde, il se débarrasse des matériaux usés qui ont déjà servi à sa conservation. Le corps humain, comme tous les corps organisés, ne peut pas en effet acquérir sans cesse d'un côté, s'il ne perd proportionnellement de l'autre. S'il n'y avait pas de balancement entre la composition et la décomposition, il y aurait de toute nécessité accroissement indéfini : or, les limites de l'accroissement sont fixées. Toutefois, l'équilibre n'est parfait que dans l'âge adulte, et il ne dure qu'un temps déterminé. Ainsi, dans le premier âge, c'est l'action de composition qui domine ; l'enfant acquiert beaucoup plus qu'il ne perd. Dans la vieillesse, au contraire, l'action de décomposition prend le dessus, et le vieillard ne parvient jamais à réparer que d'une manière incomplète ce qu'il a perdu.

Cela posé, il faut savoir que les réparations et les pertes se font, sous certains rapports, par l'intermédiaire de la peau qui revêt toute la surface du corps, et aussi par le moyen de la membrane muqueuse qui tapisse les ramifications pulmonaires, c'est-à-dire que la surface interne des poumons et la surface externe du corps envoient continuellement au dehors, sous forme d'exhalation, les parties les plus subtiles des matériaux usés, et ces deux surfaces aussi absorbent avec une égale puissance les molécules les plus ténues des corps avec lesquels elles sont mises en contact. Maintenant, comparez les qualités des matériaux exhalés par l'enfant et l'adulte avec ceux que rejette le vieillard, et vous trouverez une différence considérable. L'enfant et l'adulte ont un sang riche, élaboré par des organes neufs et pleins de santé, et les résidus que ce sang laisse sont encore abondamment pourvus de molécules nutritives. Le vieillard, au contraire, renouvelle péniblement son corps avec des organes affaiblis par l'âge et par les maladies antérieures. Les matériaux qu'il rejette restent plus long-temps dans l'intimité de ses parties, parce que celles-ci n'ont pas toujours la force convenable pour les expulser en temps utile; ils s'y imprègnent de tous les vices, soit innés, soit acquis de son organisation, et ils en sortent plus ou moins délétères. D'où il suit que si un vieillard et une adulte plus ou moins jeune et fraîche sont dans des rapports permanents, le vieillard s'enrichit de toutes les pertes de sa jeune compagne, tandis que celle-ci se détériore et se flétrit de

toutes les exhalaisons du vieillard. Il y a donc bien, d'un
côté, au profit du plus âgé, mal, au contraire, incessant et profond, de l'autre, au détriment du plus jeune.

Il ne reste plus qu'à savoir à quel âge on commence à
être trop vieux pour se marier. C'est demander en d'autres termes à quelle époque de la vie la décomposition
l'emporte assez sur la composition pour qu'il soit permis
d'affirmer que tout produit alors sera défectueux. Cette
époque se trouve entre quarante-cinq à cinquante ans.
Un homme sage ne doit se marier dans ce cas que de la
main gauche, c'est-à-dire prendre une femme pour le
soulagement mutuel et non pour en avoir des enfants.
Mais nous posons ici une règle générale qui peut donner lieu à des exceptions, soit en deçà, soit en delà de
la limite qu'elle trace : en delà, parce qu'il y a des exemples, très-rares à la vérité, de personnes mariées après
cinquante ans et qui ont eu des enfants bien constitués;
en deçà, car les passions de la jeunesse, les dérèglements
de la vie, mais surtout la débauche et l'abus de la santé,
déterminent des vieillesses précoces très-nombreuses.
De sorte que si, d'une part, nous trouvons des hommes
qui, ayant dépassé la période adulte, en conservent
long-temps encore tous les priviléges, nous voyons,
d'autre part, des jeunes gens porter, à trente ans et même
plus tôt, des traces incontestables de débilité sénile et
manifester des signes évidents de décomposition.

Les anciens avaient pris en plus grande considération que nous les mariages disproportionnés. A Sparte,
lorsque la femme avait apporté la fortune de ses parents à un homme âgé et impuissant, celui-ci était obligé
de permettre qu'elle lui choisît un adjoint dans sa famille, afin de se dédommager de la nullité de son époux.

52

A Rome, le mariage fut interdit, dans le principe, aux
hommes sexagénaires, et aux femmes de cinquante ans.
Cette disposition de loi émanée d'Auguste fut modifiée
dans la suite en raison de la durée des facultés génitales,
plus persistante chez l'homme que chez la femme. Sous
l'empereur Claude, le sénat décréta que les sexagénaires pourraient se marier, et qu'ils jouiraient même
de toutes les prérogatives civiles attachées au mariage;
mais la femme de cinquante ans qui épousait un homme
qui en avait moins de soixante, était privée, elle et son
époux, du droit de donation mutuelle et d'héritage.
« Plus on a approché des temps modernes, dit à ce sujet
M. Marc, moins on a su tenir compte de la juste proportion d'âge qu'exige l'union matrimoniale pour être
profitable à l'état. Les intérêts personnels de notre
sexe ont été singulièrement préférés au bonheur de la
femme, et en excusant les mariages mal assortis quant
à l'âge, sous le prétexte spécieux qu'ils étaient utiles
au soulagement des infirmités humaines, *ad solatium
humanæ imbecillitatis,* on a semblé s'occuper plutôt
d'une institution de garde-malades, que d'époux susceptibles de multiplier une espèce saine et vigoureuse. »

Les mariages précoces ne donnent pas lieu à de moindres inconvénients pour la société. Quoique ces mariages ne soient pas dans nos mœurs actuelles, comme
ils ont été assez fréquemment pratiqués en France dans
les anciens temps, il n'est pas sans intérêt de faire connaître leurs suites fâcheuses. M. Marc en a exposé tous
les dangers d'une manière assez complète, et nous
croyons utile de rapporter textuellement ce qu'il en a
dit. (*Voy.* note C.)

La nécessité où nous sommes de terminer un travail

qui dépasse déjà les bornes qui nous étaient prescrites
ne nous a pas permis d'entrer dans l'examen de plusieurs questions de détail. Nous voilà obligés de réser-
ver cet examen pour un autre écrit, s'il y a lieu. Mais en
nous tenant ainsi dans les hauteurs philosophiques du
sujet, nous y laisserions une lacune importante, si nous
omettions de parler du célibat. C'est donc par des considérations sur cet état exceptionnel dans lequel se placent volontairement une trop grande partie de citoyens,
que nous terminerons notre ouvrage. Nos lois n'ont rien
qui se rapporte au célibat. Le célibataire jouit, à l'égal de
l'homme marié, de toutes les prérogatives du citoyen.
Une semblable égalité est le fondement d'une injustice
manifeste; car l'époux et le père rendent à l'état des
services que l'homme dégagé des liens conjugaux ne
saurait lui prêter. Il y a plus, le célibataire, en proie
aux besoins de la nature en ce qui concerne la reproduction, est obligé, pour s'y livrer, de fouler aux pieds
la morale, quand il ne viole pas les lois du lien conjugal.
Il n'y a en effet pour lui d'autres ressources que la for-
nication et l'adultère, et si la société est sans cesse agitée
par les maux qui résultent de la fréquente perpétration
de ces dérèglements, c'est aux célibataires qu'il faut
s'en prendre. Aussi, dans tous les siècles, dans tous les
états, a-t-on regardé les célibataires comme des enne-
mis naturels de la société, en tant qu'elle repose sur la
famille. « Ce n'est pas, leur disait Auguste dans un mémorable discours, ce n'est pas l'amour de la solitude
qui vous sourit; si vous ne prenez point de femmes, si
vous vous privez de compagne à la table et au lit, c'est
afin de vous livrer avec moins de gêne à la luxure et
aux mauvaises passions. *Nequè adeò vos solitudo vi-*

vendi capit ut absque mulieribus degatis, ac non quili-
bet vestrûm mensæ lectique sociam habeat, s d licen-
tiam libidinis ac lasciviæ vestræ quæritis. » Et Auguste
avait raison ; le célibataire, qu'aucun attachement ne
fixe dans ses volages désirs, est souvent obligé d'attendre pour les satisfaire, et quand il a obtenu l'obje tac-
tuel de sa passion, il s'abandonne sans réserve au plaisir du moment, incertain qu'il est de rencontrer plus
tard une occasion propice. De la sorte, il y a chez lui
une alternative incessante d'irritations et d'épuise-
ments. S'il est épuisé par des jouissances antérieures et
que le hasard lui en présente de nouvelles, le voilà
obligé d'être libidineux et d'employer à la hâte tous les
moyens susceptibles de procurer une vigueur instantanée. Au contraire, qu'il soit au dépourvu, et alors
ses organes irrités le rendront peu délicat sur le
choix de ses amours. Il s'adressera à la Vénus *vague*,
c'est-à-dire qu'il ira puiser dans les lieux de débauche
le poison le plus fatal qui soit sorti de la boîte de Pan-
dore, et il le disséminera ensuite dans la société, en le
versant dans le sein des victimes dont il aura séduit
l'innocence ou surpris la foi conjugale.

Au reste, si les célibataires consultaient les tables de
mortalité, ils renonceraient bien vite à leur état et se
dépêcheraient de contracter mariage. Buffon et de Parcieux ont démontré les premiers que les célibataires
vivent moins long-temps que les hommes mariés. Le
docteur Haigarth, en confirmant cette observation, a
ajouté que, proportion gardée, il meurt plus de célibataires dans une même année que de gens mariés. Le
curé de Saint-Sulpice, joignant ses observations à celles
de de Parcieux, fit voir à la même époque, dans des ta-

bles dont on ne saurait contester la véracité, que les religieux de l'un et de l'autre sexe ne vivent pas plus long-temps que les gens du monde; que depuis 1685 jusqu'en 1745, il y en avait peu qui eussent atteint l'âge de quatre-vingts ans; que les personnes des deux sexes qui habitaient alors les couvents n'avaient pas vécu aussi long-temps que les ecclésiastiques séculiers jouissant de leur liberté; enfin, que de tous les hommes, ce sont les gens mariés qui atteignent la plus grande vieillesse. Hufeland et Sinclair sont arrivés à la même conséquence. D'après leurs observations, presque tous ceux qui sont parvenus à un âge fort avancé étaient mariés, et les femmes mêmes, malgré les dangers auxquels les couches les exposent, vivent généralement plus long-temps que celles qui ne se marient pas. Enfin, Fodéré conclut aussi de ses travaux statistiques et des faits qu'il avait recueillis dans une pratique médicale étendue et d'une assez longue durée, qu'il y a beaucoup plus de mariés que de célibataires qui deviennent vieux et qui échappent aux maladies.

« Cherchant à me rendre raison, dit-il, de cette prérogative attachée à l'état du mariage, malgré les soins et les peines inséparables de cette condition dans toutes les classes, j'ai cru la découvrir dans les quatre chefs suivants : 1° dans les secours mutuels et les consolations qui compensent les peines avec usure, qui nous font trouver un ami ou une amie, lorsque partout ailleurs l'amitié n'est qu'une chimère sur la terre; dans les soins empressés qu'on nous prodigue dans nos infirmités, dont les commencements sont négligés lorsqu'on est seul avec soi-même; 2° dans le plus grand degré d'activité à laquelle on est forcé de se livrer

quand on a une famille : or, l'exercice et le travail sont
aussi nécessaires à la conservation de la santé que la
nourriture, et en même temps qu'ils soutiennent la
morale publique et le perfectionnement des arts, ils
écartent les maladies et nous empêchent de faire aux
plus petits dérangements les mêmes attentions que ceux
qui n'ont qu'à songer à leur personne ; 3° dans l'abri
où nous sommes des maladies que la Vénus vague
procure presque toujours, et qu'on n'évite même pas
lorsqu'on ne se livre qu'à une seule personne ; car enfin,
si une femme s'est assez méprisée pour s'abandonner à
un homme étranger, il n'y a plus de raison pour qu'elle
ne s'abandonne pas à plusieurs, et c'est ce que l'expérience prouve ; 4° enfin, et je regarde ce chef comme un
des principaux, la raison de cette prérogative se trouve
dans l'économie des sucs prolifiques, qui a nécessairement lieu dans une situation où la commodité et l'habitude font que les désirs sont rarement provoqués. Les
célibataires, au contraire, toujours égarés par des objets
nouveaux, pressés de jouir, forçant souvent la nature,
un sexe n'ayant pas de raison pour épargner l'autre,
croyant même retenir par l'excès un amour fugitif, ont
les systèmes sensitif et moteur continuellement ébran-
lés par la trop grande répétition des jouissances ; ou
bien les hommes et les femmes qui, craignant l'opinion,
vivent dans une continence apparente, se livrent à des
égarements solitaires, contractent dans ces habitudes,
encore plus épuisantes que l'union des sexes, des maladies très-graves dont le principe reste communément
ignoré des médecins. « Les plaisirs de l'amour, a dit
Galien, et, après lui, Sanctorius et Camper, quand ils
sont modérés et qu'on n'en jouit que lorsque le corps

a eu le temps de réparer parfaitement dans les deux
sexes, et surtout chez le sexe mâle, les facultés génératrices, sont salutaires pour le physique, en même
temps qu'ils procurent la joie, le contentement et un
sentiment de liberté dans toutes les fonctions. Mais
comme, chez l'homme, la sécrétion de la matière prolifique ne se fait que très-lentement, que cette matière
paraît être, comme le disaient les anciens, la quintes-
sence de la vie, qu'elle est destinée, non-seulement à
la fécondation, mais encore, par sa résorption, à augmenter les forces de l'individu, et qu'il en faut une
certaine quantité d'accumulée dans les vésicules pour
produire les *stimulus* naturels et les émissions létifiantes :
de là vient que les jouissances trop multipliées, chez
les mâles, énervent le corps, le font vieillir avant le
temps, et cela d'autant plus rapidement qu'on emploie
plus de moyens pour les renouveler, en dépit même
de la nature, ce qui a communément lieu dans les
unions condamnées par la religion et les lois. » (Fo-
DÉRÉ, *Dictionnaire des sciences médicales*, t. XXXI,
p. 27 et suiv.)

Mais la question du célibat a aussi son côté religieux, comme toutes les questions qui intéressent la
morale. Les ministres du culte catholique sont tenus,
par leur vœu, à une continence absolue. Quel intérêt
la société peut-elle avoir à ce que les interprètes de la
divinité soient ainsi sevrés des douceurs de l'union
conjugale ? Ici, pour trouver une solution, il faut en
venir à des considérations de l'ordre le plus élevé ; il
faut consulter le caractère véritable et les exigences
du sentiment religieux. Certes, nous ne le dissimule-
rons pas, il y a, même dans notre esprit, un préjugé

très-opiniâtre en faveur du mariage des prêtres, et
pourtant, les exigences du sentiment religieux et son
caractère nous forcent à regarder le célibat comme
l'état qui convient le mieux à la sainteté de leurs fonctions. Qu'on n'aille pas nous citer des exceptions tirées du manquement que certains prêtres peuvent
faire à leurs vœux. Ces manquements, nous croyons
pouvoir affirmer qu'ils sont plus rares qu'on ne les accuse; et cette opinion de notre part semblera d'autant
moins surprenante qu'on nous a vus accorder aux occupations de l'esprit et au travail que ses abstractions nécessitent une très-grande influence sur les fonctions
des organes génitaux. Si vous considérez, en effet, que
le prêtre qui connaît ses devoirs et qui les accomplit est
sans cesse occupé de la divinité, dont il est le ministre,
que son esprit est naturellement dirigé vers la prière
et la contemplation, qu'il vit habituellement dans la
retraite et à l'abri des excitations que les usages ordinaires de la vie provoquent dans le cœur de l'homme
du monde, vous vous convaincrez aisément que la
chasteté doit lui devenir à la longue une vertu facile,
et cela, non-seulement en raison de tout ce que nous
venons de dire et de la loi de balancement que nous
venons de citer, mais encore en vertu d'une autre loi
physiologique, qui veut que tout organe qui n'est point
exercé s'annihile à la longue, et ne manifeste plus de
résultats fonctionnels.

Cela posé, je dis que le sentiment religieux exige
que le prêtre soit chaste et continent. Les temps où
nous vivons, il est vrai, ne sont guère poétiques : occupés sans cesse des intérêts matériels les plus instants
et quelquefois les plus minimes, nous donnons peu

d'attention aux élans passagers que notre esprit et notre cœur manifestent de temps à autre vers l'avenir du tombeau ; mais ces élans n'en persistent pas moins à se produire, et quand, par hasard, nous venons à les écouter, nous sommes heureux de trouver à côté de nous les gardiens du feu sacré ; nous allons quelquefois alors ranimer auprès d'eux le flambeau de l'espérance, que nos passions obscurcissent souvent, mais que la plus faible étincelle de sentiment religieux empêche de s'éteindre. Supposez le prêtre marié et chargé de pourvoir aux nécessités d'une famille : vous vouliez l'interprète des choses divines, et vous n'avez devant vous qu'un esclave de l'humanité ; vous comptiez rencontrer en lui un intermédiaire entre le ciel et l'homme, et vous vous trouvez en face d'un mortel succombant, comme vous, sous le faix des choses de la terre. Évidemment, il y a là contradiction entre l'objet de vos désirs et la réalité, et cette contradiction fut sans aucun doute un des motifs prépondérants dans la décision du concile de Trente.

Mais l'âge de vingt-quatre ans qui a été fixé pour entrer dans les ordres sacrés, est-il bien le plus convenable ? Sans doute un jeune homme dont la vocation est bien décidée, qui n'a point été poussé à embrasser le sacerdoce par un zèle aveugle ou par des suggestions intéressées, peut bien déterminer lui-même, à un pareil âge, si l'accord entre le physique et le moral est assez solidement établi chez lui pour qu'il lui soit permis de contracter un engagement qui entraîne une renonciation formelle à la satisfaction du besoin le plus impérieux et le plus irrésistible de la nature ; nous pensons toutefois qu'il faudrait reculer encore la

limite, et à cet égard nous nous rangeons volontiers
de l'avis des jésuites, qui, tout en recevant de très-jeu-
nes novices, ne les admettaient généralement à prononcer des vœux qu'à l'âge de trente ans. Quand donc
les besoins de l'Église auront été pleinement satisfaits,
quand chaque troupeau aura son pasteur, il sera bon
de réviser certains règlements, de les faire concorder
surtout avec les lois générales de la majorité, que nous
avons établies précédemment. Notre observation n'est
point oiseuse ; elle intéresse à la fois la dignité du mi-
nistère et la sainteté de la religion.

Nous bornons ici notre ouvrage. Il était entré d'a-
bord dans nos prévisions d'examiner toutes les questions de détail qui peuvent se rapporter de près ou de
loin au mariage, considéré du point de vue de la génération ; mais en prenant la plume, nous nous sommes
bientôt aperçus que nous entrerions forcément dans
le domaine de la médecine légale : or, c'est là surtout
ce que nous voulions éviter. L'ensemble et l'économie
de notre œuvre se seraient mal accommodés d'une pareille excursion dans une science qui doit être traitée à
part, et qui repose d'ailleurs sur des données qu'il
nous eût été difficile de placer convenablement dans
cet écrit. En nous maintenant ainsi dans les som-
mités d'un sujet si fécond et si riche, aurons-nous au
moins justifié d'une façon quelconque l'épigraphe em-

pruntée à Georges Sand? Ceci, quant à nous, est sensiblement problématique. Je dis quant à nous seulement, et non point quant à la science ni aux promoteurs de ses progrès. Et en effet jamais vérité plus profonde et de plus haute valeur ne fut plus poétiquement exprimée ni plus solidement établie que dans cette lettre à M. Geoffroy, morceau brillant d'imagination, plein d'une verve chaleureuse et empreint surtout d'un cachet particulier d'indépendance philosophique, familier seulement aux esprits supérieurs. (*Voy.* note D.)

NOTES

DE LA TROISIÈME PARTIE.

Note A. M. Saint-Marc Girardin a publié dans le *Journal des Débats* une série de lettres très-curieuses sur l'Orient. La dernière est relative aux principautés de Valachie et de Moldavie ; nous en extrayons les passages suivants qui forment un des plaidoyers les plus spirituels qui aient été écrits contre le divorce. « Je causais avec un des principaux boyards, qui a vieilli dans les dignités de son pays, qui le connaît bien, qui est resté honnête homme, et qu'on accuse seulement, à ce titre sans doute, d'être un peu misantrope. « Vous croyez, me disait-il, que nous sommes un pays nouveau. Non ! nous sommes une vieille société vermoulue et corrompue. A quoi bon nous tromper ? Nous parlons assez bien le français ; nos dames sont vives et spirituelles ; nous ne sommes pas mal dans une soirée ; mais, croyez-moi, ce sont les matins d'une société qu'il faut connaître et non ses soirées. Nos salons, nos causeries, nos contredanses, tout ce qu'on vous montre ne fait pas une société. C'est le vernis, cela ne pénètre pas au cœur. » Et comme, le voyant en train de franchise, je lui demandais des détails sur les mœurs du pays : « Nos mœurs, me répondit-il avec vivacité, nos mœurs sont un peu les mœurs ou plutôt les vices de tous les peuples qui nous ont gouvernés ou protégés. Nous avons emprunté aux Russes leur libertinage, aux Grecs leur manque de probité en affaires, aux princes fanariotes leur mélange de bassesse et de vanité, aux Turcs leur indolence et leur oisiveté ! Les Polonais nous ont donné le divorce et cette fourmilière de juifs de bas étage que vous voyez pulluler dans nos rues : voilà nos mœurs.

« — Vous ne voulez pas qu'on me trompe en bien, ne me trompez pas en mal ? — Sérieusement, que voulez-vous que je vous dise à ce sujet ? Le principe des bonnes mœurs, c'est l'esprit de famille : chez nous, la famille, grâce à la facilité des divorces, n'a aucune stabilité. Le mariage est un essai perpétuel que l'homme et la femme font l'un de l'autre. Vous ne sauriez vous figurer, monsieur, la vacillation et l'ébranlement général que cet usage jette dans la société. On dit que quelques bons esprits veulent introduire le divorce dans vos lois. Que ne viennent-ils vivre quelque temps chez nous, afin de voir les étranges effets de cet usage ; ces enfants qui ont leur mère dans une famille , leur père dans une autre , et qui , ne sachant à qui attacher leur respect et leur amour , n'ont ni centre ni point de ralliement ; ces femmes qui dans une soirée rencontrent leurs deux ou trois premiers maris , sont au bras du quatrième et sourient aux agaceries du cinquième ; le sentiment de promiscuité que cela jette au sein de la société , et surtout la liberté que cette facilité de se quitter donne à tous les caprices du cœur humain ? Soyez sûr , monsieur , que l'adultère tel que vous l'avez serait chez nous un progrès , et que ce qui est votre mal , serait pour nous un commencement de santé. L'adultère est impossible dans notre société , car ce n'est que le prélude d'un second mariage ; quel mal peut-il y avoir à faire la cour à une femme mariée si je puis l'épouser ? Ce qui peut devenir bien d'un jour à l'autre ne peut point passer pour un mal , et pour que l'homme démêle le bien du mal , il lui faut un autre signe qu'une date fugitive. Ce que j'admire chez vous , c'est que l'adultère même ne rompt et ne détruit point la famille , parce que la société a pensé qu'elle avait intérêt surtout au maintien de la famille. Chez nous la famille est toujours à la merci d'un caprice , et nous avons si bien fait que ce qui doit être le fondement de la société est devenu aussi vacillant et aussi mobile que les sentiments du cœur de l'homme. Il est bon pour la société que l'homme ait des devoirs plus durables et plus solides que ses attachements. Que diriez-vous , monsieur , si vous vous étiez marié toutes les fois que vous avez eu un caprice de cœur pour une femme ? On peut dans sa vie avoir plusieurs romans , je ne veux point être trop sévère , mais il ne faut avoir qu'une histoire. N'avez-vous pas vu hier danser la mazurque ? dit-il tout-à-coup en s'interrompant.— Oui.— Eh bien ! nos mariages ressemblent un peu à la mazurque , où nos dames font un tour avec un cavalier et un tour avec un autre. »

« Jamais , monsieur , je n'oublierai sa figure et son attitude pendant qu'il me parlait. C'était une de ces figures maigres et laides , mais pleines d'expression et où il y a plus de saillies que de dignité , une physionomie telle que je me représente celles du XVIIIe siècle ; point d'enthousiasme , point de faux sentiment ; quelque chose de moqueur et de sardonique ; mais son sarcasme était dirigé contre le vice ; et peut-être aussi bien , après avoir tant plaisanté sur la vertu , ne nous reste-t-il plus en France , comme dans les principautés , qu'à plaisanter sur le vice ? En même temps qu'il me parlait de ce ton caustique et sec , il tournait entre ses doigts un chapelet de grains d'ambre , selon l'habitude de l'oisiveté orientale , et il avait aussi gardé le costume oriental , si bien qu'à le voir à moitié couché sur le divan , enveloppé dans les plis de sa robe de soie et de sa pelisse de fourrure , calme et presque immobile , sauf les mains qui jouaient machinalement , tout au repos , ses yeux seulement , petits et gris, qui brillaient de temps en temps, et ses lèvres qui se pinçaient en supprimant un sourire, cette figure moqueuse et tout européenne faisait avec son attitude, son costume et son chapelet oriental, un singulier et piquant contraste.

« Ainsi, repris-je en riant, vous ne me conseillez pas de croire ici à la vertu des femmes? — Mon Dieu, il en est qui résistent à la contagion de la société où elles vivent; mais celles-là, c'est leur caractère tout seul qui les soutient, ce ne sont certes point les principes que nous leur avons donnés, car ce que nous appelons donner de l'éducation aux filles, c'est de leur apprendre le français, la musique, la danse; et quand elles savent cela, nous les croyons élevées, et nous les marions à quelque jeune homme qui n'en sait pas davantage et qui est incapable de conduire et de diriger sa femme, ne sachant pas se diriger lui-même. Une fois mariées, nos femmes ne font rien; elles passent leur temps à moitié couchées sur leur divan, font de la toilette, reçoivent et rendent des visites; les plus actives lisent vos romans, et c'est là qu'elles prennent leurs leçons de conduite et leur expérience, expérience qui, venant de pareils livres, est pleine d'erreurs et de chimères. Elles s'imaginent que la vie doit se passer à parler amour, parce que c'est là la vie des romans, et qu'après tout, si ce genre de conversation les conduit à mal, le divorce est là pour changer du jour au lendemain le péché en devoir. Voilà les principes, voilà l'éducation de nos femmes. Avec tout cela cependant, elles valent mieux que nous et elles nous sont de beaucoup supérieures. »

« Je ne me récriai point; je me contentai de laisser échapper un de ces vagues : « Vous croyez ! » qui continuent la conversation sans pourtant rien dire.

« Oui, monsieur, reprit-il, je crois que chez nous les femmes sont supérieures aux hommes, et il en est ordinairement ainsi dans les sociétés qui ne sont pas complètement civilisées, soit que les femmes soient plus capables de prendre les formes de la civilisation, parce que leur nature, qui est moins forte, se façonne plus vite et plus aisément, soit qu'elles n'aient besoin que d'une demi-civilisation, parce qu'en y ajoutant la délicatesse de leur nature, elles se trouvent de suite au pair avec la civilisation la plus raffinée. C'est là ce qui nous arrive. Nos femmes ont pris plus vite et mieux que nous la langue et les usages de la France; mais tout cela n'est point une éducation; tout cela ne fait pas des principes et des règles de conduite. Il y a encore une autre raison qui fait que nos femmes valent mieux que nous..... »

« Et comme il semblait hésiter quelque peu à la dire, je le pressai, et l'assurai, en riant, qu'en fait de médisance, après ce qu'il m'avait déjà dit, il aurait mauvaise grâce maintenant à s'arrêter.

« — Eh bien ! me dit-il, dans une société corrompue, les femmes ont en-

vore cette autre cause de supériorité sur les hommes , qu'il n'y a , en général , à leur usage qu'un seul genre de fautes, et un genre de fautes qui
paraît plus pardonnable que tout autre. De cette façon , elles se trouvent
les plus estimables , sans se donner beaucoup de peine. La femme chez
nous peut toujours au moins être un honnête homme ; cela ne lui ôte aucun plaisir, et cela lui donne , sur la plupart des hommes, un grand
avantage....»

« C'était le matin que j'avais eu avec mon boyard cette conversation
misantropique. Le soir, je rencontrai dans un salon un jeune boyard plein
d'esprit , et je me mis à causer aussi avec lui de l'état moral du pays , n'e-
tant pas fâché de contrôler la conversation du matin par celle de la soirée,
et les témoignages du vieillard par ceux du jeune homme. Les vieillards
sont souvent disposés à croire que les pays n'ont point d'avenir, parce que
cet avenir n'est pas fait pour eux ; jamais au contraire les jeunes gens ne
désespèrent : cela est contra`re au mouvement même de leur sang. Après
quelques paroles, je trouvai qu'il ne jugeait guère avec plus d'indulgence
que le vieillard la société moldo-valaque ; je remarquai seulement que ,
lorsqu'il en parlait, il disait toujours : « l'ancienne société, la vieille
société ».

« Est-ce à dessein , lui dis-je, qu'en me parlant de vos motifs d'espoir,
vous ne m'avez rien dit des mœurs ?

« — Dans les mœurs , le mouvement d'amélioration est moins sensible ,
je l'avoue ; il y a quelques faits cependant qui me donnent aussi de l'espoir
de ce côté. Nos jeunes femmes semblent moins disposées à faire usage du
divorce ; elles en comprennent les inconvénients. Je ne dis pas qu'elles se
conduiront mieux ; mais si elles divorcent moins, soyez sûr, monsieur ,
quelque étrange que cela puisse vous sembler, soyez sûr que ce sera un
progrès. »

« Sous ce rapport le vieillard et le jeune homme pensaient de même. »

St-M.

Note B. Nous ne pouvons résister au plaisir de citer le portrait que
Juvénal a fait de la vieillesse dans cette même satire intitulée *les Vœux*,
dont nous avons déjà cité quelques vers.

> Da spatium vitæ, multos da, Juppiter, annos !
> Hoc recto vultu, solum hoc et pallidus optas.
> Sed quam continuis et quantis longa senectus
> Plena malis ! Deformem , et tetrum ante omnia vultum ,
> Dissimilemque sui, deformem pro cute pellem .
> Pendentesque genas, et tales aspice rugas,
> Quales, umbriferos ubi pandit Tabraca saltus .

In vetulâ scalpit jam mater simia buccâ.
Plurima sunt juvenum discrimina : pulchrior ille
Hoc, atque ille alio ; multum hic robustior illo.
Una senum facies, cum voce trementia labra,
Et jam læve caput, madidique infantia nasi.
Frangendus misero gingivâ panis inermi :
Usque adeo gravis uxori , natisque , sibique,
Ut captatori moveat fastidia Cosso.
Non eadem vini , atque cibi torpente palato
Gaudia : nam coitûs jam longa oblivio ; vel si
Coneris, jacet exiguus cum ramice nervus ,
Et, quamvis totâ palpetur nocte, jacebit.
An ne aliquid sperare potest hæc inguinis ægri
Canities? Quid, quod meritò suspecta libido est .
Quæ venerem affectat sine viribus? Adspice partis
Nunc damnum alterius : — Nam quæ cantante voluptas
Sit licet eximius citharædo, sive Seleuco,
Et quibus auratâ mos est fulgere lacernâ?
Quid refert magni sedeat quâ parte theatri,
Qui vix cornicines exaudiat, atque tubarum
Concentus? Clamore opus est, ut sentiat auris,
Quem dicat venisse puer, quot nuntiet horas.
Præterea minimus gelido jam corpore sanguis
Febre calet solâ ; circumsilit agmine facto
Morborum omne genus, quorum si nomina quæras,
Promptius expediam, quot amaverit Hippia mæchos .
Quot Themison ægros autumno occiderit uno,
Quot Basilus socios, quot circumscripserit Hirrus
Pupillos, quot longâ viros exsorbeat uno
Maura die, quot discipulos inclinet Hamillus ;
Percurram citiùs quot villas possideat nunc,
Quo tondente gravis juveni mihi barba sonabat.
Ille humero, hic lumbis, hic coxâ debilis ; ambos
Perdidit ille oculos, et luscis invidet : hujus
Pallida labra cibum accipiunt digitis alienis.
Ipse ad conspectum cœnæ diducere rictum
Suetus, hiat tantum, ceu pullus hirundinis, ad quem
Ore volat pleno mater jejuna. Sed omni
Membrorum damno major dementia, quæ nec
Nomina servorum, nec vultum agnoscit amici,
Cum quo præteritâ cœnavit nocte, nec illos
Quos genuit, quos eduxit. Nam codice sævo
Hæredes vetat esse suos, bona tota feruntur
Ad Phialen : tantùm artificis valet halitus oris,

Quod steterat multis in carcere fornicis annis.
Ut vigeant sensus animi , ducenda tamen sunt
Funera natorum, rogus adspiciendus amatæ
Conjugis, et fratris, plenæque sororibus urnæ.
Hac data pæna diù viventibus, ut renovata
Semper clade domus multis in luctibus , inque
Perpetuo mœrore, et nigrà veste senescant.

Dusaulx a traduit ainsi ces beaux vers :

« Prolonge ma vie , ò Jupiter ! accorde-moi de nombreuses années !
voilà le vœu le plus pressant que , pâles , et la face élevée vers le ciel ,
vous adressez aux dieux. Cependant, à combien de maux insupportables
et continuels une longue vieillesse n'est-elle pas sujette ! D'abord, c'est un
visage difforme et méconnaissable , un cuir hideux au lieu de peau ; ce
sont des joues pendantes , sillonnées , et telles qu'une vieille guenon se
les épluche à l'ombre des forêts de Tabraca. Les jeunes gens diffèrent
entre eux ; l'un est plus beau, l'autre est plus fort. Tous les vieillards se
ressemblent ; presque tous ils ont la tête chauve, la voix et les lèvres
tremblantes , le nez humide ainsi que dans l'enfance. Ne faut-il pas broyer
le pain à ce malheureux dont la gencive est désarmée? N'est-il pas tellement à charge à son épouse , à ses enfants , à lui-même, qu'il dégoûte
jusqu'à l'intrigant Cossus (1). Son palais engourdi ne trouve plus aux
vins la même sève , ni le même goût aux aliments. Les plaisirs de l'a-
mour sont effacés de sa mémoire : une nuit de caresses laborieuses n'en
saurait rappeler le souvenir ; il languit sans espoir. Qu'attendre, en effet,
de l'organe flétri d'un vieillard libidineux, poursuivant le plaisir en dépit
de ses sens hébétés ? C'est donc à juste titre que cette infâme lubricité le
rend suspect d'infamies encore plus révoltantes (2). Considérez la perte
d'un autre sens : peut-il être sensible aux accents les plus mélodieux,
fussent-ils enfantés par ce fameux *harpeur* (on dit *harpiste* aujourd'hui),
par Séleucus, ou par ceux dont les robes dorées brillent sur le théâtre?
Qu'importe qu'il soit assis près ou loin de la scène, s'il entend à peine le
bruit des cors et des trompettes ! Ce n'est que par un cri perçant que son
esclave lui peut apprendre qu'un tel est venu pour le voir et qu'il est
telle heure. Ajoutez que son sang, appauvri dans ses veines glacées, n'est

(1) *Intrigant* ne rend pas l'expression *captatori*. Les *captatores* étaient les souf-
fleurs de testament, ceux qui captaient les successions. On les nommait aussi *vul-
tures*, Martial dit à propos d'un vieillard entouré de ces *captatores*.

Cujus vulturis hoc erit cadaver ?

(2) Quand les anciens voyaient un vieillard languissant rechercher les caresses
des femmes , *irrumatorem esse suspicabantur.*   (Note d'Achaintre.)

rechauffé que par la fièvre. Tous les maux conjurés l'accablent à la fois ; s'il fallait les compter, j'aurais plus tôt nommé les amants d'Hippia, les malades que Themison expédia dans un automne, les alliés, les pupilles que dépouillèrent Hirrus et Basilus, ceux que l'efflanquée Maura épuise dans un jour, et les jeunes élèves qu'Hamillus façonne à ses goûts dépravés (*inclinet*, dit Juvenal); j'aurais plus tôt fait l'énumération des maisons de campagne que possède aujourd'hui ce barbier qui dans ma jeunesse me délivrait d'une barbe importune. L'un se plaint de l'épaule, des reins ou des jambes; l'autre, privé des yeux, porte envie à ceux qui n'en ont qu'un. Il faut à celui-ci qu'une main étrangère porte les aliments sur ses lèvres flétries; assis à table, il ne peut qu'entr'ouvrir la bouche, et la tenir béante, tel que le petit d'une hirondelle, quand sa mère à jeun revole vers son nid le bec rempli de nourriture. Plus funeste que les infirmités, la démence lui ravit le nom de ses esclaves : il méconnaît et cet ami qui la veille soupait à ses côtés, et jusqu'à ses propres enfants élevés dans ses bras. Un barbare testament, au préjudice de son sang déshérité, transporte tous ses biens à Phialé : tant sont puissantes et dangereuses les ressources obscènes d'une femme qui croupit pendant des années entières dans les antres de la prostitution ! Quand l'esprit conserverait tout son ressort, ne faut-il pas assister aux funérailles de ses enfants, contempler le bûcher d'un frère, d'une épouse chérie, et les urnes remplies des cendres de ses sœurs? Voir sa maison incessamment ravagée par la mort, vieillir dans le deuil, dans les larmes et l'amertume, . tel est le sort de ceux qui vivent trop long-temps. »

« Quelle force ! quelle touche et quelle vérité ! disait à Achaintre Piron, qui avait alors quatre-vingts ans, à propos de ce tableau de la vieillesse. Voilà ce que j'appelle un peintre, non pas à la manière de l'Albane, mais de Rembrandt. Nous autres, nous ne sommes que des élèves en comparaison de ce grand maître. Le croirez-vous? dans mon ravissement, ce matin, après l'avoir lu, j'ai été tenté plusieurs fois de me jeter par la fenêtre. »

———

Note C. « Les législateurs, les philosophes les plus anciens ont toujours combattu la précocité des mariages. Les lois de Lycurgue surtout sont remarquables à cet égard : elles défendent aux hommes de se marier avant trente-sept ans, et le permettent aux filles à dix-sept. Xénophon et Plutarque, en cherchant à préciser l'esprit de ces lois, assurent qu'elles ont été ainsi conçues pour obtenir des générations plus vigoureuses. Aristote exigeait que l'homme fût de vingt années plus âgé que la femme, afin que leur fécondité se perdît à peu près en même temps; mais aucun auteur ne s'exprime avec plus de sévérité que Platon en assignant pour la propagation, à la femme la vingtième jusqu'à la quarantième année, et à l'homme la trentième jusqu'à la cinquantième année; il veut que tout enfant procréé par des personnes au-dessus et au-dessous de cet âge soit noté d'infamie. Tacite rapporte que les jeunes Germains ne connaissaient pas l'amour précoce. « On sait, dit-il, conserver les forces productives jusqu'à ce qu'elles soient mûres. Les femmes sont soumises à la même loi, et l'on attend jusqu'à ce que l'âge et la force des deux sexes se trouvent en rapport suffisant pour procréer des enfants sur lesquels la vigueur des parents est empreinte. »

« Il ne faut pas croire cependant que ces lois, que ces idées parfois exagérées, aient toujours prévalu. On sait combien elles diffèrent de cette partie de la législation romaine qui précise l'âge propre pour contracter mariage, législation conçue à l'époque d'une extrême civilisation, et qui plus tard fut adoptée sans discernement par des nations dont ni les mœurs ni les localités ne se rapportaient à celles des Romains. Ces lois étaient même illusoires, puisque nulle autre loi ne défendait le mariage au-dessous de l'âge statué. Justinien seulement interdit aux célibataires de prendre des concubines au-dessous de douze ans. Les Juifs regardaient comme nubile toute fille parvenue à sa douzième année; mais cette règle, créée sous un ciel brûlant, peut-elle s'appliquer aux climats tempérés et même froids qu'habite aujourd'hui la plus grande partie de cette nation?

« En examinant d'une manière plus particulière les suites que les mariages précoces exercent sur la santé publique. « La loi invariable du règne animal et du règne végétal, observe le docteur Faust (*Hommage fait à l'assemblée nationale de quelques idées sur un vêtement uniforme et raisonné à l'usage des enfants.* Strasbourg, an III), est applicable aussi à l'espèce humaine. L'homme mûrit-il de bonne heure, c'est-à-dire la faculté de se reproduire se développe-t-elle chez lui avant que les sens de l'esprit soient formés, il n'acquiert ni force ni vertu. Le sujet mûri de trop bonne heure perd aussi, comme cela est ordinaire chez les adultes, la semence de très-bonne heure, et périt de corps et d'âme. En effet, les animaux qui procèdent trop tôt au coït nous offrent de semblables résultats, que les vétérinaires savent très-bien apprécier; un étalon perd irrévocablement ses forces si on lui permet de sauter sur une jument avant l'âge de quatre ans, terme auquel son accroissement est presque toujours complet. Les végétaux mêmes ne sont pas exempts de cette règle, et les cultivateurs sont convaincus par l'expérience qu'un jeune arbre replanté qui donne des fruits avant que les voies de sa nutrition soient suffisamment établies, prospérera moins que celui dont la fertilité est plus tardive. Ce n'est pas ici l'occasion d'exposer les causes qui, chez l'homme, exaltent prématurément l'instinct producteur; supposons au contraire deux individus de sexe différent, chez lesquels ce développement aurait lieu au terme

voulu par la nature, mais qui n'auraient pas encore acquis le complément
de leurs forces morales et physiques, supposons-les jetés dans les bras l'un
de l'autre : la fougue de la passion les entraînera à des excès que rien ne
pourra arrêter, et la facilité qu'ils auront de les prolonger les conduira
bientôt à la satiété, au dégoût et à l'épuisement. »

« Quoique chez la femme la puberté soit plus rapprochée de la nubilité
que chez l homme, et que le sexe féminin résiste mieux que nous aux excès
du coït, les inconvénients que la femme éprouve d'une union précoce
n'en sont pas moins graves, lorsqu'on songe aux pertes et aux fatigues
qu'occasionent la grossesse, l'enfantement et l'allaitement.

« Mais quelles conséquences bien plus déplorables encore les mariages
précoces ne présentent-ils pas, lorsque nous portons nos regards sur les
fruits qu'ils font éclore, fruits comparables à ceux que, par une chaleur
artificielle, on extorque au sommeil de la nature ! « Les mariages précoces, dit Aristote, s'opposent à une bonne génération ; car, dans le règne
animal entier, les fruits qui naissent du premier signal de l'instinct producteur sont constamment imparfaits ; ils n'ont aucune forme bien prononcée. Il en est ainsi chez l'espèce humaine, et la preuve en est que
partout où l'on admet les mariages précoces, on remarque des hommes
petits et chétifs. » C'est avec raison que M. Delafontaine, premier chirurgien du dernier roi de Pologne, attribue aux unions prématurées des
juifs polonais l'extrême débilité physique que l'on remarque en eux et
leur progéniture. Giovanni Botero attribuait, il y a deux siècles, aux
mariages un peu tardifs, la beauté du sang, à Raguse et à Gravosa.
Montesquieu affirme que la crainte du service militaire détermina au
mariage un grand nombre de jeunes gens à peine pubères ; que ces unions
furent, il est vrai, fertiles ; mais que bientôt les maladies et la misère
privèrent la France de la génération qu'elle avait produite. Si, en général, les mariages précoces épuisent plutôt les hommes que les femmes, la
trop grande jeunesse de ces dernières influe plus directement sur le fruit
qu'elles portent ; effectivement, il est prouvé que le degré de force physique d'un enfant tient, dans les règles, de la mère plutôt que du père, et
c'est encore ce que nous confirme d'une manière concluante l'exemple
de divers animaux domestiques. On sait que la taille du poulain dépend
plutôt de celle de la jument que de celle de l'étalon ; les mulets surtout
en fournissent une preuve bien frappante. Les jeunes poules, quelle que
soit d'ailleurs la force du coq, pondent des œufs presque de moitié plus
petits que ceux provenant des poules formées. Et comment en serait-il autrement, puisque c'est dans le sein de la femelle que le fœtus se développe, et que ce développement doit éprouver des obstacles, lorsque
l'utérus n'offre, ni assez d'espace, ni assez de résistance ? Aussi, les

femmes imparfaitement formées produisent-elles presque toujours un fruit débile, et elles sont très-sujettes aux avortements.

Je me crois dispensé d'insister plus longuement sur les unions précoces. Que peut-on, en effet, objecter contre des faits malheureusement trop invariables pour ne pas être concluants? Dira-t-on que pour faire ressortir quelques côtés nuisibles d'un abus on est obligé de les exagérer? Mais qu'on examine donc les suites de ces unions précoces contractées si souvent dans les familles des grands; que l'on remarque combien les effets ont toujours été contraires à ce qu'on en attendait; combien de branches illustres s'éteignirent par cela seul qu'on avait forcé la nature. Objectera-t-on quelques faits isolés, tels que l'exemple d'un maréchal de Richelieu, qui, né au terme de sept mois, s'abandonne dès sa quinzième année à toute l'ivresse des sens, et conserve encore à un âge très-avancé la force virile d'un jeune homme? De pareils phénomènes sont trop rares pour détruire une vérité générale.

« Il est, toutefois, un argument en faveur de l'union conjugale précoce, plus sérieux que les objections qui viennent d'être présentées. On la regarde comme un moyen d'arrêter le libertinage des jeunes gens, qui sans cela prodigueraient à des concubines les prémices d'une vigueur qui devrait être réservée pour l'épouse légitime. Mais, dirai-je avec Frank et Mahon, s'il n'est d'autre moyen que le mariage de retenir la jeunesse jusqu'à ce qu'elle soit formée, il ne nous reste plus qu'à gémir sur le sort funeste des générations issues de pères imberbes. Cependant, ni la précocité de l'instinct producteur ni la dépravation des mœurs ne sont encore parvenues au point de nécessiter un moyen aussi extrême, et si malheureusement ces motifs peuvent être de quelque valeur pour les cités étendues et opulentes, il reste toujours à savoir si le mariage arrêtera des excès qu'on peut prévenir et rendre moins commun par d'autres institutions, au nombre desquelles il faut placer avant tout celles relatives à l'éducation. Toutefois, ce n'est pas la crainte de la débauche et de ses suites qui détermine les mariages précoces, puisque cet abus est presque toujours fondé sur des motifs d'intérêt ou d'ambition. Les paysans russes unissent souvent leurs garçons de onze ans à des filles de vingt ans, afin d'augmenter le nombre de leurs ouvrières. Lorsque les femmes tartares ont cessé d'engendrer, elles sont remplacées par de plus jeunes dont elles deviennent les servantes. Le terme de leur jeunesse étant par conséquent le début de leur servitude, elles cherchent à se marier le plus tôt possible. La crainte du service militaire a donné lieu à un nombre considérable de mariages précoces; j'ai déjà dit que les grands en offraient des exemples multipliés : Louis XI obtint de l'évêque de Tours la permission d'habiter, avant l'âge de quatorze ans, avec la reine qui n'en avait pas encore douze. Le caractère lâche et féroce de ce prince n'aurait-il pas dépendu au moins en partie de l'épuisement de ses forces naissantes? Il serait à désirer pour la prospérité des états que les souverains voulussent les premiers se pénétrer de l'importance des raisons qui s'élèvent contre les mariages précoces. Un homme voué par sa naissance à régler les destinées d'un peuple doit, pour le rendre heureux et pour l'être lui-même, réunir à un degré éminent la vigueur physique à la force morale ; il doit surtout désirer, pour la conservation de sa dynastie, que sa progéniture se soutienne et jouisse des mêmes avantages corporels que lui. Une union précoce forme le plus grand obstacle à l'accomplissement de pareils vœux. »

—

Note D. Voici cette lettre qui nous a fourni l'épigraphe mise en tête de la troisième partie de notre livre. En la lisant on s'étonnera moins que M. Arago ait cité son auteur comme une preuve que l'étude des langues anciennes n'est pas indispensable pour former de grands écrivains. A cet égard, il nous sera peut-être permis de dire, dans l'intérêt de l'opinion contraire, que la conclusion tirée par M. Arago d'une semblable prémisse n'était pas tout à fait conforme aux lois d'une logique rigoureuse, car les exceptions confirment une règle, bien loin de la détruire, et le génie est la plus manifeste comme la plus capitale de toutes les exceptions.

LETTRE DE G. SAND A M. GEOFFROY SAINT-HILAIRE.

«Monsieur, j'ai lu avec orgueil et reconnaissance la lettre dont vous avez bien voulu m'honorer et les intéressants écrits qui y étaient joints. J'y aurais plus tôt répondu si le temps ne m'eût manqué, car je ne voulais pas vous répondre sans avoir lu attentivement ces pages importantes, et sans vous dire avec un esprit pénétré combien elles m'ont ému et frappé. Cependant, monsieur, je me suis senti plus embarrassé qu'auparavant : car si je m'écriais, conformément à mes inspirations, — *Oui, vous avez trouvé la vérité,* — vous auriez lieu de sourire à ma présomption et de dire en vous-même que le coche n'avait pas besoin de la mouche.

«Je ne vous dirai point que vous avez vaincu la science et le génie de C., je dis seulement que j'ai peut-être assez bien compris la discussion pour savoir de quel côté se portent mes sympathies et ma confiance. En cela je ne crois pas être influencé par les bontés que vous avez eues pour moi ; mais il y a quelque chose de plus grand, de plus hardi, de plus sincère et (permettez-moi de parler la langue de ma profession) de plus poétique dans vos larges vues sur ce que nous appelons la création.

«Pourtant, monsieur, comme je suis assez sincère et assez hardi moi-même, je me recommande à votre pitié, en vous avouant que je suis spiritualiste, mais à ma manière et sans trouver que Spinosa me chagrine, et

votre doctrine encore moins. Je ferais une œuvre visible certainement, si
j'essayais d'expliquer comment tout cela s'arrange dans ma tête : aussi je
ne l'entreprendrai point.

« Je suis un pauvre artiste........ Je n'ai donc pas beaucoup de cette logique qui sait admettre et exclure à propos, appuyer les affirmations par
la négation des contraires : non pas, les contraires se donnent la main et
vivent en bonne intelligence dans ma tête. J'ai vu dans vos recherches sur
l'élément psychique peut-être tout autre chose que ce que vous avez bien
voulu accorder aux psychologues, et cela m'aide à accepter bien d'autres
choses, qui m'épouvanteraient sans doute sans les concessions que vous
semblez nous faire.

« Ce que je puis vous assurer, c'est que l'œuvre de vos sept jours est
une pensée large et magnifique, et qu'elle jette à bas la génèse de C...,
pour quiconque déteste le mesquin dans les arts. Mais pardonnez-moi ces
façons de parler; vous savez que devant un tableau d'Appelle, un cordon-
nier ne vit que le soulier, et si jugea-t-il assez ce soulier.

« Si j'en crois ce que je sens, vous êtes, monsieur, dans la voie des pro-
phètes de la vérité. Ne suffit-il pas que vous disiez avec l'humilité du génie : — Homme, tu ne sais rien, il te faut tout apprendre, — pour qu'on
sente en vous quelque chose de plus encore que le savant anatomiste et le
patient observateur.

« Il y a déjà long-temps qu'ayant, non pas lu, mais entendu raisonner de
vos idées dans le public, je m'étais tellement passionné pour votre nouveau plan de l'univers, que j'avais écrit quelques pages vraiment absur-
des, comme peut l'être la traduction d'une langue qu'on ne sait point.
Néanmoins, avec l'aide de la réflexion, dans un an ou deux, quand j'aurai le
temps de penser avant d'écrire, je ne désespère point de joindre ma pauvre petite feuille à votre glorieuse couronne; mais je ne me permettrai point
d'envoyer cette feuille à l'impression sans vous prier, non pas de la rendre digne de vous, ce serait trop entreprendre, mais de la mettre au feu,
si, grâce à mon intelligence biscornue, elle défigure vos idées et vos
opinions.

« Sur ce, pardonnez-moi, monsieur, d'être un disciple si indigne, mais
sachez bien que je me prosterne devant les savants, comme devant les
pères spirituels du genre humain. Eux seuls entraînent les siècles et font
avancer l'intelligence de notre race dans ses voies lentes et pénibles. Les
hommes d'action marchent à leur suite sans le savoir, et, subissant l'influence mystérieuse, font les lois humaines dans une sorte de rapport
avec les lois divines, pénétrées par les savants; rapport éloigné, pares-
seux, récalcitrant, entravé toujours par les croyances et les erreurs du
passé, mais inévitable et représentant dans l'ordre des idées le progrès
continu de création que vous avez signalé dans l'ordre matériel. Celui-là

commande l'autre; est-ce à dire que la matière soit le dieu, c'est-à-dire le dernier *mot?* Vous n'en savez rien vous-mêmes, hommes immortels; mais vous trouvez dans l'examen approfondi des lois de la nature le doigt de ce maître inconnu dont vous n'écrivez le nom qu'avec ce point d'interrogation? — Après vous, prêtres de la nature, après les législateurs et les guerriers, prêtres de la fortune, viennent les poètes et les artistes, prêtres de la beauté dans le sens étendu du mot. Ils donnent plus souvent raison à ce qui leur plaît qu'à ce qui est; mais après tout, ils sont les vulgarisateurs des grandes idées : ils les traduisent au vulgaire en langue vulgaire ; ils les ornent de formes abordables pour le peuple ; et s'ils ne faisaient pour la plupart du temps de ces contre-sens épouvantables, comme il arrive à votre très-humble serviteur quinze fois sur seize, ils seraient des gens fort estimables et fort utiles.

« Prosterné devant vous, l'artiste, reconnaissant de votre bienveillance, vous prie de la lui continuer et de le croire votre tout dévoué,

« Georges SAND. »

Nous avons cherché à prouver aux savants, dans notre avant-propos, combien il leur était essentiel de ne pas dédaigner la culture des lettres. Cet écrit de Georges Sand, et son exemple, démontreront aux gens de lettres combien il leur importe de ne pas tant rester étrangers aux travaux des savants.

FIN DE LA TROISIÈME ET DERNIÈRE PARTIE.

TABLE ANALYTIQUE

DES MATIÈRES.

PREMIÈRE PARTIE.

ANATOMIE ET PHYSIOLOGIE DE LA GÉNÉRATION.

55

TROISIÈME PARTIE.

MORALE ET LÉGISLATION APPLIQUÉES.

FIN DE LA TABLE DES MATIÈRES.

ERRATA ET LAPSUS

Page   ix, ligne 15, poursuivons, *lisez* poursuivions.
—   6, — 22, doués,   — affligés.
—   id., — 23, être,   — êtres.
—   8, —   6, la justifier,   — le justifier.
—   9, — 11, et que,   — ni que.
—   id., — 17, être mis,   — être mise.
—   16, — 14, condition,   — conditions.
—   21, —   5, généraux,   — sommaires.
—   id., —   9, de cette même espèce humaine, *lisez*, de cette
                  même fonction dans l'espèce humaine.
—   22, —   7, aussi,   *lisez*, ainsi.
—   24, — 18, naisance,   — naissance.
—   33, — 13, aurait,   — n'aurait.
—   84, — 11, à l'intérieur,   — à l'extérieur.
—   91, —   8, sensiblite,   — sensibilité.
— 158, —   1, ciles,   — cile.
— 188, —   8, lubrifaction,   — lubréfaction.
— 196, — 14, mésentérique supérieure, *lisez*, mésentériques su-
                  périeures.
— 203, — 13, vache,   *lisez*, vache.
— 204, — 28, allongées,   — allongés.
— 208, — 13, lymphatiques,   — lymphatiques.
— 237, —   5, produit,   — effectuées.
— 289, — 16, la femme,   — sa femme.
— 342, —   6, page 274,   — page 294.
—   id., — 13, à leur,   — à sa.
— 331, —   1, développait,   — développait.
— 333, — 11, fascinum,   — fascinum.
— 368, —   9, suf-,   — suffi-.
— 371, — 57, fausse,   — fosse.
—   id., — 58, et injectée,   — est injectée.
— 377, — 11, un mucus,   — des mucus.
— 383, —   9, et comme, dans, *lisez*, et comme dans.
— 386, —   1, a commencé;,   — a commencé,.
— 391, — 26, puissent,   *lisez*, pussent.
— 427, — 22, publique.,   — publique,.
— 429, — 28, commun,   — communs.

FIN.

ATLAS

DE L'HISTOIRE DE LA GÉNÉRATION.

EXPLICATION

DES PLANCHES.

PLANCHE Iʳᵉ.

Fig. 1. — Anatife (1) dépouillé de son enveloppe et vu par sa face antérieure, pour montrer la disposition véritablement articulée du corps, dont chaque anneau correspond à une paire de pattes. *s*, le muscle qui sert à rapprocher les valves ; *u*, le tube articulé qui contient le canal spermatique ; *f,f,* les cirres et leurs nombreuses articulations garnies de soies.

Fig. 2. — L'anatife vu de côté, pour montrer l'appareil générateur mâle. *u* est le réservoir vésiculo-séminal : il reçoit les principaux troncs séminifères provenant de granulations nombreuses qui composent le testicule, se continue de chaque côté du canal digestif, en s'amincissant de plus en plus, et arrivé au-devant de l'anus *h*, il s'abouche et se joint au réservoir du côté opposé, pour ne former qu'un seul conduit très-fin. Celui-ci traverse, comme nous l'avons dit plus haut, le tube articulaire *h u*, et va s'ouvrir, à son extrémité libre, par un orifice excessivement petit. C'est par là que doit sortir la liqueur fécondante que l'anatife dépose dans le manteau, enveloppe de l'animal, où se rencontrent les œufs, à une certaine époque de l'année. *D* est la bouche ; *d*, l'œsophage ; *d'*, por-

---

(1) L'*anatife* ou le cirripède vit dans l'eau de mer, attaché au bois des navires, aux rochers, aux fucus. Son nom d'*anatife* consacre une ancienne erreur. Les pêcheurs, en effet, ont cru long-temps que les *anatifes* étaient de la graine de canards (*anas*).

a

tion de l'estomac ; *t*, canal intestinal coupé, afin de montrer l'appareil testiculaire du côté droit seulement. La *fig.* 3 montre le canal intestinal
entier, placé entre les deux appareils mâles de la génération.

Fig. 4 et 5. — Testicules et vésicules séminales grossis. La fig. ombrée
qui n'a pas été reproduite au trait montre la disposition, les rapports et
le mode de terminaison des vésicules séminales (de grandeur naturelle).

Fig. 6 et 7. — Disposition des œufs lorsqu'ils sont dans le pédicule de
l'anatife.

Fig. 8. — Anatife jaune sans coquille. *a* est une production gélati-
neuse ou une continuation de l'enveloppe cornée, qui sert à fixer le pédicule ; *b* est la première membrane du pédicule ; *b'*, un petit anatife de
grandeur naturelle qui s'était développé sur le pédicule même de l'anatife mère ; *c,c*, la partie convexe et le renflement qui contient le corps de
l'animal ; *d,d'*, la fente de l'enveloppe cornée, par laquelle sortent les
pieds ou cirres : *f, g*, sont les œufs disposés en lames minces de couleur
bleu de ciel ; ils sont arrivés sur cet individu dans le manteau, mais il y
en a encore dans son pédicule, comme on peut le voir à travers les enveloppes cornées.

Fig. 9. — Sur cette figure, la moitié gauche de l'enveloppe cornée est enlevée ; elle représente toutes les membranes qui servent à envelopper le corps
de l'anatife. *b,b*, le tuyau cylindrique musculeux ouvert, et dans lequel on
aperçoit les œufs ; *e,e*, le trajet du canal oviducte pratiqué dans l'épaisseur même de la deuxième enveloppe *g,g,g* : cette enveloppe ouverte se
réfléchit sur elle-même, à la manière des membranes séreuses, pour con-
tourner le corps de l'anatife et l'envelopper de toutes parts ; *j.j*, la membrane propre du corps de l'animal ; c'est dans cette cavité que le canal
b communique, et c'est entre cette membrane propre et celle de la seconde enveloppe *g,g*, réfléchie que se trouvent les œufs ; d'où il résulte
que la cavité du manteau n'a aucune communication avec le pédicule, si
ce n'est par le canal oviducte *e*.

D'après ce qui précède, les anatifes sont de véritables hermaphrodites
qu'il faut séparer de la classe des mollusques où on les avait placés.

Fig. 10, empruntée à Cuvier. — Le colimaçon débarrassé de sa coquille. On a détaché le collier et rejeté le plafond de la cavité pulmonaire
sur le côté droit, pour mettre à découvert l'intérieur de cette cavité ; on
a aussi entr'ouvert et un peu développé le commencement de la partie
postérieure de la grande cavité. *a,a*, les grands tentacules se montrant à
peine : les petits ne paraissent point ; *b*, la ligne par laquelle le collier
adhérait au corps, et par laquelle il en a été séparé ; *b'*, vestige
de cette même attache restée au collier ; *c*, le diaphragme ou la cloison qui sépare la cavité pulmonaire de la partie antérieure de la grande
cavité ; *d,d*, les bords des pieds ; *d*, situé au-dessous de *z*, portion de l'es-

tomac ; *e,e*, le collier vu par sa face antérieure ; *f*, le rectum; *g*, l'anus ; *h,h*, le sac de la viscosité entourant le péricarde ; *i,i*, son canal excréteur collé au rectum ; *k*, le sillon où le canal se termine au bord du grand trou de la respiration ; *l*, la pointe postérieure du pied ; *m*, l'extrémité inférieure de la principale veine-cave, celle qui descend le long de la concavité de la spire, et qui est marquée *k*, *fig.* 11 ; au-dessous de *b'*, autre veine-cave venant de la convexité de la spire ; elles se réunissent avec le canal veineux d'où partent les artérioles pulmonaires antérieures; les latérales viennent de la veine *m*, par dessus le rectum et le canal déférent de la viscosité ; *n*, portion de la matrice; la grande veine pulmonaire où tous les vaisseaux de ce nom aboutissent se rend elle-même dans l'oreillette *q* ; *r*, le cœur: tous deux sont dans le péricarde ; *s*, la principale artère, qui monte le long de la convexité de la spire; *t*, autre artère principale qui redescend vers la tête ; *u*, le foie ; *v*, l'ovaire ; *x*, portion de l'oviducte ; *y*, partie large du testicule ; *z* de la vessie.

Fig. 11. — Le colimaçon débarrassé de sa coquille, et vu obliquement du côté droit. *a*, les grands tentacules à moitié développés ; *b,b*, les petits tentacules. A droite et à la base de la petite corne se voit l'orifice par où sortent les organes de la génération ; *d*, le bord des pieds ; *e*, le collier charnu où commence la partie qui reste toujours dans la coquille ; *f*, le trou de la respiration ; *g*, l'endroit de l'anus ; *h*, la cavité pulmonaire aperçue au travers des téguments ; *i*, le sac de la viscosité; *k*, la veine principale des viscères , qui descend le long de la concavité de la spire ; *l*, l'extrémité postérieure du pied ; *m*, l'endroit où les muscles du pied passent pour s'attacher à la columelle de la coquille.

Fig. 12. — La cavité commune de la génération chez le colimaçon, ouverte, ainsi que les divers conduits qui y aboutissent. *a*, l'issue générale ; *b*, la bourse du dard, ouverte, et contenant encore son dard attaché au mamelon qui le produit; *c,c*, les vésicules multifides ; *d*, issue du canal commun à la matrice, à la vessie et aux vésicules, dans la cavité générale ; *e*, terminaison de la matrice dans ce canal commun ; *f*, portion de la matrice ouverte ; *g*, autre portion intacte ; *h,h,h*, partie étroite et grenue du testicule ; *i*, canal déférent ; *k*, son orifice dans l'intérieur de la verge ; *l,m*, les deux valvules ou prépuces de la verge ; *n*, la verge avec son appendice ; *o*, la vessie ; *p,p*, son canal.

Fig. 13 — est une limace entière vue du côté droit , les tentacules à demi-développés. *a,a*, les grands tentacules ; *b,b*, les petits ; *c*, la bouche : entre elle et les petits tentacules se voit la rangée de papilles de la lèvre supérieure; *d,d*, le pied ; *e*, la pointe postérieure du dos, d'où sort de la mucosité ; *f*, le manteau ; *g*, le trou de la respiration ; *h*, celui de la génération. (*Voy.* pag. 38 à 43.)

PLANCHE II.

COULEUVRE A COLLIER, FEMELLE.

Fig. 1. — *a,a*, trachée-artère ; *b*, veine-cave supérieure gauche ; *c,c*, veine-cave supérieure droite ; *d*, glande thyroïde ; *e*, oreillette gauche du cœur ; *f*, oreillette droite ; *h*, le cœur ; *g,g*, l'estomac ; *i*, la veine-cave inférieure ; *j*, le poumon gauche rudimentaire ; *k*, le poumon droit très-développé ; *l*, *l*, le foie ; *m*, la vésicule biliaire ; *n*, la glande pancréatique ; *o*, le duodénum suivi de l'intestin ; *p*, *p*, les oviductes ; *q*, les reins; *r*, les urétères ; *s*, leurs orifices dans le cloaque; *t*, *t*, les œufs disposés comme les grains d'un chapelet, les uns à la suite des autres ; *x*, les ouvertures des oviductes dans le cloaque.

Fig. 2. — *a,a*, les organes mâles de la génération.

Fig. 2 *a*. — *b,c*, écailles qui recouvrent l'ouverture de l'anus, par où sortent les organes de la génération. (*Voy.* pages 56 à 60.)

PLANCHE III.

Fig. 1. — Fauvette ouverte pour montrer les rapports des organes de la génération avec les autres viscères. *a,a*, le foie ; *b*, l'estomac ; *c,c*, l'intestin ; *d*, le cloaque ; *e*, le cœur.

f, le pavillon de l'oviducte ; *g,g*, l'oviducte ; *h*, l'ovaire.

Fig. 2. — Les mêmes organes de la génération, isolés pour mieux montrer les détails. Les lettres qui se rapportent à la *fig*. 1re indiquent les mêmes parties. *i,i*, sont deux petits cœcums qui se rencontrent toujours plus ou moins développés chez les oiseaux ; *j.j*, sont les urétères ; *k*, le renflement intestinal nommé cloaque ; *l*, la vessie rudimentaire ou de Fabricius ; *m*, l'orifice de l'anus.

Fig. 3. — Les mêmes organes de la génération ouverts. Mêmes lettres pour désigner les mêmes parties ; *n*, l'orifice des urétères dans le cloaque ; *o*, l'orifice inférieur du cloaque ; *p*, celui de la vessie ; *q*, l'embouchure de l'oviducte, sous forme de mamelon, dans le vestibule commun.

Fig. 4. — Appareil générateur mâle chez le coq. *a*, l'extrémité renflée du rectum ; *b*, la partie supérieure du vestibule commun ; *c,c*, l'orifice

des urétères ; *d,d*, celui des conduits éjaculateurs ; *e*, bourrelet de l'anus ;
f,f, les testicules ; *g*, les conduits spermatiques ; *h,h*, les urétères ;
i,i, muscles rétracteurs de l'anus ; *j,j*, muscles dilatateurs de l'anus. Ces
deux muscles jouent un rôle très-important dans l'acte de la reproduction ;
ils portent en arrière et dilatent en même temps l'anus, ce qui facilite
l'éjaculation, dans le moment de l'accouplement.

Fig. 5. — Portion fortement grossie des conduits spermatiques. *a,b*, le
tube en spirale, terminé par un mamelon, *c*, perforé et entouré d'un repli
muqueux, *d*, en forme d'entonnoir ou pavillon.

Fig. 6. — La même portion ouverte pour montrer la disposition intérieure du canal. (*Voy.* pages 60 à 64.)

PLANCHE IV.

Cette planche, empruntée aux *Études progressives d'un naturaliste*,
par M. Geoffroy Saint-Hilaire, sert à donner une idée de ce qui se passe chez
les animaux dits *à bourses* (marsupiaux, didelphes). L'ordre des mammifères qui a reçu ces noms comprend ceux qui ont une double matrice, et dont
la peau de l'abdomen se replie de manière à former une bourse extérieure
dans laquelle les petits, naissant avant terme, achèvent de se développer.

Fig. 1. — Sarigue (*didelphis opossum*). *a,a*, bourse abdominale contenant des petits attachés aux tétines de leur mère.

Fig. 2. — Appareil mammaire des kanguroos. C'est un ensemble de
petites masses, *a*, ovoïdes, organisées, composées et fonctionnant comme
des reins ; un vaste muscle, *b*, les embrasse de ses fibres, les presse et fait
jaillir le lait dans la bouche des embryons; *c*, *d*, *e*, *g*, *n*, sont des nerfs et
des vaisseaux qui alimentent la glande; *f* est le muscle compresseur de la
glande située à droite.

Fig. 5. — Organe interne de la génération chez le kanguroo thetis femelle. *a,a*, les deux utérus ; *b,b*, leur orifice inférieur ou col utérin ;
c,c, les trompes utérines ; *d*, l'ovaire de gauche ; *e,e* vaisseaux ; *f,f*, veines
principales ; *g*, pavillon de la trompe ouvert ; *h,h*, les urétères ; *i,i*, les
ligaments larges de la matrice ; *j,j*, les conduits vaginaires ; *k*, la vessie ;
l, l'orifice du vagin médian ; *m*, celui de la vessie ; *n*, le cloaque ou vestibule commun.

Fig. 4. — Fœtus dans le premier âge.

4. *a* — Coupe sur la ligne médiane de la tête du même fœtus, montrant
une portion, *b*, amputée de la mamelle de sa mère, et le mode d'adhérence et de succion du jeune nourrisson.

Fig. 5. — Marmose (*didelphis murina*) nouveau-née et de grandeur naturelle.

Fig. 6. — Disposition des organes externes de la génération chez les kanguroos. *a*, les testicules ; *b*, la verge rentrée.

Fig. 7. — Les mêmes organes isolés et disséqués. *a*, les testicules ; *b*, la verge un peu développée ; *c*, les conduits spermatiques ; *d*, l'os du pubis ; *e*, la vessie ; *f*, le col ; *h*, le rectum ; *i*, les muscles rétracteurs de la verge ; *j*, glande anale ; *d,d*, les urétères.

Fig. 8. — Partie du fond de la bourse d'un kanguroo thetis femelle, où sont situées les quatre mamelles : *b*, l'une d'elles allongée pour l'allaitement ; *a*, une autre restée sans emploi. On voit aussi l'orifice des gaines rentrées des autres mamelles.

Fig. 9. — Tête d'un jeune fœtus préparée de manière à montrer la disposition et la forme de la langue. *a*, extrémité de la langue, creusée d'une gouttière ; *b*, ouverture des narines dans lesquelles on a introduit deux fils pour indiquer le trajet des cavités nasales ; *c*, l'ouverture postérieure de ces cavités, s'adaptant à l'orifice de la trachée-artère *d*, lorsque les parties sont en rapport ; *e*, l'œsophage. Cette disposition, en même temps qu'elle sert à la déglutition, facilite la respiration.

PLANCHE V.

Fig. 1. — Rapports et dispositions des organes de la génération chez l'homme. A, vessie ; B, cordon spermatique, composé d'artères, de veines, de nerfs, du canal déférent C,C : toutes ces parties traversent les parois abdominales, et vont aux testicules ; l'ouverture qui leur livre passage, l'anneau inguinal, est précisément celle par où s'effectuent le plus grand nombre de hernies ; E le pénil ; F, portion du muscle grand-oblique disposé en arcade et laissant passer dans un demi-canal les fibres du muscle petit-oblique et du transverse ; ces fibres G constituent le muscle *crémaster*, qui, par ses contractions, peut concourir à produire le froncement des bourses, et porter les testicules en haut vers l'orifice du canal inguinal ; H sont les vaisseaux spermatiques ; I, la peau du pli de l'aine, disséquée et renversée pour montrer les os du bassin ; J, la branche du pubis ; K, celle de l'ischion ; L, portion de la verge qui passe au-dessous de l'arcade du pubis ; M, scrotum ; N, la verge ; O, l'urétère ; P, le gland ; Q, la vésicule séminale ; R, la prostate ; S, lambeaux du péritoine.

L'ensemble de cette figure donne une idée exacte du trajet que doit parcourir le sperme pour arriver au dehors. Le testicule, renfermé dans le scrotum M, sécrète la liqueur spermatique, et le canal déférent c,c la conduit, à travers les parois abdominales, dans la vésicule séminale Q, véritable réservoir. Lors de l'éjaculation, cette liqueur passe à travers la prostate R (organe de sécrétions muqueuses), et va gagner le canal de l'urètre. C'est dans ce même canal que s'ouvrent les conduits excréteurs de la glande prostate et des vésicules de Cooper, de telle sorte que le produit de leurs diverses sécrétions se mêle et donne ainsi lieu à la matière blanchâtre de l'éjaculation.

Fig. 2. — Rapports et disposition des vésicules séminales. *a*, extrémité déliée du conduit éjaculateur droit ; *b*, portion renflée de la vésicule spermatique droite ; *c,c*, loges irrégulières des vésicules communiquant entre elles par des ouvertures sinueuses et plus ou moins étroites ; *d*, point de jonction et ouverture du canal déférent dans la vésicule séminale ; *e*, coupe et épaisseur des parois de la vésicule ; *f*, conduit déférent ; *g*, le même de gauche ; *h*, la vésicule gauche non ouverte ; *i,i*, les circonvolutions et les éminences qu'elle présente au dehors et qui correspondent aux cellules intérieures *c,c* ; *j*, l'extrémité perforée du canal éjaculateur gauche. (*Voy.* page 87 et suivantes.)

PLANCHE VI.

Complément de la précédente.

Fig. 1. — La verge et ses dépendances vues par dessous. *a,a*, les corps caverneux : c'est le gonflement de ces corps spongieux, que le sang pénètre, qui donne lieu au volume extraordinaire de la verge dans l'érection ; *b*, le gland : on remarque à sa base les orifices de petites glandes qui fournissent une matière blanchâtre, épaisse et plus ou moins odorante ; cette matière s'accumule souvent entre le prépuce et la couronne du gland; *d,d*, la prostate ; *e,e*, les glandes de Cooper ; *j,j*, les conduits déférents; *k,k*, les vésicules seminales; *l*, la portion membraneuse du canal de l'urètre ; *m*, la portion bulbeuse de ce même canal ; *o*, les urétères.

Fig. 2. — La verge fendue longitudinalement et vue en dessus. *a,a*, les corps caverneux ; *b,b*, le gland ouvert ; *c*, la fosse naviculaire ; *c,c,c*, la cavité du canal de l'urètre ; *d,d*, la prostate ; *f*, la luette vésicale ou *verumontanum*. Les deux petites ouvertures qui se voient sur cette saillie de la membrane muqueuse donnent passage au sperme, et celles qui se trouvent sur les côtés, généralement plus grandes et en nombre variable, laissent sortir la matière muqueuse sécrétée par la prostate. Un pouce plus bas, quelquefois immédiatement au dessous de la luette vésicale, se voient deux petits orifices qui donnent issue à la matière sécrétée par les glandes de Cooper. Enfin, plus en avant et vers le gland, la muqueuse urétrale présente une série de petites cavités qu'on nomme lacunes de Morgagni, glandes de Littre ; ces lacunes, véritables follicules, sont presque uniquement répandues sur la paroi inférieure de l'urètre, et contiennent quelquefois de petits calculs. *h,h*, cloison fibro-celluleuse qui sépare les deux parties symétriques de la prostate. La coupe sur la ligne médiane n'a point intéressé, sur la pièce qui a servi à faire cette figure, les petites vésicules de la prostate, bien qu'elles fussent dilatées fortement par la matière d'injection. Il est bon d'observer ici que, pour bien remplir les vésicules de la prostate, il faut pousser l'injection dans tous les trous qui se voient aux environs de la luette vésicale, ce qui prouve que la glande, dans son ensemble, se compose, comme le placenta de la femme, de cotylédons distincts et indépendants les uns des autres. *n,n*, portion de la vessie ; *p,p*, les orifices des uretères ; *r,r,r*, coupe des corps caverneux et disposition des vaisseaux qu'ils contiennent.

Fig. 3. — Coupe sur la ligne médiane du canal de l'urètre *c,i*, et de sa portion bulbeuse *m* ; *o*, la glande de Cooper.

Fig. 4. — Vaisseaux artériels et veineux des testicules. *j*, le canal déférent ; *s*, la continuation de ce canal, là où il prend le nom d'*épididyme* ; *t*, portion du même canal replié grand nombre de fois sur lui-même et nommé *tête de l'épididyme* ; *u*, le testicule enveloppé de sa membrane propre ; *v,v*, les veines ; *y,y*, les artères du testicule.

PLANCHE VII.

Fig. 1. — *a,a, b*, la tunique vaginale ; *c*, le testicule ; *d*, la tête de l'épididyme ; *e,e*, le canal déférent ; *f.g,h*, faisceaux de petits troncs artériels et veineux.

Fig. 2. — Les lettres qui se rapportent aux *fig.* 1 et 3 indiquent les mêmes organes ; *i,j*, artères et veines qui pénétrent dans le testicule par la partie inférieure ; *k*, portion de la tunique vaginale disséquée pour montrer l'épididyme.

Fig. 3. — Elle représente le canal déférent et l'épididyme déplissé, le mode de communication de ce conduit avec les tubes sécréteurs qui sont contenus dans la tunique propre du testicule, la disposition de cette dernière, le mode dont les vaisseaux la pénètrent et les brides que ces derniers établissent dans la substance même du testicule. *c,c*, la tunique propre ou albuginée du testicule dépouillée de la membrane séreuse; *d,d*, les nombreux replis que présente l'épididyme et sa disposition au sortir du testicule : là, quinze à seize faisceaux coniques traversent la tunique albuginée, s'élargissent en s'éloignant de leur point de départ pour se réunir par leur base, de manière à communiquer les uns avec les autres. C'est cette partie du canal excréteur du sperme qui constitue la tête de l'épididyme. Les tubes sécréteurs *l*, les seuls que nous ayons laissés dans la coque du testicule, se continuent, d'une part, avec le sommet des cônes que nous venons de décrire, et, de l'autre, avec une infinité de petits tubes du même calibre que nous avons enlevés. C'est dans ces tubes excessivement déliés que se fait la sécrétion du sperme. Les nombreux vaisseaux qui traversent ces tubes leur envoient des radicules vasculaires très-nombreuses qui apportent les matériaux nécessaires à la formation du sperme. C'est donc dans l'épaisseur même des tubes spermatiques que s'opère leur sécrétion, et non dans des granulations particulières, de même que les nombreux tubes que l'on rencontre sur le corps des raies sécrètent la mucosité qui lubrifie toute la surface de leur corps, sans qu'il y ait besoin pour cela d'un appareil glanduleux proprement dit. *m,n*, sont des cœcums de l'épididyme ; il s'en trouve quelquefois jusqu'à cinq ou six et de différentes longueurs : ce sont de vrais *diverticulum* du sperme dont l'utilité ne nous est pas encore bien connue ; *o*, est une bride principale et toujours constante, sur laquelle on n'a point assez fixé l'attention ; elle est située entre le tiers supérieur et les deux tiers inférieurs du testicule ; elle renferme deux grosses branches vasculaires qui ne donnent point de ramifications dans leur trajet, mais qui, parvenues sur la face interne de la tunique albuginée au point le plus convexe du testicule, s'épanouissent en un grand nombre de branches à la manière des baleines d'une ombrelle. (*Voy. o,p,q.*) D'autres troncs vasculaires pénètrent dans la substance du testicule après avoir labouré, pour ainsi dire, la tunique albuginée, et pour que tous ces troncs puissent se distribuer le plus également possible aux parois des tubes sécréteurs du sperme ; il en résulte cette infinité de petites brides que nous avons déjà signalée.

Fig. 4. — *a,a*, tubes spermatiques grossis ; *b,b*, des anastomoses.

Fig. 5. — *a*, les mêmes tubes fortement grossis ; *b*, le mode d'anastomose de ces tubes ; *c*, les vaisseaux qui vont se ramifier sur les tubes.

Fig. 6. — Vésicules séminales non symétriques, trouvées chez un homme adulte. La petitesse de la vésicule gauche *a,a*, et l'atrophie de la vésicule

b

droite *b,b*, coïncidaient chez cet individu avec la petitesse extrême des
testicules. Ce fait remarquable pourra être de quelque utilité dans l'appréciation des causes de la stérilité. Malheureusement l'histoire de cet
homme ne nous est point connue. *c,d*, sont les conduits déférents ; *e*, l'extrémité libre des deux canaux éjaculateurs.

Fig. 7.—Les mêmes vésicules séminales ouvertes pour montrer la structure intérieure des petites loges.

Fig. 8. — Portion grossie de la prostate fendue, afin de montrer sa structure vésiculeuse. *a,a*, les deux lobes séparés ; *b*, conduits excréteurs.

Fig. 9. — Glande de Cooper divisée. *a,a*, la glande ; *b*, le canal excréteur.

PLANCHE VIII.

Elle représente les organes génitaux externes chez une femme non dé-
florée, âgée de vingt-deux ans. *a,a*, le pénil ou mont de Vénus ; *b,b*, les
grandes lèvres ; *c*, le clitoris recouvert d'un repli membraneux qui a de
l'analogie avec le prépuce de l'homme, et qui se continue avec les petites
lèvres ; *d*, le méat urinaire ; *e*, l'orifice du vagin, situé immédiatement au-
dessous du méat urinaire : l'intervalle qui sépare ces deux ouvertures est
bien plus petit chez les femmes vierges que chez celles qui ne le sont
plus ; *f*, est la membrane hymen : la forme et la disposition représentées
dans cette planche sont précisément celles qui se rencontrent le plus ordinairement.

PLANCHE IX.

Coupe sur la ligne médiane pour montrer les rapports des organes de
la génération chez la femme. A,A, pénil ; B, la partie supérieure et interne de la cuisse ; C, la grande lèvre gauche ; D, la petite lèvre ou nym-
phe ; F, le tissu cellulaire du pénil ; G, l'espace triangulaire qui sépare
l'orifice du vagin de l'anus ; H, ouverture de l'anus ; I, la symphise du
pubis ; J, le ligament large de la matrice ; K, l'intérieur de la vessie ; L, la
racine du clitoris ; M, le ligament rond ; M'M', l'utérus ; m, l'épaisseur de

ses parois au centre desquelles se voit la cavité utérine ; O, l'ovaire ; P, le pavillon de la trompe ; Q, les vaisseaux spermatiques recouverts du péritoine ; R, l'espace triangulaire qui sépare l'entrée du vagin du canal de l'urètre représenté au-dessus ; S, l'épaisseur des parois du vagin ; T, intérieur du vagin : les replis que l'on y remarque sont d'autant plus prononcés que la femme est plus jeune et qu'elle a eu moins de rapports sexuels ; U, le rectum ; V, les vertèbres du sacrum.

PLANCHE X.

Fig. 1. — Utérus et ses annexes. A, le corps de l'utérus ; B, le vagin ; C, le col de l'utérus ou museau de tanche, au centre duquel on voit la petite ouverture qui communique avec la cavité utérine, et qui doit donner passage au fœtus dans l'accouchement ; D, l'intérieur du vagin ; E, le pavillon de la trompe droite appliqué sur l'ovaire ; F, la trompe du même côté ; G, la trompe gauche ; H, son pavillon ouvert et sur le point de s'appliquer à l'ovaire ; I, J, J, les ligaments des ovaires ; K, K, les ligaments larges ; L, L, les ligaments ronds.

Fig. 2. — Ovaire fendu pour montrer les ovules *a,a,a,* qu'il contient ; *b,b,b,* le pavillon de la trompe bien développée ; *c,* l'embouchure de la trompe *e,e.*

Fig. 3. — Cas remarquable d'oblitération de la trompe chez une femme âgée d'environ trente ans. Cette altération était un obstacle insurmontable à la fécondation, et qui devait rendre la femme stérile, si, par une cause semblable ou par toute autre circonstance, il y avait eu altération de l'ovaire ou de la trompe du côté opposé à l'ovaire. *bb,* la trompe oblitérée en *c ; a,* le pavillon atrophié.

PLANCHE XI.

Disposition et rapports des conduits lactés chez la femme. *a,a,* épaisseur de la peau ; *b,b,* lambeaux de peau renversés ; *c.c,c.* épaisseur de la graisse qui se trouve logée dans les cellules *d,d,* de la glande mammaire ;

e,e, les conduits lactés mis à nu. Il y a ordinairement douze ou quinze conduits principaux qui reçoivent toutes les radicules de la glande, et qui vont s'ouvrir dans le mamelon *f*.

Fig. F. — Coupe sur la ligne médiane du mamelon. *a,a*, la peau ; *e,e*, les conduits lactés ; *x*, structure de la glande mammaire.

PLANCHE XII.

Fig. 1. — OEuf de poule. *a*, le jaune ; *b,b*, le blanc ; *cc*, les chalazes.

Fig. 2. — Membrane qui contient le jaune, appelée membrane vitelline. *aa*, la membrane ; *b,b*, cercle linéaire entourant le corps du jaune, à la façon d'un méridien, passant par les chalazes : la tache embryonnaire, ou champ du poulet, était située sur le trajet du cercle dans l'œuf qui a servi à faire le dessin de cette figure ; *c,c*, les chalazes.

Le cercle linéaire représenté dans cette figure n'existe pas dans tous les œufs. Quant aux chalazes, leur disposition est toujours telle que nous l'avons figurée ; ce sont de véritables cordons roulés et assez fortement tordus pour revenir sur eux-mêmes. Les recherches que nous avons faites pour nous assurer de l'existence de canaux dans leur centre n'ont amené aucun résultat certain, et nous ne pensons pas que l'expérience invoquée pour les prouver soit plus concluante. On a cassé la pointe d'un œuf soumis à l'incubation ; on a déposé sur la membrane sous-jacente à la coquille quelques atomes d'un liquide coloré, et l'on a vu ce liquide pénétrer dans le jaune. Cela prouve-t-il que les chalazes soient canaliculées ? Ce qu'il y a de curieux, c'est que le même observateur invoque ailleurs, pour prouver une autre thèse, le phénomène de l'endosmose ou de l'imbibition. Il fallait au moins démontrer que, dans le cas présent, l'endosmose n'avait aucune part à la pénétration du jaune par le liquide colorant.

Les *fig*. 3, 4, 5, 6, 7, 8 et 9, représentent les divers degrés du développement de l'œuf des oiseaux depuis les premiers temps de l'incubation. Toutes ces figures ont été faites d'après nature ; il n'y en a aucune qui soit théorique. (*Voy*. leur explication détaillée, pag. 152 à 159.) Pour observer ce que nous avons décrit, il suffit d'examiner des œufs couvés à des degrés différents ; nous n'avons rien voulu décrire ni figurer que nous n'eussions parfaitement vu sur nature.

Cependant, la science de l'ovologie n'en est point restée au point où nous la laissons dans notre ouvrage. En Allemagne, Purkinje a étudié l'œuf dans l'ovaire, et y a découvert la vésicule qui porte son nom, et dont nous allons dire un mot. D'un autre côté, Baër a cherché à démontrer que cette même vésicule de Purkinje existait aussi dans l'œuf des mammifères ; mais il ne paraît pas, on le conteste du moins, qu'il ait indiqué sa véritable place et ses caractères. Un embryologiste français prétend avoir mieux déterminé ces deux derniers points.

Disons d'abord, pour éviter toute confusion dans l'esprit de nos lecteurs, que tout ce que nous allons faire connaître des recherches de Purkinje se passe dans la petite tache existant sur la ligne transversale de la *fig.* 2, qu'on voit entre *a* et *b* , et que nous avons dit être le champ du poulet.

Si on prend un œuf de poule avant qu'il ait abandonné l'ovaire, on remarque qu'il existe toujours dans le centre de la tache dont nous parlons une très-petite vésicule parfaitement transparente , et que l'on caractérise en la comparant à une bulle de savon. Cette vésicule disparaît aussitôt que l'œuf a abandonné l'ovaire , et qu'il est tombé dans l'oviducte , ce qui fait qu'on ne peut pas la retrouver dans les œufs pondus. Purkinje prétend que cette vésicule transparente est déchirée par le travail de la fécondation , et que les matériaux dont elle se compose entrent dans des combinaisons nouvelles pour former l'embryon. Telle est cette vésicule de Purkinje, devenue très-fameuse depuis sa découverte, car elle a fixé et elle fixe encore l'attention de tous les embryologistes.

Baër, voulant ramener l'œuf des mammifères à l'œuf des oiseaux, chercha à y démontrer l'existence de la vésicule de Purkinje. Pour cela , il soumit la vésicule de Graaf à un sérieux examen , et il découvrit bientôt que cette vésicule était pleine d'un liquide , et qu'en incisant ses parois , le liquide, sortant, mettait à nu un corps sphérique plus petit, une vésicule nouvelle, qu'il considéra comme l'analogue de la vésicule de Purkinje dans les oiseaux. S'il s'agissait d'une question de priorité relativement à cette vésicule nouvelle renfermée dans la vésicule de Graaf, on pourrait dire qu'elle avait déjà été entrevue par MM. Prévot et Dumas, et qu'ils l'avaient signalée en ces termes dans le mémoire que nous avons déjà eu l'occasion de citer. « Il nous est survenu deux fois , disent-ils , en ouvrant des vésicules (de Graaf) très-avancées, de rencontrer dans leur intérieur un petit corps sphérique d'un millimètre de diamètre ; mais il différait des ovules que nous observions dans les cornes par sa transparence , qui était beaucoup moindre. »

Un troisième observateur, qui est M. Coste, n'est pas de l'avis de M. Baër, quand celui-ci prétend que la petite vésicule enfermée dans la vésicule de Graaf est l'analogue de la vésicule de Purkinje. Selon lui , cette seconde vésicule en contient une troisième , et c'est cette troisième qui est positivement l'analogue de la vésicule de Purkinje. Ainsi, d'après

M. Coste, il y aurait trois vésicules emboîtées l'une dans l'autre. La plus
grande est en contact avec les cellules de l'ovaire ; la seconde nage dans
un liquide que contient la première ; la troisième est logée dans la seconde
au milieu d'une substance granuleuse d'un gris jaunâtre qu'il compare au
jaune de l'œuf des oiseaux.

Pour voir la troisième vésicule, qui, selon M. Coste, est la seule analogue à la vésicule de Purkinje, il faut prendre l'œuf dans l'ovaire et ne
pas attendre qu'il s'en soit détaché et tombé dans l'utérus ; il ne faut pas
non plus que l'animal soit refroidi quand on ouvre son ovaire, car le
contact de l'air extérieur, qui amène le refroidissement, la détruit comme
la fécondation. Que devient-elle dans ce cas? M. Coste prétend qu'elle se
déchire comme la vésicule de Purkinje, et que ses matériaux fournissent
les premiers éléments de l'embryon. Ici commencent les idées théoriques
sur la valeur desquelles on peut porter des jugements variés. Il est certain
que dans les œufs fécondés et tombés dans la matrice pour s'y développer,
on ne retrouve jamais la troisième vésicule. La fécondation la déchire et
trouble d'abord tout le liquide granuleux de la seconde vésicule, qui est
par cela même plus obscure et moins pénétrable par les rayons lumineux
au microscope. Plus tard, ce liquide reprend sa transparence, et M. Coste
prétend que c'est seulement quand les éléments de la troisième vésicule
se sont reconstitués pour former une seconde enveloppe à la seconde vésicule, enveloppe qui s'accompagne aussi des premiers linéaments de l'embryon. Pour montrer cette seconde enveloppe, à laquelle M. Coste affecte le nom de *blastoderme*, il met l'œuf dans l'eau ; ses membranes
s'imbibent; l'eau, s'interposant, sépare le *blastoderme* de la première enveloppe, et vient fournir la preuve qu'il y a bien deux enveloppes. M. Coste a
fait voir tout cela aux commissaires de l'Académie des sciences chargés de
faire un rapport sur son mémoire, et qui étaient MM. Serres, Isidore
Geoffroy-Saint-Hilaire et Dutrochet. Il reste à savoir si la liaison des faits
observés est bien telle que la montre M. Coste. Nous n'avons pas d'opinion
là-dessus, mais nous avons des raisons de penser qu'il faudrait contrôler
ses explications par des observations nouvelles préparées par des auteurs différents.

Ainsi, l'existence d'une troisième vésicule dans la seconde; la transparence primitive de cette troisième vésicule ; sa disparition et l'obs-
curcissement de la seconde vésicule présenté comme la conséquence de
cette disparition et de la diffusion de ses matériaux composants ; enfin, la
formation d'une deuxième enveloppe à l'intérieur de la seconde vésicule ;
tels sont les faits que M. Coste prétend avoir apportés à la science (1).

(1) Quand nous avons écrit ce résumé succinct, nous ne connaissions pas un
second rapport fait à l'Académie des sciences par les mêmes commissaires sur les

Tout ce qu'il a ajouté après cela jusqu'à l'apparition de l'embryon est de la pure théorie qui ne nous a même paru que très-médiocrement rationnelle et fort peu propre à justifier l'assurance et le ton tranchant qu'il affecte dans son nouveau livre, quand il en vient à discuter les opinions de MM. Breschet, Raspail et Velpeau.

Fig. 10. — Tirée de l'ouvrage de M. le professeur Velpeau. OEuf humain de huit à douze jours grossi. *a,a*, villosités du chorion ; *b*, magma réticulé ou allantoïdien (selon M. Velpeau) ; *d*, embryon ; *e*, vésicule ombilicale.

Fig. 11. — OEuf humain plus âgé que le précédent, appartenant à M. Martin Saint-Ange ; sa surface externe est garnie de nombreuses villosités qui serviront plus tard à lui fournir des moyens d'union avec l'utérus.

Fig. 12. — Le même œuf ouvert. *a,a*, membrane amnios ; *b*, chorion ; *c*, vésicule ombilicale tenant à l'embryon.

Fig. 13. — Animalcules spermatiques de l'homme.

Fig. 14. — OEuf humain ; fœtus de trois mois entouré de ses membranes *a,b,c ; d*, chorion relevé ; *e*, villosités du chorion. Cette figure est empruntée au mémoire de M. Breschet.

travaux de M. Coste (ovologie de la brebis). Dans ce second rapport, que M. Coste n'a pas imprimé en tête de son livre, comme il avait imprimé le premier en tête de son mémoire sur l'ovologie du lapin, les commissaires sont loin de lui reconnaître le mérite d'avoir découvert la vésicule de Purkinje dans l'œuf des mammifères. « Cette vésicule, dit le rapporteur, nous semble avoir été aperçue par Baër qui a noté l'existence d'une petite cavité intérieure dans l'œuf ovarien des mammifères. On conçoit en effet que l'existence de cette petite cavité intérieure entraine implicitement celle d'une membrane vésiculaire qui la limite. Or, comme Baër n'a pu apercevoir cette petite cavité intérieure située dans la couche épaisse de granules qui remplit presque entièrement le petit œuf ovarien, qu'au moyen de sa transparence ou de sa moindre opacité, il en résulte que c'est exactement la même chose que ce qui a été vu récemment par M. Coste dans l'œuf ovarien de la lapine. »

Nous regrettons d'avoir connu si tard ce travail de M. Dutrochet : sa lucidité nous eût épargné bien des recherches inutiles, et sans doute aussi des erreurs, quoiqu'on puisse dire de cette partie de la science ce qu'un auteur espagnol disait de sa pièce d'*Héraclius : Tout est mensonge et tout est vérité*. Mais le rapport nous a surtout frappés par le ton de sévérité qui y règne d'un bout à l'autre, et qui est d'autant plus remarquable qu'il s'adresse à un observateur dont l'Académie avait d'abord encouragé les travaux, de son argent et de ses éloges. Est-ce que les provocateurs de l'encouragement auraient été désappointés? Mais alors que doit dire M. de Blainville, qui dans une circonstance devenue *mémorable* n'a pas voulu qu'on imprimât un travail couronné?

FIN DE L'EXPLICATION DES PLANCHES.

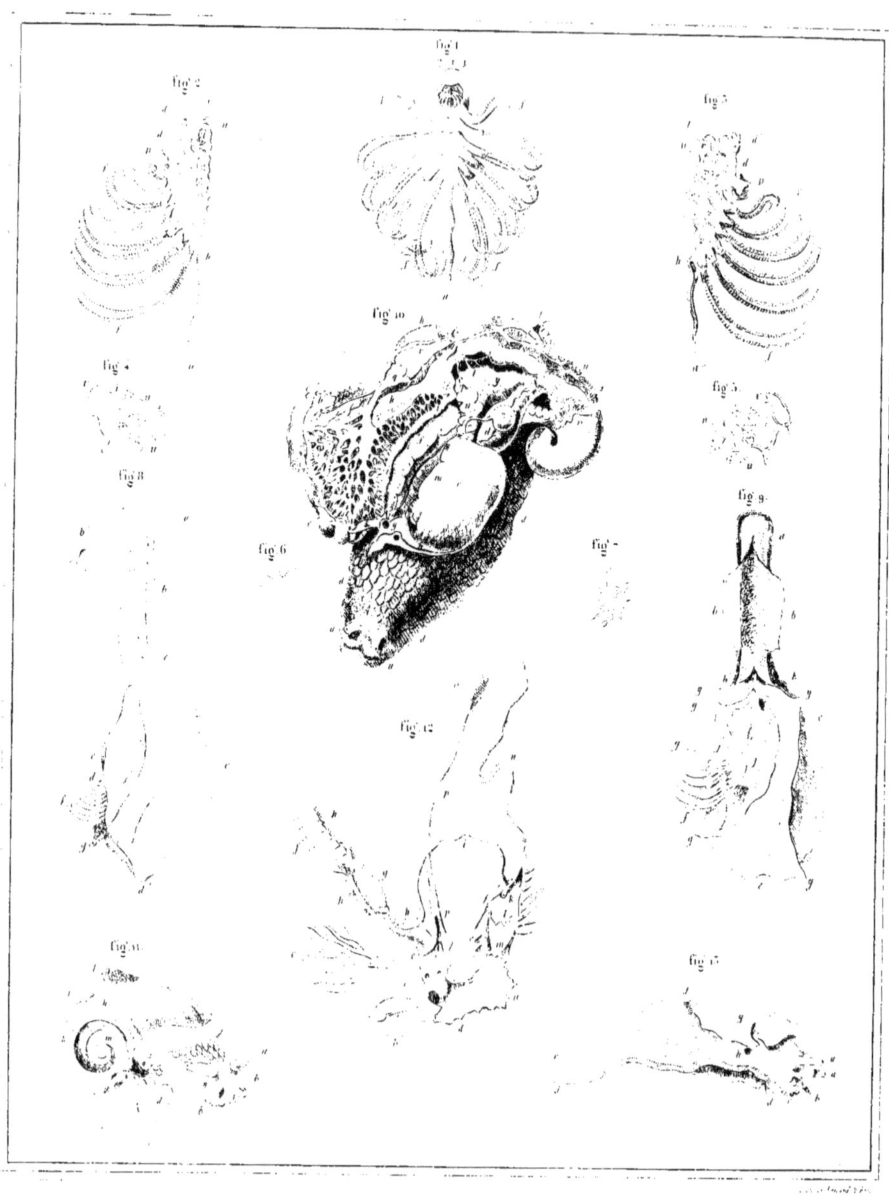

ORGANES DE LA GÉNÉRATION

Mollusques

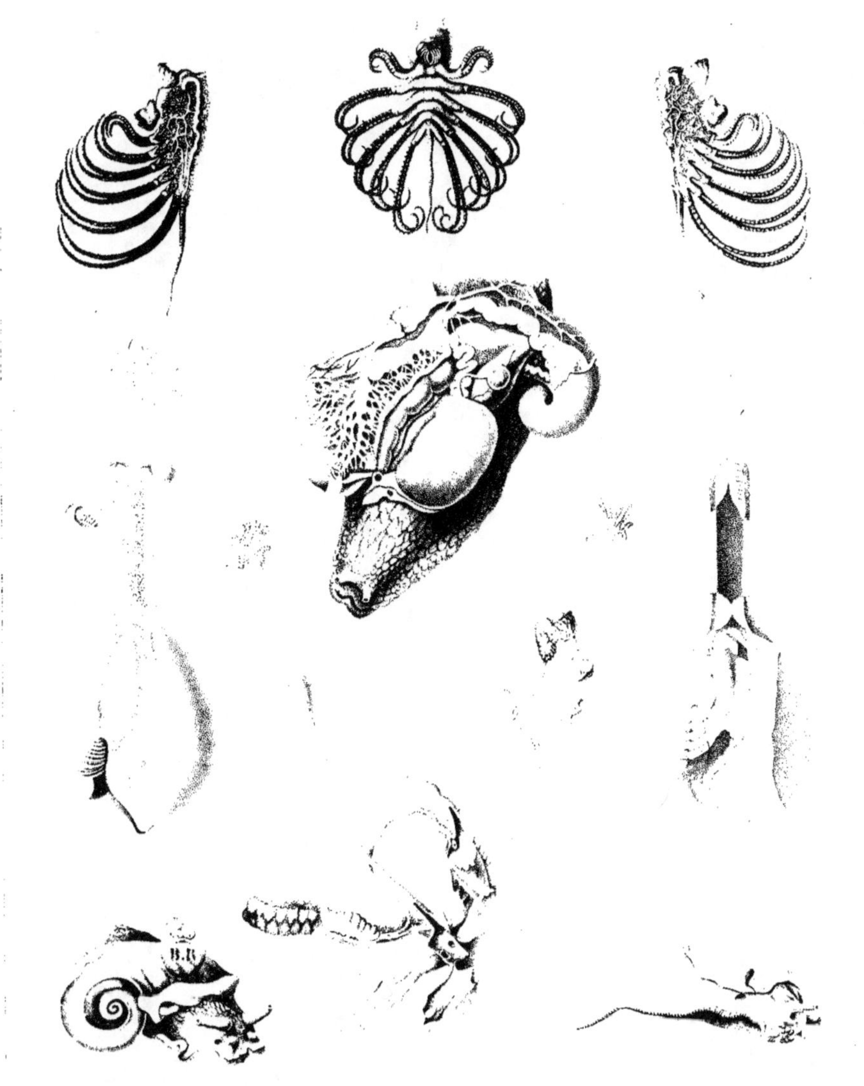

PHYSIOLOGIE DE L'ESPÈCE.

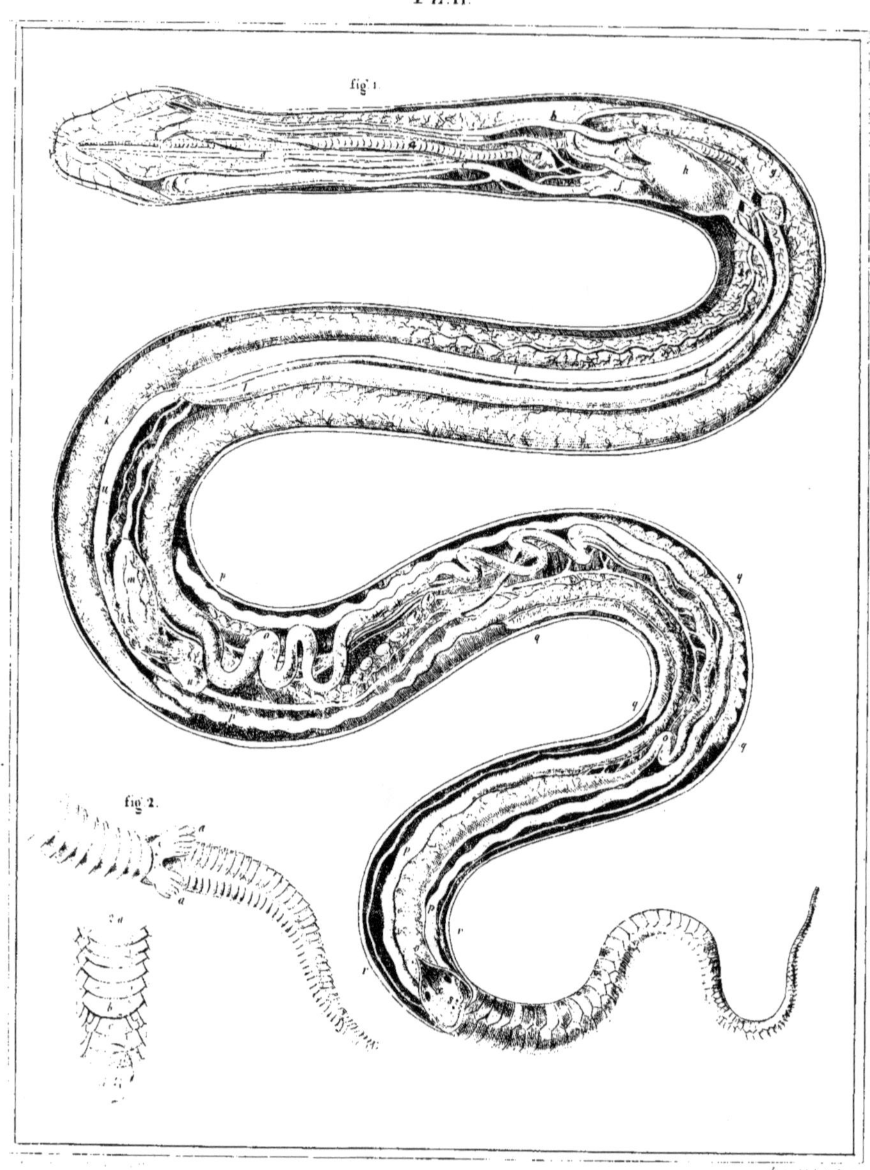

ORGANES DE LA GÉNÉRATION

Reptiles.

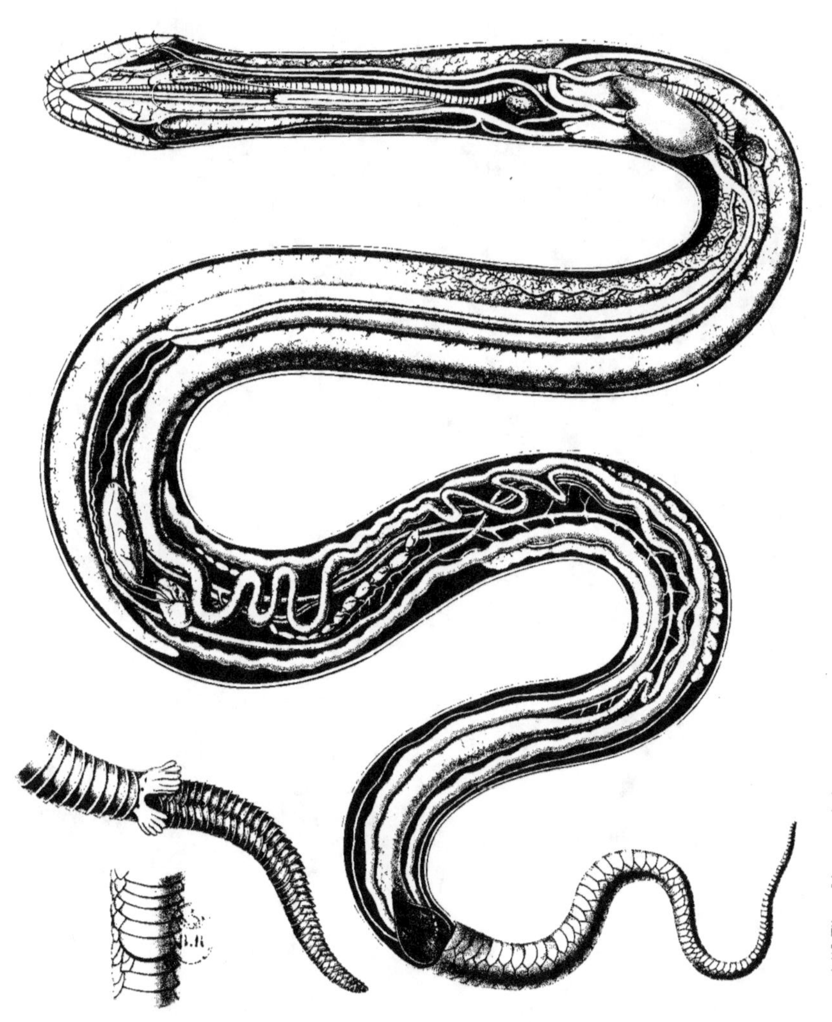

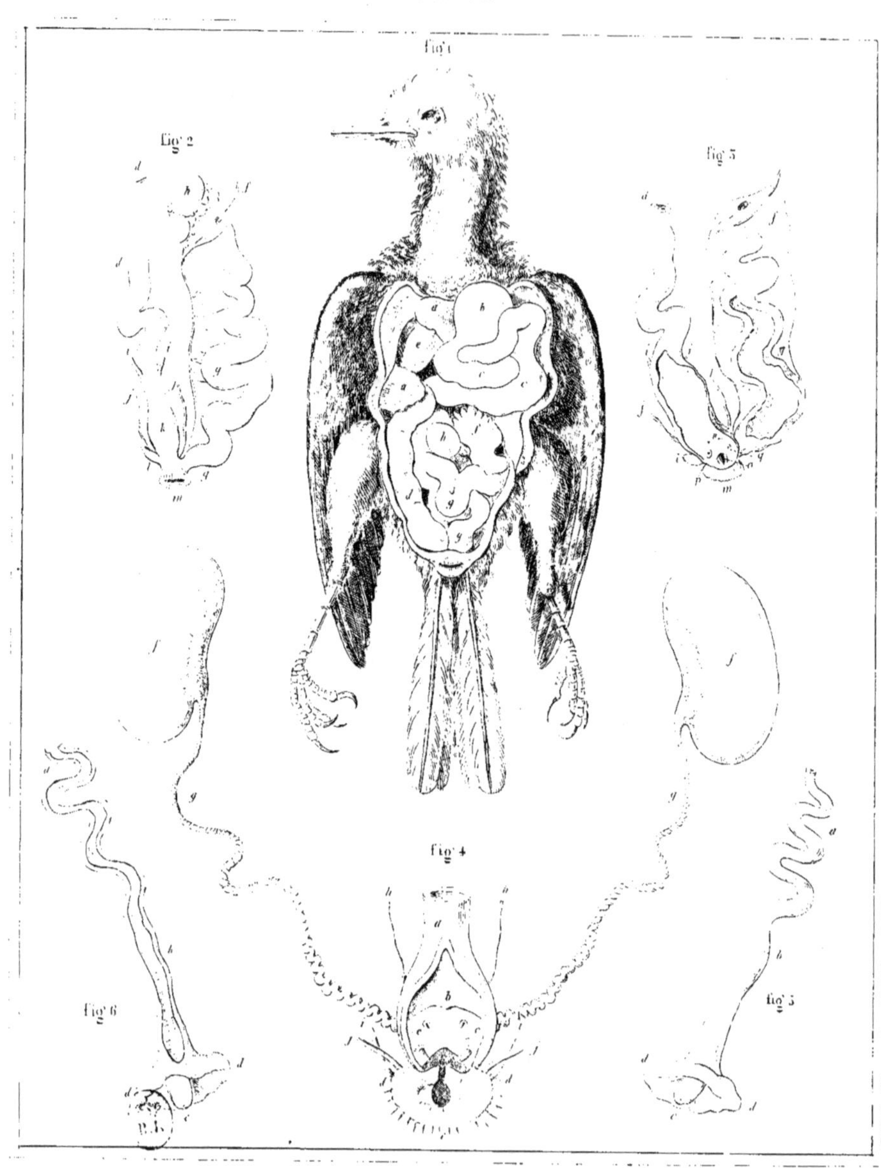

ORGANES DE LA GÉNÉRATION,

Oiseaux

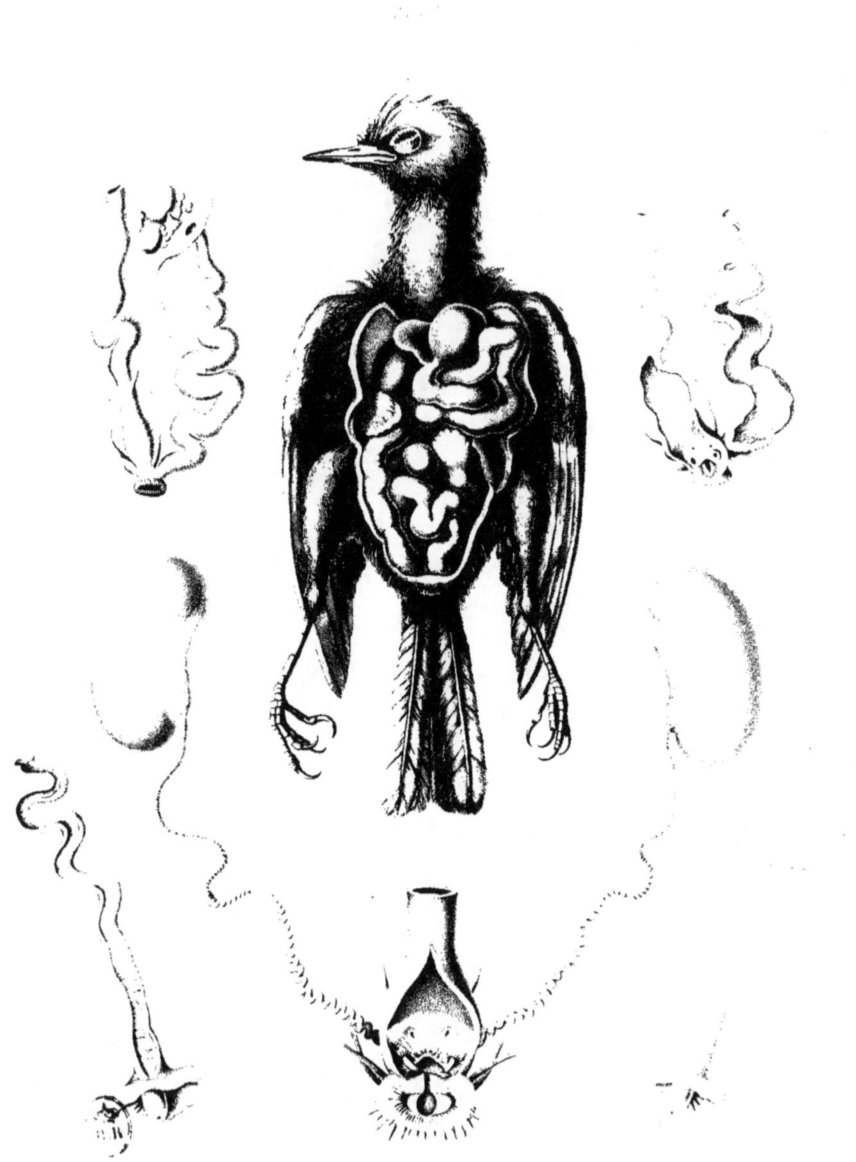

PHYSIOLOGIE DE L'ESPÈCE.

ORGANES DE LA GÉNÉRATION

Marsupiaux

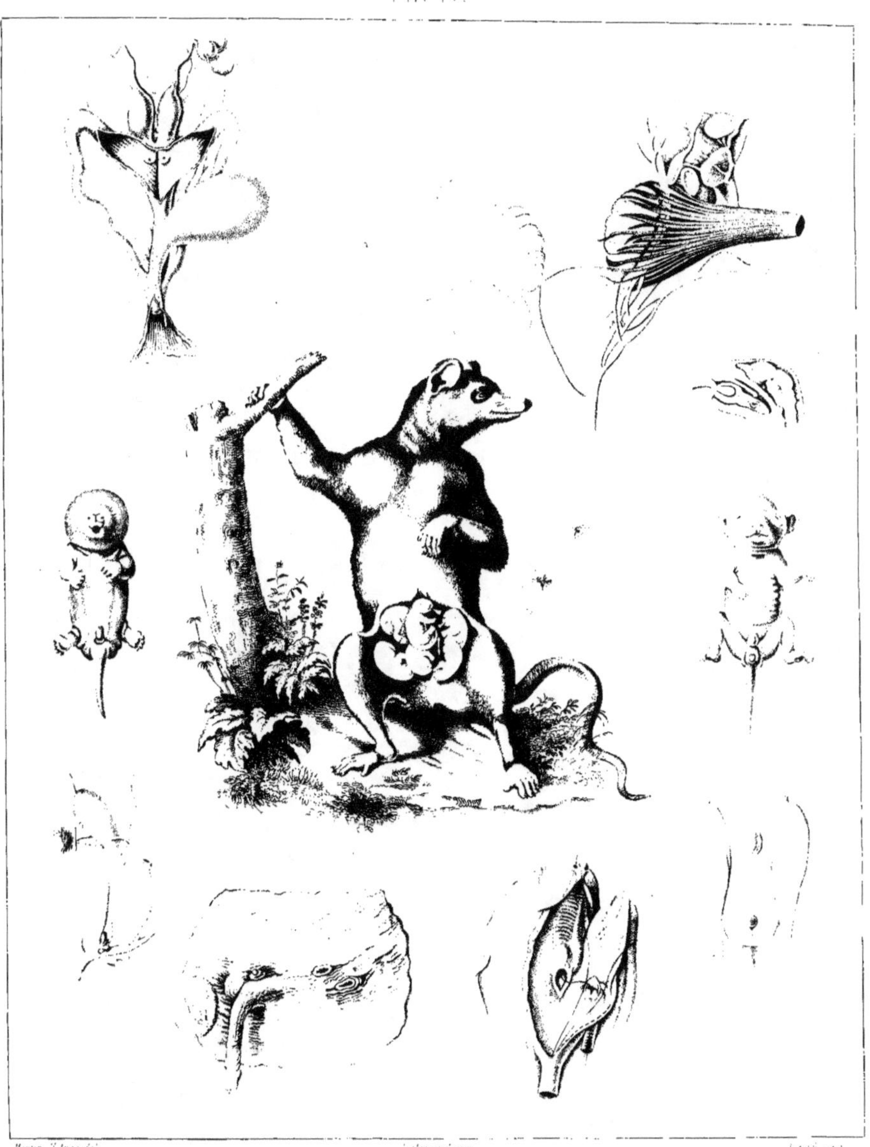

PHYSIOLOGIE DE L'ESPÈCE.

fig 1

fig 2

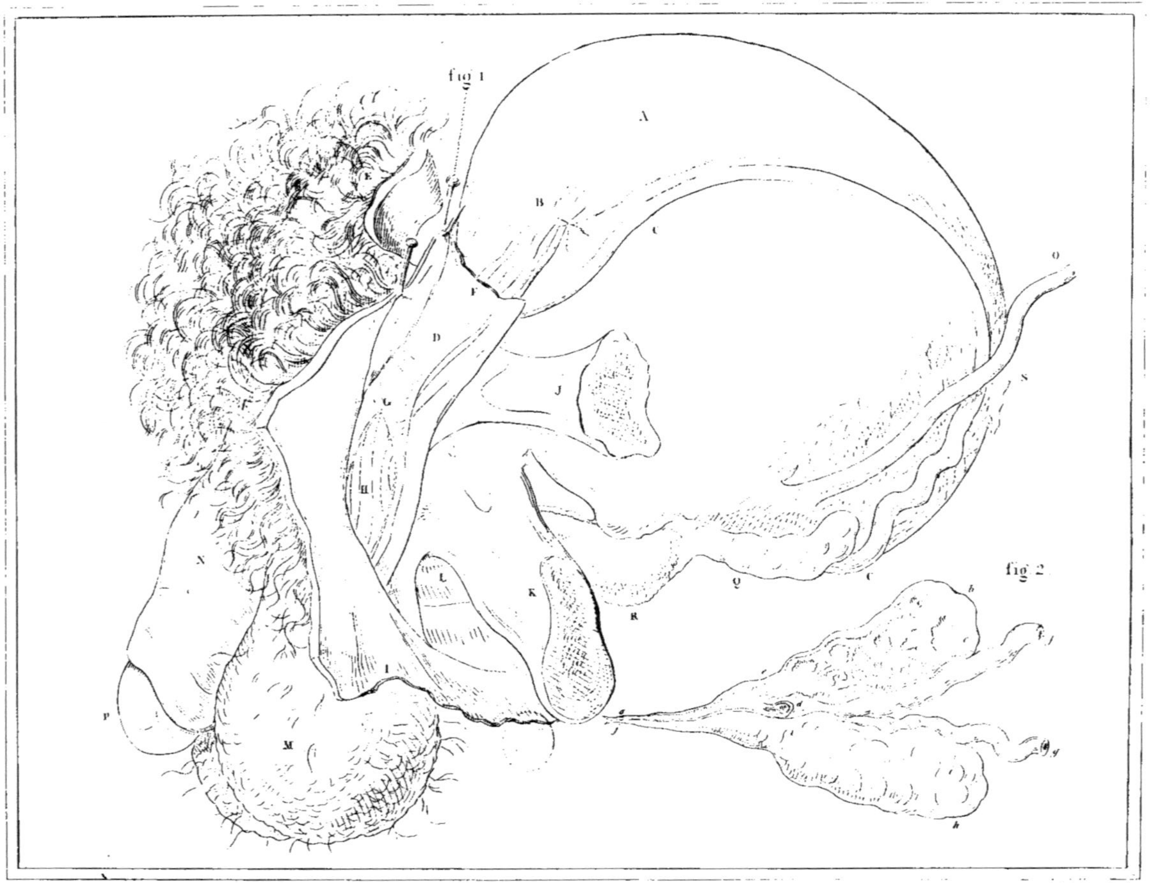

ORGANES DE LA GÉNÉRATION

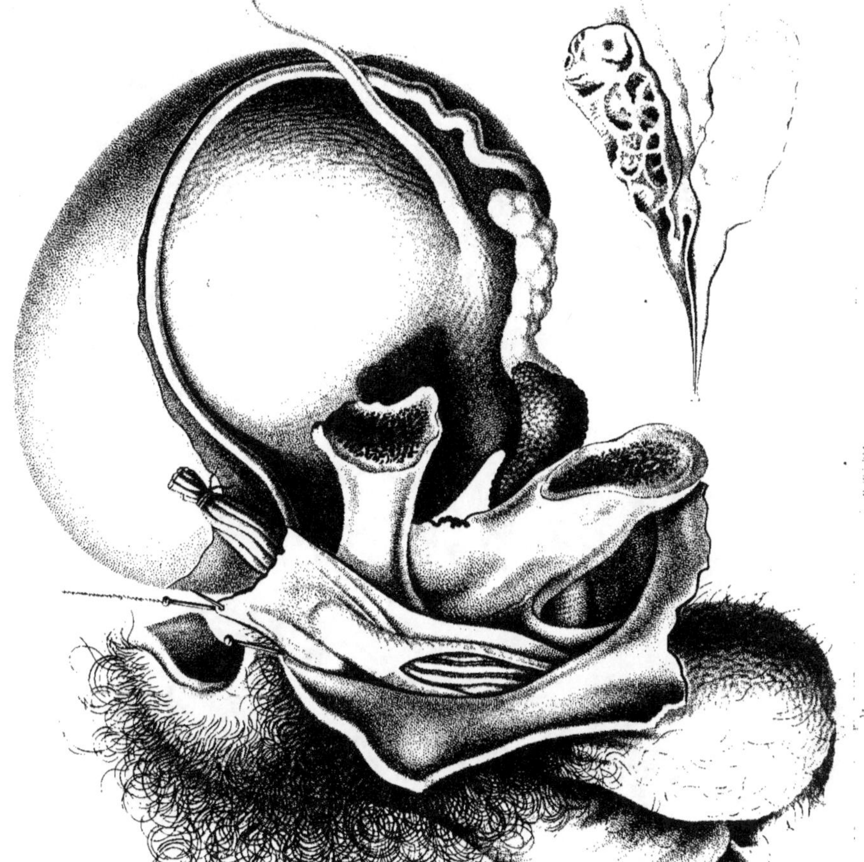

PHYSIOLOGIE DE L'ESPÈCE.

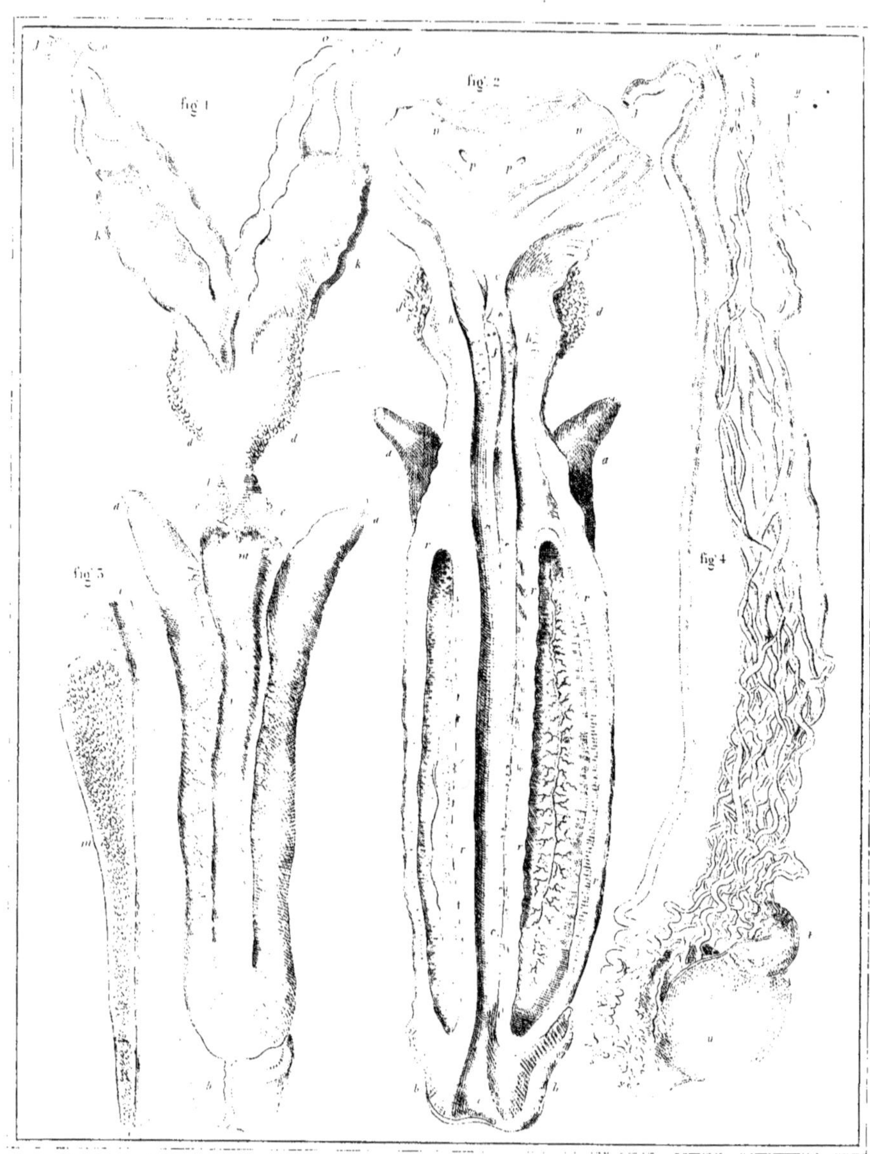

ORGANES DE LA GÉNÉRATION

Homme.

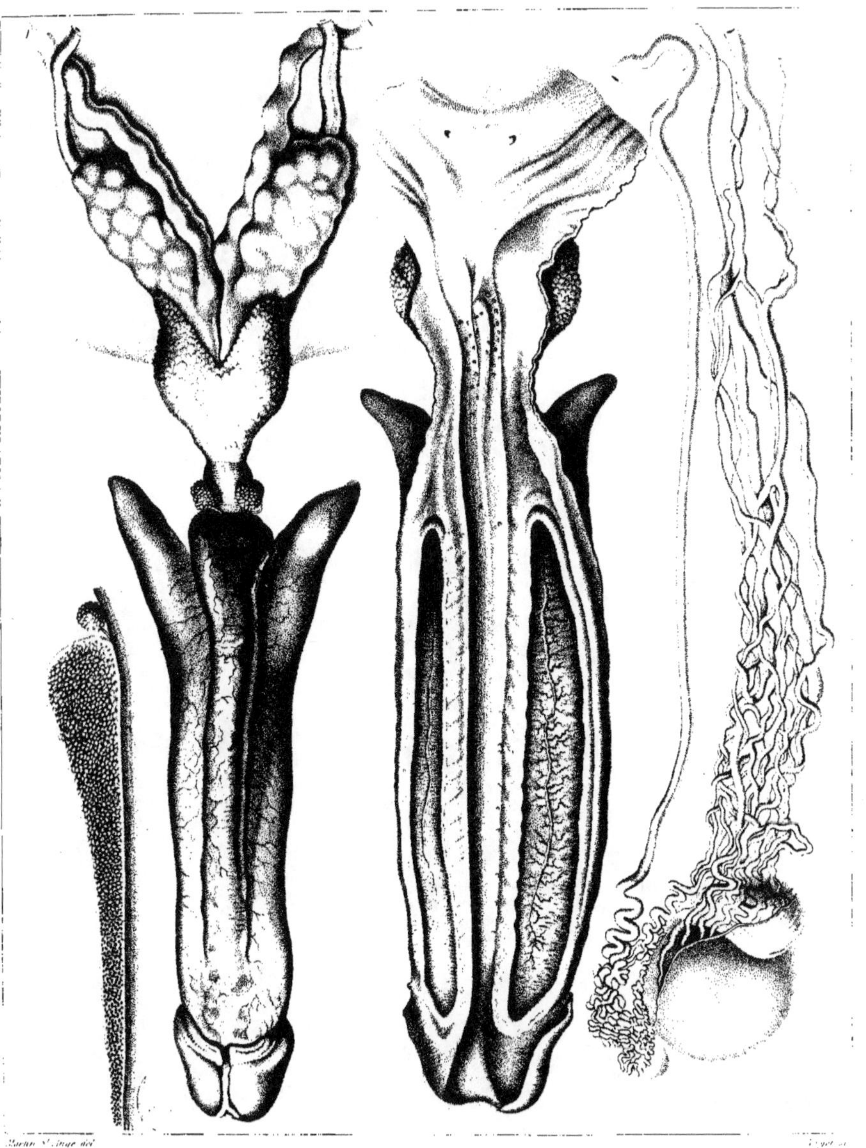

PHYSIOLOGIE DE L'ESPÈCE.

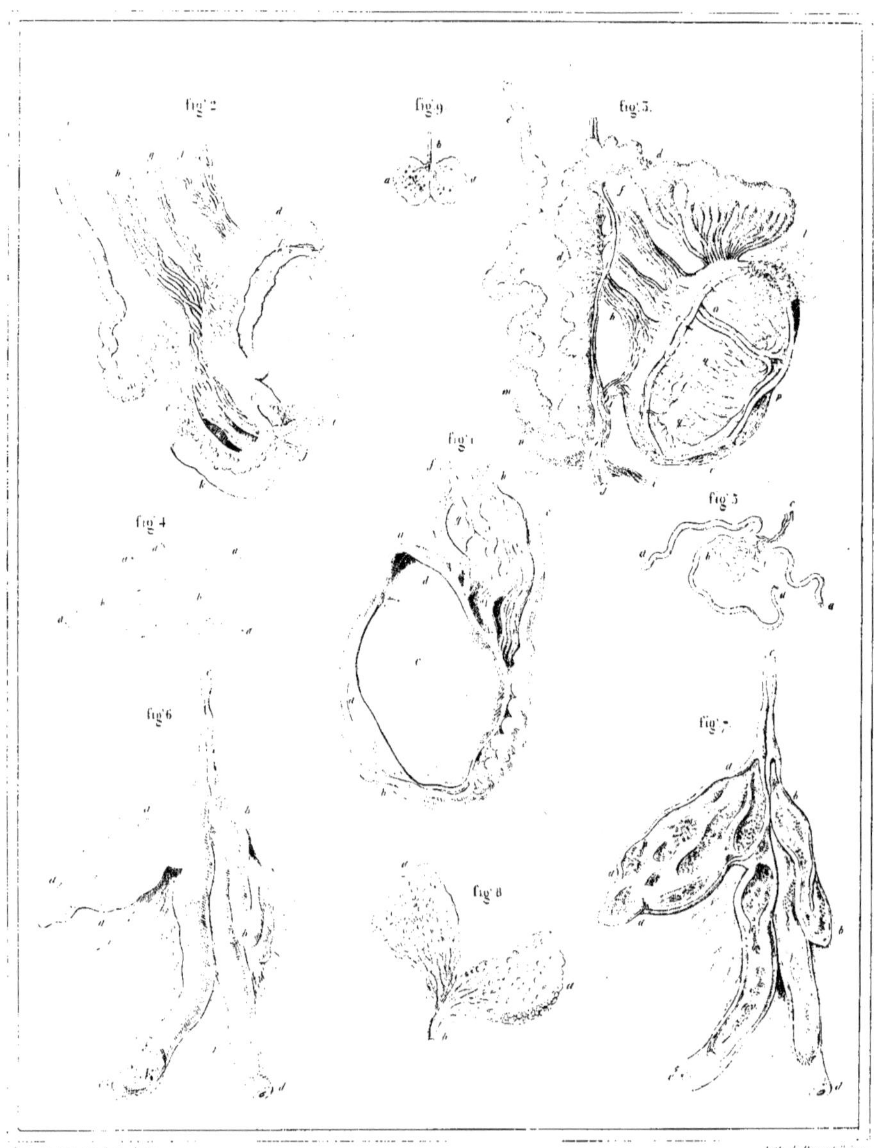

ORGANES DE LA GÉNÉRATION

Homme.

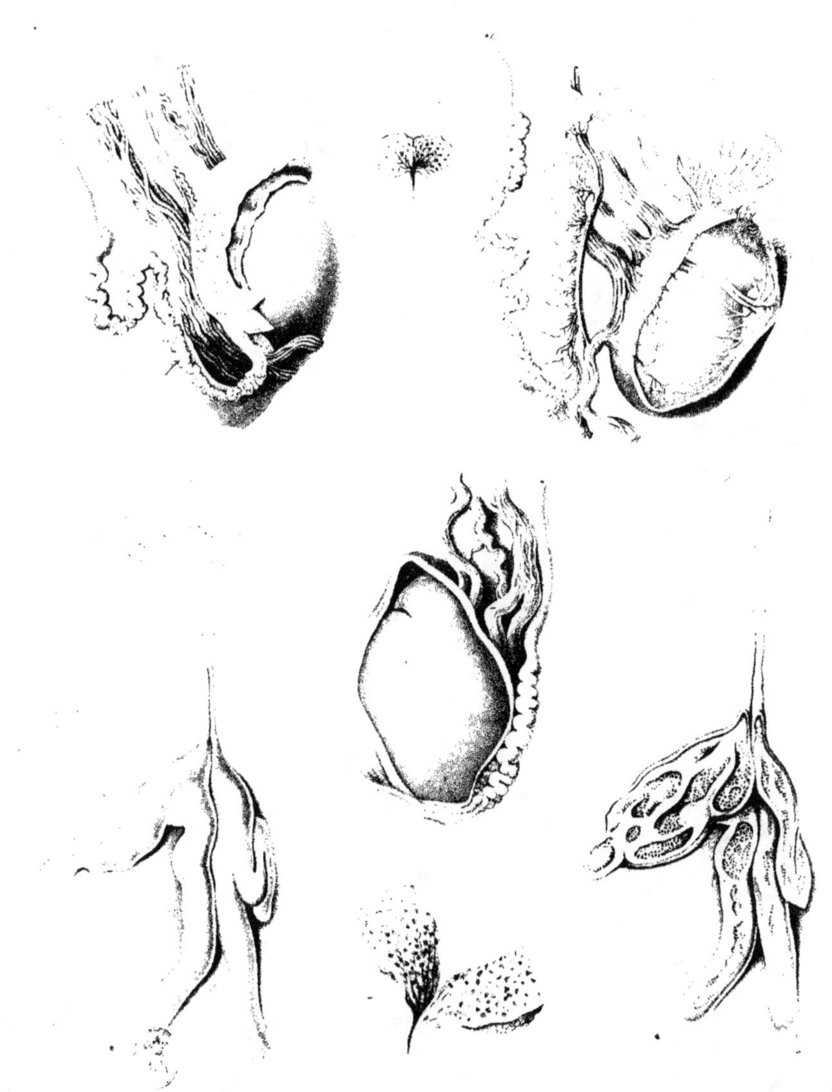

PHYSIOLOGIE DE L'ESPÈCE.

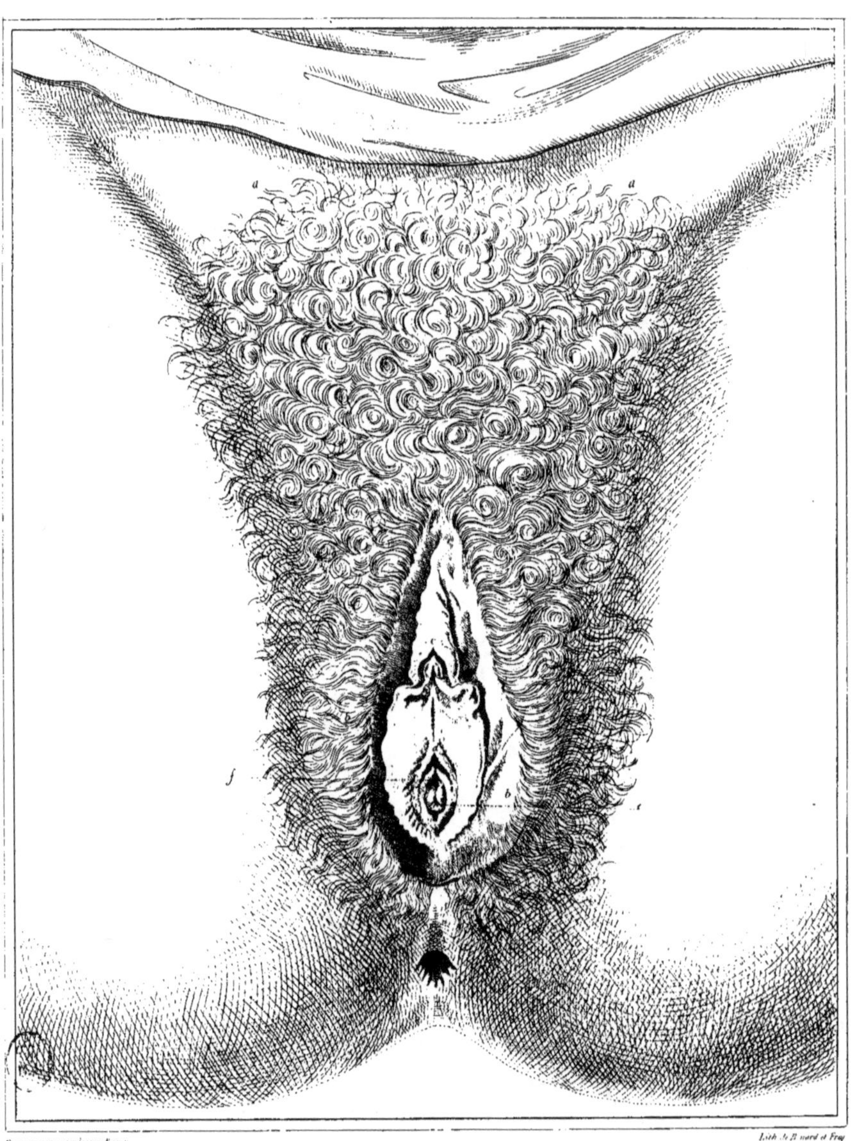

ORGANES DE LA GÉNÉRATION

Femme

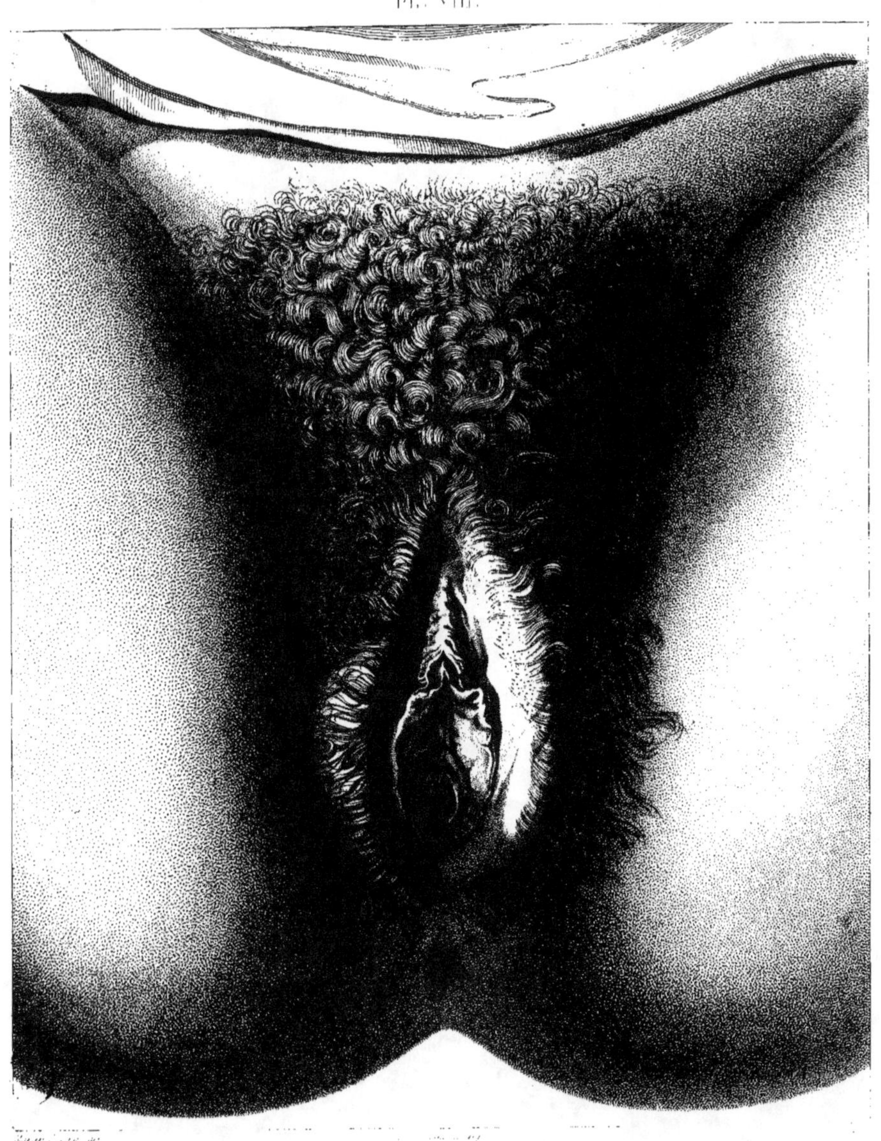

PHYSIOLOGIE DE L'ESPÈCE.

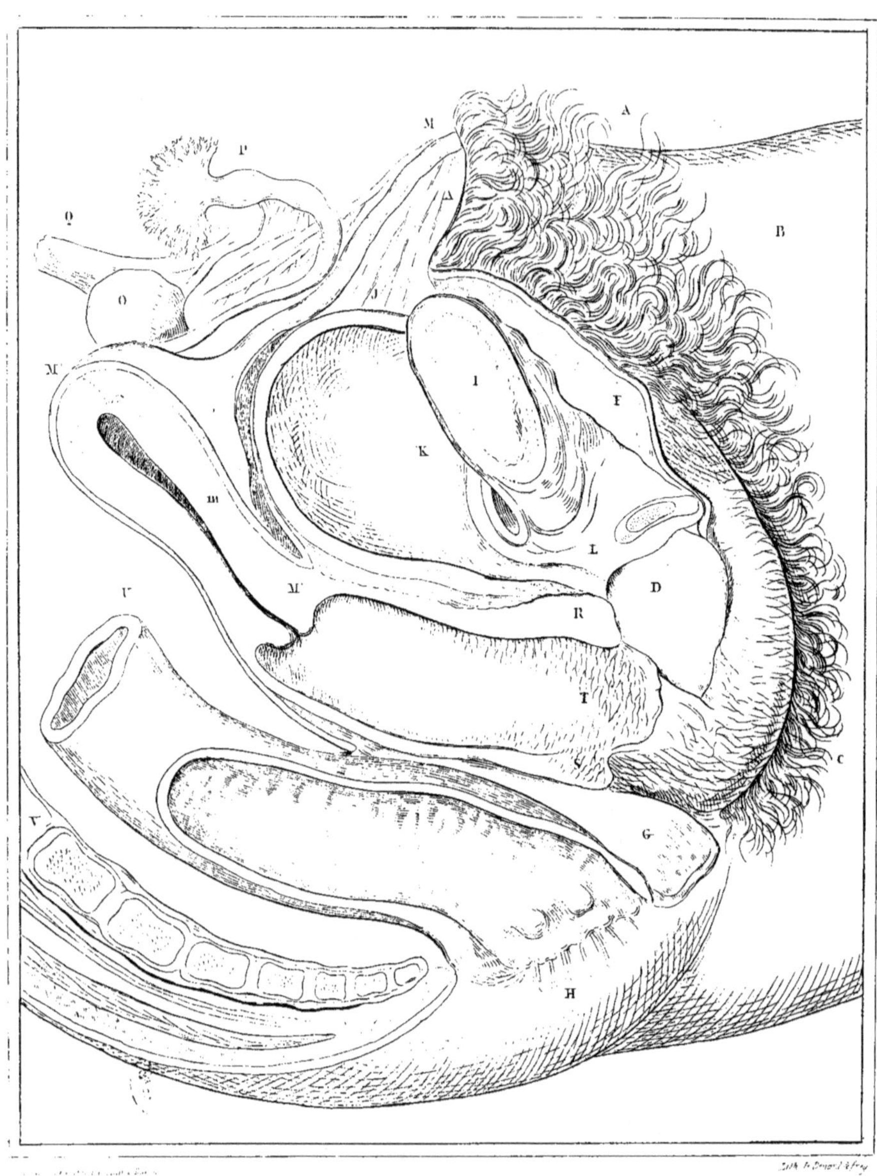

ORGANES DE LA GÉNÉRATION

Femme.

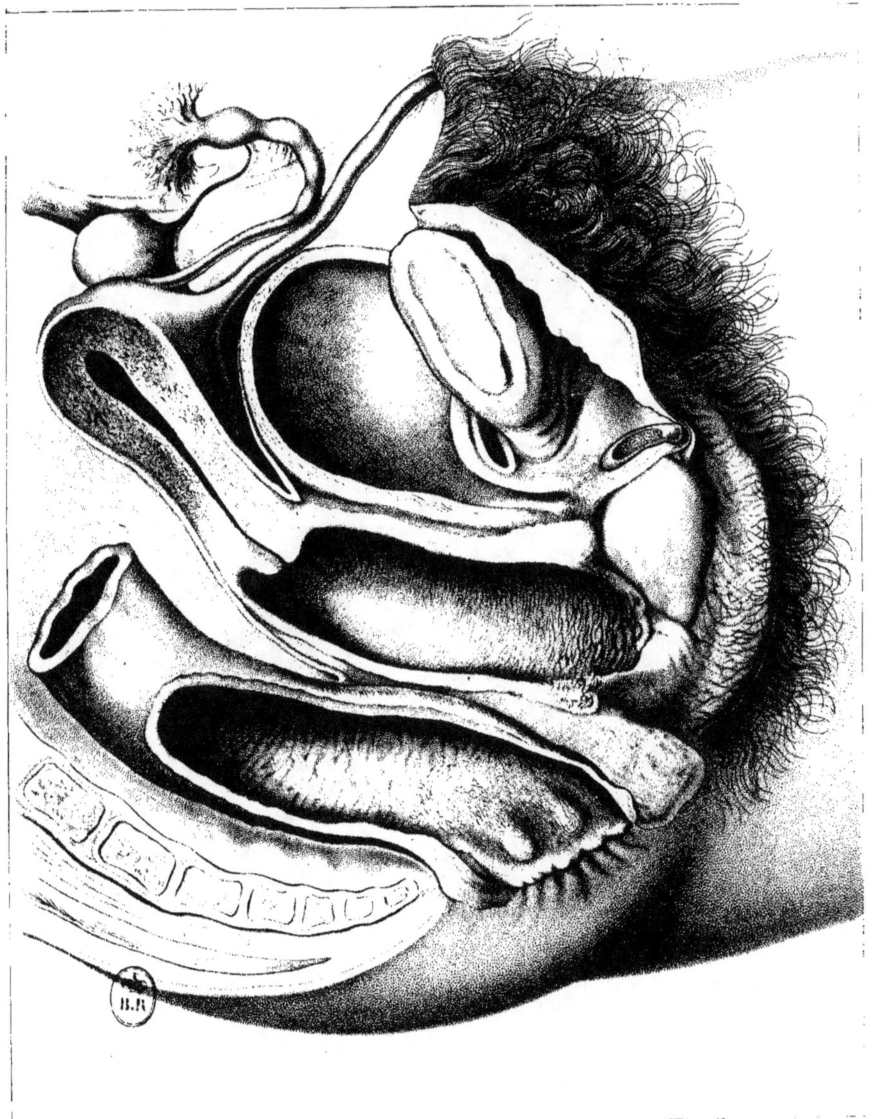

PHYSIOLOGIE DE L'ESPÈCE.

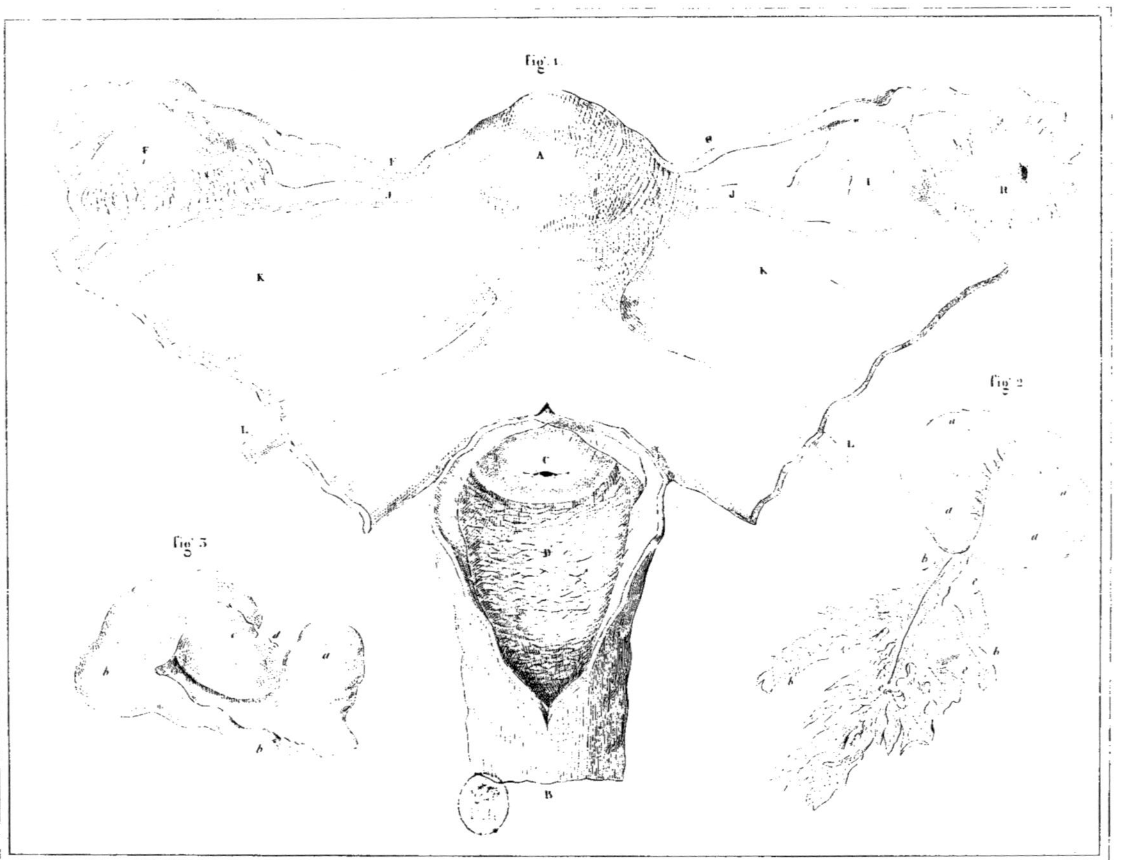

ORGANES DE LA GÉNÉRATION

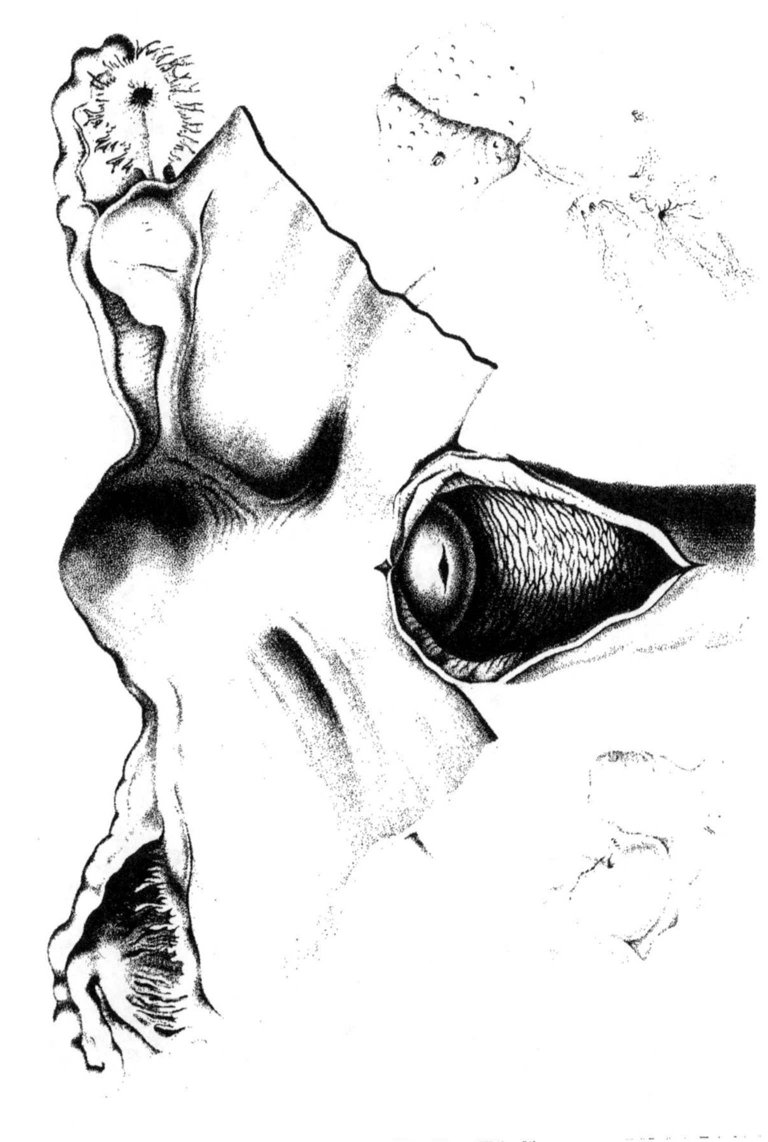

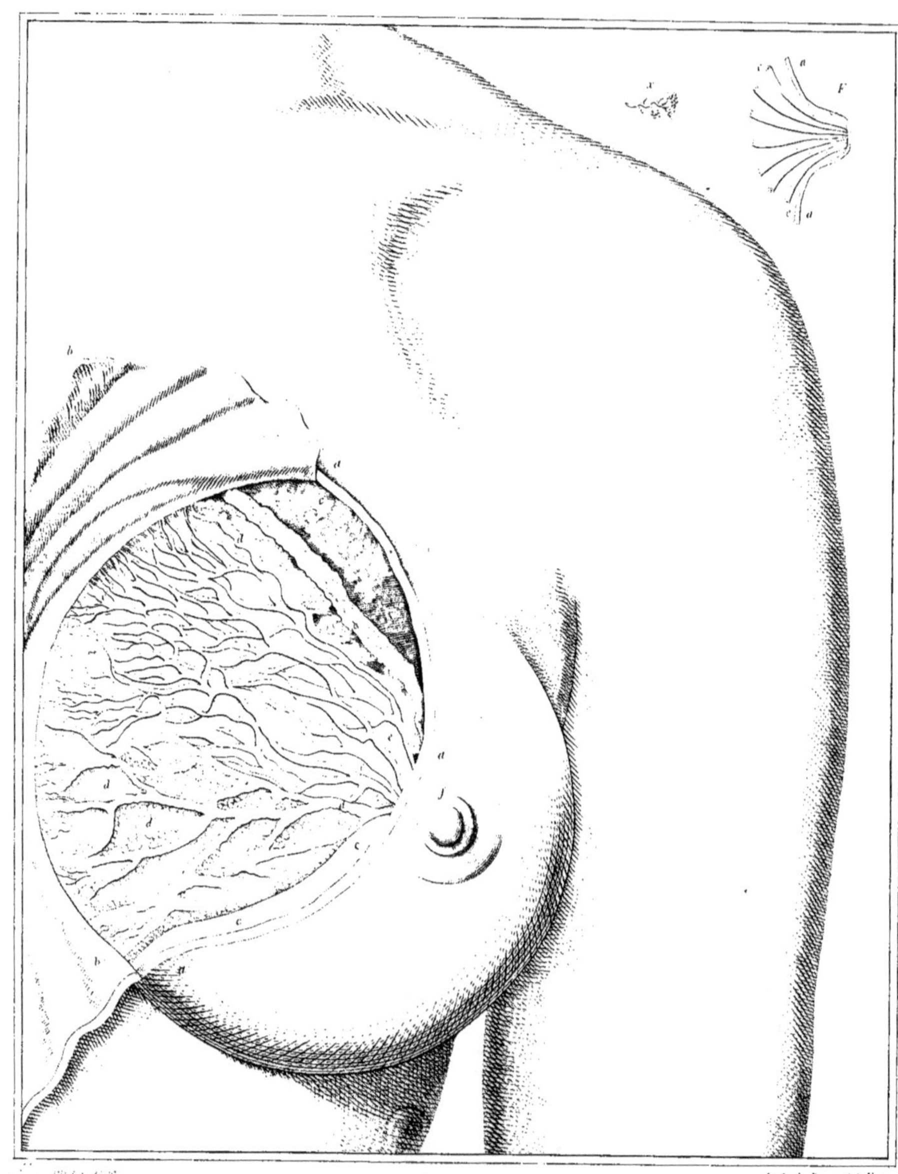

ORGANES DE LA LACTATION

Femme.

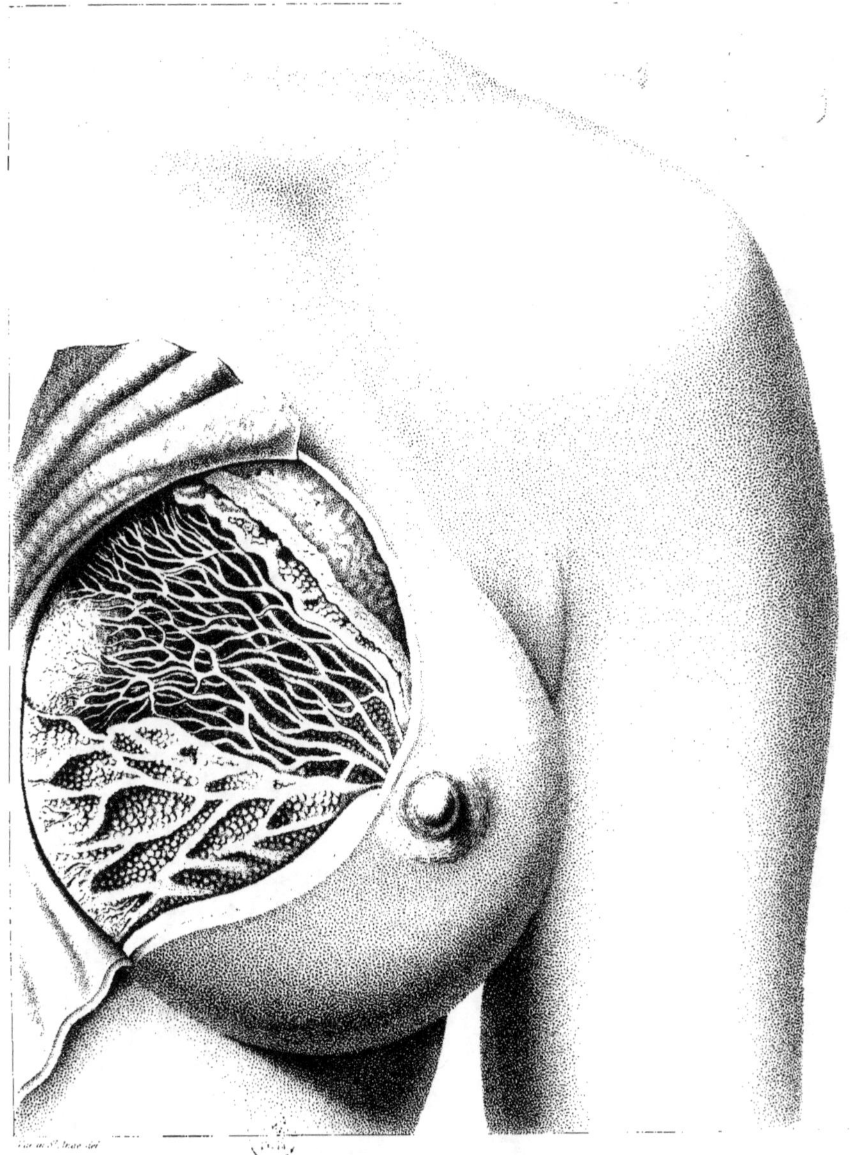

fig 3
fig 1
fig 6
fig 4
fig 7
fig 2
fig 5
fig 8
fig 14
fig 10
fig 9
fig 11
fig 12

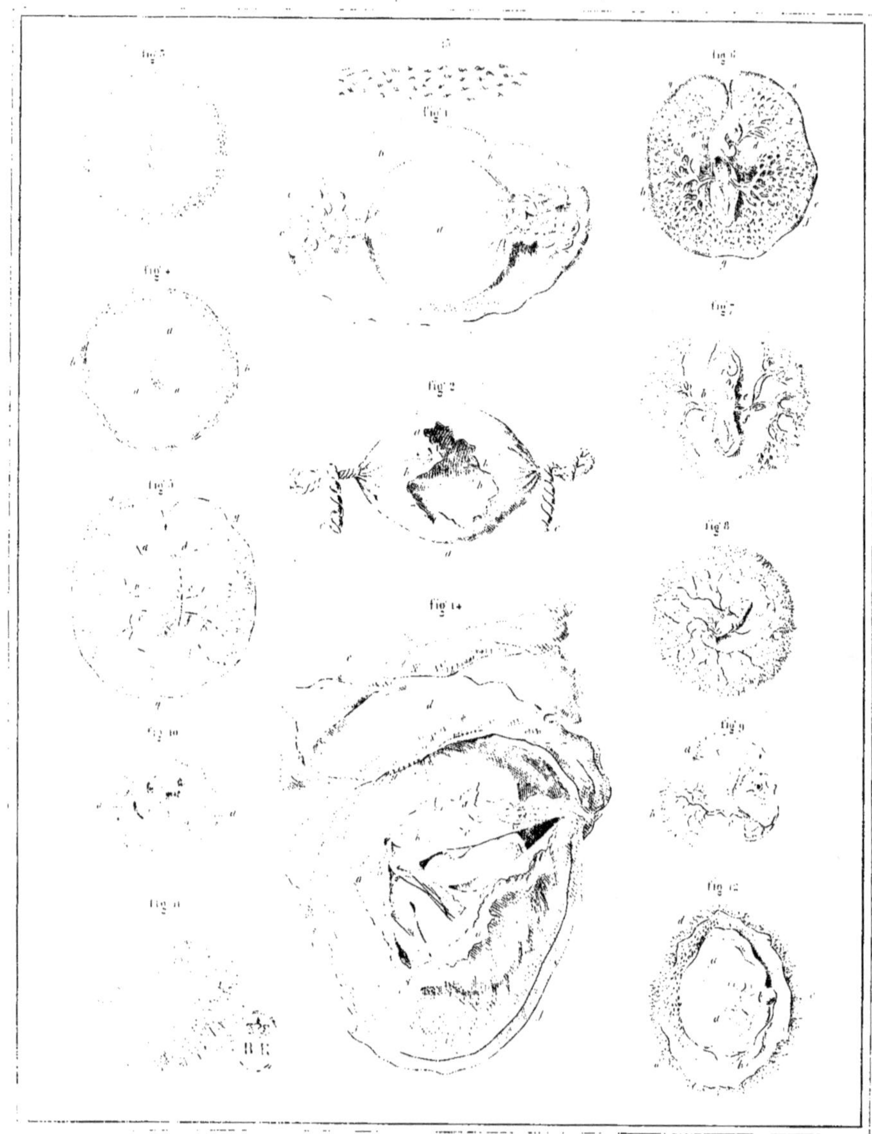

OVOLOGIE

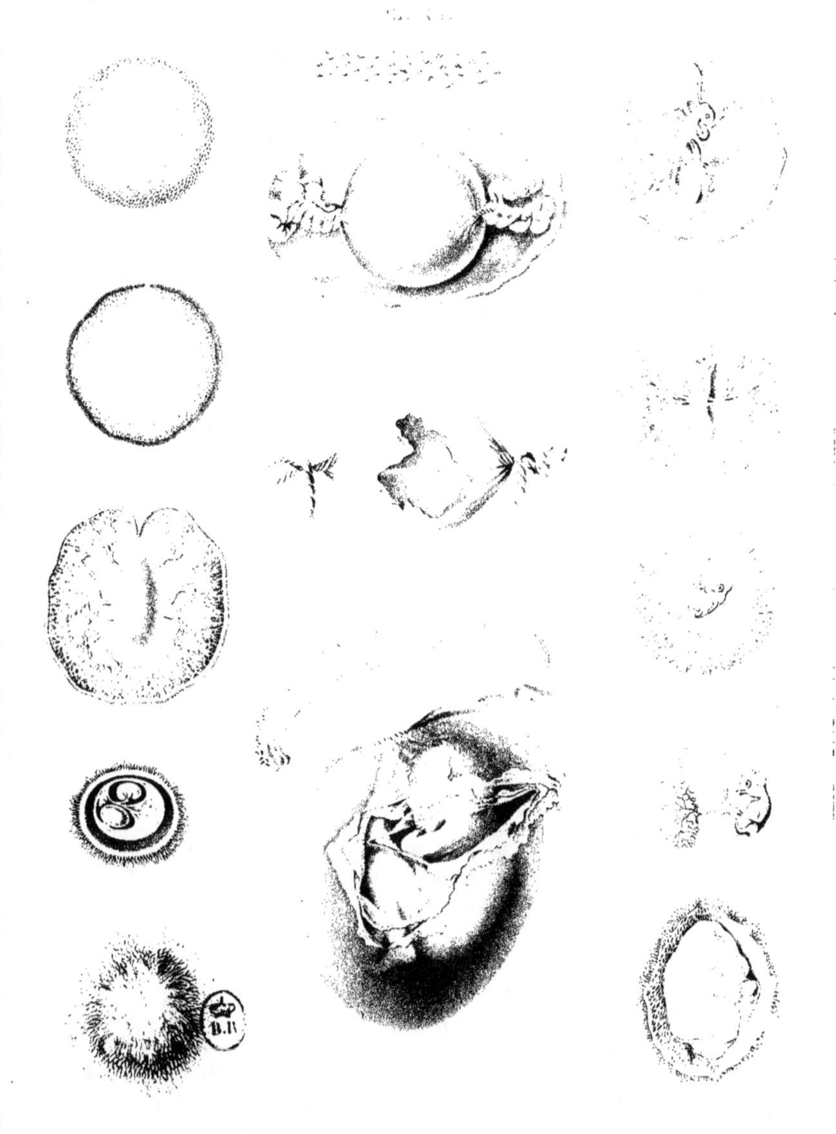